建筑质量问题典型案例分析

上海建科检验有限公司　组织编写
苗春　王伶　杨辉　主编

中国建筑工业出版社

图书在版编目（CIP）数据

建筑质量问题典型案例分析/上海建科检验有限公司组织编写；苗春，王伶，杨辉主编. —北京：中国建筑工业出版社，2022.3（2023.12重印）
ISBN 978-7-112-26984-6

Ⅰ.①建…　Ⅱ.①上…②苗…③王…④杨…　Ⅲ.①建筑工程-工程质量-质量管理-案例　Ⅳ.①TU712.3

中国版本图书馆CIP数据核字（2021）第267000号

本书根据作者及其团队多年的工作经验编写而成，主要研究对象为既有建筑运营使用过程中出现问题的分析及处理方式。全书共分为6章，包括：建筑物变形与开裂，建筑物漏水与渗水，建筑饰面空鼓与松动，材料退化与失效，室内污染与健康，消防安全。本书案例丰富，具有较强的实用性和可操作性，可为各方处理建筑质量病害时提供指导和借鉴。

责任编辑：王砾瑶　范业庶
责任校对：张惠雯

建筑质量问题典型案例分析
上海建科检验有限公司　组织编写
苗春　王伶　杨辉　主编
*
中国建筑工业出版社出版、发行（北京海淀三里河路9号）
各地新华书店、建筑书店经销
北京科地亚盟排版公司制版
建工社（河北）印刷有限公司印刷
*
开本：787毫米×1092毫米　1/16　印张：18¾　字数：465千字
2022年9月第一版　2023年12月第二次印刷
定价：**82.00**元
ISBN 978-7-112-26984-6
（38780）

本书编委会

组织编写： 上海建科检验有限公司

主　　编： 苗　春　王　伶　杨　辉

编　　委： 张峙琪　姚玉梅　查利权　乔国林　张德东　徐　勤　王　骅　汪雪峰　张　贺　刘　雄　邱　琴　刘　朝　石福弟　徐　颖　胡晓珍　张治宇　林岚荣　唐雅芳　裴孟德　张　仪　刘永华　唐晨浩　郭梦娇　顾嘉赟　华如希　沈　勤　王　静　张　华　姚　伟　颜伟国　欧阳海华　戚春元　胡红建　李　剑　李景程　焦玲玲　华高英　陶勤练　蒋勤逸　谢晓东　纪名祥　谢　丹　刘文逸　施炜俊　赵　娟　付建明　怯小旭　韩　烨　康丹学　王　颖　张　莹　王浩任　邬进荣　陈　夏　王国艳　张利民

前　　言

随着科学技术的飞速发展，我国建筑业不断壮大，产业规模及产业素质等均得到显著提升，已成为国民经济的支柱产业。伴随着时间的推移，既有建筑存量越来越多。但是，建筑在使用过程中会出现各种问题，需要相应的检测评估及维修建议，建筑也犹如人身体一样生病后需要医院医生检查诊断并治疗。建筑质量，关系到国家与社会的稳定，影响着人们的生活与工作。确保建筑质量与安全，及时对建筑质量问题进行分析与处理，已成为社会共识。

基于此，本书主要针对建筑典型质量问题，以笔者公司检测评估经历为主要依托，删繁就简、汇集成册，旨在为各方能够准确及时处理建筑质量病害提供指导和借鉴。

本书主要研究对象为既有建筑运营使用过程中出现问题的分析及处理方式。案例方向根据建筑物发生问题的形式分为建筑物变形与开裂、建筑物漏水与渗水、建筑饰面空鼓与松动、材料退化与失效、室内污染与健康等。具体包括基础变形、建筑倾斜、混凝土裂缝、砌体裂缝、钢结构裂缝、管道漏水、墙面渗水、门窗渗水、幕墙渗水、道路渗水、瓷砖空鼓与脱落、外保温层变形与松动、建筑幕墙松动与脱落、涂料剥离与脱落、固定支架松动、混凝土老化、钢结构锈蚀、地板翘曲与变形、地暖系统老化、电气系统老化、玻璃失效、石材失效、节能材料失效、防水材料失效、管材失效、塑胶跑道、装饰材料污染、空调系统污染、新风系统污染、噪声污染、供水污染、空调和通风系统、消防安全等细分专业领域。

望本书能对提高建筑质量的管理水平有所帮助，强化建筑质量意识，减少类似建筑质量问题的重现。由于编者学识有限，书中难免有疏漏与不足之处，请广大读者不吝指教。

2021年8月

目　录

第1章 建筑物变形与开裂

1.1 基础变形

1.1.1 结构施工期沉降及工后沉降引起的建筑物质量问题案例分析

1.1.1.1 项目概况

除了通常意义上的结构施工，建筑物加层现在也比较多见。国内既有房屋加层改造实践起步较早，早期比较有代表性的是上海某服务部的加层改造工程。上海某服务部是我国最早的既有建筑加层改造工程之一，同时也是加层改造次数最多的建筑物，由最初的2层现浇钢筋混凝土框架结构，先后进行了3次加层改造，逐步改造成4、5、6层结构。到20世纪70年代，既有建筑物的加层改造工程已经迅速发展起来，全国各地出现了很多建筑物加层改造工程。

近年来，随着城市地下空间的开发，建筑物及市政工程地下空间向下加层案例也逐渐出现，如新建的上海轨道交通某线路为实现与既有的线路换乘，利用紧邻轨道交通的地下商场空间向下加层，形成了换乘大厅。

建筑物结构施工时，逐层向上施工上部结构，期间伴随着上部结构荷载的增加，荷载的增加又引起结构和地基基础的变形。当建筑物高度较高或地质条件较差时，结构施工期沉降及工后沉降引起的建筑物质量问题值得关注。

1.1.1.2 问题描述

建筑物上部结构施工是一个逐级加荷过程，结构内力和地基基础变形随加荷过程动态发展。上部结构的内力和变形计算方法较为成熟，并且上部结构施工加荷过程中，由于加荷产生的结构自身内力一般不会超出设计值，很少会给建筑物带来病害。

浅基础变形的计算一般采用分层总和法和《建筑地基基础设计规范》中的方法，桩基础变形计算则依据《建筑桩基技术规范》进行，建筑物有深达地下室时还应考虑回弹再压缩的影响。然而，由于岩土体的非均质性、各向异性、流变性以及土、水、气三相组成的复杂性，地基基础的变形计算较为复杂、准确性不高，有时还会出现计算结果和实际变形相差悬殊的情况。

当结构施工期沉降及工后沉降过大时，会导致建筑结构内力增大，产生裂缝、渗漏水、结构变形、结构损坏等病害，不均匀沉降还会引起建筑物倾斜。考虑到加层工况复杂，设计和施工人员经验不够丰富，更易产生相关病害。由于附加应力的叠加效应，高层建筑距离较近时，还会出现对倾现象，如图1.1.1-1所示。

1.1.1.3 原因分析

上部结构逐层施工相当于逐级增加荷载，受荷载作用后的土体出现以下变化：固体土颗粒被压缩、土中封闭气体被压缩、水和气体从孔隙中被排出。这些变化导致土体压缩的产生，其中，土体中水和气体从孔隙中被排出引起的土体压缩占绝大部分，是地基基础沉降的最主要原因。土的三相组成如图 1.1.1-2 所示，颗粒、水、孔隙的比例和排列方式，决定了土体可压缩量的大小。

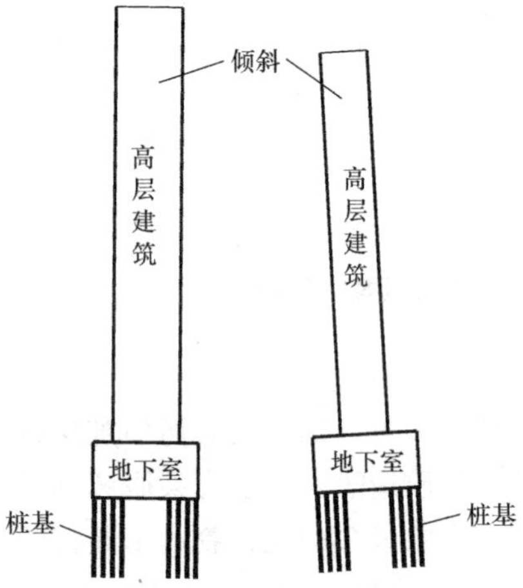

图 1.1.1-1 高层建筑“对倾”变形

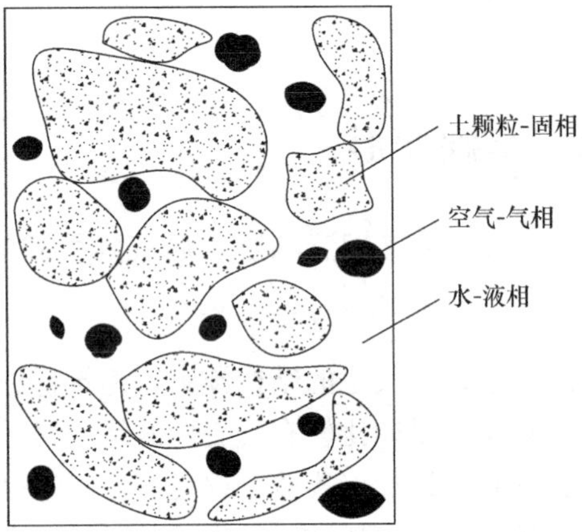

图 1.1.1-2 土的三相组成

鉴于时间因素，地基基础沉降由三部分组成，即瞬时沉降、主固结沉降和次固结沉降。瞬时沉降，是指加荷瞬间产生的沉降，此时孔隙水未排出、孔隙体积不发生变化；主固结沉降和次固结沉降历时较长，是地基沉降的主要组成部分。

一般情况下，多层建筑物在施工期间完成的沉降量，对于地基土为碎石和砂土，可认为其最终沉降量已完成 80%以上；对于其他低压缩性土，可认为已完成最终沉降量的 50%～80%；对于中压缩性土，可认为已完成 20%～50%；对于高压缩性土，可认为已完成 5%～20%。由此可见，根据地质条件的不同，施工期沉降和工后沉降均有可能在沉降总量中占比较大，不能忽视工后沉降的观测。

高层建筑地下室埋深较大，深基坑开挖后，基坑开挖范围内的土压力卸载，坑内土体回弹。上部结构施工时又是一个加荷过程，地基回弹再压缩变形在地基总沉降量中占相当大比例，所以地基沉降计算中应考虑回弹变形。

表 1.1.1-1 为《建筑地基基础设计规范》GB 50007—2011 规定的地基变形允许值。该标准中的变形控制值为建筑物前期变形量（含结构施工期及后期沉降）和基坑施工影响期间变形量的总和。

1.1.1.4 解决措施

（1）结构施工期间，进行沉降观测

《地基基础设计标准》DGJ 08—11—2018 规定，下列建筑物在结构施工和使用期间应进行沉降变形观测：地基基础设计等级为甲级的建筑物；软弱基础上地基基础设计等级为乙级的建筑物；处理地基上的建筑物；加层、扩建建筑物；采用新型基础和新型结构的建筑物等。

《建筑地基基础设计规范》规定的地基变形允许值 表 1.1.1-1

变形特征		地基土类型	
		中、低压缩性土	高压缩性土
砌体承重结构基础的局部倾斜		0.002	0.003
工业与民用建筑相邻桩基的沉降差	（1）框架结构	0.002*l*	0.003*l*
	（2）砌体墙填充的边排柱	0.0007*l*	0.001*l*
	（3）当基础不均匀沉降时不产生附加应力的结构	0.005*l*	0.005*l*
单层排架结构（柱距为6m）柱基的沉降量（mm）		（120）	200
多层和高层建筑的总体倾斜	$H_g \leqslant 24$	0.004	
	$24 < H_g \leqslant 60$	0.003	
	$60 < H_g \leqslant 100$	0.0025	
	$H_g > 100$	0.002	
体型简单的高层建筑基础的沉降量（mm）		200	
高耸结构基础的倾斜	$H_g \leqslant 20$	0.008	
	$20 < H_g \leqslant 50$	0.006	
	$50 < H_g \leqslant 100$	0.005	
	$100 < H_g \leqslant 150$	0.004	
	$150 < H_g \leqslant 200$	0.003	
	$200 < H_g \leqslant 250$	0.002	
高耸结构基础的沉降量（mm）	$H_g \leqslant 100$	400	
	$100 < H_g \leqslant 200$	300	
	$200 < H_g \leqslant 250$	200	

注：l 为相邻柱基的中心距离（mm）；H_g 为自室外地面起算的建筑物高度。

结构施工期间及施工完成后一段时间内，应进行沉降观测，关注沉降发展趋势。若沉降速率较大或出现明显的不均匀沉降，应控制上部结构加载速率或采取其他措施，确保建筑物沉降总量不超过规范要求。

根据上海市《地基基础设计标准》DGJ 08－11－2018，沉降观测应在基础浇筑后开始，施工阶段观测应随施工进度及时进行，一般情况下可每施工一层做一次观测；使用阶段观测应视地基基础类型和沉降速率大小而定，可第一年内每隔 2～3 个月观测 1 次，以后每隔 4～6 个月观测 1 次。沉降停测标准可采用连续 2 次半年沉降量不超过 2mm。

（2）采用合适的地基基础形式

结合地质情况、上部结构荷载情况，合理选用地基基础形式，按照规范要求进行沉降计算，确保沉降总量和差异沉降满足规范要求。对沉降有较高要求时，优先选用桩基础，当建筑物体量及荷载较大时，应采用变刚度调平设计，进行上部结构－承台－桩－土共同工作分析，以减小差异沉降和承台内力。变刚度调平设计，对于主裙楼连体建筑，当高层主体采用桩基时，裙房的地基和桩基刚度宜相对弱化，可采用天然地基、复合地基、疏桩或短桩基础；对于框架－核心筒结构高层建筑桩基，应强化核心筒区域桩基刚度，相对弱化核心筒外围桩基刚度；大体量桩基应按内强外弱原则布桩。

当两栋高层建筑物距离较近时，应考虑邻近高层建筑物附加应力的影响，避免出现“对倾”问题。

(3)合理设置变形缝、沉降缝，采取适当的结构措施

当建筑物体型复杂、长高比过大时，应设置沉降缝将建筑物分割成两个或多个独立的沉降单元，并合理设置后浇带。同时，可以考虑减轻建筑物自重，减小上部结构总荷载，设置圈梁和基础地梁，也可考虑采用排架、三铰拱架等对沉降不明显的铰接结构。

1.1.2 周边基坑施工引起建筑物沉降、倾斜案例分析

1.1.2.1 项目概况

上海市某工程为钢筋混凝土框架剪力墙结构，地下3层。该工程普遍区域基坑挖深约为18m，普遍承台区域基坑挖深约为19m，降板承台区域基坑挖深约为20m。

本工程基坑北侧为一办公园区，由A栋、B栋、C栋、配电间及门卫室组成，建筑物层数为2～6层。

该工程基坑与办公园区建筑位置关系　　表1.1.2-1

所在位置	既有建筑物名称	结构形式	基坑开挖边线距既有建筑物最小距离
基坑北侧	A栋	框架	约33m
	B栋	框架	约16m
	C栋	框架	约13m
		砖混	约8m
	配电间	砖混	约16m

1.1.2.2 问题描述

本工程基坑工程从围护施工开始到地下结构处±0.00，施工历时约11个月。施工期间对北侧办公园区的建筑物沉降和倾斜进行了监测，从沉降及倾斜监测数据来看，基坑施工对园区建筑物是有一定影响的。

(1)沉降数据变化

A栋、B栋及门卫室和配电间在轨交网络运营指挥调度大楼基坑施工期间的影响变形较小，累计值−28.07～0.15mm，均未超过建筑垂直位移监测报警值(±30mm)。

C栋建筑物距离在建项目基坑开挖边线较近，受基坑开挖施工影响较大，在基坑开挖施工过程中该栋建筑的沉降监测点均报警(超过±30mm)，靠近基坑侧测点变形较大，最大变形量达到了−115.91mm(测点36层)。37～39层测点不均匀沉降为−61.72mm，边长17m，建筑物整体倾斜小于0.003；39～40层不均匀沉降为−52.13mm，边长约32m，建筑物整体倾斜小于0.002。在基坑地下结构施工完成后，测点沉降变形较为缓和，并趋于稳定。

(2)倾斜数据变化

经测量，基坑北侧办公园区建筑倾斜状况如表1.1.2-2所示。

A栋：整体呈现向东和向北倾斜，倾斜率在0.3‰～1.3‰，基坑施工期间，各测点倾斜率基本上无变化。

B栋：整体呈现向西和向北倾斜，倾斜率在0.5‰～1.5‰，基坑施工期间，各测点倾斜率变化较小，最大的倾斜变化率为某测点向西变化约0.4‰。

C栋：整体呈现向东南倾斜，倾斜率在1.6‰～2.3‰，基坑施工期间，各测点倾斜率

变化较大，最大的倾斜变化率为某测点向南变化约1.1‰。

建筑倾斜汇总表　　表1.1.2-2

监测房屋	测点	倾斜方向	初始倾斜率（‰）	末次倾斜率（‰）	倾斜变化（‰）
A栋	Q1	北	0.2	0.3	0.0
		东	1.1	1.3	0.1
	Q2	北	0.9	1.1	0.1
		东	0.2	0.3	0.0
B栋	Q3	北	0.1	0.2	0.1
		西	0.1	0.2	0.1
	Q4	北	0.6	0.7	0.1
		西	0.9	1.1	0.2
	Q5	北	0.6	0.7	0.1
		西	0.6	0.7	0.1
	Q6	北	0.8	0.8	0.1
		西	1.2	1.3	0.1
	Q7	北	1.4	1.5	0.1
		西	0.1	0.5	0.4
	Q8	北	0.2	0.3	0.1
C栋	Q9	北	2.3	2.8	0.5
		东	1.1	1.6	0.4
	Q10	北	1.0	1.6	0.6
		西	0.7	1.2	0.5
	Q11	北	0.3	1.0	0.7
		东	1.9	2.5	0.6
	Q12	南	0.9	1.6	0.8
		东	1.4	2.2	0.8
	Q13	南	1.2	2.3	1.1
		东	1.7	2.2	0.6

施工引起的建筑物沉降、倾斜，会导致建筑结构内力重分布，可能产生裂缝、渗漏水、结构变形、结构损坏等病害。影响建筑物使用功能及结构安全的病害，应采取各种措施予以避免。在极端情况下，基坑施工可能导致周边建筑物地基基础丧失整体稳定性，出现建筑物倾覆倒塌的恶性事故。例如，上海市闵行区某商品住宅小区里，一栋13层住宅（7号楼）向南整体倾倒，这是一件全国罕见的整栋倒楼案例（图1.1.2-1）。事故原因主要是紧贴7号楼北侧区域在短时间内堆土过高，最高处达10m左右；与此同时，紧邻7号楼南侧的地下车库基坑正在开挖，开挖深度4.6m，大楼两侧的压力差使土体产生水平位移，过大的水平力超过了桩基的抗力，导致整栋住宅倾倒事故。类似基坑施工事故对周边

图1.1.2-1　上海市闵行区某小区一栋13层住宅向南整体倾倒图

建筑物产生影响的案例很多，需要加强重视。

1.1.2.3　原因分析

基坑施工一般是在施工围护结构后，开挖卸载围护结构内土体，围护结构在主动区、被动区土压力作用下会向坑内产生侧向变形，坑底土体向上回弹隆起，围护结构侧向变形、坑内回弹引起坑外岩土体的地层损失，基坑周围土体应力应变调整从而产生沉降；另外基坑施工过程中需要疏干降水或减压抽降承压水，尤其是抽降承压水，会导致周边土体水头损失、有效应力下降、产生固结压缩，也会造成基坑周围区域的土体产生沉降，降水对周边环境的影响范围很广，一般情况下远超基坑开挖变形的影响范围。

坑外土体和建筑物沉降大小与距离基坑的远近有关，距离不同产生的沉降也有所差异，一般情况下距离基坑越近的区域沉降越大，远离基坑的区域沉降会较小。这种由于至基坑距离不同而造成的差异沉降，会使建筑物产生倾斜（图 1.1.2-2）。

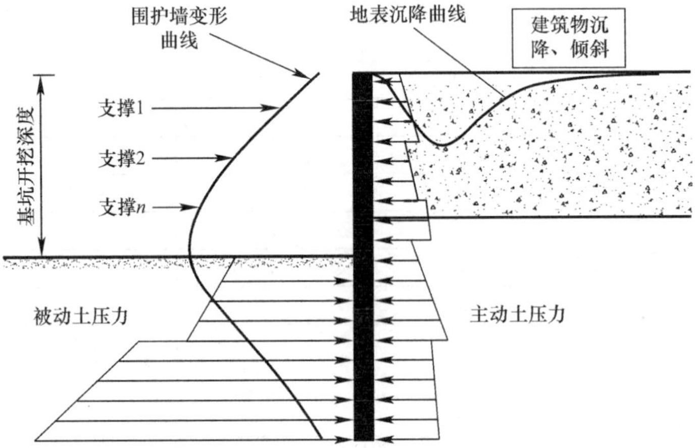

图 1.1.2-2　基坑变形示意图

基坑施工对周边建筑物的影响，有以下特点：

（1）理论上基坑施工对建筑物及周边环境产生影响是必然的，不能消除的，但应控制在合理范围。

按照经典土压力理论，被动土压力的发挥，通常需要围护结构产生一定程度的较大的变形，因此，从理论角度出发基坑围护结构出现较大的变形是普遍存在的情况；另外，基坑开挖过程中的疏干或减压降水，也或多或少会降低坑外潜水和承压水水位。基坑开挖及降水必然会导致周边岩土体产生相应位移，从而对建造于基坑周边岩土体上的建筑物产生不同程度的影响，使基坑周围建筑物出现沉降和倾斜。

基坑施工尤其是软土地区的深基坑施工，对建筑物等周边环境产生影响是必然的，不能消除，但应控制在合理范围。一般情况下，围护结构刚度越大，施工速度越快、快挖快撑，时空效应发挥得越好，基坑施工过程中围护结构变形会越小，对周边地表及建筑物的影响越小；降水水头越小、降水时间越短，引起的坑外水头损失越小，对周边建筑物造成的影响越轻微。

表 1.1.2-3 为《建筑地基基础设计规范》GB 50007－2011 规定的地基变形允许值。该控制标准中的变形控制值，为建筑物前期变形量（含结构施工期及后期沉降）和基坑施工

影响期间变形量的总和。

《建筑地基基础设计规范》规定的地基变形允许值 表 1.1.2-3

<table>
<tr><th colspan="2" rowspan="2">变形特征</th><th colspan="2">地基土类型</th></tr>
<tr><th>中、低压缩性土</th><th>高压缩性土</th></tr>
<tr><td colspan="2">砌体承重结构基础的局部倾斜</td><td>0.002</td><td>0.003</td></tr>
<tr><td rowspan="3">工业与民用建筑相邻桩基的沉降差</td><td>(1) 框架结构</td><td>0.002l</td><td>0.003l</td></tr>
<tr><td>(2) 砌体墙填充的边排柱</td><td>0.0007l</td><td>0.001l</td></tr>
<tr><td>(3) 当基础不均匀沉降时不产生附加应力的结构</td><td>0.005l</td><td>0.005l</td></tr>
<tr><td colspan="2">单层排架结构（柱距为 6m）柱基的沉降量（mm）</td><td>(120)</td><td>200</td></tr>
<tr><td rowspan="4">多层和高层建筑的总体倾斜</td><td>$H_g \leqslant 24$</td><td colspan="2">0.004</td></tr>
<tr><td>$24 < H_g \leqslant 60$</td><td colspan="2">0.003</td></tr>
<tr><td>$60 < H_g \leqslant 100$</td><td colspan="2">0.0025</td></tr>
<tr><td>$H_g > 100$</td><td colspan="2">0.002</td></tr>
<tr><td colspan="2">体型简单的高层建筑基础的平均沉降量（mm）</td><td colspan="2">200</td></tr>
<tr><td rowspan="6">高耸结构基础的倾斜</td><td>$H_g \leqslant 20$</td><td colspan="2">0.008</td></tr>
<tr><td>$20 < H_g \leqslant 50$</td><td colspan="2">0.006</td></tr>
<tr><td>$50 < H_g \leqslant 100$</td><td colspan="2">0.005</td></tr>
<tr><td>$100 < H_g \leqslant 150$</td><td colspan="2">0.004</td></tr>
<tr><td>$150 < H_g \leqslant 200$</td><td colspan="2">0.003</td></tr>
<tr><td>$200 < H_g \leqslant 250$</td><td colspan="2">0.002</td></tr>
<tr><td rowspan="3">高耸结构基础的沉降量（mm）</td><td>$H_g \leqslant 100$</td><td colspan="2">400</td></tr>
<tr><td>$100 < H_g \leqslant 200$</td><td colspan="2">300</td></tr>
<tr><td>$200 < H_g \leqslant 250$</td><td colspan="2">200</td></tr>
</table>

注：l 为相邻柱基的中心距离（mm）；H_g 为自室外地面起算的建筑物高度。

(2) 围护渗漏险情、基坑失稳事故对建筑物等周边环境影响很大，应全力避免。

在围护结构及止水帷幕质量较好的情况下，基坑内、外的水力联系是被阻断的，基坑内降水引起的坑外的水位下降不会很大，对周边环境的影响也是基本可控的。但是，如果围护结构和止水帷幕出现了比较大的漏点缺陷，基坑内、外就会出现强烈的水力联系，导致坑外岩土体中的水位下降，产生流砂、管涌、基坑突涌等事故，引起周边地表和建筑物产生显著沉降，沉降较大时可达数十厘米。

基坑的稳定性与基坑的围护形式有关，设计时一般应进行整体稳定性、抗滑移稳定性、坑底抗隆起稳定性等验算，确保基坑不出现失稳破坏。但是地下工程施工具有很多不确定性，因为设计或施工的问题，基坑可能会出现支护结构局部破坏、基坑整体失稳，最终导致基坑坍塌等恶性事故，从而导致邻近的建筑物出现病害缺陷甚至是严重破坏。如 2008 年杭州地铁某号线湘湖站基坑坍塌，造成了严重事故。

(3) 基坑施工影响范围是可以预测的，可对基坑周边的建筑物进行评估并采取保护措施。

基坑施工的影响范围与地质情况、围护形式、降水及开挖方式等施工内容有关，一般为围护结构外 2～3 倍的基坑开挖深度。降承压水影响非常广，一般可以影响到基坑周边 100～200m 范围。

基坑施工期间，周边建筑物的沉降和倾斜与基础形式关系很大。采用天然地基或简单处理后的地基作为持力层的建筑物，因为基础形式较弱，在基坑施工期间易受影响，建筑物产生的沉降和倾斜会比较大。采用桩基础的建筑物，持力层很深，基坑施工对建筑物的影响较小，一般不会产生明显的沉降和倾斜；特殊情况下，如果建筑物的桩基深度比基坑深度小或没有明显大于基坑深度，受坑外土体变形和负摩阻力影响，这种桩基础建筑仍会有显著的沉降和倾斜。

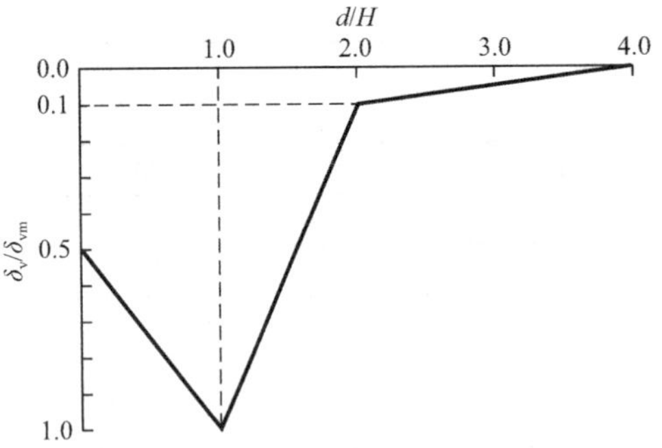

图 1.1.2-3 基坑墙后地表沉降曲线
（H 为基坑开挖深度）

根据若干基坑的实测资料建议的基坑墙后地表沉降曲线，可以看出 $0H \sim 2H$ 为主要影响范围，$2H \sim 4H$ 为次要影响范围，最大地表沉降发生于 $0.5H$ 处。

受地质情况影响，基坑工程具有很强的区域性，岩层、硬土、软土地区基坑变形规律差异巨大，因此基坑施工影响范围和变形规律应根据地质情况和当地经验确定。处于基坑施工影响范围内的建筑物应重点关注，必要时对受影响较大的重要建筑物采取隔离、加固等预保护措施。

1.1.2.4 解决措施

（1）围护设计合理完善，施工得当、措施到位

围护设计对基坑施工至关重要，围护结构的选型和参数直接关系到基坑对周边建筑物影响的大小。地下连续墙具有很好的整体性和刚度，对基坑安全和控制变形有利，钻孔灌注桩排桩结合水泥土止水帷幕效果也比较好，深基坑工程中这两种围护形式应用比较广泛；重力式挡土墙等围护形式不适用于深大基坑工程，且在周边有建筑物等复杂环境下应慎用。基坑内支撑可选用钢筋混凝土支撑、钢管支撑、型钢组合支撑等，钢筋混凝土支撑为现浇结构，可靠稳定，但是施工速度慢、养护时间长，相比之下，钢管支撑和型钢组合支撑具有施工快捷但整体稳定性较差的特点。围护结构和止水帷幕应将影响基坑施工的承压水层隔断，确保坑底隆起稳定性满足要求。设计单位应根据地质情况、建筑物现状及保护要求等周边环境情况，确定围护结构形式及设计参数，并报请专家对基坑设计方案进行评审，确保基坑安全、对周边环境影响可控。

施工单位应严格遵守基坑施工时空效应的理论要求，做到分块施工、快挖快撑，减小扰动、充分运用未开挖土体的承载力，减小基坑的无支撑暴露时间，根据基坑监测数据信息化施工，切实控制基坑变形。基坑降水对周边环境影响较大，应该高度重视，应遵照按需降水、分层降水的理念严格控制降水流程，避免过量降水对周边建筑物等产生影响。

（2）做好房屋检测、基坑监测

基坑施工前应对基坑开挖影响范围内建筑进行房屋检测，了解评估基坑周边建筑物的病害情况，按照《工业建筑可靠性鉴定标准》GB 50144、《民用建筑可靠性鉴定标准》GB 50292，对建筑物的安全性和正常使用性进行鉴定。房屋检测具有很高的重要性，可以评估建筑物现状为设计施工提供依据，也可以固定证据避免纠纷。

基坑监测是基坑施工的辅助手段，包括对围护结构本体、周边岩土体以及建筑物和管

线等周边环境的系统监测，《建筑基坑工程监测技术标准》GB 50497—2019 规定，开挖深度大于 5m 或开挖深度小于 5m 但地质情况和周边环境复杂的基坑工程必须实施基坑工程监测。根据实时监测数据，动态调整施工参数，做到信息化施工，是控制基坑和周边建筑物变形的关键。

（3）预先加固保护

可根据基坑工程情况、周边建筑物与基坑的位置关系，以及建筑物的地基基础和上部结构情况，评价基坑施工对建筑物的影响程度。距离深基坑较近的重要建筑物，需重点保护时，可以考虑采取预先加固保护措施：在基坑围护结构和建筑物之间增设隔离桩，隔离基坑施工对坑外土体和建筑物的影响；对建筑物所在区域的坑外土体进行加固；在坑外采取承压水回灌措施，控制减压降水对周边建筑物的影响。

（4）损害修复

如果基坑施工已经对周边建筑物产生严重影响，建筑物沉降和倾斜超标、出现病害，建筑物的安全性和正常使用性不能满足要求时，应委托有相应资质的单位进行加固处理。加固处理前，应对受影响建筑物的沉降、倾斜、结构病害等进行全面了解，并结合地质情况、建筑物地基基础及上部结构情况综合分析，确定处理措施。一般可采取地基土注浆加固、建筑物基础锚杆静压桩加固、上部结构加固等处理措施。

1.1.3 盾构穿越引起建筑物沉降、倾斜案例分析

1.1.3.1 项目概况

软土地区某地铁隧道区间侧下方穿越某 6 层混凝土结构建筑物，被穿越建筑物采用预制方桩基础，预制方桩桩底深度约 16m，地铁隧道中心埋深约 30m，采用盾构法施工，盾构机外径 6.35m，隧道环片外径约 6.2m。地铁隧道与建筑物相对位置关系如图 1.1.3-1 所示。

1.1.3.2 问题描述

盾构机盾尾脱出、环片拼接后，隧道环片与周边土体之间存在建筑空隙、土体损失，同步注浆填充建筑空隙可以减小土体损失，但根据工程经验即使采用同步注浆技术，隧道施工仍不能消除上方土体的沉降。本工程，隧道侧下方穿越建筑物，且隧道埋深大，靠近隧道位置处建筑物桩基承受负摩阻力，导致靠近地铁隧道区域建筑物沉降显著；另外，远离隧道区域，因桩基础抗变形能力较强，基本无明显沉降，导致整个建筑物差异沉降显著、建筑物出现倾斜。

为控制被穿越建筑物沉降，避免出现建筑物开裂、变形过大影响住户门窗开关等使用功能，本工程施工单位在相应穿越位置采取了补浆措施，控制隧道施工影响范围内土体沉降，以减小桩基所受负摩阻力作用、控制沉降。

上述案例中，为盾构穿越基础形式为预制方桩的多层建筑，尚且对建筑物产生了一定影响，盾构穿越无桩基础的老建筑时对其影响更大，更易出现建筑沉降、倾斜引起的病害。而且，近年来越来越多的城市在中心区域修建地铁，地铁隧道的线路很难避开既有建筑物，盾构隧道下穿既有建筑物的情况非常普遍，甚至是盾构下穿建筑物群的情况也经常发生。

盾构推进过程中开挖土体等工序不可避免地对土体产生一定程度的扰动，导致土体的

受力状态重新调整，土体出现变形，地表产生隆沉、开裂、严重时塌陷。盾构施工区域周边的建筑物受此影响，会出现沉降、倾斜和裂缝，如图 1.1.3-2 所示。

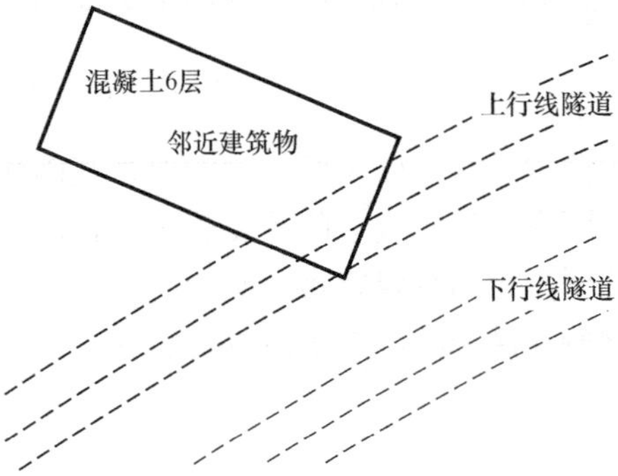

图 1.1.3-1 地铁隧道与建筑物相对位置关系

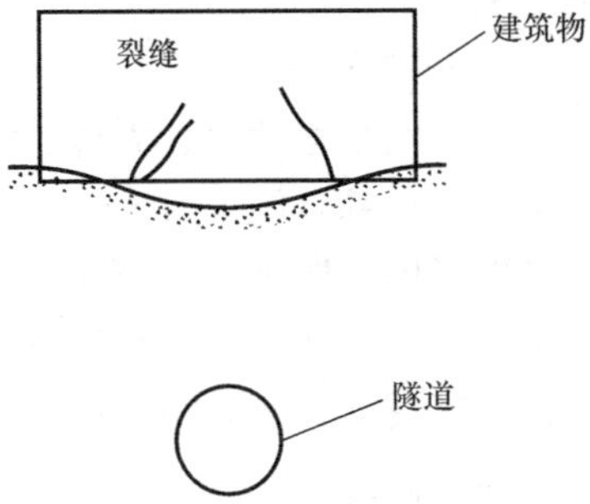

图 1.1.3-2 建筑物受盾构施工影响图

与基坑施工引起建筑物沉降、倾斜类似，盾构施工导致建筑物产生沉降、倾斜时，建筑物结构内力会进行重分布，可能产生裂缝、渗漏水、结构变形、结构损坏等病害。病害按严重程度主要可以分为以下三类：

（1）墙面龟裂、细小的结构裂缝等不影响使用功能和结构安全的病害；

（2）渗漏水、门窗无法正常开关、管道拉裂或拉断、建筑差异沉降及倾斜引起的排水困难、外墙瓷砖严重脱落、影响防水保温及影响建筑物其他使用功能的病害；

（3）地基失稳、主要承重结构损坏等影响建筑物结构安全的病害。影响建筑物使用功能及结构安全的病害，应采取各种措施予以避免。

近十年来，我国地铁建设突飞猛进，全国范围内采用盾构法施工的地铁隧道项目骤增，盾构穿越既有建筑物甚至建筑物群的情况越来越多，而且多数省市地铁隧道盾构法施工经验还不够丰富，工程风险较大。如南京地铁某区间右线盾构始发掘进至第 18 环位置时，洞口右下侧突然大量涌水、涌砂，土体的变形导致左线隧道第 8、10 环下部环缝张开、错台，错台量达 38mm，水、砂大量涌入隧道，地表沉降达 110cm；2003 年 7 月 1 日，上海某号线联络通道处发生工程事故，承压水冲破土层发生流砂，导致隧道管片发生类似多米诺骨牌效应的连续破坏，最终隧道坍塌和破坏范围达到了约 264m，并引起地面建筑物坍塌、倾斜。2007 年某市地铁二号线进洞施工时，盾构机刀盘下部出现漏水漏砂点，并迅速发展扩大，最终在很短的时间内，区间隧道损坏长度达 150m，同时在地面形成长约 100m、宽 30m、深度 3～5m 的大范围沉陷；2012 年北方某沿海城市某地铁区间隧道在盾构掘进过程中，盾构机螺旋输送机发生大量涌水涌砂，导致盾构机后面已完成施工的隧道及相邻已完成的隧道衬砌管片均发生近 100m 长的连续破损，地面出现大范围沉陷。同样的案例，国内外还有很多，这些事故必然引起邻近建筑物出现沉降、倾斜甚至坍塌事故，造成较大的经济损失和不良的社会影响。

1.1.3.3 原因分析

盾构法隧道施工，是盾构机在土体中掘进并在盾构机内部同步进行管片衬砌拼装、同步实施盾尾注浆的一种施工方法。近几十年来，我国地铁建设繁荣蓬勃，盾构法隧道施工也得到了极大发展，根据开挖面土体平衡方式，应用最广的是土压平衡盾构及泥水平衡盾构，应根据地质情况及工程实际选定采用土压或泥水平衡盾构。根据盾构开挖断面形状分为单圆盾构、双圆盾构、矩形盾构等，其中以单圆盾构应用最为广泛，主要是因为隧道断面为圆形时，隧道环片结构受力最为合理，有利于减少后期运营中出现的渗水、管片开裂等病害；但作为人行通道、车行通道时，圆形断面隧道通行空间利用率低，因此双圆盾构、矩形盾构应运而生，顶管工法施工地下通道等时一般也会采用矩形断面。

地铁盾构推进过程是一个持续的土方开挖、管片拼装、盾尾注浆动态过程，施工过程中会对推进影响范围内的土体产生扰动，且盾壳外径与管片外径之间会存在一个建筑空隙，盾尾注浆填充不足时产生地层损失，盾构刀盘出土不平衡时也可能引起地层损失，土体扰动和地层损失是盾构施工引起地面及建筑物沉降的两大原因。

由于土体扰动、地层损失等因素引起的地面沉降形态，是一个三维的沉降槽，该沉降槽随盾构施工和时间因素而不断发生动态变化，直至盾构施工结束一段时间后趋于稳定。

美国学者 Peck，通过对众多隧道掘进施工引起地表沉降的实测资料进行系统分析，提出了地层损失的概念和估算隧道开挖引起横向地表沉降的方法，即著名的 Peck 公式，该公式被广大学者和工程技术人员所应用。Peck 公式中，假定在土体不排水的条件下，隧道掘进所形成的地面沉降槽的体积与地层损失体积是相同的，隧道施工所产生的地表沉降横向分布近似为一正态分布曲线。

$$S_{(x)}=S_{max}\cdot\exp\left(-\frac{x^2}{2\cdot i^2}\right)$$

$$S_{max}=\frac{V_s}{\sqrt{2\pi}\cdot i}\approx\frac{V_s}{2.5\cdot i}$$

$$i=\frac{Z_0}{\sqrt{2\pi}\cdot\tan\left(45^\circ-\frac{\varphi}{2}\right)}$$

式中 $S_{(x)}$——距隧道中线为 x 处的地表变形（mm）；

S_{max}——隧道中线上方的地表最大变形（mm）；

x——距离隧道中线的距离（m）；

i——沉降槽的宽度系数（m）；

V_s——沉降槽面积（m^2）；

Z_0——隧道埋深（m）。

根据 Peck 公式，在地层损失率相同的情况下，盾构断面越大，地层损失量越大，地面沉降越大。在盾构埋深越小、覆土越浅时对地面沉降影响越大。

综上，在盾构掘进施工中，引起地面沉降及建筑物沉降和倾斜的影响因素，主要和以下几个方面有关：

（1）地质情况和隧道设计因素

淤泥质土软弱地层及砂性土层对盾构施工影响比较大，地面及建筑物沉降及变形难以控制。淤泥质土软弱地层具有较高含水量、高压缩性、高灵敏度、低强度的特性，对施工扰动反应较为敏感，盾构推进过程中容易扰动土体，且土体后期沉降大；砂性土层中盾构施工时，地层损失率比一般地层要大，扰动范围也会更广，且砂性土层蕴含微承压水、承压水，盾构推进过程中刀盘和盾尾位置处易发生漏水、涌砂事故，会对建筑物等周边环境产生较大影响。在淤泥质土软弱地层和砂性土层中采用盾构施工时，要注意采取措施，以减小对土体的扰动，并减小地层损失率。

设计方面，隧道断面的大小和埋深对控制沉降影响很大，大断面、浅覆土隧道对地表、建筑物等周边环境影响非常大，在设计时应尽量避免。建筑物与隧道距离越近，受到的影响越大，设计时应尽量使盾构隧道远离建筑物。

（2）施工因素

盾构推进时刀盘处的正面推力、刀盘与周围土体之间的摩擦力、盾壳与周围土体之间的摩擦力及盾尾同步注浆压力等都会对周围土体产生扰动，对地面沉降控制不利。应控制盾构刀盘压力，确保盾构前方土体不产生大的隆沉；压注油脂，减小刀盘、盾壳与周围土体之间的摩擦力；设定好注浆压力，避免土体产生过大的扰动。

控制地层损失在盾构施工过程中至关重要，地层损失率对地表变形影响很大。应计算控制刀盘出土量、合理设置盾尾同步注浆量，将地层损失控制在设定的范围内，一般可取盾尾处地层损失率控制指标为0.5%，确保有效控制沉降。盾构施工时，盾壳外径与管片外径之间会产生建筑空隙，建筑空隙必须进行及时和充分的填充，盾尾同步注浆量的多少非常重要，通过同步注浆可以控制地层损失率的大小。

另外，盾构隧道施工存在一些风险较大的节点，如进出洞、旁通道等，部分盾构存在切削桩基结构及开仓换刀情况，这些风险节点必须高度重视，避免对地表及建筑物产生不利影响。

（3）建筑物自身结构因素

建筑物上部结构及基础结构形式对盾构施工来说也很关键，上部结构刚度越大、桩基越长，其抵抗变形的能力越强，盾构施工越不容易对其产生影响。对于建造在天然地基或简单处理过的地基土上，未采用桩基础的建筑物，因为基础形式较弱，盾构施工时很容易对其产生影响。但是，采用桩基础的建筑物也有可能因周边盾构隧道施工产生显著沉降，尤其是持力层承载能力不高的短桩基础。盾构隧道施工引起周边土体下沉后，邻近建筑物的桩基承受方向向下的负摩阻力，在一定深度范围内桩基承受来自桩周土层的下拉荷载作用，导致桩基承载能力降低、变形加大，从而引起地下、上部结构受力及变形增大，甚至出现裂缝、渗漏水等病害。

另外，建筑物自重也是一个很重要的因素，其对盾构扰动影响后土体的应力再平衡有一定影响，自重越大越容易产生沉降。

1.1.3.4　解决措施

（1）合理选线、优化盾构隧道设计参数

在规划设计阶段，应确保盾构隧道选线的合理性，尽可能少地穿越建筑物，尽量远离建筑物，尤其是一些结构整体性较差、对变形较为敏感的天然地基多层建筑物，以及历史保护建筑等。盾构隧道不宜浅埋，如有条件推进断面宜避开淤泥质黏土层和砂性土层，风险性较大的盾构进出洞和旁通道位置应布置在远离建筑物区域。

（2）根据监测数据动态调整盾构推进施工参数，做到信息化施工

应对隧道影响范围内的地面、建筑物等周边环境进行监测，并将实时监测数据反馈至盾构施工控制中心，根据监测数据结合地质情况综合分析，动态调整刀盘土压力、推进速度、盾构姿态、同步注浆压力及方量等参数，减小对盾构周边土体的扰动和地层损失，将盾构施工对建筑物等周边环境的影响降至最低。

根据《城市轨道交通工程检测技术规范》GB 50911—2013，盾构隧道基坑施工对周边岩土体的影响范围可划分为三部分：主要影响区、次要影响区、可能影响区，如图 1.1.3-3 所示。主要影响区和次要影响区内的建筑物均应进行监测，主要影响区内的建筑物应重点监测。

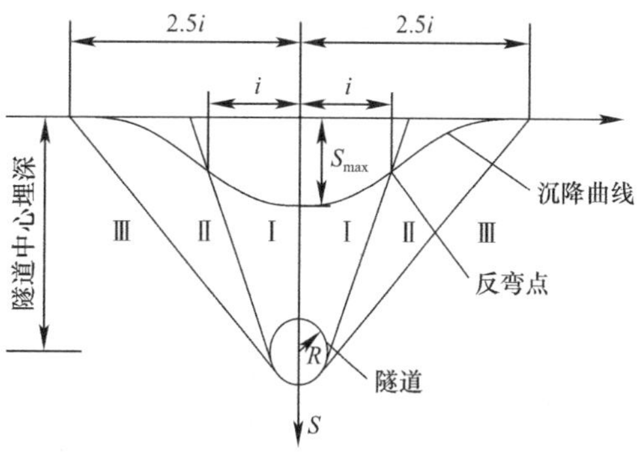

图 1.1.3-3 隧道工程影响范围分区图

（3）做好房屋检测、基坑监测

盾构隧道施工前同样应对盾构推进影响范围内建筑进行房屋检测，了解评估盾构沿线周边建筑物的病害情况，按照《工业建筑可靠性鉴定标准》GB 50144、《民用建筑可靠性鉴定标准》GB 50292，对建筑物的安全性和正常使用性进行鉴定，评估建筑物现状为设计施工提供依据，也可以固定证据避免纠纷。盾构穿越的建筑物、进出洞和旁通道周边的建筑物为房屋检测的重点。

（4）对重点建筑物进行加固保护

可根据被穿越建筑物与盾构隧道的位置关系、建筑物的地基基础和上部结构情况，以及地质情况综合评价盾构隧道穿越对建筑物的影响程度。被穿越建筑物需重点保护时，可以考虑采取设置隔离桩、土体预先加固等预加固保护措施。

如盾构隧道施工已对被穿越建筑物产生了影响，导致建筑物发生沉降、倾斜时，可在建筑物对应位置隧道环片后进行补浆加固（可利用隧道环片上原有注浆孔），补浆时应以尽量少的扰动土体为原则，操作上可以少量、多次，严格控制注浆压力，以控制建筑物沉降不再增加为目标，不宜因补浆加固使建筑物产生大量隆起。

1.2 混凝土裂缝

1.2.1 城市地下水位变化引起房屋结构开裂的质量问题案例分析

1.2.1.1 项目概况

上海某在建工地由于地下水位突然上升而造成地下室出现大面积开裂。该项目受地下水位变化影响，具有破坏大、速度快、修复难度大等特点。

1.2.1.2 问题描述

在完成地下室结构施工，且上部结构尚未进行期间，上海连续出现多场强降雨，该项目地下室的柱、墙、顶板均出现不同程度的开裂，且有逐渐扩大的趋势。在发现上述情况后，项目组人员分析可能是由于地下水位上升引起的，采取在地下室底板上开洞、排水减压的方法，阻止破坏的进一步发展。据反映，底板刚开凿后，地下水喷涌而出的高度达到 2m 左右。在排水泄压后，地下室结构基本恢复正常，从发现地下室起拱开裂，到排水减压并基本恢复正常，虽然前后仅仅只有 2 周多的时间，但是对结构的破坏是巨大的，部分破坏严重的裂缝触目惊心。在地下室结构变形基本稳定后，即对相应破坏较为明显的构件进行相关的检测，虽然部分裂缝已经恢复，甚至微不可见，但其客观的破坏仍然不可忽视。

1.2.1.3 原因分析

现场对结构裂缝进行钻芯取样分析，取样部位、芯样外观及裂缝特征见表 1.2.1-1。

混凝土构件外观及裂缝宽度和深度检测统计表　　表 1.2.1-1

序号	部位	外观	典型裂缝宽度（mm）	典型裂缝深度（mm）
1	地下一层柱 1 号北立面	该构件下部有数条裂缝	0.324	85
2	地下一层柱 2 号北立面	该构件下部有数条裂缝	0.743	＞210
3	地下一层柱 3 号西立面	该构件下部有数条裂缝	0.500	＞300
4	地下一层柱 4 号西立面	该构件上部有数条连续裂缝	0.838	140
5	地下一层柱 5 号西立面上部	该构件上部有数条连续裂缝	0.865	110
6	地下一层柱 6 号西立面下部	该构件上部有数条连续裂缝	0.338	150
7	地下一层柱 7 号西立面	该构件上部开裂，部分表面混凝土剥落	1.676	60
8	地下一层墙 8 号	该构件上部开裂，部分表面混凝土剥落	0.419	30
9	地下一层顶板 9 号	该构件表面混凝土存在细小裂缝	0.446	120

从现场情况综合来看，这个工程是较为典型的由于地下水位引发的结构开裂破坏的案例，其对地下室结构的柱、墙、梁、板的开裂破坏均较为严重，裂缝宽度较大，裂缝除了沿深度方向纵向开裂外，还存在对表面混凝土剥落性的开裂破坏。特别是顶板部分的开裂，虽然在排水泄压后，裂缝已微不可见，但其开裂破坏情况已客观存在。

从已有的情况进行分析，该项目出现以上状况主要由以下几个原因造成：

（1）该项目地下结构已完工，但上部结构尚未开展，结构抗浮的能力较弱；

（2）连续的大雨，造成地表渗入水量加大，地下水位升高；

（3）工程现场的排水设施未能很好地发挥排水、降水的效能；

（4）排水减压等措施开展得较晚，未能第一时间分析出混凝土构件开裂的原因并采取相应的具有针对性的措施；

（5）设计及施工过程中，存在其他不规范的操作。

1.2.1.4 解决措施

事先具有针对性的处理可以避免上述情况的产生或者是减轻对结构的破坏程度：

（1）地形地貌

注意周边的河流、堆土、周边建筑物或轨道地下部分的开挖施工等。上述案例属于较为典型的强降雨后，大量的地表水渗入，改变了地下水的埋藏条件，并改变了地表水、地下水的补、排条件，最终导致地下水位上升。

（2）设计

抗浮的设计裕量不容忽视，不能盲目地参照勘察单位的建议。勘察单位所给出的勘察报告往往有一定的局限性，应结合工程现场所处的地理位置，参照周边工程情况，特别是应该考虑到在施工期间可能遇到的各种情况。在可能发生类似地下水位变化的项目，如果条件允许，应在相应施工图上注明施工期的防、排水措施。当然也不能一味地偏于保守进行设计，这样会大大增加工程成本，造成不必要的浪费，所以如何控制这个“度”，对设计人员而言非常重要。

（3）施工单位

施工单位是处理此类问题的主力，在工程现场如果有地下水位的变化所引发的结构破坏，往往是有一定的诱因，如降雨、周边河道水位的变化、周边地下施工等。施工单位可以通过采用加强变形监测等手段，及早发现、及早处理。发现问题应及时处理，在发现地下室底板明显起拱及混凝土构件发生开裂后，应及时采取相应的处理措施。特别是雨期施工期间，应及时采取降、排水，对底板进行开孔排水等措施，以便降低地下室底板受到的水浮力，避免因基坑积水导致的地下室上浮破坏。

（4）房屋结构

如果是高、低层相结合结构，当两者作为一个整体验算时，高层部分的结构荷载大，整体抗浮一般较好，而较低的裙房或地库结构荷载小，就可能出现局部抗浮不足的问题。因此，裙房或地库抗浮设计必须进行整体抗浮验算和分区、分块的局部抗浮验算。

（5）其他

其他因素则是相关单位的操作失误或出于成本考虑等原因。此类问题往往与施工单位、监理单位等项目参与方对地下水位变化所造成的影响认识不足有关，或者出于某些原因，在未达到设计要求时就停止了降水。此类情况一般都是操作不规范等主观行为所造成，属于完全可以避免的因素。

综上所述，地下水位的变化对建筑物或构筑物的影响往往非常大。为了避免对建筑物造成开裂、下沉等影响，应由设计、勘察、施工、监理等项目参与各方在施工前、中、后期均本着科学、严谨、求实、准确的态度，切实落实安全生产的主体责任，采取有效的技术措施，保证项目的安全顺利实施。

1.2.2 MgO对混凝土开裂的影响案例分析

1.2.2.1 项目概况

某市某国际知名品牌产品生产车间及办公楼的部分区域出现混凝土楼板开裂，甚至出现了混凝土剥落的情况，而且剥落部分的混凝土往往出现于楼板底面，有砸伤人员和损伤机械设备的隐患，所以用户对此种情况较为担忧。

1.2.2.2 问题描述

该建筑物的使用环境和荷载，从开工至出现开裂的近十年期间没有较大的变化，而且此次混凝土产生裂缝和剥落也仅限于局部区域，发现该类情况的时间段也较短，从发现至现场检测大约为半年，期间已有十几块大小不一的混凝土块脱落，并有一定数量的混凝土楼板开裂，从现场已经剥落部位的混凝土样品中可见黄白色物质，且按压后较易成为粉状。现场混凝土剥落图见图1.2.2-1。

1.2.2.3 原因分析

混凝土作为目前最常用的建筑材料之一，其主要由胶凝材料、骨料、水、外加剂、外掺料等按一定比例配制，经均匀搅拌、密实成型、养护硬化而成，具有使用范围广、抗压强度高、耐久性好、强度等级范围大等特点。从其性质而言，主要包括混凝土拌合物的和易性、强度、变形及耐久性等。

其中，变形包括非荷载作用下的变形和荷载作用下的变形，特别对于大体积混凝土，由于断面尺寸较大，水泥水化热温升在短时间内很难散发出去，需要很长一段时间后，温度才能下降并达到稳定。非荷载作用下的变形有化学收缩、干湿变形及温度变形等，是造成混凝土裂缝产生的主要因素之一。如何避免混凝土在这个过程中开裂，从而防止破坏其整体性，目前已经有很多种方法，其中之一就是向混凝土中掺加一定量的 MgO。

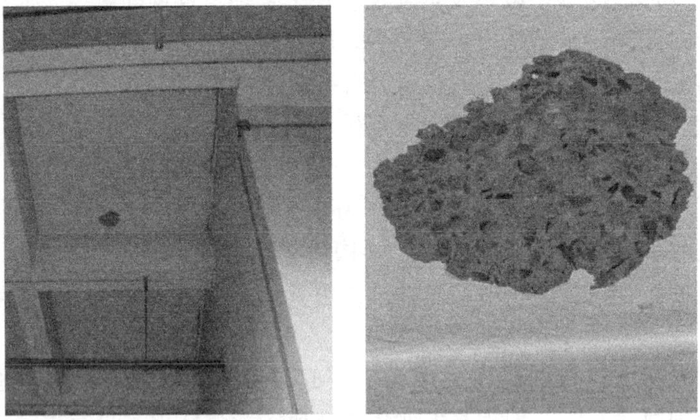

图 1.2.2-1　现场混凝土剥落图

在我国，20 世纪 80 年代就已经在数十个大型工程中使用了该方法防止混凝土开裂，所以说该方法的运用在我国还是有一定的技术基础的。我们所说的向混凝土中掺加 MgO 是指在水泥或者混凝土中掺加活性 MgO。混凝土中 MgO 在缓慢水化过程中，由于氢氧化镁晶体的形成和生长，氢氧化镁在吸水后，由结晶压变为膨胀。鉴于 MgO 在混凝土中的延迟性和膨胀性，特别是针对大体积混凝土散热慢、降温收缩变形迟缓的特点相抵消，在填充水泥浆料与骨料之间孔隙的同时，又对周围产生压应力，补偿大体积混凝土降温过程的体积收缩，从而对大体积混凝土由于温度降低产生的收缩变形等进行补偿，达到防裂、抗裂的效果。

而且 MgO 在水化后产生的 $Mg(OH)_2$，其耐腐蚀性能优于水泥水化后生成的氢氧化钙。另外，相比于目前建筑工程领域中使用的各种膨胀剂和膨胀水泥，在它们的水化过程中会形成钙矾石，$Mg(OH)_2$ 的热稳定性与化学稳定性均优于钙矾石，所以 MgO 作为膨胀剂使用的适应性更强，应用范围更广。鉴于上述特性，国内相关研究也表明，外掺了 MgO 后的混凝土，其抗压强度也有所提高，抵抗冻融循环的能力也有了明显的提升，所以对于混凝土而言，特别是一些大体积混凝土或者北方严寒地区的混凝土建筑物，MgO 外掺料的使用是避免混凝土开裂，非常不错的一种选择，这就是所谓的 MgO 在防止混凝土开裂中“福”。

然而就目前的技术手段而言，MgO 带给混凝土的“祸”可能更多一些。所谓“成也萧何败也萧何”，混凝土中 MgO 在缓慢水化膨胀过程中，影响产生 $Mg(OH)_2$ 的膨胀因素有很多，其中最主要的几个原因有 MgO 的性质和用量、养护温度、外掺料种类及其用量等。

掺加活性 MgO 的活性越高，则水化速率越快，混凝土早期膨胀率就越高。掺量越高，则膨胀率越高，一旦掺量超过限量，混凝土则有发生膨胀破坏的危险。一般掺加的活性氧化镁在混凝土中 1 年后膨胀就趋于稳定了，而水泥熟料中的 MgO 在常温下水化 20 年后还存在一定的膨胀变形，所以一旦混凝土中 MgO 含量超标，其对混凝土结构造成的伤害将是一个缓变而不可逆的一个过程。而如何控制，怎么控制这个过程就很重要了，但由于目前的技术手段及相关的研究的限制，该方面的实际应用还是有待进一步提高的。

针对该项目，考虑到用户反映的情况并结合现场情况，暂时排除由于建筑物沉降、荷载变化、环境变化等荷载作用下所引起的混凝土开裂与剥落，将主要检测分析重点放在混凝土原材料自身。鉴于上述分析，对已剥落部位和未剥落部位（钻芯法芯样）进行颗粒物的采集，对可疑有害杂质进行矿物晶体分析（X射线衍射分析）和矿物元素及形貌分析（SEM扫描电镜测试方法），见图1.2.2-2已剥落部位试样的SEM扫描电镜分析结果及表1.2.2-1，未剥落部位试样的SEM扫描电镜分析结果见图1.2.2-3及表1.2.2-2。

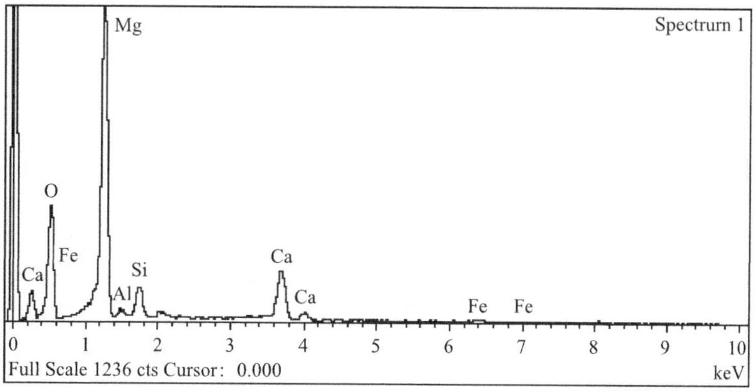

图1.2.2-2 已剥落部位试样的SEM扫描电镜分析结果

已剥落部位试样的SEM扫描电镜分析结果 表1.2.2-1

元素	表观浓度（%）	强度校正量	质量百分比（%）	质量相对标准偏差	原子百分比	氧化物含量（%）	分子式	离子数（mol）
Mg K	23.28	0.8876	38.71	0.50	33.80	64.18	MgO	5.09
Al K	0.47	0.5745	1.22	0.20	0.96	2.30	Al_2O_3	0.14
Si K	2.88	0.5495	7.73	0.37	5.85	16.55	SiO_2	0.88
Ca K	6.94	0.9742	10.51	0.30	5.56	14.70	CaO	0.84
Fe K	0.99	0.8249	1.77	0.45	0.67	2.28	FeO	0.10
O			40.07	0.55	53.16			8.00
总量			100.00					
							阳离子总和	7.05

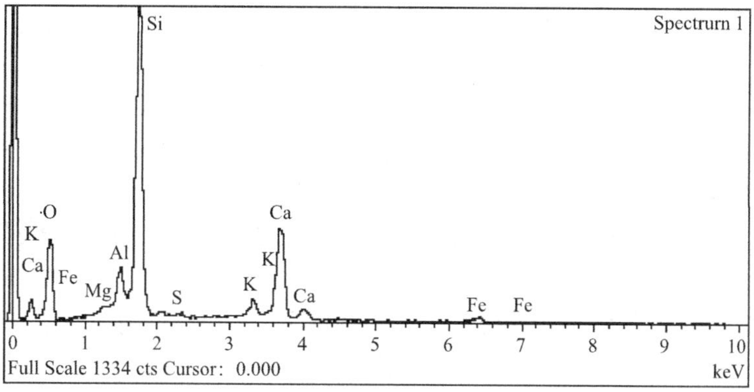

图1.2.2-3 未剥落部位试样的SEM扫描电镜分析结果

未剥落部位试样的 SEM 扫描电镜分析结果　表 1.2.2-2

元素	表观浓度（%）	强度校正量	质量百分比（%）	质量相对标准偏差	原子百分比（%）	氧化物含量（%）	分子式	离子数（mol）
Mg K	0.36	0.8041	0.36	0.11	0.32	0.59	MgO	0.04
Al K	2.59	0.9059	2.31	0.14	1.83	4.36	Al_2O_3	0.23
Si K	32.35	0.7605	34.30	0.37	26.17	73.37	SiO_2	3.29
S K	0.35	0.7761	0.36	0.09	0.24	0.90	SO_3	0.03
K K	1.92	1.0113	1.53	0.13	0.84	1.85	K_2O	0.11
Ca K	13.89	0.9562	11.71	0.22	6.26	16.39	CaO	0.79
Fe K	2.01	0.8205	1.97	0.25	0.76	2.54	FeO	0.10
O			47.46	0.40	63.58			8.00
总量			100.00					
							阳离子总和	4.58

通过 X 射线衍射分析发现，已剥落部位样品中含 MgO 和 Mg（OH）$_2$，而在未剥落部位样品中未检出 MgO 和 Mg（OH）$_2$。SEM 扫描电镜显示，已剥落部位所采集的样品中 Mg 元素含量是 64.18%，而未剥落部位所采集的样品的 Mg 元素含量是 0.59%，所以基本认定，该区域的混凝土开裂与剥落与混凝土中的 MgO 有关。

1.2.2.4 解决措施

虽然该建筑物已建成近十年，但在刚竣工后的几年内并未被发现有相关的质量问题。由于距当年竣工时间过久，相关资料也不齐全，对于当时的施工情况也无从考究。不过从现有的数据及信息中可以推测，在当时施工过程中，可能该批混凝土中被掺入了 MgO 或者该批混凝土中某种原材料中含有 MgO 的成分超标。虽然在施工后的一段时间内可能由于膨胀的应力较小，变化也没有达到混凝土所能承受的极限，但随着时间的推移，MgO 和 Mg（OH）$_2$ 造成的膨胀变形仍然在“润物细无声”地进行着，只是到一定的时间后就爆发了出来，造成了上述的情况。当然，这种危害对整个建筑物的结构安全性能而言是非常致命的。虽然现场仅仅只是产生了细微的裂缝和部分 3～5cm 厚度表层混凝土的脱落，对于整个建筑物而言可以说是九牛一毛，但考虑到 MgO 的特性，其裂缝的开展变化和混凝土的剥落将仍然是一个缓慢持续的过程，且具有不可逆性。而且从剥落部位的混凝土块中可见，部分钢筋与混凝土已完全分离，不可避免地造成了楼板底面钢筋的锈蚀，如果不采取进一步的加固修缮措施，将严重影响该建筑物的结构安全性能，从而造成人员和财产损失。鉴于 MgO 在混凝土中的特性，对这幢建筑物开裂部位进行了混凝土开裂及脱落的原因查找与分析外，还建议对其他尚未出现类似情况的区域进行每日巡查，严密监控该类情况的发生。但是就目前的技术手段而言，想要以较低的成本（金钱、空间、时间等）达到修缮该建筑物的要求难度较大，追溯施工企业的责任也较困难，所以应在源头上加以控制，避免后期损失。

目前关于外掺 MgO 在混凝土中的水化动力学还没有系统的研究，在外掺 MgO 混凝土技术应用越来越广泛的情况下，这一研究显得迫切和意义重大。我国幅员辽阔，地大物博，各个地方的经济、气候、施工技术水平也相差较大，如何正确合理地使用相关的技术也有待进一步的研究。相关的安定性检测在试验室中也是为了缩短检测时间而采用高温养护的方法，其与现场的实际情况还是有一定的区别。MgO 作为膨胀剂来使用是不能一概而论的。

现阶段，对不同混凝土强度、不同的施工工艺、不同的养护条件以及不同外掺料等方面的研究尚有欠缺。例如对于混凝土强度相对较低、施工振捣的密实性相对较差的混凝土或者添加了其他品种的外加剂后，MgO 水化后可能因为上述混凝土中孔隙率较大，且自由水的含量不同，其膨胀应力相对于高强度、密实性较好的混凝土而言，约束力则相对较弱，则其膨胀的时间过程及程度等都可能发生不同的变化。

另一方面，MgO 水化的膨胀过程中水也是一个非常关键的因素，不同的混凝土中可进行水化的自由水量不同，对 MgO 水化膨胀的效果影响也就不同。对于低强度的混凝土而言，水灰比较大，空隙也较大，在自由水量充沛的情况下，MgO 水化的膨胀效果相对较好，但是在大体积、高强度的混凝土中，此类混凝土中的自由水量较少，混凝土体积的自收缩又往往较大，MgO 水化过程与混凝土中水泥水化的过程存在一种对水资源竞争的关系，MgO 的水化可能由于缺水而导致膨胀周期的变长或效果减弱。所以如何使用 MgO、如何与其他材料相配合、与现场实际情况（现场的温度、湿度、养护条件等）相结合，这些都是 MgO 作为混凝土膨胀剂使用中应该密切注意的事项。从总体来看，MgO 在混凝土中作为膨胀剂而言就是一把“双刃剑”，对于混凝土的开裂，用的好则是“福”，用的不好则是“祸”。

笔者在此建议，在实际使用前，不能根据经验或者相关的试验室数据简单地使用，一定要结合现场实际情况，通过一系列的试验室和现场的试验，再决定是否使用、如何使用、使用中的注意事项。制定实际操作的流程，严格控制现场各流程，特别是严禁发生私自掺水的情况（现场施工过程中为了便于浇筑混凝土，施工人员往往会自行对商品混凝土进行掺水，提高混凝土流动性，达到便于泵送、浇筑、振捣的目的），一旦发生此类情况将改变混凝土水灰比，MgO 的水化膨胀将可能与预估发生较大偏差，从而造成不可挽回的危害。

目前通过全国各种成功的案例分析可以发现，MgO 外掺料的使用成功案例大多都集中在水坝等超大体积的混凝土防裂方面。相信随着理论研究的进一步深入和实际应用案例的增加，MgO 作为防止混凝土开裂的外掺料在各类项目中将得到进一步的应用。

1.3 砌体裂缝

1.3.1 建筑室内墙面爆裂案例分析

1.3.1.1 项目概况

上海某多层住宅小区墙体主要采用 A 砖厂生产的强度等级为 MU10，质量等级为合格品的烧结黏土多孔砖（240mm×115mm×90mm），另外还采用少量 B 砖厂和 C 砖厂生产的上述同强度等级、同质量等级和同规格尺寸的烧结黏土多孔砖。砖墙砌筑完成准备墙体粉刷时，发现墙体出现了起砖粉、掉屑及脱皮等严重泛霜现象。

1.3.1.2 问题描述

根据工程实际情况，对住宅小区 4～6 号房工地的整体情况进行现场勘查。4 号房 4、5、6 层及跃层，5 号房 1、2、3 层，6 号房 5、6 层及跃层，上述楼层的砖墙采用的多孔砖大部分为A砖厂生产的多孔砖，另外还有一些B砖厂和C砖厂生产的多孔砖。据施工单位介绍，砖墙砌筑后，刚好遇到雨季，在进行粉刷施工时，施工方对砖墙全部浇水湿润，在浇水后不久，施工方发现4号房4、5、6层及跃层，5号房1、2、3层，6号房5、6层及跃层的砖墙有起砖粉、掉屑及有表面脱皮等泛霜现象（图1.3.1-1现场泛霜图），已经严重影响进一步施工。

图1.3.1-1　现场泛霜图

现场勘查发现，用A砖厂生产的多孔砖，砌筑后的墙体泛霜现象比较严重，霜的最大厚度达到10mm，并伴有脱皮现象，脱皮后的墙体又出现泛霜现象。而B和C砖厂生产的多孔砖，砌筑后的墙体无泛霜等情况。通过对住宅工程进行整体调查发现，出现泛霜现象的墙体泛霜面积大致相同，现场随机抽取5号楼三层的三面墙体，统计了墙面现场泛霜比例（表1.3.1-1）。

墙面现场泛霜比例统计表　　**表1.3.1-1**

位置	1	2	3
多孔砖总数量（块）	26×7=182	24×7=168	24×7=168
泛霜的多孔砖数量（块）	75	65	61
多孔砖墙体泛霜的比例（%）	75/182=41	65/168=39	61/168=36
多孔砖墙体泛霜的比例平均值（%）	39		

1.3.1.3　原因分析

含有盐类的烧结黏土多孔砖或已砌成墙体在露天环境放置下经风吹雨淋，并经干湿循环，其表面出现白色粉末、絮团或絮片状物质等现象称为泛霜。这是由于多孔砖中可溶性盐类遇水后发生溶解，通过毛细管外移至砖的表面沉淀而产生的盐析现象。泛霜形成的内部条件是烧结黏土多孔砖本身含有可溶性盐类，外部条件是工程施工期间处于干湿循环环境。

（1）泛霜试验

现场取A砖厂多孔砖样品，参照《砌墙砖试验方法》GB/T 2542－2012进行了试验室泛霜试验，结果显示：A砖厂多孔砖样品有泛霜现象发生，根据泛霜强度的划分来判定，其泛霜程度属于严重泛霜。

（2）XDR 衍射图谱分析

现场取使用 A 砖瓦厂生产烧结黏土砖的墙体上绒霜进行 XDR 衍射图谱分析，发现其主要成分为 α-石英、$MgSO_4 \cdot 6H_2O$ 等。

（3）气候环境

本工程施工期为上海的黄梅季节，此时雨水较多，为多孔砖泛霜提供了充分的水源。另外，此时为温度较高、一会下雨、一会天晴的干湿气候，使得烧结黏土多孔砖的泛霜有了充分的外部条件。

（4）A 砖厂调研

问题发生后对 A 砖厂进行了走访调研，发现 A 砖厂在生产烧结黏土多孔砖的过程中，加入了一些工业废料，而砖厂在生产过程中又未对所掺工业废料进行化学分析。对照 XRD 衍射图谱分析，A 砖厂生产的这批多孔砖中，主要含有可溶性硫酸镁。

根据现场勘查、泛霜试验、XRD 衍射图谱分析、气候环境及 A 砖厂调研信息，分析本项目墙体泛霜的主要原因为：

A 砖厂生产的这批多孔砖中含有可溶性硫酸镁，在适宜的干湿循环条件下，多孔砖中水分不断蒸发，局部高浓度的硫酸镁逐渐析出，在未粉刷的砖墙表面生成白色的毛状物，进而产生起砖粉、掉屑、脱皮等严重泛霜现象。

1.3.1.4 解决措施

墙体表面范霜对结构安全性和墙体美观性都会造成一定影响：

（1）结构安全性影响

多孔砖中含有的盐类在溶解于水中后，水分经蒸发后结晶，通常再结晶盐类因含有结晶水会体积膨胀。这些体积膨胀的再结晶盐类存在于多孔砖的微孔中，会产生较大的膨胀应力，导致多孔砖出现类似于鱼鳞片般的剥落，从而破坏多孔砖表层的组织结构，使孔隙率增大、结构疏松，进而引起砌筑墙体出现粉化式剥落破坏，使砌筑的墙体松散、风化甚至坍塌，影响结构的承载能力。

（2）墙体美观性影响

由于多孔砖表面粉化掉屑，破坏了多孔砖与砂浆之间的粘结，外粉刷也会随之剥落，影响其耐久性，进而影响建筑墙体的美观及正常使用。

鉴于烧结黏土多孔砖墙体泛霜引起的工程质量问题在特定环境下会持续存在，因此，对已出现泛霜问题的墙面拆除重建，对有问题的 A 砖瓦厂的多孔砖进行替换，以保证工程质量。

1.3.2 建筑室内墙面爆裂案例分析

1.3.2.1 项目概况

某住宅项目于 2019 年 4 月建成，建筑面积约 10 万 m^2 左右，共 33 幢建筑。项目于 2018 年 7 月份开始进行室内墙面抹灰工程，于 2019 年 11 月份进行涂饰工程。2020 年 6 月份发现所有建筑墙面多处出现点状爆裂现象，且随着时间的延长，爆裂点出现数量有增多的趋势。

1.3.2.2 问题描述

墙面结构底层为装配式预制混凝土板或二次结构砌筑，中间层为抹灰层，面层为涂饰层。现场勘查发现无抹灰工程的顶面和电梯井外墙（底层为石膏板）未有爆裂发生，爆裂点均位于有抹灰工程的墙面。爆裂处位于底层和涂饰层之间的抹灰层，爆裂中心存在褐色或深灰色的爆裂核，爆裂状态为以爆裂核为中心形成径向辐射爆裂或裂纹，且爆裂核周围存在灰色粉末。现场墙面爆裂情况见图 1.3.2-1。

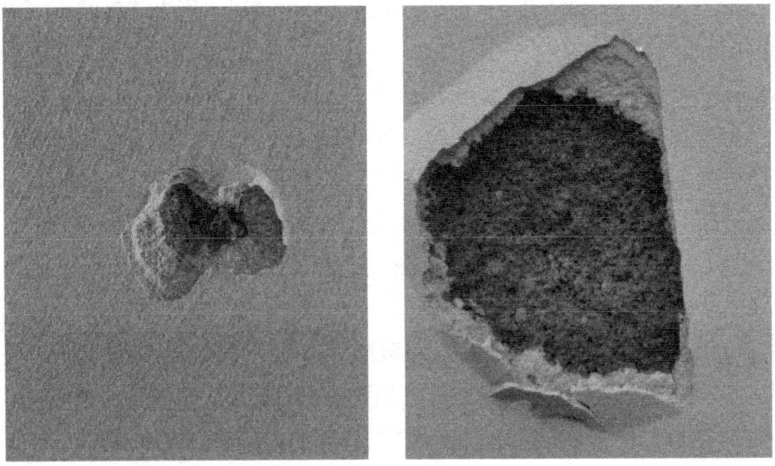

图 1.3.2-1 现场墙面爆裂图

1.3.2.3 原因分析

（1）化学分析

分别取混凝土爆裂处褐色粉末和未爆裂处正常砂浆进行化学分析，褐色粉末和砂浆化学成分对比见表 1.3.2-1。由此可知，与未爆裂处正常砂浆相比，褐色粉末中 Fe_2O_3、CaO、MgO 含量较高。

褐色粉末和砂浆化学成分对比 表 1.3.2-1

项目	质量分数（%）	
	正常砂浆	爆裂处褐色粉末
Fe_2O_3	2.52	12.44
Al_2O_3	11.96	2.36
f-CaO	30.21	63.43
MgO	2.65	4.35
SiO_2	45.32	9.36
TiO_2	0.38	0.52

（2）安定性检测

在发生爆裂的两个房间各钻取一组芯样，参照标准《建筑结构检测技术标准》GB/T 50344—2019附录 B “f-CaO 对混凝土质量的影响的检测”。制作两组标准薄片进行沸煮试验后，两组薄片均发生严重破损（以褐色骨料为中心放射性开裂）。此现象符合《建筑结构检测技术标准》GB/T 50344—2019 附录 B 中 B.0.7.1 所述，证明此褐色颗粒中所含的游离氧化钙含量过多。

（3）沸煮法强度对比

在发生爆裂的墙面上，现场随机选取 20 个部位，每个部位取两组试件，加工成 ϕ75mm×50mm 的样品进行抗压强度对比试验。通过沸煮法对其中 20 组芯样试件进行加速反应，其余 20 组芯样试件不做处理。沸煮冷却后的芯样抗压强度与未沸煮的芯样抗压强度比较结果见表 1.3.2-2。由表 1.3.2-2 可知，正常芯样试件在沸煮后大部分都出现破损，未破损的芯样试件抗压强度也发生了不同程度的衰减，衰减率最高为 44%。

芯样抗压强度对比　　表 1.3.2-2

取样部位	抗压强度（MPa）		芯样试件强度衰减率（%）
	未沸煮芯样试件	沸煮芯样试件	
3 号楼 101 客厅西墙面	4.25	3.23	24%
3 号楼 201 客厅西墙面	4.36	试件破损	—
3 号楼 301 客厅东墙面	3.98	试件破损	—
3 号楼 502 主卧室东墙面	4.62	试件破损	—
3 号楼 601 客厅西墙面	5.21	试件破损	—
5 号楼 202 客厅西墙面	4.31	试件破损	—
5 号楼 301 主卧室东墙面	4.67	试件破损	—
5 号楼 302 客厅东墙面	5.12	试件破损	—
5 号楼 401 次卧室北墙面	4.71	试件破损	—
5 号楼 601 主卧室西墙面	3.87	试件破损	—
7 号楼 202 主卧室东墙面	4.72	试件破损	—
7 号楼 301 客厅东墙面	4.29	试件破损	—
7 号楼 402 次卧室东墙面	4.76	试件破损	—
7 号楼 501 客厅西墙面	3.93	2.98	24%
11 号楼 101 客厅东墙面	5.23	试件破损	—
11 号楼 202 主卧室东墙面	4.69	试件破损	—
11 号楼 302 主卧室西墙面	4.91	试件破损	—
11 号楼 501 客厅东墙面	4.54	2.52	44%
11 号楼 601 主卧室东墙面	5.02	试件破损	—
11 号楼 602 客厅东墙面	4.78	3.01	37%

（4）厂家调查

问题发生后对砂浆生产厂家进行了调查，发现其在砂浆搅拌过程中加入了一定量的钢渣代替碎石。

（5）分析总结

通过对爆裂处砂浆进行化学分析、安定性检测、沸煮法强度对比，并结合厂家调查信息可知，爆裂处褐色粉末中 Fe_2O_3、f-CaO、MgO 含量较高，是典型砂浆安定性不良现象，这些成分可能来源砂浆生产厂家掺入砂浆中代替碎石的钢渣。钢渣中的 CaO、MgO 结构致密，经过高温煅烧，其水化过程十分缓慢并伴随着体积膨胀。CaO 与水反应生成 $Ca(OH)_2$ 时体积膨胀 97.9%，同样 MgO 与水反应生成 $Mg(OH)_2$ 过程中，一般可以膨胀 2.2 倍。在混凝土拌和完成后乃至服役期内，钢渣中的 CaO、MgO 与混凝土内的自由水或外界渗入的水分发生水化反应，生成 $Ca(OH)_2$、$Mg(OH)_2$，导致体积膨胀，并以钢渣为中心形成径向辐射爆裂缝或细裂纹。

1.3.2.4 解决措施

掺有钢渣引起的墙面爆裂属于典型的砂浆安定性不良现象，如钢渣掺量较小，可以剔凿开爆裂处，清除爆裂物，进行砂浆修补，相对较易处理；如钢渣掺量较大，造成全局性爆裂，此时需全面铲除，重新铺设砂浆层，处理较困难。对于一些水化更慢的钢渣，潜伏期比较久，可能在较晚时期才会陆续发生爆裂，因此在条件允许的情况下建议全面铲除。

1.3.3 加气混凝土填充墙裂缝案例分析

1.3.3.1 项目概况

某商务楼整改装修工程，总建筑面积约 20000m²，是一座集商务办公、酒店餐饮、休闲娱乐于一体的城市综合商务大楼。其整修面积八千多平方米，填充墙由轻质加气混凝土砖砌成。隔墙砌筑完成进行下一步工作时，发现加气混凝土填充墙出现多处裂缝。

1.3.3.2 问题描述

现场勘查发现本项目加气混凝土填充墙产生多处裂缝，填充墙之间产生了水平裂缝、立柱附近产生垂直裂缝以及随灰缝变化的阶梯状裂缝，现场裂缝见图 1.3.3-1。

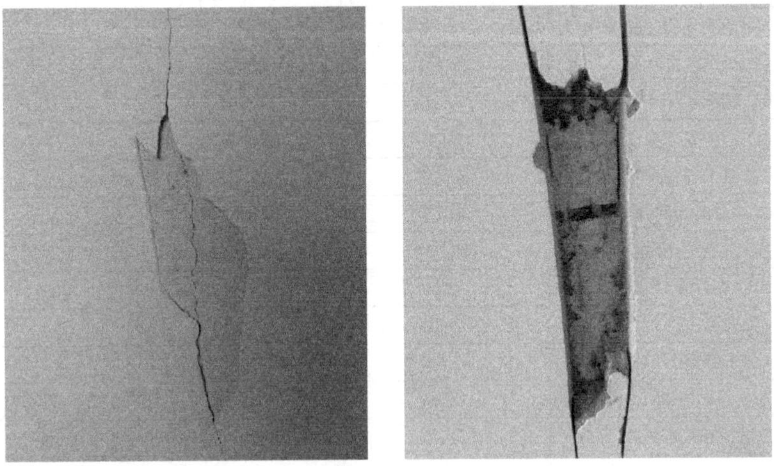

图 1.3.3-1 现场裂缝

1.3.3.3 原因分析

影响加气混凝土填充墙裂缝产生的因素较多，通常主要有干缩、温度变化、湿度变化、砌体材料和施工质量等。

(1) 墙体过度干缩

裂缝是加气混凝土填充墙普遍存在的问题。在砌块干燥过程中，各种类型混凝土砌块皆会发生收缩这一现象。必须在砌块干燥时严格控制其收缩率，否则，过大的收缩变形会导致墙体出现裂缝。按照相关规范，常规条件下加气混凝土砌块干燥收缩值应低于 0.5mm/m；快速干燥条件下，加气混凝土砌块的干燥收缩值应低于 0.8mm/m。本次工程选定的加气混凝土砌块，按照《蒸压加气混凝土性能试验方法》GB/T 11969－2020 的要求进行了测试，结果显示其抗压强度为 3.1MPa，砌块极限干缩变形为 0.324mm/m，但是大多数建筑项目并没有明确规定加气混凝土砌块干燥期间的收缩率，而是根据抗压强度衡量砌块质量。加气混凝土中的水分含量平均为8%～12%。需要堆放很长时间才能使其湿度与大气保持平衡。加气混凝土出釜后砌块往往等不及与空气湿度一致就被送到施工现场用于墙体砌筑。因此，加气混凝土砌块的大部分干缩在施工后完成的，同时抹灰之前需要进行湿润，使加气混凝土吸收了更多的水分并发生膨胀，从而提高其干缩值。加上加气混凝土砌块强度低，在砌筑缝或材料本身都可能出现裂缝，这导致抹灰表面变干或凹陷，产生裂缝。现阶段用于墙体砌筑的轻质砖通常存在干燥过程中过度收缩的问题，在干燥期间过度收缩是填充墙中开裂的主要原因之一。

（2）温度变化

传统水泥砂浆的导热系数、线膨胀系数比加气混凝土材料的导热系数、线膨胀系数大得多，其中传统灰泥砂浆线膨胀系数为10^{-4}mm/（m·℃），加气混凝土砌块的线膨胀系数为8×10^{-6}mm/（m·℃），由此可以看出传统水泥砂浆线膨胀系数要比加气混凝土材料大很多。导热率、线性膨胀系数差异引起了热膨胀和冷收缩，进而产生了温度应力，使得加气混凝土填充墙产生裂纹甚至墙面脱落。由于无法控制外部温度的变化，因此必须避免在高温季节砌筑填充墙。

（3）湿度变化

本项目所在地属于亚热带季风气候，气温适宜，温暖湿润，阳光充足，雨量充沛，并且雨季非常潮湿，年平均相对湿度为77%，相对湿度的变化会影响加气混凝土中的含水量；根据对本次工程的研究发现加气混凝土砌块填充墙壁的裂缝主要形成于夏季和冬季，因为这两个季节相对湿度明显增加，相应的加气混凝土填充墙体会有较大的干缩和湿胀变形，而砌块表面与内部水分含量会有很大差异，从而导致变形程度不一，砌体表面始终处于张紧状态，当应力超过砌块抗拉强度时，墙体便产生了裂缝。

（4）砌体材料

碳化会对砌块的抗压强度、抗裂性带来负面影响，如果未及时对加气混凝土填充墙饰面进行有效处理，则砌块表面短时间内就会发生碳化，导致抗压强度、抗裂性降低，并且其会使砌块发生收缩从而导致变形，促使填充墙体出现裂缝。填充墙砌好后，对于内墙主要是由于相对湿度、渗漏导致砌块含水量变化。当砌块中的水含量增加时强度降低更为明显。同时干湿循环也会加速相应变形的增加，从而导致加气混凝土填充墙出现裂缝。

目前，灰浆常被用于填充墙砌筑，但是普通灰浆的保水性能较差，其抗压强度离散值与干缩值偏大，导致灰浆不能够在砌体间产生较好的黏聚力。并且砌块的吸水性非常强，在施工过程中灰浆是具有水分的，从而导致砌块吸收大量水分，最终导致灰浆不能够达到设计标准强度值。灰浆自身所具有的低流动性也阻止了灰浆在块体上的均匀分布，从而导致连接处厚度不均匀，降低了灰浆与块体的黏附强度和墙体抗压性与抗拉伸性，增加了墙体产生裂缝的可能性。

（5）施工质量

加气混凝土填充墙的质量很大程度上取决于施工人员的施工水平。在运用某些新型材料砌筑填充墙时，有些施工人员对新材料的特点了解不足，在施工时依然采用传统的黏土砖施工技术，这不可避免地会导致加气混凝土填充墙出现质量问题。还有些施工人员认为填充墙不是建筑主体的一部分，属于非承重墙，不重视填充墙的施工质量。在砌筑过程中施工质量控制不当，如施工人员对新型墙体材料不够了解，还在使用传统的黏土砖砌筑法进行砌筑墙体，无法使填充墙达到规范所要求的标准。并且大部分现场工作人员从未接受过相关施工技术培训，施工质量难以保证，导致填充墙裂缝产生。

1.3.3.4　解决措施

填充墙裂缝的预防难度较大，是一项系统性工程，需要从施工材料、施工工艺、施工质量、施工人员等多个方面入手采取有效的预防措施才能获得理想效果。

（1）材料控制

若想将加气混凝土填充墙体裂缝控制在合理范围内，就要对施工材料的质量进行严格地把控。主要包括：用于施工的砌块必须符合相关施工规范要求，出厂后的加气混凝土砌块需要放置四周后才能使用；不应混合使用不同类型的水泥；加气混凝土砌块进入施工现场后必须根据品种、技术特点分类放置。堆垛高度不应超过 1.5m，室外放置时要注意防潮和防雨；在施工过程中严格控制加气混凝土砌块与水之间的接触。

（2）施工工艺控制

房屋表面的隔热必须通过计算加以明确。应关注空调在日常生活中的广泛使用导致的建筑室内和室外温度差异过大的情况。在对隔热材料进行甄选时要使用隔热性能优良的，在屋顶层设置隔热层以降低室内外温度差异，防止房屋的顶层填充墙体因温差过大产生裂缝。应在混凝土墙表面与加气混凝土砌块的连接处安装钢丝网，钢丝网片压接缝两边的宽度不小于 100mm，抹灰表面悬挂玻璃纤维布。

加气混凝土填充墙应按照施工设计规定设置拉结钢筋，每隔 500～1000mm 设置一杆，并且长度不小于墙长的 1/5 且不小于 700mm。拉结筋通常采用植筋方式，首先在墙面标注植筋钻孔位置，然后再钻孔，钻孔的作业深度选取所植入钢筋直径的 15 倍。在工人完成钻孔作业后，需要对孔内部进行清理，粉尘会降低粘结性，孔内不能够有残存粉尘，用植筋胶植入钢筋，然后进行分层分批的拉拔试验，检测达到标准值所要求后，现场施工人员即可进行砌筑。

加气混凝土填充墙水平高度超过 4m 时应安装增强作用的钢筋混凝土水平环形梁，宽度与墙壁相同，高度不应小于 120mm。若墙体的水平长度大于 6m 则必须要设置构造柱，构造柱的配筋应符合设计要求，构造柱浇筑时要确保振捣充分。

根据施工规范使用砂浆，确保其符合加气混凝土砌块的强度要求，根据外部环境因素合理掺加外加剂，合理控制水灰比及砂浆稠度。

（3）施工质量控制

进入施工现场的加气混凝土砌块应严格遵守材料验收程序，针对其出炉日期进行重点检查，避免砌块过早用于墙体砌筑。在进行砌筑工作前，必须要提前对其进行浇水以达到湿润的状态，加气混凝土砌块的含水率标准应为使水浸入其表面深度 8～10mm。若某墙面需要用于有防水要求的房间，其需要浇筑高度高于 200mm 的混凝土承台，承台需与楼板同时浇筑，避免砌块干湿交替导致加气混凝土砌块填充墙防水性能的降低。

承台位置必须精准，以免因偏差而导致砌体无法达到较好的平整度。在对墙体进行砌筑前，需要对砌块进行排列，根据灰缝位置定位拉结筋，以确保拉结筋位置准确。加气混凝土填充墙的每次砌筑高度不能超过 1.5m，春季不超过 1.2m，单日砌筑高度不宜超过 1.8m。梁、底板之间必须保留间隙，等到砌体变得牢固稳定后再继续砌筑，使用耐腐蚀的木楔进行紧压，使用带有微泡的干硬性砂浆填充缝隙，砌筑砂浆必须饱满。

加气混凝土砌块灰缝密实匀称，水平灰缝宽度为15mm，灰缝饱满度应在90%以上；垂直灰缝宽度不大于20mm，饱满度应在80%以上。墙体砌筑完成后，需要在墙体上部密封完成后对管道采取开槽。在进行开槽前需在墙面画出线盒与管道所处的位置，在切割时不能对横梁造成损坏，凹槽不能水平切割，凹槽深度不可穿透墙体，其取值以管道直径为准。当管道铺设完毕后，现场施工人员需用钉子将管线固定在管槽两侧，然后用砂浆将其抹平。抹灰完成后及时进行有效养护，如需要对其采取洒水养护措施，则养护时间应在一周以上，若气候较为寒冷则需依据具体情况来制定养护时间。

(4) 施工现场管理

定期对现场工作人员的业务能力进行业务培训，确保现场工作人员真正了解施工过程，明确施工过程中的质量控制要求，强化施工人员的质量控制意识。质量监督人员要做好施工过程中的质量监督，及时纠正发现的任何质量问题。在施工前检查设计图纸，以避免由于施工设计的改动而造成墙体破坏，导致裂缝产生。

1.4 钢结构裂缝

1.4.1 钢结构钢柱焊缝裂纹案例分析

1.4.1.1 项目概况

某会展中心项目为总建筑面积147万m^2综合体。一层北部除1个大展厅为双层结构外，其余均为单层无柱展厅。本项目始建于2009年，为满足展览需要，2019年开始改造，现场施工场景见图1.4.1-1，钢桁架拼接见图1.4.1-2。改造项目采用了箱形钢框柱-双向钢桁架结构体系。钢巨柱共108根，高度为18m，分布于展览内，用于支撑二层结构。在改造过程中，发现较多钢柱出现焊缝裂纹。

图1.4.1-1 现场施工场景

图1.4.1-2 钢桁架拼接

1.4.1.2 问题描述

现场勘察发现裂纹钢柱为工厂预制，钢板与钢板L型式焊接，钢板采用碳素合金钢

(Q345B)。裂纹位于主焊缝边缘，中间宽，两端尖，长约 500mm，碳弧刨除后深约 30mm（图 1.4.1-3）。钢柱焊缝裂纹比较严重，发现后工厂及时停止焊接。该工程在施工结束还未及交付的几个月以后，较多区域出现了较大面积的泛碱现象，涂层表面有盐碱析出，在表面形成白色析出物。

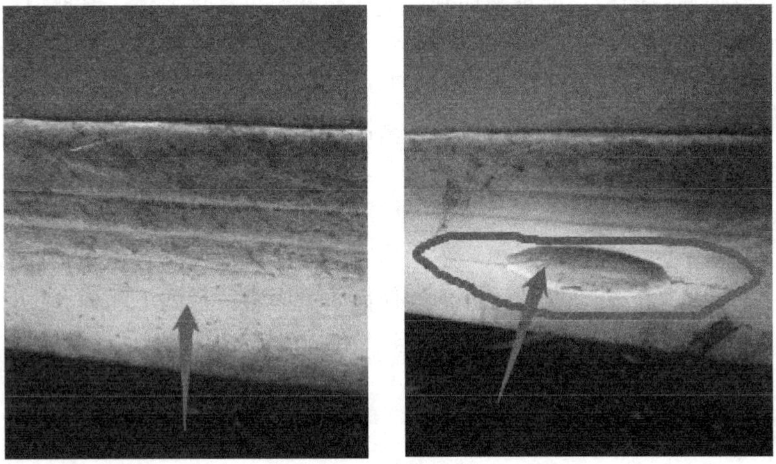

图 1.4.1-3　裂纹

1.4.1.3　原因分析

钢柱焊缝裂纹产生的原因可分为两种，第一种钢板性能不符合设计要求，在焊接后强度因不足产生层间撕裂；第二种焊接未严格遵守《钢结构焊接规范》GB 50661－2011 执行，应力过大产生裂纹。

对第一种钢板性能不符合设计要求进行分析，查阅现场设计要求、钢板检验批次，符合要求。现场采取硬度法对钢柱的抗拉强度进行抽样检测，检测仪器为里氏硬度计，钢柱强度检测结果见表 1.4.1-1。检测结果表明，钢柱钢板抗拉强度均达到 Q345 钢材标准，均符合设计要求。

钢柱强度检测结果　　**表 1.4.1-1**

构件名称	构件位置	构件类型	平均里氏硬度 HLD	钢材抗拉强度（MPa）	结论
GZ1	GZ1（底部）	钢柱	408	497	达到 Q345
	GZ1（+5.50m 处）	钢柱	416	494	达到 Q345
GZ2	GZ2（+2.50m 处）	钢柱	420	493	达到 Q345
	GZ2（+7.50m 处）	钢柱	416	484	达到 Q345
GZ3	GZ3（底部）	钢柱	416	512	达到 Q345
	GZ3（+7.50m 处）	钢柱	404	505	达到 Q345
GZ4	GZ4（+2.50m 处）	钢柱	404	504	达到 Q345
	GZ4（+7.50m 处）	钢柱	406	503	达到 Q345
GZ5	GZ5（底部）	钢柱	418	499	达到 Q345
	GZ5（+5.50m 处）	钢柱	416	494	达到 Q345
GZ6	GZ6（+5.50m 处）	钢柱	408	521	达到 Q345
	GZ6（+8.50m 处）	钢柱	416	507	达到 Q345

续表

构件名称	构件位置	构件类型	平均里氏硬度 HLD	钢材抗拉强度（MPa）	结论
GZ7	GZ7（底部）	钢柱	418	489	达到 Q345
	GZ7（+8.50m 处）	钢柱	420	493	达到 Q345
GZ8	GZ8（+2.50m 处）	钢柱	416	512	达到 Q345
	GZ8（+7.50m 处）	钢柱	414	499	达到 Q345

注：检测依据为《金属材料 里氏硬度试验 第1部分：试验方法》GB/T 17394.1—2014、《金属材料 里氏硬度试验 第4部分：硬度值换算表》GB/T 17394.4—2014、《黑色金属硬度及强度换算值》GB/T 1172—1999、《低合金高强度结构钢》GB/T 1591—2018。

对第二种焊接未严格遵守《钢结构焊接规范》GB 50661—2011 执行进行分析，常见问题有 8 种情况：

（1）厚工件施焊前预热不到位，道间温度控制不严，是导致焊缝出现裂缝的原因。工件施焊时，第一个焊道焊上去以后，往往还处于从液态向固态凝固的过程中，特别是在焊缝金属到达凝固温度前后的短暂时间里，就被工件的大约束力所拉断。（2）熔池里存在偏析现象，这时偏析出来的元素多数为低熔点共晶体和杂质。这种低熔点共晶体和杂质往往最后才凝固，而它们凝固后的强度极低，焊道就是在这个时候被工件的约束力拉裂的。这就是厚工件焊接时会出现凝固裂纹的原因。（3）焊丝焊剂的组配对母材不合适（母材含碳过高、焊缝金属含锰量过低）会导致焊缝出现裂纹。（4）焊接过程中执行焊接工艺参数不当（例：电流大，电压低，焊接速度太快）引起焊缝裂纹。（5）没有有效地控制钢材和焊接材料中的 S 和 P 的含量，也是导致焊缝中出现裂纹的原因之一。（6）不注重焊缝的形状系数，为加快进度而任意减少焊缝的道数，也会造成裂纹。（7）应该用多道焊的，擅自改为多层焊，往往会导致焊缝开裂。（8）焊后未保温，温度焊缝冷却过快，导致焊缝开裂。进一步对焊缝检测分析并提取检测数据，钢结构焊缝超声波检测结果见表 1.4.1-2，钢结构焊缝磁粉检测结果见表 1.4.1-3。检测结果表明，钢柱检测多条焊缝，发现有多处裂纹不合格。裂纹长度不一，深度在 30mm 左右。

钢结构焊缝超声波检测结果 **表 1.4.1-2**

焊缝编号	焊缝长度（mm）	板厚（mm）	当量尺寸	指示长度（mm）	缺陷（mm）			评定等级	合格与否	备注
					X	Y	H			
馆内 GZ1-焊缝 1	9000	100	H_0+6dB	500	2000	40	29	2 级	不合格	—
馆内 GZ1-焊缝 2	9000	100	—	—	—	—	—	2 级	合格	—
馆内 GZ1-焊缝 3	9000	100	H_0+10dB	1000	1000	40	29	2 级	不合格	—
馆内 GZ1-焊缝 4	9000	100	—	—	—	—	—	2 级	合格	—
馆内 GZ2-焊缝 1	9000	100	—	—	—	—	—	2 级	合格	—
馆内 GZ2-焊缝 2	9000	100	H_0+7dB	300	500	38	30	2 级	不合格	—
馆内 GZ2-焊缝 3	9000	100	H_0+8dB	1000	300	40	29	2 级	不合格	—
馆内 GZ2-焊缝 4	9000	100	—	—	—	—	—	2 级	合格	—
馆内 GZ3-焊缝 1	9000	100	—	—	—	—	—	2 级	合格	—
馆内 GZ3-焊缝 2	9000	100	H_0+8dB	700	5600	38	28	2 级	不合格	—
馆内 GZ3-焊缝 3	9000	100	—	—	—	—	—	2 级	合格	—
馆内 GZ3-焊缝 4	9000	100	—	—	—	—	—	2 级	合格	—

续表

焊缝编号	焊缝长度(mm)	板厚(mm)	当量尺寸	指示长度(mm)	缺陷(mm)			评定等级	合格与否	备注
					X	Y	H			
馆内 GZ4-焊缝 1	9000	100	H_0+9dB	800	5300	39	30	2 级	不合格	—
馆内 GZ4-焊缝 2	9000	100	—	—	—	—	—	2 级	合格	—
馆内 GZ4-焊缝 3	9000	100	H_0+9dB	2000	1000	40	29	2 级	不合格	—
馆内 GZ4-焊缝 4	9000	100	—	—	—	—	—	2 级	合格	—
馆内 GZ5-焊缝 1	9000	100	H_0+9dB	2100	1000	39	30	2 级	不合格	—
馆内 GZ5-焊缝 2	9000	100	H_0+8dB	2200	1000	40	29	2 级	不合格	—
馆内 GZ5-焊缝 3	9000	100	—	—	—	—	—	2 级	合格	—
馆内 GZ5-焊缝 4	9000	100	—	—	—	—	—	2 级	合格	—
馆内 GZ6-焊缝 1	9000	100	H_0+9dB	2300	3000	39	31	2 级	不合格	—
馆内 GZ6-焊缝 2	9000	100	—	—	—	—	—	2 级	合格	—
馆内 GZ6-焊缝 3	9000	100	H_0+9dB	900	4000	40	31	2 级	不合格	—
馆内 GZ6-焊缝 4	9000	100	—	—	—	—	—	2 级	合格	—

注：现场采用超声波直射法对钢柱全熔透 L 接焊缝进行检测，检测仪器为超声探伤仪检测依据标准《焊缝无损检测 超声波检测技术、检测等级和评定》GB/T 11345—2013 技术等级 1；标准《焊缝无损检测 超声检测 验收等级》GB/T 29712—2013B级检测 2 级验收。

钢结构焊缝磁粉检测结果　　表 1.4.1-3

焊缝编号	焊缝长度(mm)	缺陷编号	缺陷尺寸(mm)	验收等级	合格与否	备注
馆内 GZ1-焊缝 1	9000	—	510	1 级	否	—
馆内 GZ1-焊缝 2	9000	—	0	1 级	是	—
馆内 GZ1-焊缝 3	9000	—	1020	1 级	否	—
馆内 GZ1-焊缝 4	9000	—	0	1 级	是	—
馆内 GZ2-焊缝 1	9000	—	0	1 级	是	—
馆内 GZ2-焊缝 2	9000	—	310	1 级	否	—
馆内 GZ2-焊缝 3	9000	—	310	1 级	否	—
馆内 GZ2-焊缝 4	9000	—	1100	1 级	否	—
馆内 GZ3-焊缝 1	9000	—	0	1 级	是	—
馆内 GZ3-焊缝 2	9000	—	726	1 级	否	—
馆内 GZ3-焊缝 3	9000	—	0	1 级	是	—
馆内 GZ3-焊缝 4	9000	—	0	1 级	是	—
馆内 GZ4-焊缝 1	9000	—	810	1 级	否	—
馆内 GZ4-焊缝 2	9000	—	0	1 级	是	—
馆内 GZ4-焊缝 3	9000	—	2110	1 级	否	—
馆内 GZ4-焊缝 4	9000	—	0	1 级	是	—
馆内 GZ5-焊缝 1	9000	—	2150	1 级	否	—
馆内 GZ5-焊缝 2	9000	—	2250	1 级	否	—
馆内 GZ5-焊缝 3	9000	—	0	1 级	是	—
馆内 GZ5-焊缝 4	9000	—	0	1 级	是	—
馆内 GZ6-焊缝 1	9000	—	2300	1 级	否	—
馆内 GZ6-焊缝 2	9000	—	0	1 级	是	—
馆内 GZ6-焊缝 3	9000	—	910	1 级	否	—

续表

焊缝编号	焊缝长度（mm）	缺陷编号	缺陷尺寸（mm）	验收等级	合格与否	备注
馆内 GZ6-焊缝 4	9000	—	0	1级	是	—

注：现场采取磁轭法对L接焊缝进行表面及近表面缺陷检测，检测依据《焊缝无损检测 磁粉检测》GB/T 26951—2011 1级验收。

综上初步断定焊缝裂纹为厚工件施焊前预热不到位和焊后未保温，导致温度焊缝冷却过快造成的。冷裂纹常发生在距焊缝表面5～30mm处，此区域残余应力最大。焊接时高温液体是热胀，冷却变成固体是收缩。焊后由于热胀冷缩，自然使被焊接结构产生应力。焊接结构受应力、约束力或刚性的影响，使被焊母材发生层间撕裂，在焊缝边缘间出明显的裂缝。

通过到工厂与焊接工艺人员沟通，对焊接工艺进行改进后进行检测，没有发现裂纹。因此，判断钢柱主焊缝开裂的原因是施焊前预热不到位和焊后未保温。

1.4.1.4 解决措施

钢构件制作单位在采购原材料后，通常在工厂先进行切割、下料，然后组装成部件并进行工厂焊接，部件加工完后运到安装现场进行安装。发现焊缝裂纹时应及时返修和补焊，并反馈到工厂进行焊缝质量过程控制。

返修时应严格遵守《钢结构焊接规范》GB 50661—2011执行，返修后再重新复检。返修有一定的难度，对结构强度有一定的影响。建议对钢柱底座焊缝一圈打磨平整，再对焊缝处新增一块高400mm、厚8mm的钢板，对钢板四周进行围焊加固处理。采用碳弧气刨来刨除各种焊接缺陷时，操作时必须注意刨削方向对周围安全的影响。应根据超声波探伤所确定的位置和深度进行逐层刨削，刨削层尽量薄，以便于观察是否已刨到缺陷位置和深度。对较深的缺陷刨削，应在缺陷前50～70mm处起刨和缺陷后50～70mm处止刨，刨削宽度大，两侧斜坡过度。刨削口进行打磨，检查缺陷清楚后，按拟定的补焊工艺进行补焊。补焊焊丝干燥正常，焊前必须预热。采取小电流慢速焊，多层多道焊，控制层间温度，错开接头，严格清渣。

焊接完成后，对补焊处焊缝采取保温措施。

焊后检验需检查外观（目视检验），对表面及近表面缺陷进行100%磁粉检测。内部缺陷采用100%超声检查，利用新检验技术抽检复核（相控阵超声检测能够对检测的缺陷进行成像，获得良好的检测效果）。

国内的规范《钢结构工程施工质量验收标准》GB 50205—2020对钢结构焊缝表面（包括焊前的切割面）的磁粉检测不是强制性的，但是又规定焊缝表面（包括焊前的切割面）的裂纹是绝对不允许存在的。因为目视检查手段往往是靠不住的（因为裂纹的发展存在一个由小到大的过程，在早期很小、眼睛是无法发现得了的，等到眼睛发现后通常就已经晚了），而超声检测又只能检测内部缺陷，所以磁粉检测才是表面裂纹的最佳检测手段（图1.4.1-4）。对于建筑所用钢板级别高（含碳量大）、钢板厚、构件接头通常构造复杂（如出现的一些完全丁字交叉相碰焊缝）、受力大，再加上焊接工艺过程、焊接参数难以控制，比较容易产生裂纹，设计单位设计时应要求进行表面检测。第三方检测单位更应该充分注意和分析产品产生裂纹的可能性，并建议有关方面同意实施磁粉检测，以保证产品的内外部质量。

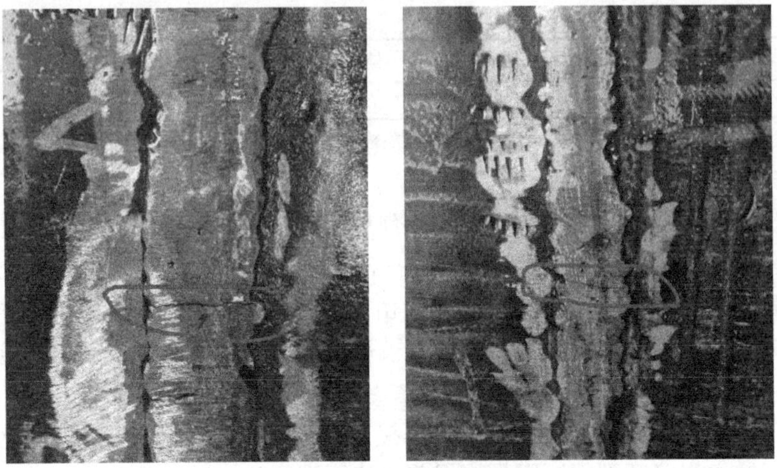

图 1.4.1-4　磁粉检测焊缝细小裂纹

1.4.2　某新建体育场馆项目悬拉索索头断裂案例分析

1.4.2.1　项目概况

某体育场馆项目，主体结构为轮辐式张拉加 BRB 体系，总建筑面积 14 万 m^2，建筑高度约 40m。本项目于 2018 年年初开工建设，2020 年初进行屋面悬拉索整体提升施工。屋盖悬拉索总共有 46 条，每根拉锁两头各有一个铸钢圆环形索头，通过这 92 个索头将拉锁固定在屋盖结构上，形成屋盖轮辐式张拉体系。在整体提升卸载前的试张拉施工过程中，其中一个圆环形索头发生断裂。轮辐式张拉加 BRB 体系见图 1.4.2-1，钢圆环形索头结构见图 1.4.2-2。

1.4.2-1　轮辐式张拉加 BRB 体系

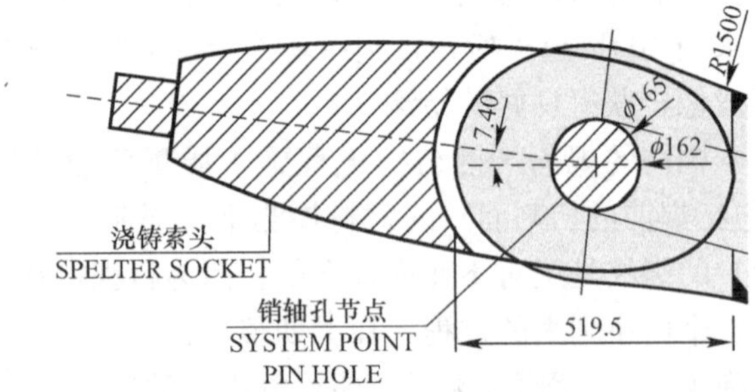

图 1.4.2-2　钢圆环形索头结构

1.4.2.2　问题描述

现场勘察发现断裂索头为外圈第 11 号索头，材质为铸钢件 G18NiMoCr3-6。索头断裂部位见图 1.4.2-3，索头断裂脱落部件见图 1.4.2-4，由图中可见断口部位下方存在一个肉眼可见缩孔缺陷，宽 10mm，长 50mm，深 20mm。断裂发生在试张拉施工模拟预卸载时，该部位承受不了整体卸载拉力发生断裂。施工方发现断裂时，及时停止卸载工作。

图 1.4.2-3　索头断裂部位

图 1.4.2-4　索头断裂脱落部件

1.4.2.3　原因分析

该索头铸钢件在提升过程中发生断裂的原因有两种情况，一种为铸钢件符合制造生产相关规范，在使用过程中因外力载荷超过铸件设计受力极限值，发生断裂。另一种为外力载荷在铸件设计受力极限以内，但是铸件铸造生产过程中未按照相关规范生产，存在铸造缺陷，且未采取有效的措施消除超标的铸造缺陷，铸件本身材质弱化。

通过查阅现场施工图纸及索头设计参数等，初步断定造成索头断裂的原因为第二种，即索头铸件的超标铸造缺陷未消除，而引起索头材质上的弱化，承受不住提升的拉力而发生局部断裂。

铸钢类产品在铸造、生产、加工过程中，经常会产生大小各异的铸造缺陷，如气孔、缩孔、缩松、夹渣、砂眼和裂纹等。各类铸造缺陷的表现形式和产生的原因如下：

（1）气孔，形成原因是模具预热温度太低，液体金属经过浇注系统时冷却太快；模具排气设计不良，气体不能通畅排出；涂料不好，本身排气性不佳，甚至本身挥发或分解出气体。模具型腔表面有孔洞、凹坑，液体金属注入后孔洞、凹坑处气体迅速膨胀并压缩液体金属，形成呛孔；模具型腔表面锈蚀，且未清理干净；原材料（砂芯）存放不当，使用前未经预热；脱氧剂不佳，或用量不够或操作不当等。表现形式见图 1.4.2-5 气孔。防止出现铸造气孔的方法一般有：模具充分预热，涂料（石墨）的粒度不宜太细，透气性要好；使用倾斜浇注方式浇注；原材料应存放在通风干燥处，使用时要预热；选择脱氧效果较好的脱氧剂（镁）；浇注温度不宜过高等。

（2）缩孔和缩松，形成原因是模具工作温度控制未达到定向凝固要求；涂料选择不当，不同部位涂料层厚度控制不好；铸件在模具中的位置设计不当；浇冒口设计未能达到起充分补缩的作用；浇注温度过低或过高等。表现形式见图 1.4.2-6 缩松。防止缩孔和缩松方法一般有：提高磨具温度；调整涂料层厚度，涂料喷洒要均匀，涂料脱落而补涂时不可形成局部涂料堆积现象；对模具进行局部加热或用绝热材料局部保温；热节处镶铜块，对局部进行激冷；模具上设计散热片，或通过水等加快局部冷却速度，或在模具外喷水，喷雾降温；使用可拆卸激冷块，轮流安放在型腔内，避免连续生产时激冷块本身冷却不充分；模具冒口上设计加压装置；浇注系统设计准确，选择适宜的浇注温度等。

图 1.4.2-5　气孔

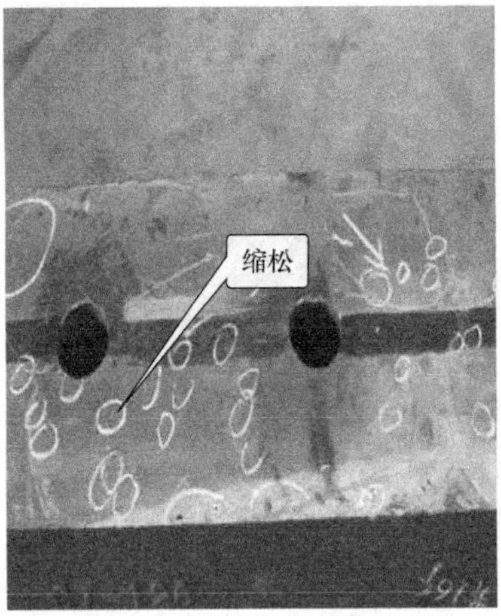

图 1.4.2-6　缩松

（3）渣眼，主要是由于合金熔炼工艺及浇注工艺造成的，模具本身不会引起渣孔，而且金属模具是避免渣孔的有效方法之一。表现形式见图 1.4.2-7 渣眼。防治渣眼的方法一般有：浇注系统设置正确或使用铸造纤维过滤网；采用倾斜浇注方式；选择熔剂时严格控制品质等。

（4）裂纹，金属模铸造容易产生裂纹缺陷，因为金属模本身没有退让性，冷却速度快，容易造成铸件内应力增大，开型过早或过晚，浇注角度过小或过大，涂料层太薄等都易造成铸件开裂，模具型腔本身有裂纹时也容易导致铸件出现裂纹。表现形式见图 1.4.2-8 裂纹。防治裂纹方法有以下几种，一是应注意铸件结构工艺性，使铸件壁厚不均匀的部位均匀过渡，采用合适的圆角尺寸；二是要调整涂料厚度，尽可能使铸件各部分达到所要求的冷却速度，避免形成太大的内应力；三是应注意金属模具的工作温度，调整模具斜度，以及适时抽芯开裂，取出铸件缓冷。

图 1.4.2-7　渣眼

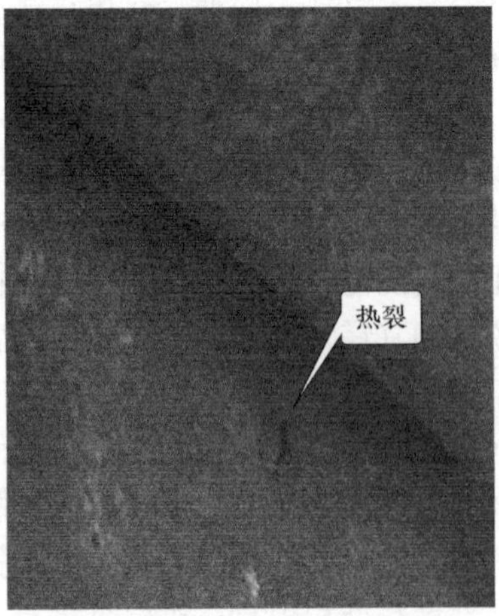

图 1.4.2-8　裂纹

（5）冷隔，形成的原因一般为金属模具排气设计不合理；工作温度太低；涂料品质不好（人为、材料）；浇道开设的位置不当；浇注速度太慢等。表现形式见图 1.4.2-9 冷隔，防治方法一般有：正确设计浇道和排气系统；大面积薄壁铸件，涂料不要太薄，适当加厚涂料层有利于成型；适当提高模具工作温度；采用倾斜浇注方法；采用机械振动金属模浇注等。

（6）砂眼，由于砂芯表面掉下的砂粒被铜液包裹存在于铸件表面而形成孔洞，形成的原因一般为砂芯表面强度不好，烧焦或没有完全固化；砂芯的尺寸与外模不符，合模时压碎砂芯；模具蘸了有砂子污染的石墨水；浇包与浇道处砂芯相摩擦掉下的砂随铜水冲进型腔等。表现形式见图 1.4.2-10 砂眼，防治方法一般有：砂芯制作时严格按工艺生产，检查品质；砂芯与外模的尺寸控制相符；墨水要及时清理；避免浇包与砂芯摩擦；下砂芯时要清理干净模具型腔里的砂子等。

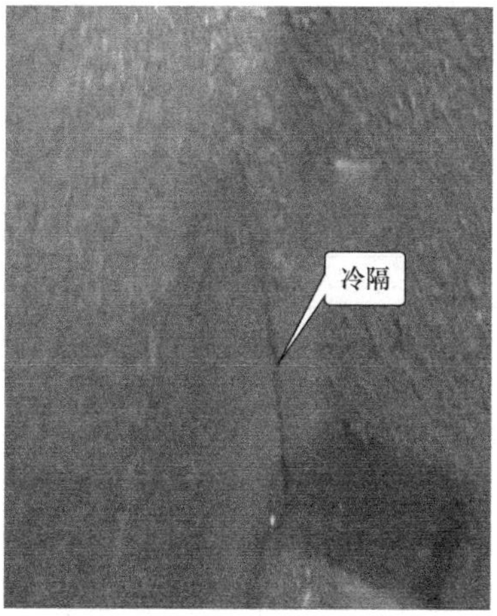

图 1.4.2-9 冷隔

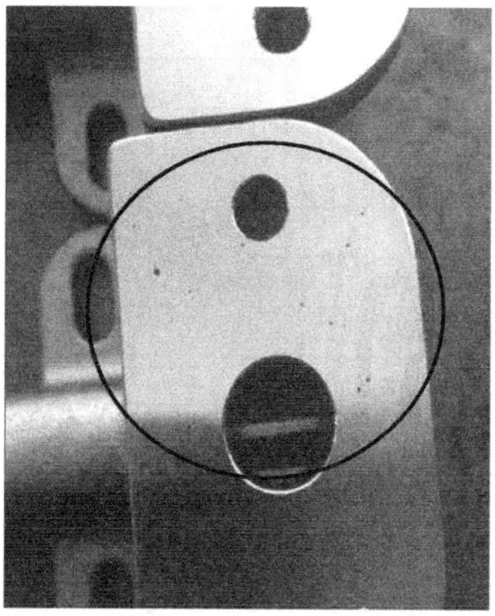

图 1.4.2-10 砂眼

根据相关铸件产品标准及检测标准要求，当这些缺陷超过一定范围时，应采取措施对其进行消除或修补，否则不予验收。

根据委托方要求，按照标准《铸钢件 超声检测 第 1 部分：一般用途铸钢件》GB/T 7233.1—2009对现场的 90 个浇筑索头进行超声波检测，并测量面积型缺陷的尺寸和当量，其中 22 个索头存在 30 处超标缺陷，超声波检测结果详见表 1.4.2-1，不合格率达到了 24.4%。因此，判断造成索头断裂的原因为索头铸件的超标铸造缺陷未消除，铸件内部存在缩孔等缺陷，从而导致材质局部弱化，受拉断裂。

铸件超声检测结果 **表 1.4.2-1**

试件编号	平面型或非平面型不连续							备注
	编号	指示长度（mm）	垂直深度（mm）	当量	面积（mm^2）	坐标位置		
						X 方向（mm）	Y 方向（mm）	
外圈 5 号左侧	1	50×30	34～45	ϕ3+12dB	1500	+270～+320	−140～−110	超标
外圈 7 号右侧	2	30×20	34～36	ϕ3+15dB	600	+300～+330	+90～+110	超标
外圈 9 号左侧	3	30×20	32～35	ϕ3+15dB	600	+300～+330	−70～−50	超标
外圈 12 号左侧	4	10×50	21～25	ϕ3+10dB	500	−10～0	+70～+120	超标
外圈 12 号右侧	5	90×100	28～33	ϕ3+10dB	9000	+200～+290	−140～−40	超标

续表

试件编号	平面型或非平面型不连续							备注
	编号	指示长度（mm）	垂直深度（mm）	当量	面积（mm^2）	坐标位置		
						X方向（mm）	Y方向（mm）	
外圈13号左侧	6	60×100	—	无底波	6000	+300～+360	−70～+30	超标，缩松
外圈18号左侧	7	50×110	30～40	ϕ3+14dB	5500	−25～+25	+106～+216	超标
外圈18号左侧	8	30×30	34	ϕ3+12dB	900	+300～+330	+100～+130	超标
外圈22号左侧	9	60×40	40	ϕ3+10dB	2400	+260～+320	+100～+140	超标
外圈25号左侧	10	20×80	39	ϕ3+12dB	1600	+220～+240	+60～+140	超标
外圈32号左侧	11	150×100	34	—	15000	+200～+350	+50～+150	超标
外圈35号左侧	12	120×100	30～40	—	12000	+200～+320	+50～+150	超标
外圈35号右侧	13	120×80	30～35	—	9600	+200～+320	−30～+50	超标
外圈39号左侧	14	120×100	20～30	—	12000	+200～+320	+50～+150	超标
外圈39号右侧	15	120×80	20～33	—	9600	+200～+320	−30～+50	超标
外圈40号右侧	16	90×140	20～30	—	12600	+110～+200	−90～+50	超标
外圈40号右侧	17	60×60	18～30	—	3600	−10～+50	−130～−70	超标
外圈41号右侧	18	70×250	35～38	ϕ3+15dB	17500	+280～+350	−100～+150	超标
外圈44号左侧	19	60×20	20～40	ϕ3+15dB	1200	+240～+300	+170～+190	超标
外圈44号右侧	20	20×10	35	ϕ3+12dB	200	+210～+230	+110～+120	超标
外圈45号左侧	21	50×30	37～43	ϕ3+12dB	1500	+300～+350	−140～−110	超标
内圈1号左侧	22	40×70	38～40	ϕ3+15dB	2800	+340～+380	−130～−60	超标
内圈1号右侧	23	30×30	44	ϕ3+14dB	900	+320～+350	−135～−105	超标
内圈6号右侧	24	190×60	38～46	ϕ3+14dB	11400	+230～+420	−150～−90	超标
内圈7号右侧	25	50×85	34～43	ϕ3+14dB	4250	+300～+350	−180～−95	超标
内圈25号右侧	26	80×100	26～36	ϕ3+11dB	8000	+300～+380	−130～−30	超标
内圈26号右侧	27	70×140	无底波	—	9800	+320～+390	−140～0	超标
内圈30号左侧	28	10×80	32	ϕ3+13dB	800	+330～+340	+30～+110	超标
内圈37号左侧	29	—	—	—	—	—	—	超标，表面砂眼
内圈37号右侧	30	—	—	—	—	—	—	超标，表面砂眼

1.4.2.4　解决措施

铸钢类产品在铸造生产过程中，经常会产生大小不一的铸造缺陷，尤其是对于强度较高、结构复杂的铸钢件，生产成本较高，必须进行补焊处理以弥补铸造缺陷。

一般采用以下几种修复方法。一是塞补，把铸件上有缺陷的地方适当扩一圆孔，并将与圆孔形成过盈配合且与铸件相同材质的圆柱形镶块或者塞子涂胶后嵌入孔中，以堵塞方式完成对缺陷的修补。适用于大中型铸件重要加工面上气孔、砂眼、缩孔及气泡等缺陷的修补，但不适用于铸件棱角附近部位、面积较大缺陷以及受到冲击载荷铸件的修补。二是手工电弧焊补，利用气体放电产生电弧热能作为热源，在电弧的热作用下，焊条金属和母材局部熔化，使焊补处达到原子结合的一种铸件修复方法。此方法设备简单，操作方便，使用灵活，适应性强。适用于各类铸件、各种厚度、各种位置和各种构件的焊补，应用广泛。三是钎焊补，利用氧乙炔焰作热源，在低于母材熔点、高于钎料熔点的温度下，利用液态钎料在母材表面润湿、铺展特性在母材间隙中填缝，与母材相互溶解与扩散，来达到焊补的一种修补方法，一般用于非加工面及非外露面等非重要位置缺陷的修补。四是气焊补，利用可燃气体与助燃气体混合燃烧生成的火焰作为热源，熔化母材和焊丝，使之达到原子结合的一种焊补方法。与电弧焊相比，该方法加热和冷却速度可调，温度较低，热量相对集中，裂纹倾向小，有利于避免白口组织和应力的产生，防止铸件出现热变形和裂纹。适用于各类铸件的焊补。五是气电焊补，利用电弧作为热源，气体作保护介质的熔化焊。在焊补过程中，保护气体在电弧周围形成气体保护层，将电弧、熔池与空气相隔开，防止有害气体的影响，并保护电弧稳定燃烧。该方法可以有效地防止空气侵入和金属氮化，适用于具有特殊性能要求铸件的焊补。

针对该案例的92个浇筑索头，根据现场超声波检测内部缺陷发现其中22个索头存在30处超标缺陷，局部存在较大超标缩孔，应进行返厂修补处理。对于铸造产生的缩松、裂纹等大范围缺陷，在热处理前可以采用焊条电弧焊或气体保护焊焊接工艺进行焊补，而对于在热处理后的机加工过程中发现的缩孔或夹渣等小缺陷，采用焊条电弧焊或气体保护焊由于热输入过大，易产生焊接变形、焊缝及热影响区脆硬或焊后打磨加工量过大等问题，最好采用局部热输入较小的氩弧焊焊接工艺进行焊补。

同时鉴于本案例中的浇筑索头材质为G18NiMOCr3-6，由于其碳当量较高，有淬硬倾向，焊接性差，需预热至200℃以上进行焊接，建议采用745B焊材进行焊接，可以得到力学性能不低于母材最低性能的焊接接头。氩弧焊焊接工艺完全适用于铸钢件G18NiMOCr3-6材料的焊接，应用此种工艺可以对其进行铸件补焊及零部件焊接。

1.4.3 钢结构焊缝缺欠案例分析

1.4.3.1 项目概况

某市有一大型综合体建筑，用地面积约5.6万m^2，总建筑面积约93万m^2，其中地上建筑面积约6.9万m^2，项目包括3栋塔楼，其中一栋为68层办公及酒店主塔楼，另外两栋分别为60层、60层的办公塔楼。在项目建设过程中大量使用钢结构，而焊接过程中往往会产生各种不同类型的焊接缺陷并遗留在焊缝中，如裂纹、未焊透、未熔合、气孔以及夹渣等，从而降低了焊缝的强度性能，给结构安全带来隐患，因此有必要对钢结构焊缝缺欠案例进行分析总结。

1.4.3.2 问题描述

焊接是大型安装工程建设中的一项关键工作，几乎所有的工程都离不开焊接，其质量的好坏、效率的高低直接影响到工程是否能够安全运行并及时交付，所以对无损检测人员的要求也随之提高，由于技术工人的水平不同，焊接工艺良莠不齐，容易存在很多的缺陷，在钢结构制作与安装现场焊接过程中也产生了很多不可避免的缺陷。了解缺陷的种类和形成原因，有助于检测人员对缺陷进行评定，并且减少评定误差，提高质量。

1.4.3.3 原因分析

钢结构焊缝缺欠的存在，会对焊接结构的力学性能和安全使用产生重要的影响。其危害主要是缺陷端部造成严重的应力集中：削弱焊接接头的承载截面；降低焊接接头的强度和致密性，导致焊接接头承载力的下降，缩短构件的使用寿命，甚至造成焊接接头脆性断裂或结构倒塌事故。此外，有些焊接缺陷．如焊缝夹渣、电弧擦伤等会降低焊接结构的耐腐蚀性能，高合金钢材的电弧擦伤可能诱发裂缝。

常见的焊缝缺欠主要有如下几种类型：

(1) 焊缝尺寸不符合要求。焊波粗、外形高低不平、焊缝加强高度过低或过高、焊波宽度不一、角焊缝单边或下陷量过大等均为焊缝尺寸不符合要求的情形，如图 1.4.3-1 所示，其原因主要有三种：1) 焊件坡口角度不当或装配间隙不均匀；2) 焊接电流过大或过小，焊接规范选用不当；3) 运条速度不均匀，焊条（或焊把）角度不当。

图 1.4.3-1　焊缝尺寸不符合要求

(2) 裂纹。裂纹端部形状尖锐，应力集中严重，对承受交变和冲击载荷、静拉力影响较大，是焊缝中最危险的缺陷形式，如图 1.4.3-2 所示。通过对发现的裂纹缺陷进行分析发现，产生裂纹的主要因素是焊接工艺不合理、选用材料不当、焊接应力过大以及焊接环境条件差造成焊后冷却太快等。焊缝裂纹一般分为热裂纹和冷裂纹：热裂纹是在焊接过程中形成的，因此，大部分都产生在焊缝的填充部位以及熔合线部位，并埋藏于焊缝中；冷裂纹也叫延时裂纹，一般都是在焊缝冷却过程中由于应力的影响而产生，有时还随着焊缝组织的变化而变化，首先在焊缝内部形成组织晶界裂纹，经过一段时间之后才形成宏观裂纹，这类裂纹一般形成于焊缝的热影响区以及焊缝的表面。

裂纹是焊缝中危害性最大的一种缺陷，它属于条面对面状缺陷，在常温下会导致焊缝的抗拉强度降低，并随着裂纹所占截面面积的增加而引起抗拉强度大幅度下降。另外，裂纹的尖端是一个尖锐的缺口，应力集中严重，它会促使构件在低应力下发生扩展破坏，所以在焊缝中裂纹是一种不允许存在的缺陷，一旦发现，必须进行全部清除或将所焊构件判废。

图 1.4.3-2 裂纹

（3）气孔。气孔是焊缝中最常见的缺陷，见图 1.4.3-3，按位置可分为表面气孔、内部气孔；按形状可分为点状、链状、分散状，及密集型、圆形、椭圆形、长条形、管形等。一般来说，气孔是导致构件破坏的重要原因，其塑性可降低40%～50%。在交变应力的作用下，焊缝的疲劳强度显著下降。但由于气孔没有尖锐的边缘，一般认为不属于危害性缺陷，并允许其在焊缝中有一定数量的存在，但也要按照规范中的规定进行评定，超过规范要求时也必须进行返修处理。

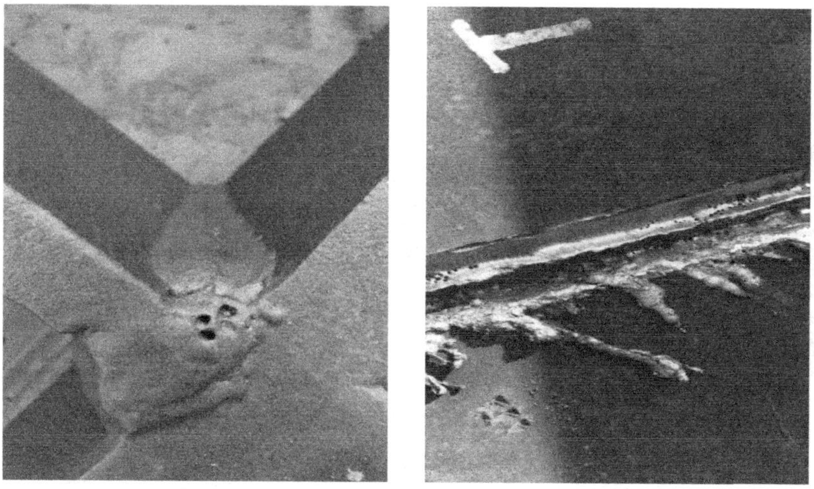

图 1.4.3-3 气孔

焊缝中产生气孔的原因很多，由于焊接是属于金属的冶炼过程，因此，可以概括为以下两种因素：一是冶金因素的影响，焊接熔池在凝固过程中界面上排出的氮、氢、氧、一氧化碳等气体以及水蒸气来不及排出时被包裹在金属内部形成孔洞；二是工艺因素的影响，如焊接工艺规范选择不当、焊接电源的性质不同、电弧长度的控制、操作技能不规范等都会给气孔的形成提供条件。归纳起来有以下几点：1）焊接的基本金属或填充金属的表面有锈、油污、油漆或有机物质存在；2）焊条或焊剂没有充分烘干或焊条成分不当，焊条药皮变质；3）焊接电流过小、电弧拉得过长或焊接速度太快，另外采用交流电焊接比采用直流电焊接更易产生气孔；4）焊接时周围环境的空气湿度太大，阴雨天进行焊接特别容易形成气孔缺陷。

（4）焊瘤。在焊接过程中，熔化金属流到焊缝外未熔化的母材上所形成的金属瘤，它改变了焊缝的截面面积，对结构承受交变应力不利，见图 1.4.3-4。其产生的原因是：1）电弧过长，底层施焊电流过大；2）立焊时电流过大，运条摆动不当；3）焊缝装配间隙过大。

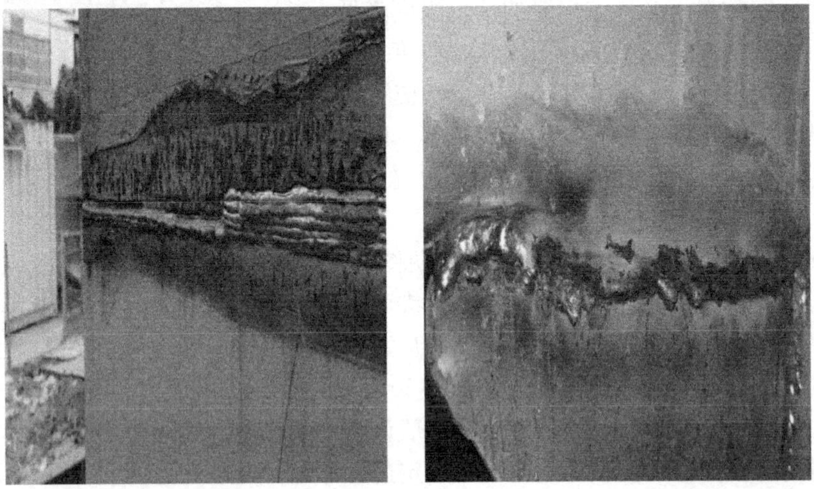

图 1.4.3-4 焊瘤

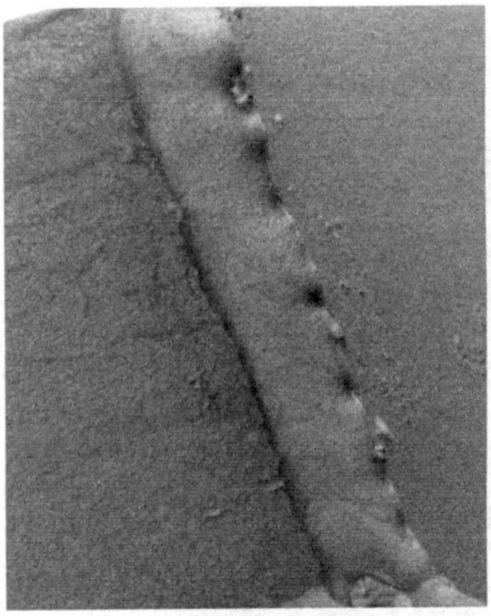

图 1.4.3-5 咬边

（5）弧坑。焊缝在收尾处有明显的缺肉和凹陷。其产生的原因是：1）焊接收弧时操作不当，熄弧时间过短；2）自动焊时送丝与电源同时切断，没有先停丝再断电。

（6）咬边。电弧将焊缝边缘的母材熔化后，没有得到焊缝金属的补充而留下缺口。咬边削弱了接头的受力截面，使接头强度降低，造成应力集中，导致构件可能在咬边处发生破坏，见图 1.4.3-5。一般在采用立焊、横焊、仰焊时较易出现该缺陷。其产生的原因是：1）电流过大，电弧过长，运条速度不当，电弧热量过高；2）埋弧焊的电压过低，焊速过高；3）焊条、焊丝的倾斜角度不正确。

（7）夹渣。在焊缝金属内部或熔合线部位存在非金属夹杂物。夹渣对力学性能有影响，影响程度与夹杂的数量和形状有关。其产生的原因是：1）多层焊时每层焊渣未清除干净；2）焊件上留有厚锈；3）焊条药皮的物理性能不当；4）焊层形状不良，坡口角度设计不当；5）焊缝的熔宽与熔深之比过小，咬边过深；6）电流过小，焊速过快，熔渣来不及浮出。

（8）未焊透。母材之间或母材与熔敷金属之间存在局部未熔合现象，见图 1.4.3-6。它一般存在于单面焊的焊缝根部，对应力集中很敏感，对强度疲劳等性能影响较大。焊接过程中未焊透是指母材金属之间没有熔化，焊缝金属没有进入接头的部位根部造成的缺陷。根据焊接件的焊接方式可以分为根部未焊透和中间未焊透。根部未焊透是由于液态焊缝金属未进入根部钝边，多存在于开 V 形或 U 形坡口的单面焊；中间未焊透是由于液态金属未进入中间钝边，多半存在于双V形或双U形坡口双面焊。其产生的原因是：1）坡口设计不良，角度小、钝边大、间隙小；2）焊条、焊丝角度不正确；3）电流过小，电压过低，焊速过快，电弧过长，有磁偏吹等；4）焊件上有厚锈未清除干净；5）埋弧焊时的焊偏。

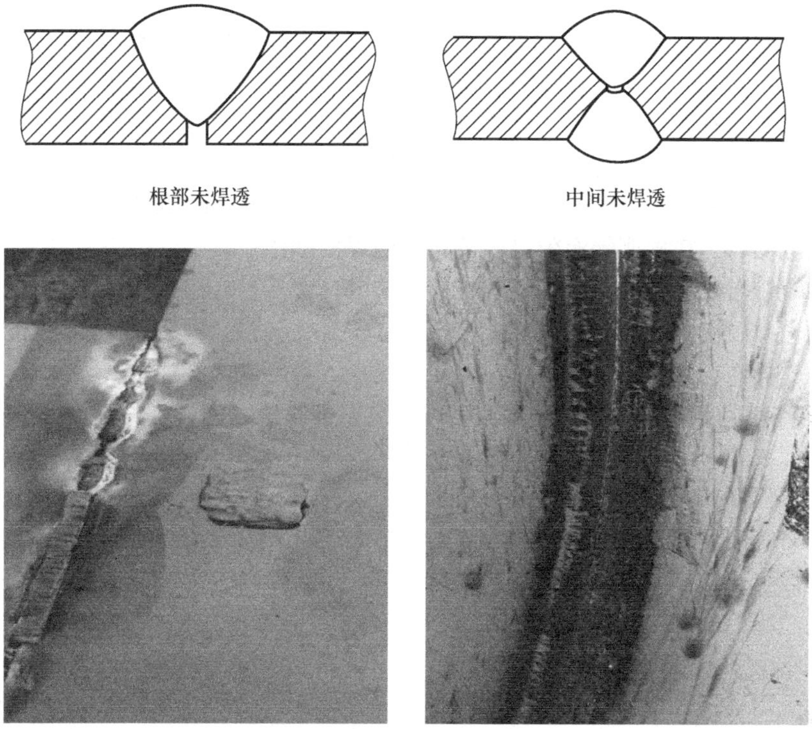

图1.4.3-6　未焊透

1.4.3.4　解决措施

为避免或尽量减少焊接缺陷的产生，首先应在充分了解母材及所用焊条的材料性能的基础上，根据现场情况进行正确匹配设计和工艺设计，严格按照国家有关规范、规程的要求进行焊接操作，以生产出优良的焊接产品，并针对不同种类的缺欠，采取针对性的规避措施。

（1）为规避焊缝尺寸不合要求型缺欠，应按设计要求和焊接规范的规定加工焊缝坡口，尽量选用机械加工以使坡口角度和坡口边缘的直线度和坡口边缘的直线度达到要求，避免用人工气割、手工铲削加工坡口。在组对时，保证焊缝间隙的均匀一致，为保证焊接质量奠定基础。通过焊接工艺评定，选择合适的焊接工艺参数。焊工要持证上岗，经过培训的焊工有一定的理论基础和操作技能。多层焊缝在焊接表面最后一层焊缝时在保证和底层熔合的条件下，应采用比各层间焊接更小的电流，并用小直径（2.0～3.0mm）的焊条覆面焊。运条速度要求均匀，有节奏地向纵向推进，并作一定宽度的横向摆动，可使焊缝表面整齐美观。

（2）为规避裂纹型缺欠，主要通过消除应力和正确使用焊接材料以及完善的操作工艺解决。注意焊接接头坡口形式，消除焊缝不均匀受热和冷却因热应力而产生的裂纹。如不同厚度的钢板对焊时，对厚钢板就要做削薄处理。选用材料一定要符合设计图样的要求，严格控制氢的来源，焊条使用前应进行烘干，并认真清理坡口的油污、水分等杂质。焊接过程中，选择合理的焊接参数，使输入热量控制在 800～3000℃的冷却温度之间，以改善焊缝及热影响区的组织状态。当焊接环境温度较低、材料较薄时，除提高操作环境温度外，还应在焊前预热。焊接结束后要采取保温缓冷和焊后热处理措施，以消除焊缝残余应力在冷却过程中产生的延迟性裂纹。

（3）为规避气孔型缺欠，应选用合格的焊条，不得使用药皮开裂、剥落、变质、偏心或焊芯严重锈蚀的焊条，应将焊口附近及焊条表面的油污、锈斑等清理干净。选择电流的大小要是适宜，控制好焊接速度。焊前将工件预热，焊接结束或中途停顿时，电弧要缓慢撤离，有利于减慢熔池冷却速度和熔池内气体的排出，避免出现气孔缺陷。减少焊接操作地点的湿度，提高操作环境的温度。在室外焊接时，如遇 8m/s 及以上大风、降雨、露、雪等，应采取挡风、搭雨棚等有效措施后，方能焊接操作。

（4）为规避焊瘤型缺欠，组装过程中使用的吊具卡具，在拆除后用砂轮打磨与母材平齐，不可用大锤硬性打掉卡具，以免损伤母材，对电焊时超深度的弧坑、划痕等均应补焊，并用砂轮打磨与母材齐平，只要在操作时注意，是可以消除这一缺陷的。

（5）为规避弧坑型缺欠，在焊缝收尾时，使焊条做短时间的停留或做几次环形运条，不要突然停弧以使有足够的金属填充熔池。焊接时保证适当电流，主要构件可加引弧板把弧坑引出到焊件外。

（6）针对咬边型缺欠，在焊接时电流不宜过大，电弧不要拉得过长或过短，尽量采用短弧焊。掌握合适的焊条角度和熟练的运条手法，焊条摆动到边缘时应稍慢，使熔化的焊条金属填满边缘，而在中间时则要稍快些。焊缝咬边的深度应小于 0.5mm，长度小于焊缝全长的 10%，且连续长度小于 10mm。一旦出现深度或长度超过上述允差，应将缺陷处清理干净，采用直径较小、牌号相同的焊条，焊接电流比正常的稍偏大，进行补焊填满。

（7）为规避夹渣型缺欠，应采用具有良好焊接工艺性能的焊条，所焊钢材必须符合设计文件要求。通过焊接工艺评定选择合理的焊接工艺参数。注意焊接坡口及边缘范围的清理，焊条坡口不宜过小；对多层焊缝要认真清除每层焊缝的焊渣。采用酸性焊条时，必须使熔渣在熔池的后面；在使用碱性焊条焊立角缝时，除了正确选择焊接电流外，还需采用短弧焊接，同时运条要正确，使焊条适当摆动，以使熔渣浮出表面。采用焊前预热，焊接过程加热，并在焊后保温，使其缓慢冷却，以减少夹渣。

（8）为规避未焊透型缺欠，应按设计图样或规范标准规定的坡口尺寸进行加工和组对间隙。焊前要认真清理坡口附件的铁锈、油污，特别是彻底清理焊缝坡口根部，对多层焊缝在焊接途中，要用角形砂轮打磨清理焊层之间的氧化物。合理选择电流大小和焊接速度，随时注意焊条的正确角度。对厚度较大或导热性较高、散热快的焊件，可在焊前对焊接部位预热或在焊接中加热，使母材金属与焊条金属达到熔合。

1.5 地坪开裂

1.5.1 材料收缩引起的地坪开裂案例分析

1.5.1.1 项目概况

某仓库项目为 1 层混凝土框架结构，层高约 9m。地坪面积约为 1 万 m^2。仓库原有约

20cm 厚的混凝土地坪，经凿毛后在其上铺筑 10cm 厚 C30 细石混凝土，内设 ϕ6@200 单层双向钢筋，面层采用 4mm 厚耐磨金刚砂。该项目从 2018 年 9 月开始动工，2019 年 7 月完成仓库耐磨地坪浇筑工作，后陆续发现多处地坪板出现细小裂缝。

1.5.1.2 问题描述

经现场踏勘发现，仓库耐磨地坪出现的裂缝其表现形式主要为网状裂缝，网格约 30cm×30cm 大小（图 1.5.1-1）。经施工人员介绍，地坪在养护过程中就已经产生了细小的裂缝。早期随着时间的推移，裂缝的范围和数量有所增加。

图 1.5.1-1 地坪裂缝

1.5.1.3 原因分析

地坪开裂的本质原因是在某一时期或状态下，地坪本身的抗拉应力低于其所承受的拉伸应力。地坪的抗拉应力即抗拉强度，随着混凝土的龄期的延长逐渐产生并得以发展，其与混凝土的原材料、配合比、施工振捣、养护、环境温度等因素密切相关；混凝土承受的拉伸应力，可能来自外界荷载，也可能来自材料本身，即凝结硬化过程中产生的收缩。不同主导因素下导致的混凝土裂缝具有其相应的表现特征。经对现场情况的细致查看及调查，初步判断本项目出现的网状裂缝主要由于混凝土材料收缩过大所致。混凝土产生过大收缩与下列因素有关：

（1）原材料的影响。首先，水泥的品种、强度等级及用量都会对混凝土地坪的收缩产生影响。矿渣水泥、快硬水泥、低热水泥混凝土等收缩性较高，另外水泥强度等级越低、单位体积用量越大、磨细度越大，则混凝土收缩越大，且发生收缩的时间越长；其次，骨料的品种及粒径也会对混凝土的收缩产生影响，骨料粒径越大收缩越小，含水量越大收缩越大。此外，配筋率越大，钢筋阻碍作用越明显，混凝土收缩越小；最后，水灰比及外加剂也会对收缩产生影响，水灰比越高，混凝土收缩越大；外掺剂保水性越好，则混凝土收缩越小。

（2）养护条件的影响。当养护条件不规范时，混凝土表面失水过快，水泥由于缺乏必要的水化水，从而产生急剧的体积收缩，此时的混凝土强度低，未能抵抗这种由于收缩应力导致的开裂。因此，大部分的混凝土收缩裂缝是温度梯度造成的，寒冷地区的温度骤降也容易形成裂缝。混凝土的早期养护至关重要，良好的养护条件可加速混凝土的水化反应，获得较高的混凝土强度。养护时保持湿度越高、气温越低、养护时间越长，则混凝土收缩越小。此外，蒸汽养护方式比自然养护方式混凝土收缩要小。

（3）外界环境的影响。外界环境对混凝土的影响主要集中在混凝土表面水分的蒸发上，极端的外部影响将加速混凝土表面水分丧失，从而导致表面产生裂缝。外界环境的影响可以与养护条件结合起来分析，总的来说，空气中湿度小、空气干燥、温度高、风速大，均会导致混凝土水分蒸发快，从而混凝土收缩越快。但如果合理地养护，可以将外界环境的影响控制到最低。

（4）施工的影响。首先是振捣方式及时间的影响，振捣时间应根据机械性能决定，一般以 5～15s/次为宜。时间太短，振捣不密实，形成混凝土强度不足或不均匀；时间太长，造成分层，粗骨料沉入底层，细骨料留在上层，强度不均匀，上层易出现收缩裂缝。另外，采用机械振捣方式时混凝土收缩性比手工捣固方式要小。其次，如果混凝土浇筑过快，且流动性较低，在硬化前因混凝土沉实不足，硬化后沉实过大，容易于浇筑数小时后在地坪表面产生塑性收缩裂缝；此外，混凝土搅拌、运输时间过长，使水分蒸发过多，引起坍落度过低，使得在混凝土体积上出现不规则的收缩裂缝。最后，泵送混凝土或其他水灰比较大的混凝土施工时，由于水灰比大，易使凝结硬化时收缩量增加，使得混凝土体上出现不规则裂缝。

(5) 设计的影响。设计应满足相关规范要求，并由有资质的试验室配制合适的混凝土配合比，并确保搅拌质量。若配合比设置不当，极易导致混凝土地坪出现收缩开裂的现象；钢筋配筋间距大、配筋率小的混凝土出现开裂情况较多，无筋混凝土表面比有筋混凝土表面更容易产生裂缝。

根据上述分析，为找到该仓库耐磨地坪混凝土开裂的主要原因，对混凝土地坪的材料及结构性能进行了测试，具体检测项目如表 1.5.1-1 所示。

检测项目一览表　　　　**表 1.5.1-1**

序号	检测对象	检测项目	检测方法
1	金刚砂耐磨地坪材料	28d 抗折强度	按《混凝土地面用水泥基耐磨材料》JC/T 906—2002 进行
		28d 抗压强度	
		耐磨度比	
		表面强度（压痕直径）	
2	地坪结构	裂缝情况（最大裂缝宽度、裂缝深度）	裂缝测宽仪测量；取芯测量
		混凝土情况（地坪层厚度、混凝土强度）	取芯测量；按《钻芯法检测混凝土强度技术规程》JGJ/T 384—2016 进行
		钢筋情况（钢筋网片位置）	钢筋探测仪探测
		切缝情况（切缝网格大小、切缝深度）	钢卷尺测量

(1) 金刚砂耐磨地坪材料

项目现场剩余部分未使用的金刚砂耐磨地坪材料，保存完好，均处于有效期内。取单包 25kg 耐磨材料，按《混凝土地面用水泥基耐磨材料》JC/T 906—2002 对其主要力学性能进行了检测，检测结果如表 1.5.1-2 所示。

耐磨材料检测结果　　　　**表 1.5.1-2**

序号	检测项目	标准值	实测值	结果判定
1	28d 抗折强度（MPa）	≥13.5	14.5	合格
2	28d 抗压强度（MPa）	≥90.0	102.1	合格
3	耐磨度比（%）	≥350	365	合格
4	表面强度（压痕直径）（mm）	≤3.10	2.90	合格

检测结果显示，耐磨材料主要力学性能均符合相关标准规范的要求，耐磨材料质量良好。本项目耐磨层采用 4mm 厚耐磨金刚砂，地坪层则使用 10cm 厚细石混凝土。由于细石

混凝土随用随捣，无多余材料留存，因此无法对地坪材料的相关收缩性能进行检测试验。

（2）地坪结构

按试验设计安排，选取出现裂缝的典型耐磨板块进行了测试，结果如下：

1）裂缝情况

选取了3块典型耐磨板块，采用裂缝测宽仪测试了各板块的最大裂缝宽度，并在最大裂缝宽度处，采用取芯机钻取了一个ϕ70mm的混凝土芯样试件，用于观察裂缝的贯通情况，结果如表1.5.1-3所示。

裂缝测试结果　　表1.5.1-3

板块编号	最大裂缝宽度（mm）	裂缝深度（mm）
1	0.4	5
2	0.7	8
3	0.4	7

由此可见，3块板块的最大裂缝宽度在0.4～0.7mm，裂缝深度则在5～8mm。裂缝基本穿透耐磨层，但未贯通地坪层。根据裂缝测试结果以及裂缝的走向发展等观察情况，确认裂缝为收缩裂缝。

2）混凝土情况

根据设计文件，地坪为10cm厚C30细石混凝土。选取了3块典型耐磨板块，采用取芯机在各板块上分别钻取了1个ϕ70mm的混凝土芯样试件，分别测试了地坪厚度和混凝土抗压强度，结果见表1.5.1-4。

地坪厚度和混凝土强度测试结果　　表1.5.1-4

板块编号	地坪厚度（mm）	抗压强度（MPa）
1	107	32.2
2	105	31.3
3	102	34.0

由此可见，地坪板块1和2的地坪厚度稍有超过设计厚度，板块3的地坪厚度基本符合设计厚度。地坪混凝土抗压强度则均满足设计要求。

3）钢筋情况

根据设计文件，耐磨地坪中部应设有ϕ6@200单层双向钢筋网片。选取了3块典型耐磨板块，采用钢筋探测仪对各板块的钢筋网片进行了定位，结果见表1.5.1-5。

钢筋间距和保护层厚度测试结果　　表1.5.1-5

板块编号	钢筋间距（mm）		钢筋保护层厚度（mm）
	横向	纵向	
1	205	207	78
2	198	201	65
3	200	207	65

由此可见，钢筋网片的间距略大于设计要求，但也基本符合要求。钢筋保护层厚度的

测试结果则显示，钢筋网片明显下沉，其抗裂作用有所降低。

4）切缝情况

根据施工方案，耐磨地坪施工完成后待面层强度达50%（一般耐磨地坪施工完成后2d左右）即可进行切缝施工，缝网按6m×6m设置，切割深度为面层厚度6～7cm。选取了3块典型耐磨板块，测量了各板块的缝网尺寸和切缝深度，如表1.5.1-6所示。

切缝测试结果 表1.5.1-6

板块编号	缝网尺寸（m×m）	切缝深度（mm）
1	6.0×6.0	51
2	6.1×6.2	55
3	6.0×6.1	56

由此可见，缝网尺寸基本按照施工方案执行，切缝深度则基本未达到方案要求。

为探寻混凝土地坪开裂的原因，本项目测试了混凝土耐磨地坪的相关质量情况，结合工程实际经验，认为混凝土地坪产生的裂缝主要为收缩裂缝。地坪混凝土在硬化过程中将产生收缩，为了避免过大收缩导致地坪产生裂缝，地坪层内一般设置钢筋网片以对收缩进行限制。本项目地坪层中设计有ϕ6@200单层双向钢筋网片，钢筋间距较大，且实测发现钢筋网片偏靠底层，未能完全发挥钢筋网片的限制收缩作用。耐磨地坪施工完成后，应对地坪进行切缝处理，以释放混凝土材料收缩产生的应力，但实测发现，切缝深度较浅，未能达到施工方案要求。

1.5.1.4 解决措施

在施工过程中，引起建筑物开裂的原因繁多，其中最常见的就是由于混凝土收缩产生的裂缝，裂纹总体分布呈现网状，裂纹浅而多，一般不影响混凝土地坪结构的使用，但倘若放任不管，在地坪服役过程中任由其发展，可能会影响其使用功能。

一般来说，为了提高混凝土地坪的耐久性和抗疲劳、抗渗能力，对带缝工作的地坪，视裂缝的性质和具体情况采取一些有效补救措施，以保证结构物安全稳定。主要修补措施有：表面处理法、填充法、灌浆法与嵌缝封堵法、结构补强法和混凝土置换法等。

（1）表面处理法。适用于稳定和对结构承载能力没有影响的地坪表面裂缝。包括表面涂抹法和表面贴补法，表面涂抹法适用范围是浆材难以灌入的细而浅的裂缝、深度未达到钢筋表面的发丝裂缝、不漏水的裂缝、不伸缩的裂缝以及不再发展的裂缝。表面贴补法适用于大面积漏水的防渗堵漏。

（2）填充法。用修补材料直接填充裂缝，一般用来修补较宽的裂缝（0.3mm及以上），作业简单，费用低。宽度小于0.3mm，深度较浅的裂缝以及小规模裂缝的简易处理可采用取开V形槽，然后作填充处理。

（3）灌浆法与嵌缝封堵法。此法应用范围广，从细微裂缝到大裂缝均可适用，处理效果好。灌浆法主要适用于对结构整体性有影响或有防渗要求的混凝土地坪裂缝的修补。它是利用压力设备将胶结材料压入混凝土的裂缝中，使胶结材料与混凝土形成一个整体，从而起到封堵加固的目的。嵌缝法是沿裂缝凿槽，在槽中嵌填塑性或刚性止水材料，以达到封闭裂缝的目的。

（4）结构补强法。可采取结构补强法、锚固补强法、预应力法等。

（5）混凝土置换法。当混凝土遭到严重破坏时，必须先将损坏的混凝土剔除，然后再置换新的混凝土或其他材料。常用的置换材料有普通混凝土或聚合物混凝土。新置换材料应采用高一级强度等级的混凝土浇筑。

针对该混凝土地坪收缩裂缝的处理，经过有关各方的多次分析研讨后，考虑地坪对于厂房的正常投产使用影响还不是很大，裂缝均处于地坪表面，且裂缝深度较浅，故对地坪暂时不做全面处理，仅做局部处理，选用表面涂抹的方式处理填补裂缝。

1.5.2 施工不当导致混凝土地坪开裂案例分析

1.5.2.1 项目概况

某地下停车场项目地坪面积约 4000m^2，上部为混凝土框架结构，柱网间隔 8m×8m，基层为原有 15cm 厚 C30 混凝土，面层为 10cm 厚 C20 细石混凝土，无抗裂钢筋网片。地坪混凝土施工完成后，设置 4m×4m 分隔缝。

1.5.2.2 问题描述

地坪混凝土浇筑 2 个月后地下停车场启用，后陆续发现部分板块出现较大裂缝，并伴有脱空现象。图 1.5.2-1 显示了典型问题板块的裂缝开展情况，可见裂缝主要沿垂直切缝方向发展。图 1.5.2-2 显示了部分板块出现翘起，与相邻板块形成明显的高差。

图 1.5.2-1 混凝土地坪开裂局部示意图

图 1.5.2-2 部分地坪板块翘起示意图

1.5.2.3 原因分析

根据我们多年对混凝土地坪问题的处置经验，可以把常见的地坪开裂原因归结于以下几个方面，即材料、施工、设计、环境等。材料是保证建筑质量的前提；施工及设计是保证建筑质量的关键因素。对影响地坪开裂的因素进行合理的控制，可以极大地保证建筑质量，减小因不断返工而造成的经济损失。

（1）施工方面

根据对多个项目地库建筑地坪施工过程的研究，发现施工中最可能发生的有以下几个问题：

一是地坪基层凿毛不到位或者凿毛后清理不到位，使得面层混凝土与基层混凝土之间夹杂较多碎屑等杂物，减弱了两层混凝土之间的粘结力。此外，铺筑混凝土前应进行扫浆作业，如扫浆时未清理干净积水，也会造成这些部位后期粘接不牢。

二是由于地坪只属于建筑做法，不参与主体结构受力，故施工时质量把控不严格，尤其是在抗裂钢筋网铺设时未按要求布置垫块，直接将钢筋网铺在结构面上即进行混凝土浇筑。施工成型后，钢筋保护层不足，抗裂钢筋与混凝土无法形成足够的粘结力，导致混凝土无法与抗裂钢筋共同受力，故在车库使用过程中，由于车辆行驶产生的水平力，极易导致地坪开裂甚至发生局部破碎的问题。

三是未及时、正确进行分隔缝切割。通常在地坪混凝土强度达到约50%设计强度时即可进行切缝。分隔缝切割时间过早，会对硬化中的混凝土造成损伤，形成损伤裂缝，为后期使用埋下隐患；分隔缝切割时间过晚，无法有效起到释放应力、防止开裂的作用；分隔缝设置的间距过大（通常按柱网切割）或者在柱子根部未设置时，板块内部的应力无法得到有效释放，仍可能形成裂缝。

四是未对地坪进行有效湿润养护。地坪混凝土材料铺筑好后，在硬化过程中，尤其是早期阶段需要有水分进行水化反应。如果未按规定时间进行湿润养护，会导致混凝土表面孔隙失水，形成干燥收缩。由于早期阶段混凝土强度尚不足以抵抗收缩应力，因此极易产生收缩裂缝。

（2）设计方面

好的施工组织设计可以产生事半功倍的效果。地库地坪设计时不考虑水平受力，整个地库地坪均采用统一设计，一般为C30以下混凝土浇筑施工，并按照$\phi 6@200$配置单层钢筋，地坪内钢筋一般只考虑抗裂作用。但根据实际情况，不同部位的地坪在受力上相差较大，大致分为以下几类：1）上下坡区域：由于车辆下坡时，由高速斜向行驶转为水平低速行驶，地坪斜向受力较大。经过受力分析，上下坡区域受竖向冲击荷载和水平制动荷载较大，故此区域开裂甚至局部破碎现象最为严重，且维修困难。2）主干道转弯角：主干道转弯角区域日常车流量较大，同时车辆行驶至此区域时一般会进行制动和转向，故此区域地坪日常受水平力较大，起砂、开裂等现象较为严重。3）主干道区域：由于主干道区域车流量较大，且车辆入库时需低速转向，日常主要受力形式为轮胎与地坪表面的摩擦力，故此区域一般主要问题表现为表面起砂。4）停车位区域：停车位区域受力形式主要为汽车入库低速转向过程中轮胎与地坪的轻微摩擦，且受力频率较低，故此区域极少出现开裂、起砂的问题。

（3）混凝土质量方面

由于商品混凝土的普及，现阶段大部分项目地坪施工时均采用的是商品混凝土。为保障其和易性，混凝土厂家在制备过程中均会加入大量粉煤灰等添加剂。浇筑时，由于振捣等问题，大量粉煤灰会因为离析上浮至混凝土表面，导致混凝土表面强度不足的问题，极易产生裂缝。同时，待成型后，由于行车过程中的摩擦，也会出现面层起砂的现象。此外由于水泥安定性差，混凝土内部水泥水化热产生的膨胀力在工程外表引起裂缝，两种水泥混用，砂、石含泥量大，骨料粒径过小，外加剂质量差或加入量过大等原因均会导致混凝土开裂。

（4）温度、湿度的影响

混凝土与一般材料相同，具有热胀冷缩的物理性质，其线膨胀系数约为$1\times10^{-5}/℃$，当环境温度发生变化时，就会产生温度变形，在构件受到约束不能产生自由变形时，构件内就会产生附加应力，当温度应力超过混凝土的抗拉强度时，就会出现裂缝。这是一种非常常见的引起裂缝的原因，通常裂纹呈现龟裂状。

此外，普通混凝土在空气中硬结时，体积会发生收缩，由此而在构件内产生拉应力，在早期混凝土强度较低时，混凝土收缩值最大。因此，若构件早期养护不良，极易产生收缩裂缝。

针对混凝土地坪，导致其混凝土结构开裂的原因可能是由于混凝土材料质量缺陷、地基收缩或沉降、施工方面等原因。为找到该厂房地坪混凝土开裂的主要影响因素，对混凝土地坪材料进行性能检测试验，具体检测内容见表 1.5.2-1，检测结果如下。

检测试验一览表 表 1.5.2-1

检测对象	检测项目	检测方法
地坪结构	裂缝情况（最大裂缝宽度、裂缝深度）	裂缝测宽仪测量；取芯测量
	混凝土脱空情况	人工敲击、撬开
	混凝土情况（地坪层厚度、混凝土强度）	取芯测量；按《钻芯法检测混凝土强度技术规程》JGJ/T 384—2016 进行

（1）裂缝情况

选取了 5 块开裂的典型板块，每块板块上目测确定一条最宽的裂缝，采用裂缝测宽仪测量了裂缝的最大宽度，并在此位置上钻取一个 ϕ70mm 混凝土芯样，以测量裂缝的扩展深度，结果如表 1.5.2-2 所示。

裂缝测试结果 表 1.5.2-2

板块编号	裂缝最大宽度（mm）	裂缝深度（mm）	裂缝是否贯通
1	2.4	98	是
2	2.5	104	是
3	2.1	105	是
4	1.2	46	否
5	1.1	32	否

板块 1、2、3 的最大裂缝宽度均超过 2mm，且最大裂缝宽度处裂缝均贯通了混凝土地坪。板块 4 和板块 5 的裂缝最大宽度相对较小，分别为 1.2mm 和 1.1mm，且裂缝深度均未达到地坪设计厚度的一半。

（2）混凝土脱空情况

在上述裂缝情况检测时，确定了裂缝最大宽度位置后，采用金属杆对最大宽度裂缝处板块进行敲击，发现除板块 4 和板块 5 外，其余 3 处均未存在脱空现象。经大面积查看，发现较多开裂处均存在混凝土脱空现象。选取了三块干燥的脱空板块，采用人工破损的方式撬开了部分地坪（图 1.5.2-3），发现地坪混凝土与基层混凝土的粘接非常弱，未发现原有混凝土基层凿毛处理痕迹。

图 1.5.2-3 撬开的混凝土地坪

（3）混凝土情况

1）混凝土抗压强度

根据《钻芯法检测混凝土强度技术规程》JGJ/T 384—2016 相关规定，选取上述 5 块有裂纹的地坪板，在靠近裂纹区域分别钻取 3 个 ϕ70mm 混凝土芯样。所取芯样加工成高径比 1∶1 的试件，两端磨平，自然养护 2d 后在压力试验机上进行抗压强度试验，结果见表 1.5.2-3。

混凝土抗压强度测试结果 **表 1.5.2-3**

板块编号	抗压强度推定值（MPa）	设计标准
1	32.8	C30
2	34.4	
3	36.1	
4	35.6	
5	31.9	

混凝土地坪的设计强度为 C30，经取芯试验发现，选取的各板块混凝土抗压强度均满足设计要求，因此推断该裂缝与混凝土强度无直接关系。

2）地坪厚度检测

利用取芯设备对混凝土地坪进行取芯，取出的混凝土芯样进行混凝土厚度检测，共选 5 个有裂缝的试样和 5 个无裂纹的试样，结果见表 1.5.2-4。

混凝土厚度测试结果 **表 1.5.2-4**

板块编号	厚度（mm）	设计标准（mm）
1	99	100
2	106	
3	105	
4	99	
5	107	

混凝土地坪的设计厚度为 100mm，选取的五个板块的混凝土厚度在 99～107mm 之间，基本符合设计要求。

本地坪项目的基层为原有 15cm 厚 C30 混凝土，属于刚性基层。根据施工单位提供的施工方案，在浇筑面层地坪混凝土前，应对原有基层混凝土面层进行起刨，除去基层混凝土的浮浆和杂物，并对基层进行扫浆处理，以增加两层混凝土之间的粘接。经查阅施工日志，未发现上述施工步骤的记录。此外，该项目无相关设计文件，仅在合同中约定有地坪混凝土的强度等级为 C30，无其他如布置钢筋网片等要求。

根据本项目的现场勘察情况，选取了典型开裂板块对裂缝的最大宽度和深度、混凝土板的空鼓情况以及地坪混凝土的抗压强度和厚度进行了检测试验，同时也核查了相关工程项目资料。综合试验检测和资料查证，认为本项目出现裂缝主要有如下两点原因：

（1）施工不当。施工单位未严格执行施工方案，未对原有基层混凝土面层进行表面处理和清理，使得原有基层混凝土面层的浮浆和杂物夹杂于基层混凝土和地坪混凝土之间，严重影响了两层混凝土的结合，并导致地坪混凝土脱空。本项目为地下停车场用途，项目启用后即有车辆行驶停放。在空鼓的地坪部位，经车辆的反复荷载作用，混凝土板块易于出现开裂。

（2）缺乏合理设计。本项目采用 10cm 厚细石混凝土作为地坪，虽然地坪浇筑完成后切割有 4m×4m 的分隔缝用来释放混凝土收缩应力，但因为地坪混凝土内部缺少用于限制混凝土收缩的抗裂钢筋网片，导致地坪面层不可避免地出现部分收缩裂缝。由于缺少足够限制，加之地坪面层与基层粘结力较差，这些收缩裂缝更多地出现在切缝损伤处，经过车辆的碾压作用，将会扩展成贯通的较大裂缝。

1.5.2.4 解决措施

在施工过程中，引起建筑物开裂的原因是多种多样的，裂纹一旦产生，处置起来相对困难，所以应采取措施提前预防裂缝的发生。例如，正确设置沉降缝、变形缝、分隔缝等；合理配置适宜粗细及间距的抗裂钢筋网片；加强地基的检查与验收；加强混凝土的早期养护，并适当延长养护时间；做好温度测控工作，采取有效的保温措施等。裂纹产生后，应积极采取措施，及时处理，以防裂纹进一步发展。充分了解混凝土结构的开裂特性，合理安排施工工艺，加强科学管理，对现场施工来说非常重要。

该项目地坪开裂的主要原因是施工不当及缺乏合理设计，施工过程中缺乏有效的质量控制手段，施工、监理人员对于相关标准缺乏有效的认识。现该项目裂缝已经产生，对开裂较为严重且存在空鼓现象的板块，建议敲除铺筑的细石混凝土，凿毛清扫后重新浇筑混凝土，且内部设置适宜钢筋网片；对开裂较轻且无空鼓现象的板块，则建议对混凝土地坪进行加固处理。对所有裂缝采用灌浆法进行处理，先在地坪的裂缝处预设灌浆筒底座，并将裂缝表面封闭，通过施加压力将专用化学浆液灌入板内。

1.5.3 不均匀沉降导致的地坪开裂案例分析

1.5.3.1 项目概况

上海某厂房总建筑面积 2143.8m^2，建筑功能为物资堆放、储藏等。该厂房底层为钢筋混凝土框架结构，纵横向柱距均为 10m，层高为 5m，二层为钢筋混凝土柱上大跨度轻钢结构屋盖，柱距横向 20m，纵向 10m，层高为 6m。一、二层结构平面布置基本相同，地坪板厚 120mm，板内配筋为双层双向 ϕ8@200，上层垂直梁长方向另加负筋 ϕ10@200。厂房基础均采用 ϕ500 预应力钢筋混凝土管桩基础，柱下独立桩承台。在工程竣工前后，发现室内地坪已产生了较大的沉降且很不均匀，出现了明显的“锅底”现象，并大规模出现裂缝（图 1.5.3-1）。

图 1.5.3-1 混凝土地坪开裂局部示意图

1.5.3.2 问题描述

现场勘查发现在柱承台和地梁处的地面上出现了裂缝，且裂缝的数量、长度、宽度和深度均发展得很快；地梁处的裂缝垂直于地梁方向发展，柱承台处的裂缝则是沿承台边缘开裂，且在承台边角处呈放射状向外延伸发展。由于地坪的下沉和地板的开裂均较严重，且在较短时间内发展很快，所以工程竣工后，业主一直不敢进场安装相关设备，影响了原来的正常投产计划。

1.5.3.3 原因分析

针对本项目混凝土地坪现状，猜测导致其混凝土结构开裂的主要原因可能是由于地基收缩或沉降，至于是否伴有混凝土材料质量缺陷、施工方面等原因，还需进一步检验。为找到该厂房地坪混凝土开裂的主要影响因素，对混凝土地坪材料进行性能检测试验，具体检测内容见表 1.5.3-1，测试结果如下。

检测试验一览表　　　　表 1.5.3-1

序号	检测项目	
1	混凝土地坪	混凝土强度
2		地坪厚度
3		裂缝开展深度
4		地坪沉降变形

（1）混凝土强度检测

根据《钻芯法检测混凝土强度技术规程》JGJ/T 384－2016 相关规定，现场选取 5 块无裂缝的地坪板和 5 块有裂缝的地坪板，前者在任意区域取样，后者在靠近裂缝区域取样，取出的试样进行钻芯法检测混凝土强度。用取芯机钻取芯样并记录取芯位置，室内将所取芯样加工成高径比 1∶1 的试件，两端磨平，磨平并进行养护后在压力试验机上进行抗压强度试验，结果见表 1.5.3-2。

混凝土强度对比表　　　　表 1.5.3-2

检测区域	抗压强度（MPa）	设计标准
正常区域-1	35.6	C30
正常区域-2	34.1	
正常区域-3	33.0	
正常区域-4	31.5	
正常区域-5	32.3	
裂缝区域-1	31.5	
裂缝区域-2	36.8	
裂缝区域-3	34.9	
裂缝区域-4	36.7	
裂缝区域-5	32.2	

混凝土地坪的原设计强度为 C30，本工程正常区域混凝土强度和存在裂缝区域的混凝土强度均满足设计强度要求，该裂缝与混凝土强度应无直接关系。

（2）地坪厚度检测

利用取芯设备对混凝土地坪取芯，取出的混凝土芯样进行混凝土厚度检测，共选 5 个有裂缝的试样和 5 个无裂纹的试样，结果见表 1.5.3-3。

混凝土厚度对比表 表 1.5.3-3

检测区域	厚度（mm）	设计标准（mm）
正常区域-1	125	120
正常区域-2	126	
正常区域-3	131	
正常区域-4	127	
正常区域-5	122	
裂缝区域-1	126	
裂缝区域-2	125	
裂缝区域-3	127	
裂缝区域-4	125	
裂缝区域-5	124	

混凝土地坪的原设计厚度为 120mm，本工程正常区域混凝土厚度和裂缝区域的混凝土厚度均满足设计要求，厚度在 122～131mm 之间。

（3）裂缝深度检测

利用取芯设备对混凝土地坪取芯，取出的混凝土芯样进行混凝土裂缝开展深度检测，共选 5 个有裂缝的试样，结果见表 1.5.3-4。

混凝土裂缝开展深度表 表 1.5.3-4

检测区域	裂缝深度（cm）
裂缝区域-1	10.7
裂缝区域-2	6.8
裂缝区域-3	裂开
裂缝区域-4	裂开
裂缝区域-5	8.1

试验测得的裂缝深度最小为 6.8cm，部分裂缝已经贯通，芯样散成两半。

（4）地坪沉降变形检测

现场对厂房混凝土地坪的相对高程进行了检测，用以测量地坪的相对不均匀沉降（含施工误差），测点布置如图 1.5.3-2 所示。以点 A 的高程为基准，记作 0，其他各点与点 A 的高程差分别为：75.6mm、68.1mm、71.6mm、61.7mm、59.4mm、55.8mm、62.5mm、68.7mm、66.1mm、51.2mm、45.5mm、47.8mm、6.9mm、4.2mm、−2.7mm（以图中序号排列，负值表示低于 A 点，正值表示高于 A 点）。最小值为点 15，为−2.7mm；最大值为点 1，为 75.6mm，两者之间相对高差为 78.3mm，总体中心沉降。

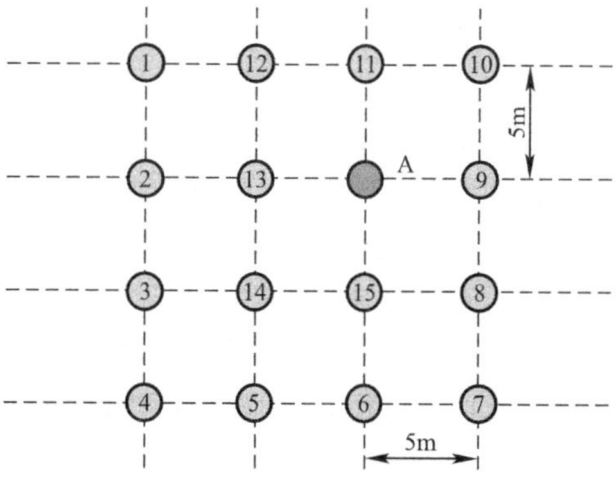

图 1.5.3-2 测点布置图

本项目测试了混凝土地坪的质量情况，进一步寻找混凝土地坪开裂的原因。试验结果表明混凝土地坪未开裂区域及开裂区域的强度均满足设计要求，部分裂缝贯穿混凝土，混凝土地坪厚度满足设计要求，但地坪沉降变形严重，总体向中心沉降。

基于上述情况，并根据试验测试结果及现场勘察了解到的情况，结合工程实际经验，该厂房的室内地坪发生下沉、地板发生开裂的原因，概括起来主要有以下三方面的因素：

（1）工程地质的因素

根据地质资料反映，厂房场址的地质条件较差，其上部土层主要是：

1）杂填土：灰黄色，由粉质黏土、碎石、建筑垃圾组成，层厚 1.3～1.8m；

2）耕植土：灰褐色，呈粉质黏土状，湿、软塑，层顶埋深 1.3～1.8m，层厚 0.5～1.0m；

3）淤泥：深灰色，上部含大量粉砂和少量贝壳碎片，局部富含腐殖质，含水量较大，呈流塑状态，高压缩性，层顶埋深 1.9～2.8m，层厚 26.2～29.3m，标贯击数平均 1.4 击，承载力 f_k=50kPa；

4）粉质黏土：湿，流塑～软塑，高压缩性，层顶埋深 29.00～31.50m，层厚 0.8～2.1m，承载力 f_k=80kPa；

5）中砂：含泥质和少量粗砂、卵石，饱和，中密，层位分布均匀，层顶埋深 29.8～33.6m，层厚 0.7～1.8m，平均击数 21.9 击，承载力 f_k=250kPa；

6）粗砂：级配良好，饱和，中密～密实，层位分布稳定，层顶埋深 31.40～34.0m，层厚 10.00～14.40m，平均击数 21.6 击，承载力 f_k=280kPa。地下水位埋深 0.3～0.8m。

厂房场址的工程地质为软土，第二层的耕植土（较湿、软塑）和第三层的淤泥层（很厚、很湿且呈流塑状，强度极低）均为高压缩性软土；第一层的杂填土也很糟，它主要由粉质黏土、碎石和建筑垃圾组成，厚度为 1.3～1.8m，填土料和级配情况均较差。

虽然在自然条件下这种填土层固结速率相对较慢，但填土层本身及其自重荷载作用下的下卧软土层均还在不断下沉。在这个过程中，施工单位在此地基土上直接施工地坪时，地坪的自重和施工荷载又传给了地基，加快了地基软土的下沉速度，不仅地坪垫层的新填土和原填土层在固结下沉，更主要的是：在大面积填土和地坪荷载作用下，下卧的淤泥软土层产生了更大量值的固结下沉。于是，在较短时间内，产生了较大的叠加固结变形，从而导致了地坪的下沉和开裂。

（2）工程设计的因素

本厂房室内地坪在设计上有以下两方面的失误，直接导致了地坪的下沉、开裂。

1）勘察设计单位对地质勘探报告中反映的软土层和杂填土层的重视程度不够，在施工图设计过程没有考虑采取必要的措施对地基土进行预处理，这必然导致地坪的严重下沉，这也是导致地坪开裂的主要原因。

2）在地基土没有经过处理的情况下，设计了整体性的钢筋混凝土地板（配置底部钢筋）和水磨石面层，并且没有设缝分隔。由于地坪的面积较大，开间和跨度也都较大，设计的整体性钢筋混凝土地板底面标高又与承台及地梁面的标高相同，因此，承台和地梁处的地板下沉不了，而跨中处的地板却随地基土的固结而产生较大量值的下沉，因而便产生了地坪中部下凹的现象。

（3）工程施工的因素

施工单位虽在施工过程能认真按设计图纸和施工规范的要求施工，但在室内地坪的施工组织和进度安排方面也有失误。地坪施工过程中，从砂垫层到块石垫层（碎石填缝）和混凝土垫层，最后到钢筋混凝土地板是连续施工的，没有一定的时间间隔。因此，填土层以及地基软土的固结变形量大部分直接传递给了钢筋混凝土地板，导致地板施工完后很快就产生了较大的下沉而且引起开裂。实际上，针对该厂房的特殊地质条件和地坪设计特点，在施工砂垫层和块石垫层并分层夯实或压实后，应停留一段时间，先让软土层尽量自由固结下沉，把钢筋混凝土地板安排在工程的最后阶段施工比较合适。

1.5.3.4 解决措施

在对建筑物进行可靠性分析与鉴定时，我们常会发现引起建筑物开裂的原因多种多样：结构设计中的考虑欠缺、计算失误或结构使用中加载过大或异常受力等所引起的各种裂缝，以及由混凝土材料、配比或施工中的欠缺、差错所导致的各种裂缝，它们的性质各不相同，致裂原因也各种各样，但最主要的是产生裂纹前对其的预防。在施工过程中，我们可以采取以下措施提前预防裂缝的发生。

（1）材料方面

首先，根据工程条件的不同，尽量选用水化热较低、强度较高的水泥，严禁使用安定性不合格的水泥；骨料应选用粒径适当、级配合理、无碱性反应、有害物质及含泥量符合规定的砂、石材料；外掺料宜掺入适量粉煤灰和减水剂等外加剂，超长建筑物或构筑物可加入微膨胀剂，以改善混凝土工作性能，降低水泥用量和用水量，减少收缩。其次，应注意混凝土配料、搅拌及浇筑方式。配合比设计应尽量采有低水灰比、低水泥用量、低用水量。投料计量应准确，搅拌时间应保证；浇筑分层应合理，振捣应均匀、适度，不得随意留置施工缝。

（2）设计方面

正确设置沉降缝、变形缝，位置和宽度选择要适当，构造要合理；地坪配筋要合理，间距要适当。

（3）施工方面。

要加强地基的检查与验收，对于复杂地基应做补充勘探。异常地基处理必须谨慎，尽可能使其处理后的承载力与本工程正常地基承载力相同或相近；要合理设置后浇带；加强混凝土的早期养护，并适当延长养护时间；应做好温度测控工作，采取有效的保温措施，保证地坪内外温差不超过规定温差（+25℃）；钢筋绑扎位置要正确，保护层厚度应准确，且钢筋表面应洁净，钢筋代换必须考虑对地坪抗裂性能的影响。

实际上，针对该厂房的特殊地基土，为避免产生较大的不均匀沉降，首先，设计上应提前做好应对措施，考虑采用预压法或强夯法等软土地基处理方法进行地基改良，以减少地坪施工完后的下沉。其次，若地板直接“支承”在承台和地梁顶面上，也会加重沉降裂缝的产生，应当对地板进行适当分隔，且在承台周边一定要将地板全断面断开。

但如果裂缝已经产生，则应对混凝土地坪进行加固处理或重新施工处理。本项目室内地坪产生较大的不均匀下沉，并在承台和地梁处开裂已是既成事实，是不可逆的，但该厂房的结构暂时并没有受到多大影响，还很安全。经过有关专家和各方的多次分析研讨后，考虑地坪对于厂房的正常投产使用影响还不是很大，故对地坪暂时不做全面处理，仅做局部处理后，待其下沉基本稳定后再做第二次地坪，这样比较经济。

具体措施如下：

首先，在承台周边用切割机和人工辅助的办法将钢筋混凝土地板全断面断开（包括钢筋），用沥青砂浆填塞，把地板和承台完全分开，让地板自由下沉，从而避免因地板下沉而使承台和柱子承受附加荷载和应力，并有效地遏制了承台周围边地板裂缝的进一步产生和发展。其次，在地梁位置，沿地梁轴线在地面上切出一条伸缩缝，并用沥青砂浆灌缝。通过人为设缝，避免地板在地梁部位产生不规则的裂缝。最后，建设方应对勘察设计单位加强管理，对地基沉降过程进行模型拟合，对第二次地坪的施工做好事前控制。

第2章 建筑物漏水与渗水

2.1 墙面渗水

2.1.1 民用建筑的墙面渗水案例分析

2.1.1.1 项目概况

上海浦东云桥路某公司的员工宿舍，主楼和裙楼多个房间墙面发生渗漏水，该墙面原为饰面砖墙面，后进行过维修，在装饰面砖上又粉刷了一层防水腻子及外墙涂料。

2.1.1.2 问题描述

现场勘察：外墙涂料开裂，门窗部位节点未进行防水处理，导致室内墙面渗漏发霉，严重影响室内居住功能；主楼左侧有12扇窗户，由内砌筑封堵，但因未进行防水处理导致渗漏严重，见图2.1.1-1。

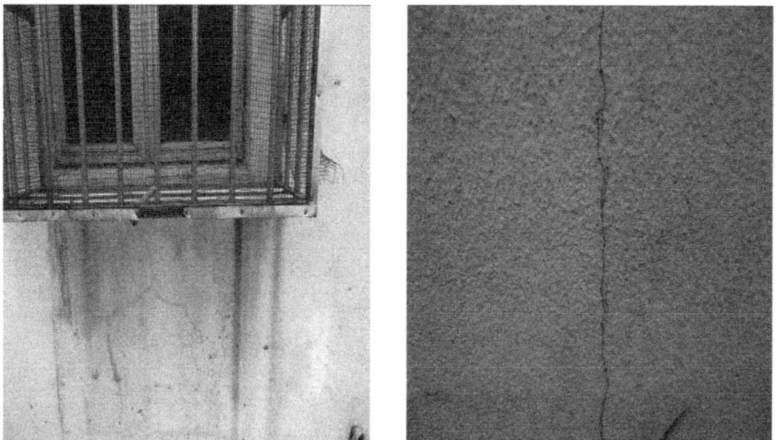

图2.1.1-1 渗漏现场

2.1.1.3 原因分析

墙面渗漏水主要原因：

饰面砖表面光滑，防水腻子与之粘结强度不够，局部脱落，加之面砖开裂，导致渗漏；

外墙涂料开裂，门窗部位节点未进行防水处理，导致室内墙面渗漏发霉，严重影响室内居住功能；

屋面天沟落水口因年久失修，部分水落口堵塞，导致天沟排水不畅，产生渗漏，应业主要求需将落水口改造成横式落水口，原屋面水落口采用细石混凝土封堵。

2.1.1.4 解决措施

对外墙进行整体翻修：

（1）剔除所有粉刷层、瓷砖、砂浆层，露出基层。

（2）铺设 2cm 厚防水砂浆平层。

（3）对已验收的找平层表面浮灰清理干净后，上涂刷 1.3mm 厚丙烯酸防水涂料。

（4）大面贴网格布，并施工抗裂砂浆一层（5mm），最后于表面涂刷外墙涂料，涂料颜色可由业主商定。

窗框更换：部分窗框渗漏严重，需进行更换。

拆除原有的窗框，重新更换新的铝合金窗框，并对窗框重新进行防水处理，防水层次如下：

新换窗框→抗裂砂浆（5mm）复合玻璃纤维网格布→界面剂→1.3mm 厚丙烯酸防水涂料，内加玻纤网格布→水泥砂浆找平层→窗台部位。

天沟水落口（图 2.1.1-2）：

（1）原水落口用细石混凝土堵塞，抹平；

（2）在女儿墙根部采用冲击钻开凿；

（3）安装横式落水管，并进行细部防水处理，详见节点图 2.1.1-2；

（4）拆除所有旧落水管，更换新管。

主楼左侧有 12 扇窗户，由内砌筑封堵，但因未进行防水处理导致渗漏严重。经现场查看，需拆除这 12 个窗户的窗框，由外再砌筑一匹砖，将窗框完全封堵，再进行外墙大面防水处理。

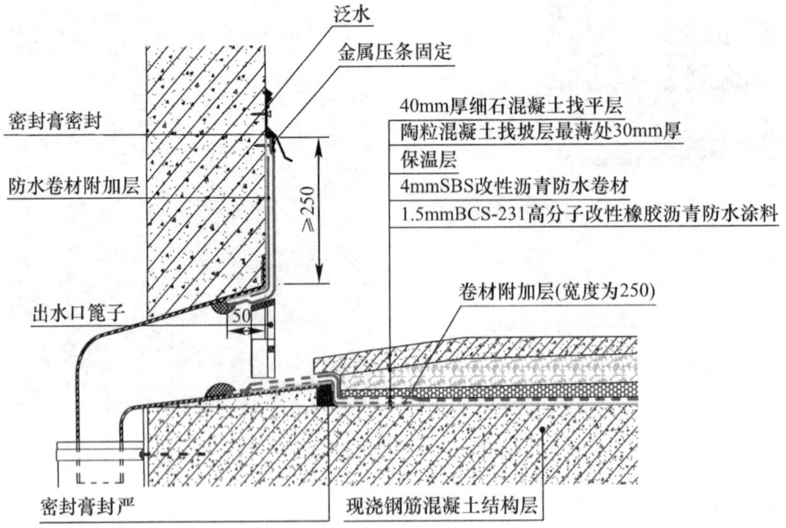

图 2.1.1-2 水落口做法

根据委托方要求，另提供局部维修方案以供参考：

统计室内渗漏部位（约 100 处），在渗漏部位查找相对应的外墙裂缝、管根、设备预埋件等：

（1）对裂缝较密集处、粉刷层起壳处或者裂缝宽度较大（大于 0.5mm）处表面粉刷层进行剔除，露出瓷砖面。

对管根、设备预埋件根部，进行细部加强处理，沿根部剔槽，密封胶嵌填。

（2）在瓷砖上涂刷界面剂一道。

（3）对已涂好界面剂的外墙涂刮外墙腻子，腻子厚度宜为 2mm 左右，且最少需分两遍刮涂，并用砂纸进行打磨平整。

（4）将已验收的腻子层表面浮灰清理干净后，上涂刷 1.3mm 厚丙烯酸防水涂料，最后在面层上涂刷 0.5mm 厚 HCA-104 丙烯酸防水涂料作为面膜（不少于两遍）；丙烯酸颜色可由业主商定。

对窗框进行维修：窗框防水处理可沿窗框四周剔槽，宽度约 5cm，在槽内用柔性密封膏填充，再用堵漏宝封堵（图 2.1.1-3）。

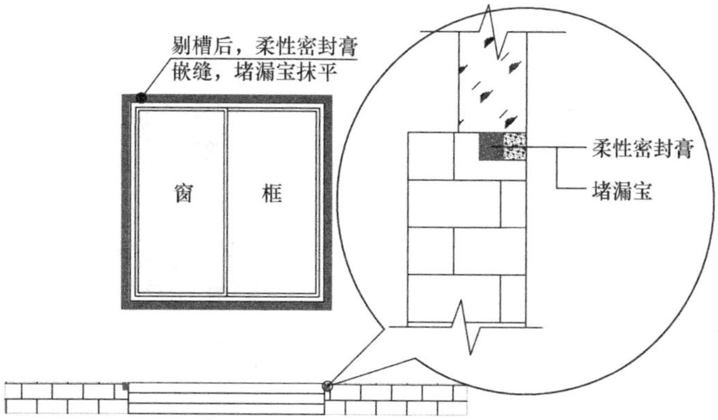

图 2.1.1-3　施工示意图

2.1.2　建筑厂房的墙面渗水案例分析

2.1.2.1　项目概况

某工业有限公司 3 期厂房外墙渗漏，室内出现不同程度的渗漏（图 2.1.2-1）。

图 2.1.2-1　室内渗漏

2.1.2.2　问题描述

本工程外墙多处出现裂缝，具体情况如图 2.1.2-2～图 2.1.2-7 所示。

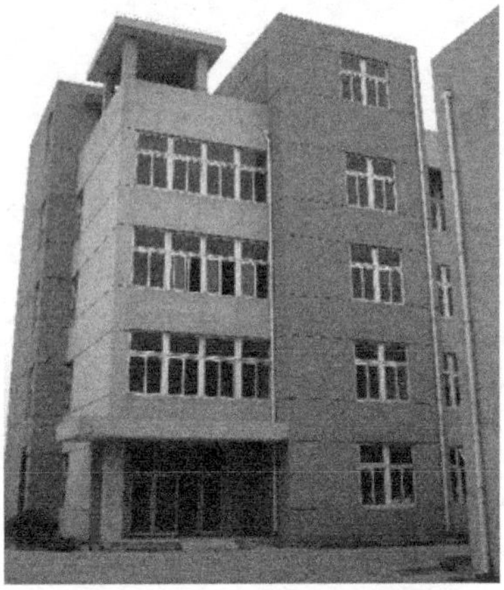

图 2.1.2-2　外墙大面情况

图 2.1.2-3　室内渗漏情况

图 2.1.2-4　外墙面出现裂缝

图 2.1.2-5　外墙大面情况

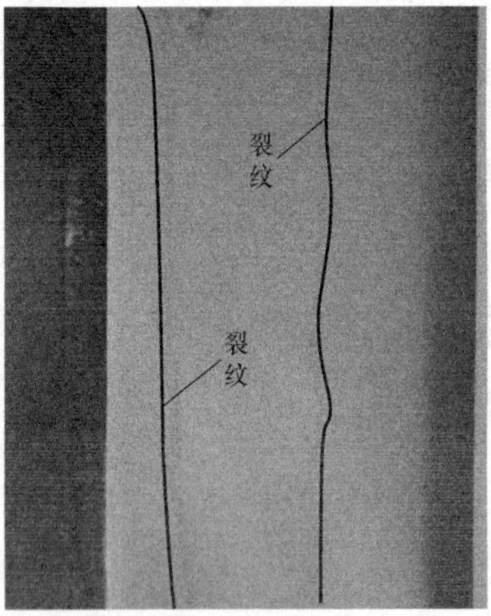

图 2.1.2-6　墙面裂缝 1

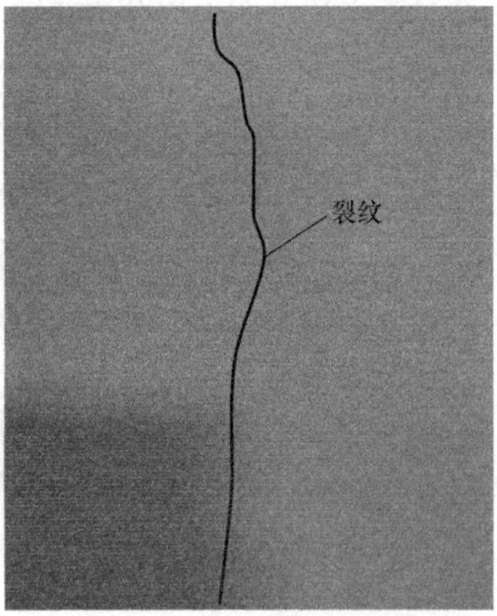

图 2.1.2-7　墙面裂缝 2

2.1.2.3　原因分析

根据《建筑装饰装修工程质量验收标准》GB 50210—2018，第 4.2.4 条一般抹灰工程中规定："抹灰层与基层之间及各抹灰层之间应粘结牢固，抹灰层应无脱层和空鼓，面层应无爆灰和裂缝"；第 5.2.5 条外墙防水工程中规定："砂浆防水层表面应密实、平整，不得有裂纹、起砂和麻面等缺陷"。

经现场检测，结果如下：

（1）建筑物的不均匀沉降导致外墙不同部位交界点出现裂缝，如梁与墙交界处、窗框与墙交界处等；

（2）由于温度的高低交替，外墙出现了大面积的温度裂缝；

（3）外墙原基面未做防水处理，雨水从外墙裂缝渗透到室内，造成室内粉饰层起皮脱落。

2.1.2.4　解决措施

（1）外墙裂缝维修

查找外墙裂缝，沿裂缝凿宽 5cm、深 3cm V 形槽；对已剔槽部位进行槽内灰尘清理；清理完毕后，用界面剂在基层涂刷一遍，增强后续材料与基层的粘结；采用抹子或木棍将外墙专用柔性腻子嵌入槽缝内，要求压实平整；待腻子干燥后，涂刷 1mm 厚 PMC-421 防水灰浆内衬无纺布；在已验收的 PMC-421 上涂刷 1mm 厚 HCA-101 丙烯酸防水涂料；最后在面层上涂刷 0.5mm 厚 HCA-104 丙烯酸防水涂料作为面膜；丙烯酸颜色采用红色（图 2.1.2-8）。外墙施工采用吊篮施工。

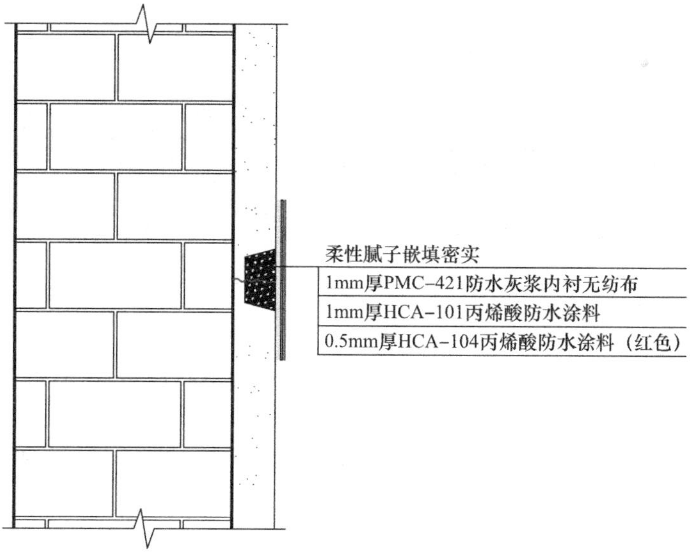

图 2.1.2-8　外墙裂缝修补示意图

（2）外墙大面维修

用清水清洗外墙面，使墙面清洁无灰尘；待墙面干燥后，大面涂刷 1mm 厚防水灰浆内衬无纺布；在已验收的 PMC-421 上涂刷 1mm 厚丙烯酸防水涂料，最后在面层上涂刷 0.5mm 厚丙烯酸防水涂料作为面膜（不少于两遍）；丙烯酸颜色采用红色。

（3）合理选材

防水工程宜根据不同的设防部位，按柔性防水涂料、防水卷材、刚性防水材料的顺序，选用适宜的防水材料，且相邻材料之间应具有相容性；密封材料宜采用与主体防水层相匹配的材料；防水工程应积极采用通过技术鉴定的，并经工程实践证明质量可靠的新材料、新技术、新工艺。

2.1.3 坡屋面外露防水层失效案例分析

2.1.3.1 项目概况

该案例为位于江苏省宜兴市某工厂车间屋面。该屋面为水泥混凝土结构坡屋面，设置有外露卷材防水层。

2.1.3.2 问题描述

经现场勘查发现外露卷材防水层经过多年风吹雨淋，已经出现老化，同时排水口设置比较小，在雨季或是遭遇大雨的情况下，短时间内大量的水通过屋面汇入排水沟，但又不能及时排出去，加剧局部渗漏情况。见图 2.1.3-1、图 2.1.3-2。

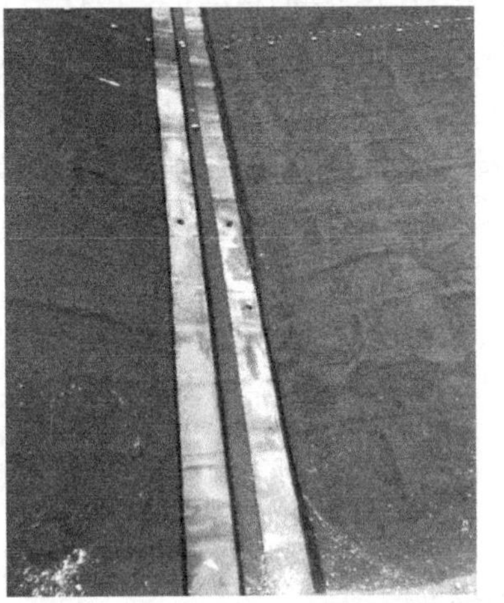

图 2.1.3-1 坡屋面排水沟图

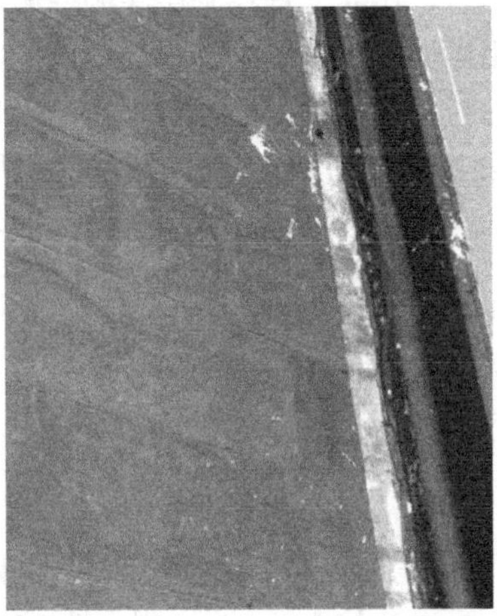

图 2.1.3-2 外露防水层老化图

2.1.3.3 原因分析

该屋面为有组织排水斜屋面，采用重力式排水设计，但垂直雨水管排水口直径为70mm，当雨水量较大时，汇聚于排水沟渠的积水无法及时排出。此外，经查勘，该坡屋面基面部分位置已出现裂缝、空洞、松动等情况，致使屋面卷材表面出现裂缝，影响了防水效果。

2.1.3.4 解决措施

现根据前期确认的渗漏原因采用落水口改造及外露卷材细部修缮来解决坡屋面渗漏问题。因此，可扩大排水口直径，保证汇聚水的及时排出，并对改造后的部位做加强防水处理。对于需要维修改造位置进行彻底清理，对基面裂缝、空洞、松动部位等进行修复处理，并在修复完成的基面上均匀涂刷基层处理剂。清理完毕后的基面，采用高聚物改性沥青防水涂料＋铺设自粘聚合物改性沥青防水卷材的方式进行防水修复。对于不需要修复的旧防水层，新旧防水层搭接位置需进行密封处理。当防水层铺贴完毕，外观检查合格后即可进行雨后淋水 2h 或闭水检验屋面有无渗漏。

屋面渗漏是多种因素共同作用的结果，需从以下几点考虑：

(1) 图纸设计是否合理，如坡屋面排水线路及坡度的设计是否合理，落水口的管径是否考虑暴雨天气的预估排水量；坡屋面细部防水设计是否合理，是否考虑到窜水渗漏等风险；

(2) 施工材料是否采用符合国家行业标准的防水材料产品，以及是否考虑防水卷材与防水涂料的复合体系配合度问题；

(3) 防水施工是否规范：如泛水部位卷材防水层收头未密封，极易导致收头部位脱开翘边，进而使得雨水渗入防水层下部，并流窜到屋面结构薄弱处导致渗漏；泛水部位基层平整度问题、防水卷材未与基层满粘，均会导致使用一段时间以后出现空鼓剥离现象等；

(4) 屋面防水交付使用后的维保问题；

(5) 防水工程是一个系统工程，需要设计、材料、施工、使用各个环节互相配合，才能从根本上解决渗漏水严重的问题。

2.1.4 老旧房屋墙体渗透案例分析

2.1.4.1 项目概况

该项目为位于上海市的某老旧厂房，空置已有二十余年，已出现防水层防水功能丧失等情况。作为城市发展的历史印记，老旧厂房要改造升级为艺术馆，现需进行整体翻修。

2.1.4.2 问题描述

经现场勘查发现屋面大面积渗漏，防水层大面积老化、破损，需全部铲除，修整找平层及保温层。根据现场实际情况，该建筑部分外墙出现比较严重的起鼓、脱落、松散等情况，而且为砖混结构，存在使用过程部分墙面安装有固定支架、空洞等情况，使得部分墙体结构比较糟糕，甚至可能需要二次砌墙。典型部位见图 2.1.4-1。

图 2.1.4-1 墙面大面积脱落图

同时，该建筑改造的钢筋混凝土屋面原为防水卷材屋面，采用混凝土板架空隔热层。由于雨水、人员活动、建筑振动等外力因素作用，加上建筑本身已有二十几年的使用和空置时期，年久失修，隔热层出现断裂、粉化情况，防水层也随之出现破损、老化现象，屋面现场情况见图 2.1.4-2。

图 2.1.4-2 屋面现场图

2.1.4.3 原因分析

建筑墙面渗漏通常是多因素综合作用的结果，常见的主要有房屋结构、材料类型、施工、运维等方面原因。经查勘，主要为长期的房屋结构损坏及外墙开槽打孔等原因造成。墙面、外粉刷分格缝、门窗框周围、窗台、穿墙管道根部、阳台、墙体的连接处、变形缝等部位已出现渗漏。墙板接缝处的排水槽、滴水线、挡水台等部位已出现损坏及周围疏松等情况。

2.1.4.4 解决措施

现根据前期确认的原因采用阳台、墙体等连接处局部修补，整体墙体结构加固处理，剔除疏松部分，清理冲刷完毕后，待基层干燥后，用聚合物防水砂浆修补牢的方式解决局部缝隙渗漏问题。待外墙防水层基层清理完毕后，再采用聚合物水泥防水砂浆、聚合物水泥防水涂料、聚合物乳液建筑防水涂料等防水涂层施工。为保证防水层的完整性，不建议再在修缮完成的墙体结构上随意开槽、打孔。

对于钢筋混凝土屋面，需要先清除屋面建筑、生活垃圾，移开隔热板，并对破损严重部分的既有防水层进行铲除，确保基层平整、牢固，无浮尘、起砂、裂缝、空鼓等现象，并需对墙体裂缝、空洞修补。然后选用弹性体改性沥青防水卷材复合防水涂料进行组合施工。

墙体渗漏是多种因素共同作用的结果，一般需从以下几点考虑：

(1) 建筑外墙防水需要依靠完整的防水体系，设计时需考虑主要原材料的品种和技术性能需符合《建筑外墙防水工程技术规程》JGJ/T 235－2011 中对以砌体或混凝土为围护结构的外墙防水工程的设计、施工和验收的规定；

(2) 防水层必要的厚度是防水功能和耐久性的保证，因此需考虑墙体找平层和粘结层之间的防水层厚度是否符合要求；

(3) 外墙饰面材料是否存在空鼓、勾缝是否开裂松动脱落等情况，都容易造成雨雪水渗入，如墙体防水层未做到位，雨雪水则会穿过防水层渗透到墙体，并窜流到薄弱部位后渗出；

(4) 门窗与墙体接缝处渗漏，需考虑门窗框与墙体间的砂浆填充是否密实，以及窗台框与墙体结合处强木部分是否使用密封胶密封，或是否存在密封不到位或密封胶老化等问题；

(5) 物业单位或业主对防水工程的维护不够重视，私拉乱建或随意开洞等行为都会导致防水层破坏。

2.2　门窗渗水

2.2.1　沿海地区建筑门窗漏水案例分析

2.2.1.1　项目概况

“某配套设施装修项目”建筑面积约为 2.5 万 m^2，地上高层为 6 层和 11 层两种，多层为 4 层，建筑总高度 47.7m，项目于 2010 年左右竣工。项目目前为空置状态，外墙普遍存在裂纹和修补痕迹，室内存在墙面受潮、外门窗渗水等情况。

2.2.1.2　问题描述

项目外墙普遍存在裂纹和修补的痕迹，室内存在墙面受潮、外门窗渗水的情况。窗体上存在明显水渍，窗洞口渗水严重，窗台下墙体受潮剥落严重。典型渗漏部位见图 2.2.1-1～图 2.2.1-4。

图 2.2.1-1　玻璃上的水渍

图 2.2.1-2　窗台上的水渍

图 2.2.1-3　窗台下剥落的墙体

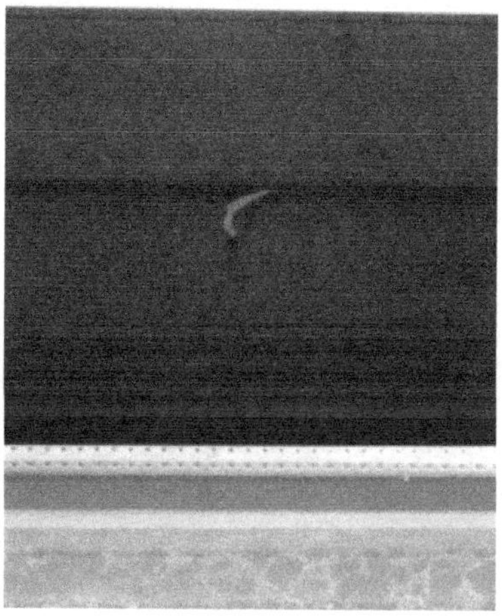

图 2.2.1-4　窗体上的异物

2.2.1.3　原因分析

门窗渗水通常是多因素综合作用的结果，常见的主要有以下四个原因：

（1）门窗的设计结构有问题，设计不够合理；

（2）铝合金门窗在制作阶段质量达不到要求；

（3）铝合金门窗在安装阶段，安装技术不达标；

（4）没有进行密封，铝合金门窗如果不能紧密贴合墙体，就容易发生渗水问题，尤其是连接部位。

经现场随机抽查，共抽查 51 处，发现所检外窗普遍存在胶条变形脱胶现象；个别外窗的撑挡、横框存在变形；部分外窗防水胶条老化变形；部分外窗型材表面存在涂抹硅胶和污渍；部分窗体上存在水渍，窗洞口有漏水痕迹；部分外窗水槽中存在异物，个别窗扇开启困难；少量外窗存在组装质量差，接缝处高低差较大等情况。现场抽查结果见图 2.2.1-5～图2.2.1-16；该工程玻璃颜色基本均匀，无明显色差；玻璃无析碱、发霉和镀膜脱落等现象。

图 2.2.1-5　胶条变形

图 2.2.1-6　胶条脱胶

图 2.2.1-7　横框变形

图 2.2.1-8　撑挡变形

图 2.2.1-9 阻水皮条老化

图 2.2.1-10 阻水皮条变形

图 2.2.1-11 型材表面存在涂抹硅胶

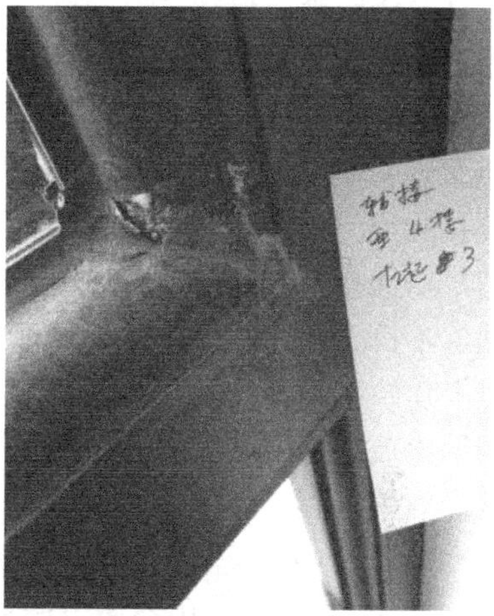

图 2.2.1-12 型材表面存在污渍

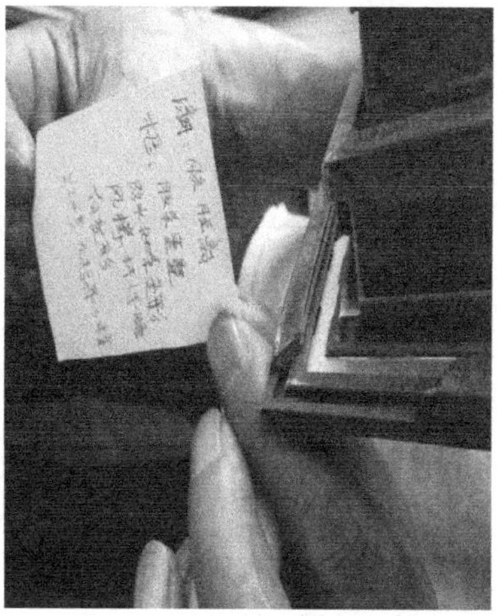

图 2.2.1-13 胶条缺失

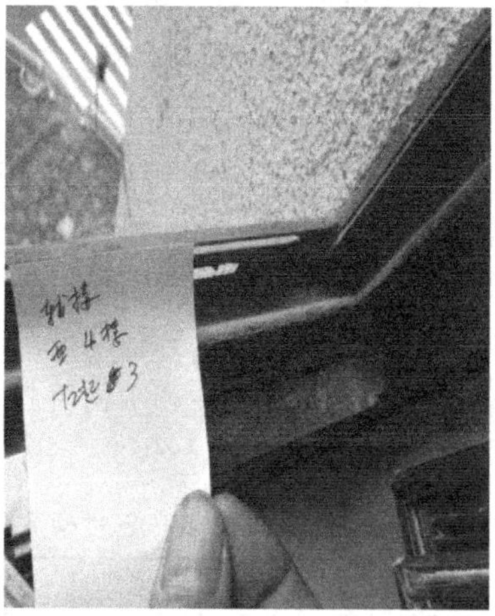

图 2.2.1-14 组装错位

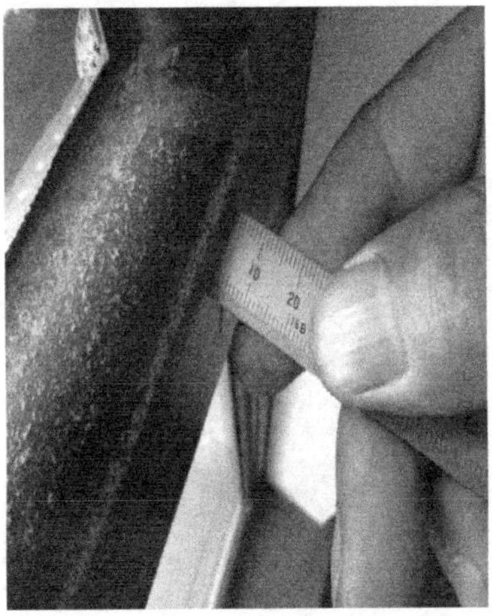

图 2.2.1-15　窗体裂缝（一）

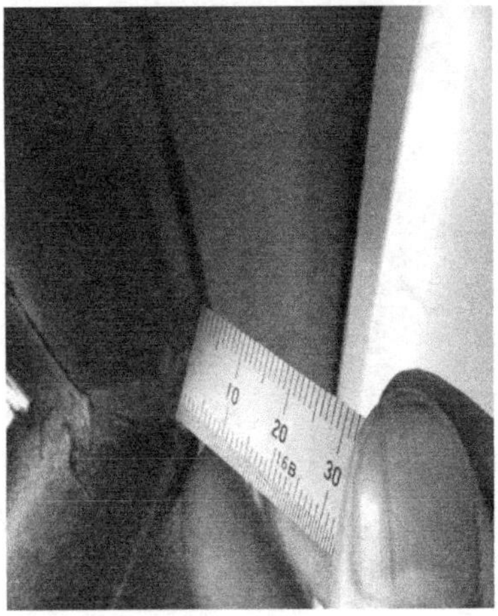

图 2.2.1-16　窗体裂缝（二）

经过上述检查，得到以下结论：

（1）经外观质量检查，该工程门窗玻璃颜色基本均匀，无明显色差；大部分门窗存在室内侧密封胶条局部缺失的现象；部分内开窗门开启困难，影响正常使用；部分窗洞口室内侧墙面有明显漏水痕迹、墙面发霉脱落；部分窗洞口室外侧与墙体接缝部位密封胶存在脱落、孔洞等问题，有漏水风险。

（2）经抽查，所检窗扇所用中空玻璃的内侧玻璃为普通玻璃，未钢化处理，不属于安全玻璃，不符合《建筑安全玻璃管理规定》（发改运行［2003］2116 号）第六条规定，“7 层及以上建筑物外开窗，必须使用安全玻璃”。该规定所称安全玻璃是指，“符合现行国家标准的钢化玻璃、夹层玻璃及由钢化玻璃或夹层玻璃组合加工而成的其他玻璃制品，如安全中空玻璃等”。

（3）经现场中空露点检测，绝大部分中空玻璃中空层失效，不满足《中空玻璃》GB/T 11944—2012 中对中空露点的要求。

（4）经安装质量检测，大部分门窗尺寸偏差符合《建筑装饰装修工程质量验收标准》GB 50210—2018 中的验收要求。

（5）门窗现场气密性检测结果均符合《民用建筑外窗应用技术规程》DG/TJ 08—2242—2017 中第 4.3.2 条要求（气密性 6 级）。

（6）门窗现场水密性检测结果均未达到其设计要求（水密性 4 级）。

根据以上结果可知，该项目门窗在气密性上符合要求，但是在安装质量、表观质量与门窗水密性上均存在较大问题。通过外观质量检查，可以发现大部分门窗存在密封胶条局部缺失的问题，部分型材、五金配件出现变形，导致启闭困难，且出现缝隙导致门窗密封性能下降。通过现场气密性和水密性检测发现该项目门窗在水密性上无法达到设计要求，详细检测结果见表 2.2.1-1～表 2.2.1-4。

外窗气密性检测结果（201 室、301 室、401 室）　　**表 2.2.1-1**

环境温度（℃）	33.0	大气压力（kPa）	100.2
门窗面积（m^2）	2.81	开启缝长（m）	4.24
正负压力	正压	负压	

续表

10Pa 单位缝长渗透（m^3/（h・m））	1.303	1.323
级别（级）	6	6
10Pa 单位面积渗透（m^3/（h・m^2））	1.967	1.996
级别（级）	7	7
最终级别（级）	6	6
	6	

外窗气密性检测结果（315 室、415 室、515 室） **表 2.2.1-2**

环境温度（℃）	33.0	大气压力（kPa）	100.2
门窗面积（m^2）	2.81	开启缝长（m）	4.24
正负压力	正压	负压	
10Pa 单位缝长渗透（m^3/（h・m））	1.227	1.317	
级别（级）	6	6	
10Pa 单位面积渗透（m^3/（h・m^2））	1.927	1.987	
级别（级）	7	7	
最终级别（级）	6	6	
	6		

外窗水密性检测结果（201 室、301 室、401 室） **表 2.2.1-3**

试件号	试件 1（201 室）	试件 2（301 室）	试件 3（201 室）
发生严重渗漏的最高压力（Pa）	350	—	—
未发生严重渗漏的最高压力（Pa）	—	350	350
门窗渗漏位置图	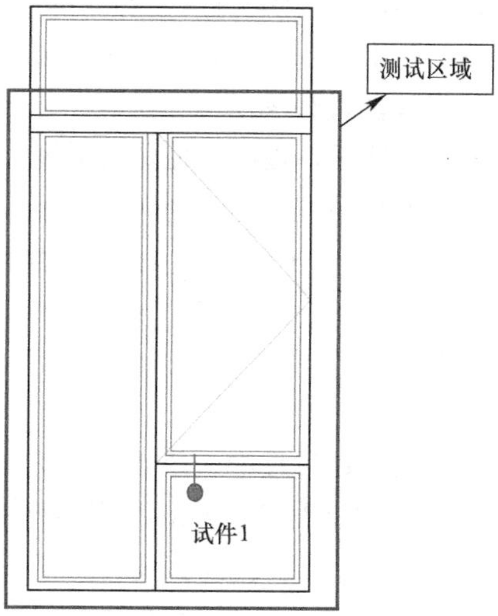		
备注	试件 1 开启部位出现严重渗漏，因此该组门窗水密性能不符合 4 级（350Pa）要求		

外窗水密性检测结果（315 室、415 室、515 室） **表 2.2.1-4**

试件号	试件 1（315 室）	试件 2（415 室）	试件 3（515 室）
发生严重渗漏的最高压力（Pa）	350	350	350
未发生严重渗漏的最高压力（Pa）	—	—	—
门窗渗漏位置图	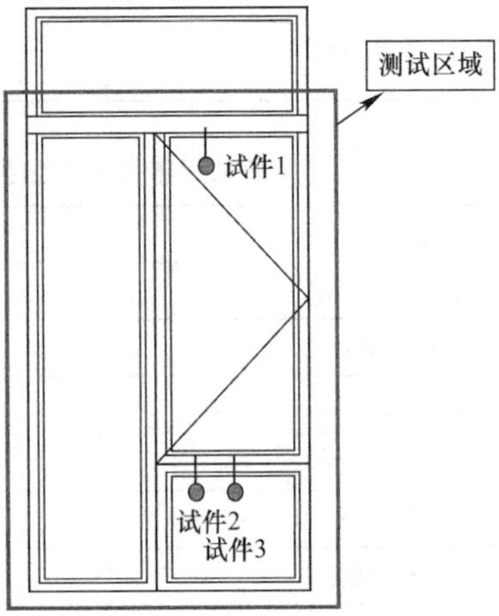		
备注	试件 1 开启部位出现严重渗漏，试件 2 开启部位出现严重渗漏，试件 3 开启部位出现严重渗漏；因此该组门窗水密性能不符合 4 级（350Pa）要求		

2.2.1.4　解决措施

根据上述试验结果，建议所有中空玻璃进行更换，确保其中空有效；窗扇玻璃全部更换为符合国家标准的安全玻璃，以免发生安全事故；采取措施解决门窗漏水问题；考虑到临港靠近海边的地理气候特点，应至少将其门窗水密性能提高至 5 级。

门窗洞口防水重新进行处理，防水措施应延伸至基层墙体，窗洞口最外侧密封胶应重新施打，确保其密封有效。

为降低建筑能耗，提高居住热舒适度，建议在条件允许的前提下，进行建筑门窗节能改造，更换节能型门窗，上海地区常用配置为隔热铝合金窗，玻璃采用中空 Low-E 玻璃，窗 K 值≤2.2W/（m^2·K）。更换节能型门窗后，应进行门窗气密性、加压淋水的现场抽查，确保工程质量。

具体预防措施如下：

（1）设计时的防治措施

铝合金门窗设计过程中，要选择合适的窗型和连接方式。铝合金门框主材厚度大于 2.0mm；窗框主材厚大于 1.4mm；外窗下框设置泄水结构，排水孔设在窗框两端拐 20～140mm 处，排水孔必须设置两个以上，每个开口为 4mm×3mm。假如门窗由施工单位进行深化设计，必须由原建筑设计单位进行技术审核。为了避免雨水倒灌的问题，窗台须避免外高内低的设计，内外窗台的差距不能大于 20mm。

（2）加工过程的防治措施

保证加工的精度，尤其是拼接部位。严格按尺寸下料，控制好门窗框料的拼缝质量。

严格做好拼缝防水垫片的装配工序，做好各拼缝的密封胶处理。留设好泄水孔，泄水孔数量应按设计要求加工。窗框表面螺丝需要用防水耐候胶进行封闭处理。

(3) 施工过程的防治措施

门窗拼缝严实，节点防水注胶饱满，五金件与型材必须匹配，五金配件质量符合设计要求。检查门窗型材、玻璃及五金配件等原材料的合格证、质保书或有效期内的检测报告。门窗进场送检进行“五性”检测，即采光性、水密性、隔声性、气密性、保温性检测，必须符合当地节能和物理性能标准。门窗框设保护膜，边框必须采用顺框胶带粘贴保护，框四周外围不设保护膜，以便窗框安装好后塞缝注胶严实。严禁门窗外框采用胶带缠绕保护。

门窗框安装前，对洞口进行检查，应保证门窗框与预留洞口间距在20～30mm内。若间距大于30mm，需用C20细石混凝土加镀锌钢网浇筑。7d后，进行门窗框安装。门窗框的固定件采用热镀锌件，厚度≥1.5mm、宽度≥20mm。固定点间距：转角处、横竖档均≤180mm、框边处≤500mm。严禁使用长脚膨胀螺栓穿透型材固定门窗框。

铝合金门窗框安装前，先用防水砂浆填塞门窗框的U形框槽，保证填塞密实，安装固定后，再进行防水砂浆二次塞缝严实。铝合金门窗安装固定好后，框下沿（窗台部位）及两侧上翻250mm高度内采用防水砂浆堵缝，其余门窗框两侧和顶部采用聚氨酯发泡剂堵塞饱满严实或都采用防水砂浆塞缝，外门窗外侧塞缝面应处理平整。防水砂浆采用1∶2干硬性防水砂浆（内掺水泥用量5%的防水粉），然后在塞缝外侧加刷防水膜。

如洞口出现偏差，当门窗框与洞口墙体间缝隙小于10mm（每边）或大于25mm（每边）时，大于25mm的洞口（每边）应采用细石混凝土回补。

门窗外框四周密封胶注胶要求。门窗框外周边（底口用防水砂浆做成内凹R角）应留设打胶凹槽（5mm×8mm），槽口处施打硅胶（中性建筑耐候胶）进行密封处理。施打密封胶前，必须清理掉框上打胶位置保护膜；打胶作业面必须干燥。严禁将密封胶直接施打在外墙涂料基层上或窗框保护膜上。

(4) 管理举措

按图施工是保证质量、防止出现渗漏的根本举措。首先，由于建筑工人水平参差不齐，在工人大面积施工之前，必须进行技术交底。最好的方式就是通过施工样板进行交底。通过制作、学习样板，让每个工人掌握施工要求。其次，各级管理人员要时刻检查，发现问题，立即停工整改。

2.2.2 装配式建筑门窗漏水案例分析

2.2.2.1 项目概况

“某住宅项目”用地面积约4万m^2，总建筑面积约12万m^2，容积率2.0，局部地下室二层，地上包括8栋高层住宅、2栋裙房商业、1栋公寓式酒店、18栋联排别墅；住宅总套数462套，别墅75套，公寓128套。住宅区功能分区明确、布置合理、联系方便、互不干扰，满足居民生活和分期建设的要求，并留有一定发展余地。整合不同居住组团，成为有机统一的整体。居住区建筑布置考虑总体景观与周边环境相协调，使建筑与生态环境结合，并利用地形特点创造居住区特色。

2.2.2.2 问题描述

在2019年两次台风（“利奇马”“米娜”）的袭击下，该项目部分门窗出现了严重的渗水，经调查，门窗洞口塞缝处理、防水胶条搭接等方面存在塞缝不密实、防水胶条搭接缝隙大等问题，同时也存在门窗水密性能设计要求偏低（国标3级）的情况。为保证业主正常使用，建筑门窗水密性能至少应提高到5级。

2.2.2.3 原因分析

该项目主要出现了门窗洞口渗漏和开启扇渗漏等情况。

（1）门窗洞口渗漏

近年来上海在大力推广装配式建筑和高性能成品门窗，门窗安装普遍采用钢附框，但由于墙体构件的加工尺寸偏差问题，导致部分洞口需要加装多道钢附框，因此目前门窗安装会形成附框与主体结构接缝（预埋附框无）、多道附框之间接缝、附框与主框接缝等。门窗洞口渗漏的典型照片见图2.2.2-1、图2.2.2-2，其原因主要有：

1）附框或主框与主体结构间的缝隙：未采用防水砂浆进行严密塞缝，特别是固定用安装铁片处，雨水从缝隙处渗入。

2）附框与主框间的缝隙：聚氨酯发泡剂填塞不到位，部分区域有孔洞；发泡剂多余部分采用刀片切割，表面孔隙大，容易渗水；外侧未施打密封胶，雨水从缝隙处渗入。

3）施打密封胶前，未进行密封胶粘结性、相容性测试，或者未对表面进行有效清洁和界面处理，致使密封失效，雨水渗入。

图2.2.2-1 门窗洞口角部渗漏

图2.2.2-2 门窗洞口下部渗漏

（2）门窗开启扇渗漏

上海由于土地资源紧张，住宅建筑多为高层建筑，按照《民用建筑外窗应用技术规程》DG/TJ 08—2242—2017第3.0.8条规定“工程七层及七层以上民用建筑不宜采用外平开窗”，因此高层住宅工程多采用内平开窗或内开内倒窗，低于七层的多层住宅和别墅多采用外平开窗。开启扇渗漏的典型照片见图2.2.2-3、图2.2.2-4。

其常见原因主要有：

1）设计考虑不足，特别在沿海区域，水密性能设计等级偏低；

2）开启扇五金配件未调节到位，扇与框缝隙较大；

图 2.2.2-3 开启扇渗漏（一）

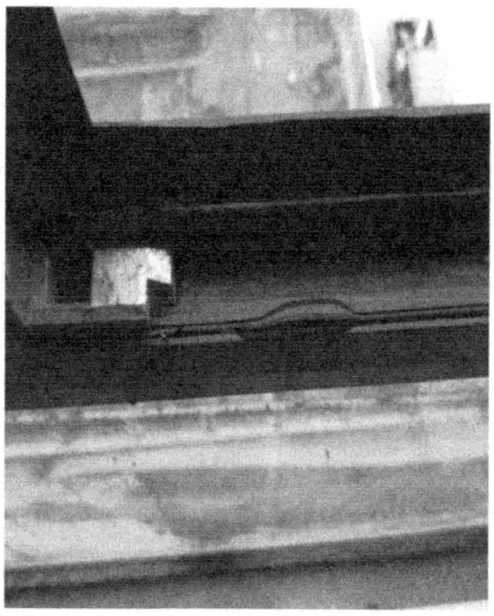

图 2.2.2-4 开启扇渗漏（二）

3）开启扇面积大，锁点少或者锁点与锁块搭接量不够，在风压作用下，锁点松脱，开启扇局部变形较大，造成雨水渗漏；

4）开启扇防水胶条变形、胶角与胶条连接或联结部位有裂缝，见图 2.2.2-5、图 2.2.2-6；

5）扇框排水孔防风帽缺失，雨水在风压作用下倒灌；

6）室外侧窗台由于未做泛水或排水孔离窗台太近，导致排水不畅，雨水越过防水胶条，进入室内侧。

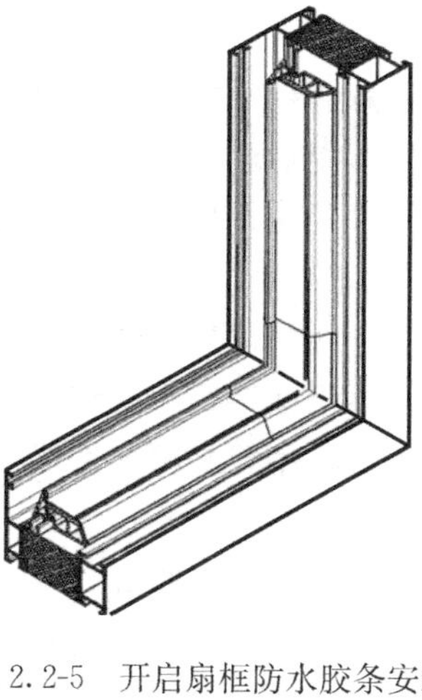

图 2.2.2-5 开启扇框防水胶条安装图

图 2.2.2-6 开启扇框防水胶条断裂图

2.2.2.4 解决措施

（1）具体整改措施如下：

由第三方单位提供符合现行国家规范标准的淋水方案，现场通过淋水检验对该项目门窗进行全面排查，形成排查结果清单。排查出的问题门窗，全部要求按照整改方案落实整改到位，并满足该项目品牌系统门窗的标准指标要求。

针对门窗渗漏典型情况，落实样板门窗，在系统门窗品牌商的技术人员指导下进行整改。在此过程中应提供详细的书面施工工艺、工法文件，包括防水胶条更换，主体结构与副框之间、主副框之间缝隙填塞，推拉门下槛深化工艺标准等。整改后的门窗经加压淋水检验符合要求后，相应的整改方案和工艺、工法才可推广应用。整改完成后应按一定比例进行抽样复查。

（2）具体预防措施如下：

1）设计方面。门窗的设计要求，应根据建筑所处地理位置、周边环境、建筑自身特点、使用要求、经济技术条件等确定，并应符合相关规范的规定。相关性能指标要求应根据结构计算、节能要求、绿建要求、声环境要求等确定，反复启闭的设计要求可依据门窗的设计使用年限和所估计的使用频率确定。

住宅工程门窗在防水构造设计方面应重点考虑以下几点：

① 门窗框、扇、拼樘型材等主要受力杆件所用型材壁厚应由设计计算或试验确定。

② 门窗水密性能等级指标应由计算确定。

2）加工制作方面。门窗加工制作应依据设计图纸及其他相关技术文件进行。门窗框、扇杆件连接牢固，装配间隙应进行有效的密封。紧固件就位平正，并按设计要求进行密封处理。门窗下框不宜开设贯通型安装孔。开设贯通型安装孔的门窗下框应采取有效的防水密封构造措施。加工制作过程中重点关注以下几点：

① 严格控制型材尺寸偏差，确保型材拼接的平整度、缝隙符合标准要求，组角胶要密实，角码、角片不得漏装，确保整框的强度和刚度满足要求。

② 型材拼接位置滚涂断面密封胶的密封性要确保满足要求，断面防渗胶片尺寸要匹配，不能漏装。

③ 防水胶条应平整连续，转角处应镶嵌紧密，不应有松脱凸起，胶角和胶条接头处不应有收缩缺口。

3）安装施工及过程质量监管方面。门窗工程施工前应编制专项方案，方案要结合相关规范及工程特点，采用适合本工程的先进技术，经各单位审批后，严格按照该方案进行施工。进场安装施工的工人班组需由技术负责人进行技术交底，让每位工人掌握其施工工序、质量把控重点等。

应选取典型位置进行样板施工，经淋水试验合格后（可参照《建筑外窗气密、水密、抗风压性能现场检测方法》JG/T 211—2007），方可进行大面积施工，若有整改，相关整改措施应在新的门窗专项施工方案中体现。管理人员在施工过程中要对可能造成门窗渗漏的关键工序进行重点监督与控制。重点如下：

① 门窗洞口：防水砂浆塞缝要严密，重点关注连接铁片、缝隙小的薄弱环节；发泡剂和密封胶的施工工序要正确，型材表面清理干净，先在外侧施打密封胶，要保证连续、光滑饱满无气泡、无开裂和脱胶现象，待密封胶固化后，从内侧填塞发泡剂；条件允许时，可选用防水雨布对各接缝处进行密封处理。

② 窗框：窗框安装要注意，防止窗框变形、开裂；底框固定用螺钉需带胶，工艺孔处需进行密封处理；排水孔外侧防风帽不能缺失，窗扇外侧胶条应留一豁口，保持等压腔有效；安装完成后应在型材拼接处补打榫口自流胶，保证型材断面密封。

③五金配件：五金配件安装位置正确，锁点及锁块数量、锁闭状态符合设计要求，固定五金配件的螺钉需带胶安装，交付使用前，门窗槽口、缝隙内的垃圾及松动的砂浆应清除干净，五金配件系统应进行精调，确保门窗能关闭严实，排水系统通畅。

2.2.3　既有建筑门窗漏水案例分析

2.2.3.1　项目概况

某公司办公楼装修改建工程 1 号楼房屋建造于 1994 年，房屋用途为办公楼，主体结构形式为框架结构，整体六层（局部七层），屋面标高 22.290m。

2.2.3.2　问题描述

经现场抽查，发现所检平开窗普遍存在角部防水胶条缺失及窗扇拼角处裂开等现象；个别平开窗固定部分存在多处划痕，窗扇中空层存在疑似焊渣的斑点，影响美观。经现场抽查结果见图 2.2.3-1～图 2.2.3-3；该工程玻璃颜色基本均匀，无明显色差；玻璃无析碱、发霉和镀膜脱落等现象；窗洞口外侧装饰层龟裂，窗洞口外侧与窗框接缝处未打密封胶。建筑物存在门窗气密性不好、部分窗户漏水等情况。

图 2.2.3-1　角部问题图

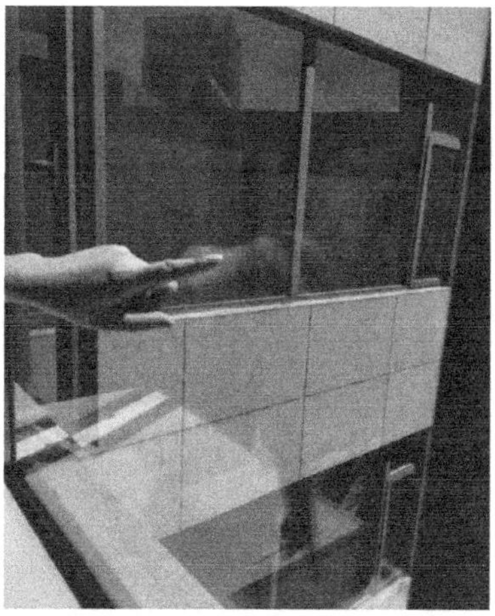

图 2.2.3-2　划痕图

图 2.2.3-3　窗洞口图

2.2.3.3　原因分析

门窗渗水通常是多因素综合作用的结果，常见的主要有以下四个原因：

(1) 门窗的设计结构有问题，设计不够合理；(2) 铝合金门窗在制作阶段质量达不到要求；（3）铝合金门窗在安装阶段，安装技术不达标；（4）没有进行密封，铝合金门窗如果不能紧密贴合墙体，就容易发生渗水问题，尤其是连接部位。

通过试验验证分析门窗安装质量与玻璃面板性能。

（1）门窗安装质量检查

对该工程门窗的尺寸偏差进行抽样检测，检测结果见表 2.2.3-1。所检部位对角线偏差基本符合《建筑装饰装修工程质量验收标准》GB 50210－2018 表 6.3.11“铝合金门窗安装的允许偏差和检验方法”，对角线差长度偏差允许值为 4mm 的要求（当长边≤2500mm 时），个别窗扇超出限值（3 层平开窗 3 左右窗扇），具体检测结果见表 2.2.3-1。

门窗安装质量检测结果 **表 2.2.3-1**

检测部位		检测项目	单位（mm）	平均值（mm）	备注
3 层办公室	平开窗 1-左扇	水平（宽）	602	602	对角线偏差：0mm
			602		
			602		
		垂直（高）	1362	1363	
			1363		
			1363		
		对角线（左上）	1490	—	
		对角线（右上）	1490	—	
3 层办公室	平开窗 1-右扇	水平（宽）	602	601	对角线偏差：0mm
			601		
			601		
		垂直（高）	1361	1362	
			1362		
			1362		
		对角线（左上）	1489	—	
		对角线（右上）	1489	—	
3 层办公室	平开窗 2-左扇	水平（宽）	602	602	对角线偏差：2mm
			601		
			602		
		垂直（高）	1362	1361	
			1361		
			1361		
		对角线（左上）	1488	—	
		对角线（右上）	1490	—	
3 层办公室	平开窗 2-右扇	水平（宽）	602	603	对角线偏差：1mm
			603		
			603		
		垂直（高）	1361	1361	
			1361		
			1360		
		对角线（左上）	1489	—	
		对角线（右上）	1490	—	

续表

检测部位		检测项目	单位（mm）	平均值（mm）	备注
3 层办公室	平开窗 3-左扇	水平（宽）	603	602	对角线偏差：6mm
			602		
			602		
		垂直（高）	1361	1361	
			1361		
			1361		
		对角线（左上）	1486	—	
		对角线（右上）	1492	—	
3 层办公室	平开窗 3-右扇	水平（宽）	602	602	对角线偏差：4mm
			601		
			602		
		垂直（高）	1361	1361	
			1361		
			1361		
		对角线（左上）	1487	—	
		对角线（右上）	1491	—	

注：窗扇的宽高尺寸由于委托方无法提供设计图纸，因此无法判定是否符合设计要求。

（2）玻璃面板性能检查

对该工程幕墙玻璃的品种、厚度、中空露点检测进行抽样检测，检测结果见表 2.2.3-2、

幕墙玻璃中空露点检测结果　　表 2.2.3-2

序号	部位	露点检测	
		允许值	实测值
1	3 层办公室-平开窗 1	≤－40℃	固定玻璃结露
2	3 层办公室-平开窗 2		固定玻璃结露
3	3 层办公室-平开窗 3		固定玻璃结露
附图	 中空玻璃露点现场检测图		

表 2.2.3-3。所检部位中空玻璃露点均不符合《中空玻璃》GB/T 11944—2012 的要求，中空玻璃现场露点检测图见表 2.2.3-2 附图；经现场检测，存在两种玻璃配置的中空玻璃，详见表 2.2.3-3，玻璃传热系数在 2.65～2.76W/（m²·K）之间；中空玻璃为钢化玻璃，符合《建筑安全玻璃管理规定》（发改运行［2003］2116 号）第六条规定，"7 层及以上建筑物外开窗，必须使用安全玻璃"。

玻璃配置检测结果 **表 2.2.3-3**

序号	部位	玻璃配置（mm）	玻璃品种	传热系数 K（W/（m²·K））
1	3 层办公室-平开窗 1	（5.90+8.71A+5.91）中空玻璃	钢化玻璃	2.76
		（5.89+8.64A+5.90）中空玻璃		2.73
2	3 层办公室-平开窗 2	（5.86+10.83A+5.92）中空玻璃	钢化玻璃	2.65
		（5.90+10.55A+5.92）中空玻璃		2.67
3	3 层办公室-平开窗 3	（5.88+10.10A+5.93）中空玻璃	钢化玻璃	2.68
		（5.89+10.15A+5.90）中空玻璃		2.68

（3）现场气密性、水密性检测结果

现场气密性检测结果见表 2.2.3-4。

3 层办公室-平开窗气密性检测结果 **表 2.2.3-4**

环境温度（℃）	33.0	大气压力（kPa）	100.9
门窗面积（m²）	2.20	开启缝长（m）	8.12
正负压力	正压	负压	
10Pa 单位缝长渗透（m³/（h·m））	2.571	2.709	
级别（级）	3	3	
10Pa 单位面积渗透（m³/（h·m²））	9.489	9.999	
级别（级）	2	2	
最终级别（级）	2	2	

根据《民用建筑外窗应用技术规程》DG/TJ 08—2242—2017 中第 4.3.2 条"外窗的气密、水密、抗风压性能指标值，不应低于现行国家标准《建筑幕墙、门窗通用技术条件》GB/T 31433 中气密 6 级、水密 3 级、抗风压 3 级的要求。"本次气密性现场试验结果不符合上海市关于门窗气密性等级的要求（门窗气密性分级见表 2.2.3-5）。本次水密性现场试验结果为 1 级，不符合上海市关于门窗气密性等级的要求（门窗水密性分级见表 2.2.3-6）。

建筑外窗气密性能分级表 **表 2.2.3-5**

分级	1	2	3	4	5
单位缝长分级指标值 q_1（m³/（m·h））	$4.0<q_1\leq6.0$	$2.5<q_1\leq4.0$	$1.5<q_1\leq2.5$	$0.5<q_1\leq1.5$	$q_1\leq0.5$
单位面积分级指标值 q_2（m³/（m²·h））	$12<q_2\leq18$	$7.5<q_2\leq12$	$4.5<q_2\leq7.5$	$1.5<q_2\leq4.5$	$q_2\leq1.5$

建筑外窗水密性能分级表 **表 2.2.3-6**

分级	1	2	3	4	5	6
分级指标值 Δp	$100\leq\Delta p<150$	$150\leq\Delta p<250$	$250\leq\Delta p<350$	$350\leq\Delta p<500$	$500\leq\Delta p<700$	$\Delta p\geq700$

经现场抽查，主要检验结论如下：

(1) 经外观质量检查，该工程门窗玻璃颜色基本均匀，无明显色差，但有较多划痕和焊疤，门窗观感质量差；存在密封胶条局部缺失的现象，窗扇拼角处没有拼角铁片，拼角缝隙大，有漏水隐患；所检平开窗开启锁闭不灵活，关闭不够严密，存在渗漏隐患；窗洞口外侧与窗框接缝处未打密封胶，存在渗漏隐患。

(2) 经抽查，所检门窗所用中空玻璃为钢化玻璃，符合《建筑安全玻璃管理规定》(发改运行［2003］2116号）第六条规定，“7层及以上建筑物外开窗，必须使用安全玻璃”。该规定所称安全玻璃是指，“符合现行国家标准的钢化玻璃、夹层玻璃及由钢化玻璃或夹层玻璃组合加工而成的其他玻璃制品，如安全中空玻璃等”。

(3) 所检中空玻璃中空层失效，不满足《中空玻璃》GB/T 11944－2012 中对中空露点的要求。

(4) 经安装质量检测，有1樘窗扇对角线偏差不符合《建筑装饰装修工程质量验收标准》GB 50210－2018 中的验收要求。

(5) 门窗现场气密性、水密性检测结果均不符合《民用建筑外窗应用技术规程》DG/TJ 08－2242－2017 中第4.3.2条要求（气密性6级、水密性3级)。

根据以上结果可知，该项目门窗在安装质量上基本符合验收要求，但是在表观质量与门窗气密、水密性上存在较大问题。其中，门窗的设计不合理，质量达不到要求，可以看出门窗玻璃表面有较多划痕和焊疤，密封胶条局部缺失，窗扇拼角处缝隙大，窗扇关闭不严密，窗洞口外侧与窗口接缝处没有密封胶，均为较严重的渗漏隐患。门窗现场气密性、水密性的检测结果都达不到标准的要求。

2.2.3.4　解决措施

根据现行有关标准要求，结合本次检测结果，对于该工程门窗存在的质量问题，建议如下：

(1) 对门窗损坏、缺失的密封胶条进行更换，窗洞口与窗框接缝处进行清理后打胶密封，降低渗漏风险。

(2) 为降低建筑能耗，提高居住热舒适度，建议在条件允许的前提下，进行建筑门窗节能改造，更换节能型门窗，上海地区常用配置为隔热铝合金窗，玻璃采用中空 Low-E 玻璃。

(3) 更换节能型门窗后，应进行门窗气密性、加压淋水的现场抽查，确保工程质量。

2.3　幕墙渗水

2.3.1　构件式建筑幕墙漏水案例分析

2.3.1.1　项目概况

某办公楼层高10层，自投入使用至今发现多处幕墙漏水情况。

2.3.1.2　问题描述

勘察现场后发现该建筑存在12处幕墙漏水情况，现场可见幕墙开启部分窗台、窗框位置有明显水迹，渗漏部位主要为幕墙开启扇处。

2.3.1.3 原因分析

构件式幕墙渗水原因主要涉及设计、材料及施工等方面，可能的渗水原因如下：

（1）设计方面

1）主要受力构件铝型材立柱没有按《玻璃幕墙工程技术规范》JGJ 102—1996 的规定设置 20mm 伸缩缝，铝型材热胀冷缩、主体结构压缩变形产生的应力使得玻璃开裂产生渗水。

2）设计时没有采用合适的密封胶。

3）开启扇防水密封处理失效或密封层数不足（一般要求为 2～3 道密封）。

（2）铝型材方面

1）铝型材表面处理不符合国家标准，表面涂层附着力不足，氧化膜太薄或过厚，导致密封胶粘接失效。

2）主要受力构件铝型材立柱和横梁的强度和刚度不足，在风荷载作用下，相对挠度大于 $L/180$（L 为构件长度）或绝对挠度大于 20mm，幕墙严重变形，出现移位和雨水渗漏。

3）没有采用优质高精度等级铝型材，铝型材不合格，其弯曲度、扭拧度、波浪度等严重超标，造成整幅幕墙的平面度、垂直度不能达到要求。

（3）密封胶方面

1）没有采用耐候硅酮密封胶进行室外嵌缝。

2）密封胶过期后继续使用，胶缝起泡、老化开裂引起渗水。

（4）施工方面

1）耐候硅酮密封胶施工不密实、封堵不严或长宽比不符合规范。雨水从嵌填的空隙和裂隙渗入。

2）密封胶条尺寸不符或采用劣质材料，使用过程中迅速松脱或老化，失去密封防水功能。

3）没有采用弹性定位垫块，玻璃与构件直接接触。当建筑变形或温度变化时，构件对玻璃产生较大应力，往往从玻璃底部开始挤裂玻璃。

为找出具体的渗水位置及渗水原因，笔者公司至工程现场对委托方要求的建筑幕墙进行检测，检测区域为委托方指定的 3 楼两处，10 楼一处。试验时，在室内进行目测辅以红外检测，确定有无渗漏及可能的渗漏途径及原因，记录下渗漏的位置。3 层南侧建筑幕墙区域的现场淋水试验与红外结果见表 2.3.1-1、表 2.3.1-2。

建筑幕墙区域（3 层南）现场淋水试验结果汇总　　表 2.3.1-1

序号	检测区域		检测条件			检测结果	备注
			喷嘴压差	喷淋时间	目标距离		
1	玻璃幕墙	a	220kPa	5min/1.5m	0.7m	未发现渗漏	—
2		b	220kPa	5min/1.5m	0.7m	未发现渗漏	—
3		c	220kPa	5min/1.5m	0.7m	渗漏	开启扇组角区渗漏
4		d	220kPa	5min/1.5m	0.7m	—	—
5		e	220kPa	5min/1.5m	0.7m	—	—

续表

项目	检测区域	检测条件			检测结果	备注
		喷嘴压差	喷淋时间	目标距离		
淋水示意	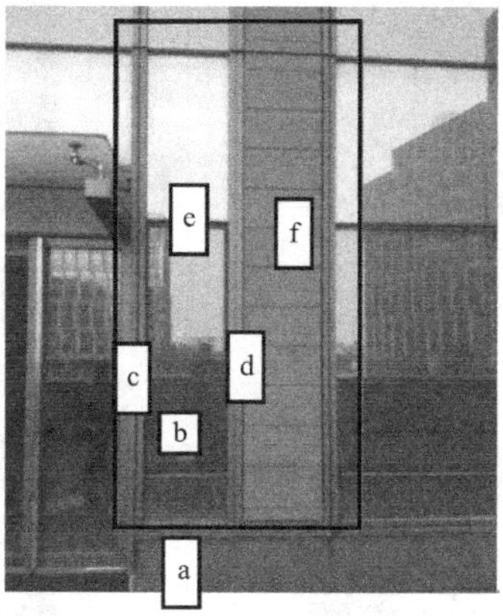 室外侧示意图					
检测结果	 室内侧渗漏情况					

建筑幕墙区域一（3 层南）红外结果汇总 **表 2.3.1-2**

设备	红外成像仪	型号	NEC H2640	天气	晴
红外图像			可视图像		
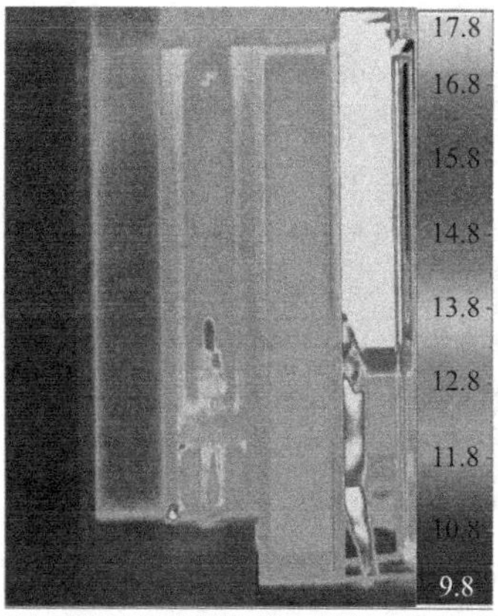					

续表

红外图像	可视图像
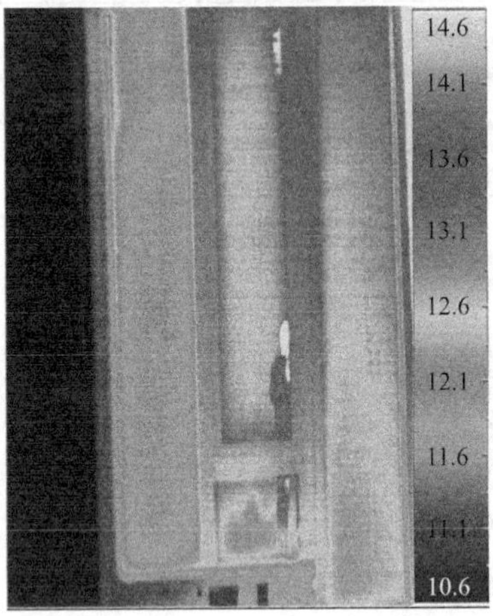	

3 层北侧建筑幕墙区域的现场淋水试验与红外结果见表 2.3.1-3、表 2.3.1-4。

建筑幕墙区域二（3 层北）现场淋水试验结果汇总　　表 2.3.1-3

序号	检测区域		检测条件			检测结果	备注
			喷嘴压差	喷淋时间	目标距离		
1	玻璃幕墙	a	220kPa	5min/1.5m	0.7m	未发现渗漏	—
2		b	220kPa	5min/1.5m	0.7m	未发现渗漏	—
3		c	220kPa	5min/1.5m	0.7m	未发现渗漏	—
4		d	220kPa	5min/1.5m	0.7m	渗漏	开启扇组角区渗漏
5		e	220kPa	5min/1.5m	0.7m	—	—
淋水示意	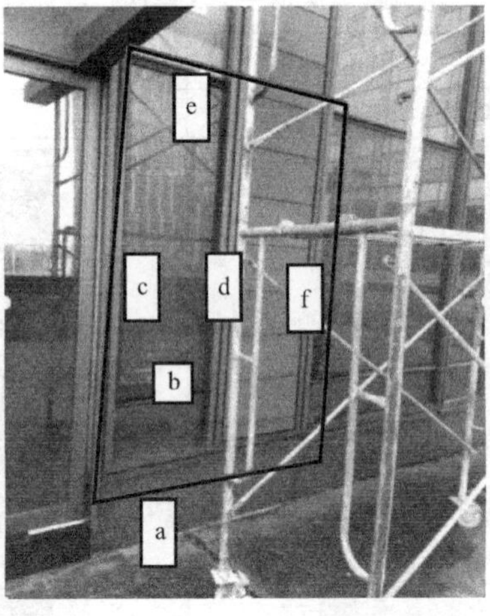 室外侧示意图						

续表

序号	检测区域	检测条件			检测结果	备注
		喷嘴压差	喷淋时间	目标距离		
检测结果	 室内侧渗漏情况					

建筑幕墙区域二（3 层北）红外结果汇总　　　　表 2.3.1-4

<table>
<tr><td>设备</td><td>红外成像仪</td><td>型号</td><td>NEC H2640</td><td>天气</td><td>晴</td></tr>
<tr><td colspan="3">红外图像</td><td colspan="3">可视图像</td></tr>
<tr><td colspan="3">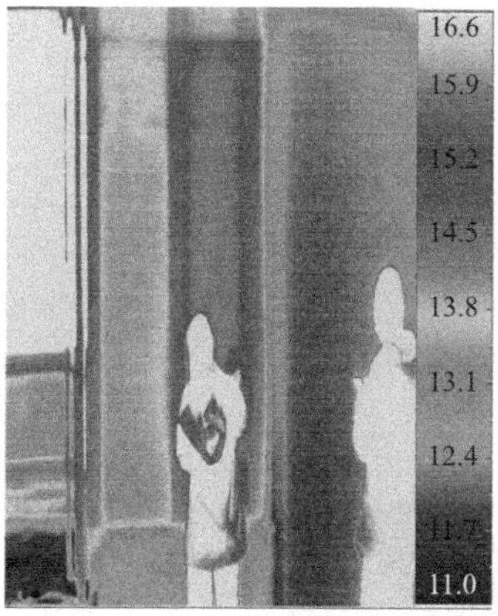
</td><td colspan="3"></td></tr>
<tr><td colspan="3">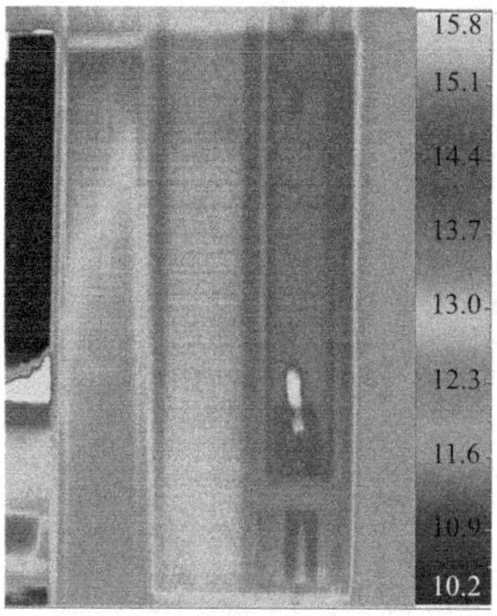
</td><td colspan="3"></td></tr>
</table>

10层建筑幕墙区域的现场淋水试验与红外结果见表2.3.1-5、表2.3.1-6。

建筑幕墙区域三（10层）现场淋水试验结果汇总 **表2.3.1-5**

序号	检测区域		检测条件			检测结果	备注
			喷嘴压差	喷淋时间	目标距离		
1	玻璃幕墙	a	220kPa	5min/1.5m	0.7m	未发现渗漏	—
2		b	220kPa	5min/1.5m	0.7m	未发现渗漏	—
3		c	220kPa	5min/1.5m	0.7m	未发现渗漏	—
4		d	220kPa	5min/1.5m	0.7m	渗漏	开启扇渗漏
5		e	220kPa	5min/1.5m	0.7m	未发现渗漏	—
6		f	220kPa	5min/1.5m	0.7m	未发现渗漏	—
7		g	220kPa	5min/1.5m	0.7m	未发现渗漏	—
8		h	220kPa	5min/1.5m	0.7m	未发现渗漏	—
淋水示意	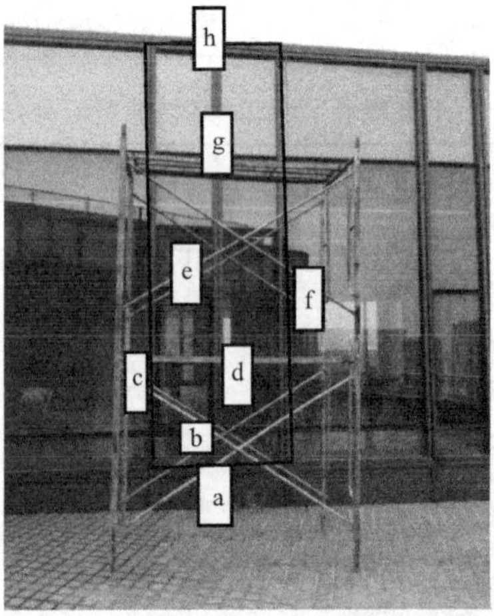 室外侧示意图						
检测结果	 室内侧渗漏情况						

建筑幕墙区域三（10层）红外结果汇总　　表 2.3.1-6

设备	红外成像仪	型号	NEC H2640	天气	晴
红外图像			可视图像		
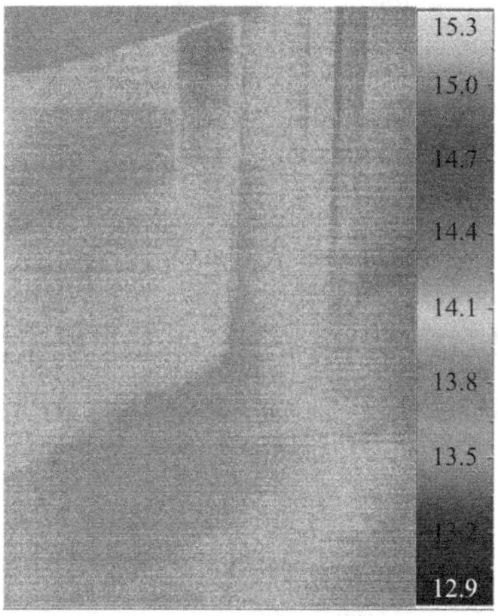					
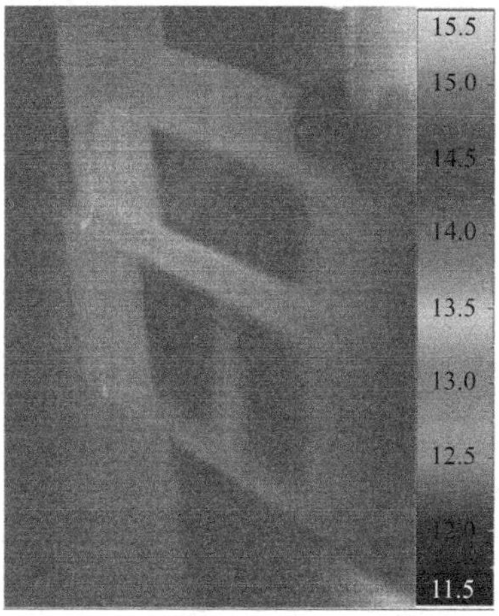					

按委托方要求，于该工程B1楼选取三个区域进行建筑幕墙现场淋水检测。检测结果表明，有三个区域玻璃幕墙开启窗均出现渗漏现象，渗漏情况严重。

2.3.1.4　解决措施

（1）设计时首先考虑幕墙防水装置的设计与构造，运用“等压原理”在幕墙铝型材上设置等压腔和特别压力引入孔，这样，等压腔内部压力通过特别压力引入孔与外部压力平衡，将压力差移至接触不到雨水的室内一侧，于是有水处没有压力差而有压力差的部位又没有水，达到防止外部水利用压力差渗入幕墙的目的。

（2）在幕墙铝型材上开设流向室外的泄水小孔，把通过细小缝隙进入幕墙内部的水收集排出幕墙外，同时排去玻璃、铝型材与铝扣条之间的等压腔内的少量积水。

（3）选用优质结构硅酮密封胶、耐候硅酮密封胶，并且要加强检验，避免过期使用。

（4）开启窗应认真检查密封程度，配件是否材质优良、功能可靠，开启、关闭是否灵活。

2.3.2 单元式建筑幕墙漏水案例分析

2.3.2.1 项目概况

某建筑总共十层。项目建成后投入使用前，发现了多处的幕墙渗水现象。

2.3.2.2 问题描述

勘查现场后发现建筑幕墙存在多处雨水渗漏现象。委托方有记载的漏水部位有 1 楼 2 处、2 楼 15 处、3 楼 9 处、4 楼 17 处、5 楼 6 处、6 楼 26 处、7 楼 9 处、8 楼 20 处、9 楼 19 处、10 楼 6 处。

2.3.2.3 原因分析

单元式幕墙的渗水通常是多因素综合作用的结果，常见的主要有以下几个原因：

（1）单元式幕墙的设计失误，多为水密线或气密线未共面，造成永久孔洞导致产生漏水隐患。

（2）单元式幕墙的现场安装未严格按施工要求。

（3）单元式幕墙的上横框未设置排水坡度，在水进入上横梁内腔后不易向外排出，在风荷载或雨水都很大的情况下，进入内腔的水容易倒灌入室内。

（4）密封胶条老化导致幕墙脱落开裂。

现场对委托方要求的建筑幕墙进行检测，检测区域为委托方指定的 10 楼两处。试验时，在室内进行目测辅以红外检测，确定有无渗漏现象及可能的渗漏途径及原因，记录下渗漏的位置，试验结果见表 2.3.2-1～表 2.3.2-4。

建筑幕墙区域一（10 层北）现场淋水试验结果汇总 **表 2.3.2-1**

<table>
<tr><th rowspan="2">序号</th><th rowspan="2" colspan="2">检测区域</th><th colspan="3">检测条件</th><th rowspan="2">检测结果</th><th rowspan="2">备注</th></tr>
<tr><th>喷嘴压差</th><th>喷淋时间</th><th>目标距离</th></tr>
<tr><td>1</td><td rowspan="6">玻璃幕墙</td><td>a</td><td>220kPa</td><td>5min/1.5m</td><td>0.7m</td><td>未发现渗漏</td><td>—</td></tr>
<tr><td>2</td><td>b</td><td>220kPa</td><td>5min/1.5m</td><td>0.7m</td><td>未发现渗漏</td><td>—</td></tr>
<tr><td>3</td><td>c</td><td>220kPa</td><td>5min/1.5m</td><td>0.7m</td><td>未发现渗漏</td><td>—</td></tr>
<tr><td>4</td><td>d</td><td>220kPa</td><td>5min/1.5m</td><td>0.7m</td><td>未发现渗漏</td><td>—</td></tr>
<tr><td>5</td><td>e</td><td>220kPa</td><td>5min/1.5m</td><td>0.7m</td><td>未发现渗漏</td><td>—</td></tr>
<tr><td>6</td><td>f</td><td>220kPa</td><td>5min/1.5m</td><td>0.7m</td><td>渗漏</td><td>B位置的横梁型腔内部有水渗漏</td></tr>
<tr><td>淋水示意</td><td colspan="7">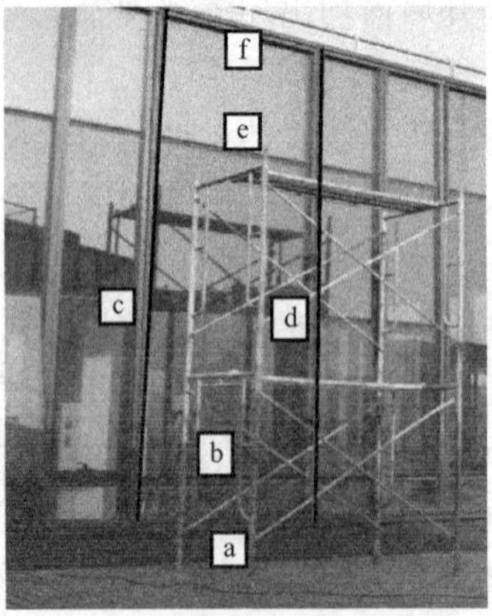
室外侧示意图</td></tr>
</table>

续表

序号	检测区域	检测条件			检测结果	备注
		喷嘴压差	喷淋时间	目标距离		
检测结果	 室内侧渗漏情况					

建筑幕墙区域一（10 层北）红外结果汇总　　表 2.3.2-2

设备	红外成像仪	型号	NEC H2640	天气	晴
红外图像			可视图像		
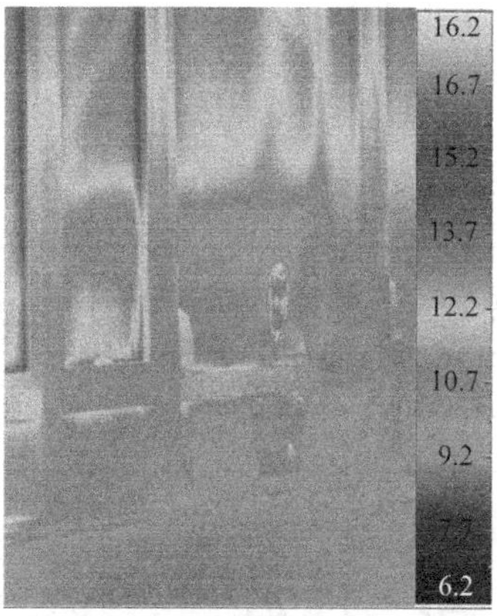					
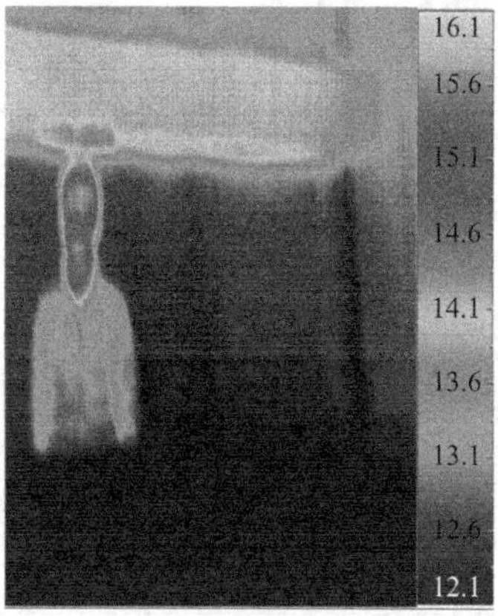					

注：通过红外检测发现，有部分水在渗漏时沿横梁内部流动。

建筑幕墙区域二（10 层南）现场淋水试验结果汇总　　表 2.3.2-3

序号	检测区域		检测条件			检测结果	备注
			喷嘴压差	喷淋时间	目标距离		
1	玻璃幕墙	a	220kPa	5min/1.5m	0.7m	未发现渗漏	—
2		b	220kPa	5min/1.5m	0.7m	未发现渗漏	—
3		c	220kPa	5min/1.5m	0.7m	未发现渗漏	—
4		d	220kPa	5min/1.5m	0.7m	未发现渗漏	—
5		e	220kPa	5min/1.5m	0.7m	未发现渗漏	—
6		f	220kPa	5min/1.5m	0.7m	未发现渗漏	—
淋水示意	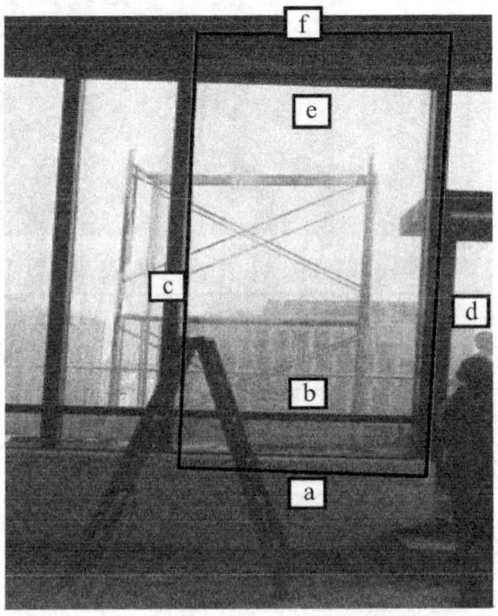 室内侧示意图						
检测结果	室内侧无渗漏情况						

建筑幕墙区域二（10 层南）红外结果汇总　　表 2.3.2-4

设备	红外成像仪	型号	NEC H2640	天气	晴
红外图像			可视图像		
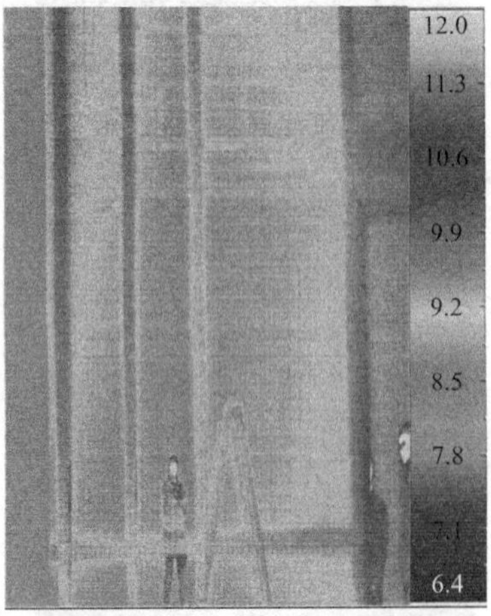					

续表

红外图像	可视图像
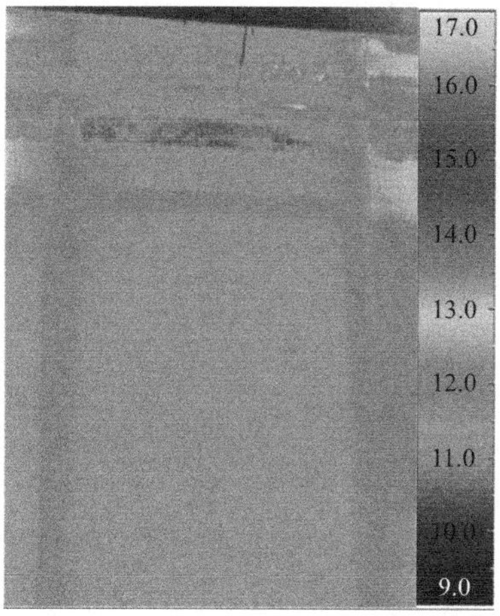	

按委托方要求，于该工程大楼选取两个区域进行建筑幕墙现场淋水检测。检测结果表明，有一个区域玻璃幕墙固定板块出现渗漏现象，渗漏情况严重。

2.3.2.4 解决措施

（1）胶条设计时，断面设计必须合理，以保证压缩比和密封性能；优先选用三元乙丙（EPDM）胶条和硅胶条，另外根据不同的气候特点，如在北方地区，温差大、冬天温度低，充分考虑材料的低温脆性，最好选用部分充油牌号，这样硬度对温度的依赖性小，便于安装和使用。

（2）单元板块组装时，需对横向型材端口进行打胶密封处理，以保证单元板块的密封性。单元板块组装完成后的养护，应在无尘、通风的胶房内进行，房间温度控制在 15～35℃之间、湿度控制在 50%～85%之间。养护时间以保证结构胶充分固化为前提，严格按照结构胶的产品使用说明进行。

（3）单元板块安装前必须进行严格检查，当不满足材料使用环境要求时，严禁施工。

（4）单元需设置合理的排水孔。单元幕墙排水孔设置的不合理也会导致幕墙漏水。如排水孔过小，将会导致排水不够顺畅，发生积水过多而导致漏水。

第3章 建筑饰面空鼓与松动

3.1 空鼓与脱落

3.1.1 外墙面砖空鼓脱落案例分析

3.1.1.1 项目概况

某住宅项目共10栋，总建筑面积17.75万m^2，其中地上建筑面积13.7万m^2，项目于2014年12月完成综合验收。房屋结构类型为混凝土框架剪力墙结构，外墙外立面采用面砖系统。自2015年9月开始，项目中某幢3层东侧阳台柱侧第一次发现面砖脱落现象，同年10～12月，其他4栋建筑陆续发生面砖脱落现象，维修面积约100m^2；此后2016～2017年又陆续发现大面积面砖起鼓、脱落现象，维修面积累计达到约2300m^2，严重威胁到住户的生命安全。

3.1.1.2 问题描述

勘查现场，从现场脱落面及周边掉落的面砖看，开裂、起鼓部位主要位于防水层与防水层之间，个别位于抗裂层与防水层之间，如图3.1.1-1和图3.1.1-2所示。采用目测、敲击等方式对外墙外观进行损伤检查发现，房屋外墙饰面主要存在修补的损伤情况，东立面、南立面和西立面损伤情况相对严重，北立面损伤情况较轻微。典型损伤修补情况见图3.1.1-3。

图3.1.1-1 外墙面砖脱落后的外观图

图3.1.1-2 现场脱落的面砖外观图

图 3.1.1-3　面砖修补图

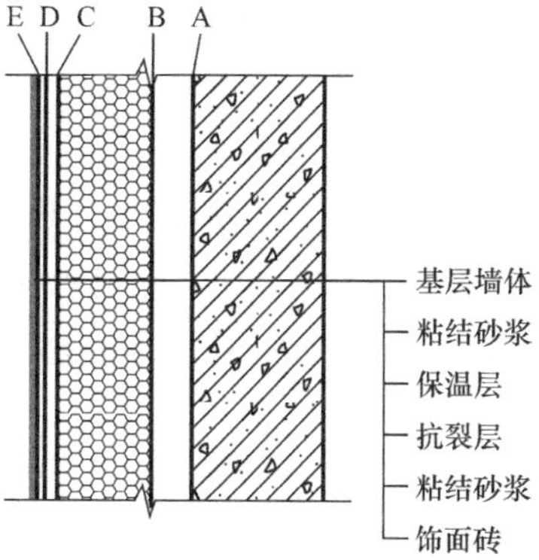

图 3.1.1-4　外墙面砖构造

3.1.1.3　原因分析

外墙面砖是建筑外墙的重要装饰材料，它是用难熔黏土压制成型后焙烧而成的无光面砖，具有质地坚实、强度高、吸水率低（小于 4%）等特点。然而随着社会的不断发展进步，高层建筑越来越多，常常见到一些外墙装饰面砖脱落，甚至是大面积脱落的现象，不仅影响建筑造型和美观，更令人担心的是留下高空脱落伤人的隐患。

外墙面砖构造如图 3.1.1-4 所示，可能发生脱落的分界面分为：

界面 A：即为基层与粘结的砂浆之间的分界面；

界面 B：即为粘结的砂浆与保温层之间的分界面；

界面 C：即为保温层与抗裂层之间的分界面；

界面 D：即为抗裂层与瓷砖的粘结砂浆之间的分界面；

界面 E：即为瓷砖的粘结砂浆与饰面砖之间的分界面。

（1）外墙面砖发生空鼓脱落的可能性原因

外墙面砖饰面是一项系统工程，要确保其施工成品质量，涉及方方面面。包括：设计的合理性、面砖的自身质量、基层处理、胶粘剂质量、施工工艺、现场监管检测、验收标准、风载、雨载、雪载等外部气候条件、异常温差状况、后期物业使用情况等，影响因素众多，使外墙面砖脱落成为一项建筑质量通病。导致建筑物外墙的饰面砖发生空鼓脱落的可能性原因如下：

1）原材料质量

① 面砖选择

外墙陶瓷面砖有多项性能指标要求直接影响其粘贴质量和效果，如：平整度、几何尺寸、吸水率、耐污染性、耐化学腐蚀性、抗冻性（寒冷地区）、抗釉裂性、断裂模数、破坏强度等。例如，国家标准规定瓷质面砖的产品吸水率≤0.5%，单个值≤0.6%，产品吸水率过高，易膨胀，则内在稳定性不足；但吸水率过低，瓷砖也很可能因为坯材较硬、密度较高和铺贴不当而出现脱落现象。所有指标除了材质出厂检验须合格，还必须按照规定进行进场复验。

② 材料检验

原材料包括饰面砖、水泥、砂、石灰、防水材料、胶粘剂、变形缝填充料等，其质量均应满足设计要求及国家现行产品标准和工程技术标准的规定，检测合格后方可使用。

2）施工因素

① 基层及粘结层质量及处理

一是基层抹灰表面未用木抹做粗糙处理，或者光滑的混凝土墙面未采取措施或凿毛处理，使得粘结层与面砖的结合度较差；二是粘结砂浆质量不好：配合比不准、搅拌不匀、强度不够、和易性差、泌水性大，抹基层砂浆前未浇水湿润等，影响面砖与基层的粘结强度；三是砂浆的薄厚不均匀，造成收缩不一致而导致墙面砖自身脱落，或者由于盐析结晶的破坏作用，使基层面的粘结性变差而导致墙面砖与底面砂浆一同脱落。

② 细部处理

一是面砖缝处理不好，导致从砖缝处吸附湿露或进入雨水。因缝内进水量的不断增加和冬季的反复冻融、冻胀，导致面砖的拔翘、分离；二是防震缝、伸缩缝、沉降缝等部位的处理未保证缝的使用功能和饰面的完整性；三是是阳台、栏板、雨篷、腰线、窗台、檐口及女儿墙压顶等，未做好流水坡，或者未采取平砖盖立砖的盖顶施工工艺法，使灰缝遭到破坏而遗留进水隐患。

3）环境因素

① 温度效应

当室内外温差较大时，结构主体会发生较大的温度形变，墙体温度应力在屋顶处两端形成最大值，导致外墙顶端墙面开裂，从而引起外墙饰面砖脱落。上述几种界面中由于界面两侧的材料具有不同的热胀系数，从而导致剪应力的产生。若剪应力大于界面粘结强度则会引起界面的开裂现象发生。其中对于界面 E，两侧材料为水泥基刚-刚材料结合的连接界面，但是由于外墙面所面临的昼夜温差变化因素的影响，使得该界面热胀剪切应力可达 0.1～0.8MPa，该界面受热胀剪应力的影响最大，故而也是建筑外墙饰面砖最容易发生脱落现象的界面之一。

② 冻融循环

对于北方寒冷地区而言，导致建筑外墙的饰面砖脱落的一个重要原因就是冻融循环效应。由于寒冷地区的建筑外墙饰面受温度影响时间较长，尤其在温度效应或施工误差产生裂缝时会使得寒冷空气渗入墙体，与此同时，寒冷地区的室内热空气也正在沿裂缝往外渗透，当冷热空气分子相遇时发生结露现象，并结成冰，当室外温度开始上升并达到一定条件时，处在夹层之中的冰就会融化，从而成为导致建筑外墙饰面层脱落现象发生的最好的润滑剂。

（2）本项目外墙面砖空鼓脱落的原因

为找到外墙面砖空鼓脱落的原因，进行了红外热像检测、节能构造钻芯检测、面砖粘结强度现场检测、系统粘结性能试验室检测、防水材料丙乳、面砖胶粘剂和勾缝剂等材料的粘结强度检测。

通过红外热像现场检测发现，房屋外墙面局部有温度异常部位，红外图片显示温度异常的部位均存在空鼓现象。根据现场检测结果分析，大楼外立面总体损伤比例为 2.6%。如图 3.1.1-5 所示为房屋外墙面光学图，如图 3.1.1-6 所示为房屋外墙面红外热像图。

根据现场资料核查、现场检测和试验室检测结果，分析外墙面砖空鼓脱落的原因如下：

图 3.1.1-5 房屋外墙面光学图

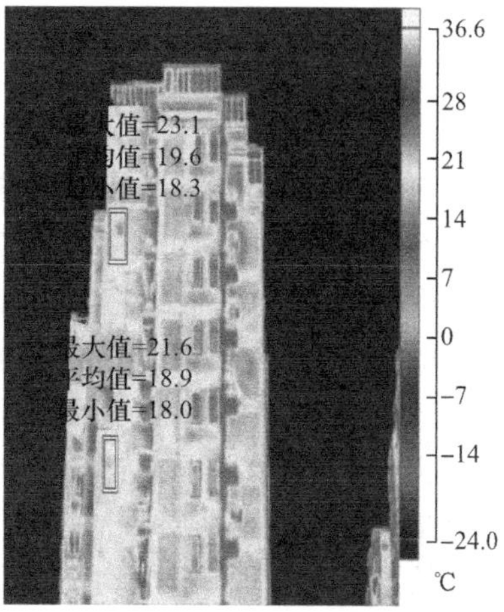

图 3.1.1-6 房屋外墙面红外热像图

1）抗裂层养护时间不够

《抹灰砂浆技术规程》JGJ/T 220—2010 第 6.2.7 条要求“水泥基抹灰砂浆凝结硬化后，应及时进行保湿养护，养护时间不应少于 7d”。现场资料核查发现，“外墙施工各工序施工时间间隔：粉刷完 2～3d 后批抗裂砂浆，抗裂砂浆完 1～3d 后防水层施工”，施工间隔时间过短，在抗裂层完工后 1～3d 就进行防水施工，会导致抗裂层内的水汽无法通过由丙乳形成的防水膜向外扩散，随着天气的变化，水汽热胀冷缩，可能会造成空鼓，从而引起大面积脱落现象的发生。

2）外立面饰面砖未设置伸缩缝

《外墙饰面砖工程施工及验收规程》JGJ 126—2015 中均明确规定“外墙饰面砖伸缩缝应采用耐候密封胶嵌缝”。现场检查发现，该项目外立面饰面砖未设置伸缩缝。饰面砖不设置伸缩缝，受温度应力等因素影响后，应力过大释放受限，会导致饰面砖出现开裂、空鼓甚至脱落等现象。

3）现场实际施工材料与检测报告不一致

通过检测报告和现场核查对比发现，防水材料丙乳实际使用配比与检测报告配比不一致，从现场脱落的防水层观察，实际使用丙乳并未添加砂，而检测报告上配比为 42.5 的普通硅酸盐水泥∶ISO 标准砂∶乳液＝1∶2∶0.375，添加了 ISO 标准砂。按现场实际配比施工的防水材料，未经检测，可能存在质量隐患。

4）现场施工管理及资料归档存在不足

现场监理日记记录信息过于简单，无法描述现场施工情况，没有隐蔽工程验收等相关资料，现场施工管理及资料归档存在不足。

3.1.1.4 解决措施

本项目中四个立面的损伤比例均未超过 15%，建议对整栋楼进行局部修缮，修缮应请专业单位设计、施工，并按照现行规范执行，外墙修缮设计、施工方案应经充分论证后实施。结合该项目情况以及行业现状，对于高层建筑使用面砖饰面存在安全风险，建议物业经常巡视，及时发现安全隐患，并采取必要的安全措施。由于本项目临海，受大风暴雨等恶劣气候因素影响较大，目前已发现有面砖明显开裂、空鼓和脱落现象，随着时间推移，外墙饰面砖老化、损伤程度有可能进一步扩大，建议定期对该栋楼外墙饰面砖进行一次全面检查。

近年来某些开发商为了提高小区的建设档次，高层或是百米以上的超高层在设计中仍要求采用饰面砖装修，这就对外墙饰面砖的防脱落提出了更高的要求，我们应进一步深入研究外墙饰面砖的脱落机理，并采取有效措施予以防治。

（1）严格把控材料关。饰面砖的品种、规格、性能指标应符合设计要求。严格进场复检制度，除检查产品合格证书、性能检测报告、进场验收记录，须严格按照规范要求现场抽样复验，同时要采取管控措施，核查货运记录，追溯核准生产源头，杜绝冒牌厂家采用贴牌生产影响材质等“行业乱象”的情形发生。

（2）控制好基层及粘结层质量。确保基层表面清洁无油渍，结合表面粗糙，具有咬合力，有合适的湿度和合理厚度，保证粘结层厚度在10～15mm之间，必要时采用二次成型“薄贴法”。粘贴用水泥的凝结时间、安定性和抗压强度满足设计和施工规范要求，粘结层砂浆一般可选用1∶1.5～2的水泥砂浆，并掺入水泥重量2%～3%的107胶或其他瓷砖专用胶合剂，使瓷砖胶粘剂的粘结抗拉强度不小于0.5MPa。

（3）注重气候因素的防范措施。暑期镶贴外墙面饰面砖时，应搭设通风凉棚防止暴晒及采取其他促进散热的有效措施，防止施工受烈日暴晒，致使砂浆疏松，造成面砖空鼓、脱落；冬期施工时，应做好防冻保暖措施，以确保砂浆不受冻，要求施工时砂浆使用温度不得低于5℃，且砂浆硬化前应采取防寒抗冻的保暖措施，并且在冻融破坏后不受影响。完成面砖粘贴后，还要注意成品的养护措施得当。

（4）做好细部处理、分割区、保温加强层等技术处理。一是要加强对各交接节点、防水勾缝、留置缝填缝等的构造处理。为防止砖缝开裂，瓷砖勾缝剂应具有一定柔性，做到饰面完整、强度符合、排水通畅、刚柔闭合；二是满粘法施工的饰面砖工程其伸缩缝的间距应为3～6mm，最大连续墙面面积不得超过36m^2，缝内填保温耐候柔性材料；三是外保温加强层镀锌层厚度应不低于一定的限值，且采用特殊的构造做法，使面砖的重量由加强层来承担，保温层不得参与受力工作；四是运用BIM技术，从施工进度安排、技术交底、现场质量控制等实施动态管控。

（5）严格技术工人考核准入制度。针对当前建筑市场技术工人奇缺，人员培训上岗时间过短，人员素质达标不理想，质量意识、工匠意识不强的现状，要对涉及质量安全关键环节的操作工人实行严格的理论教育、实践培训、对标考核、合格准入制度。

（6）研发新型检验、检测设备设施及手段。从检测技术的更新与进步上下功夫，需要鼓励研发新型的检验、检测设备设施及手段，如便于携带的手持式红外线检测、探伤设备，能够客观准确地检查面砖粘贴质量，可以在当班完成后即行使用，也可以在每月的例行检查中扫描使用，识别肉眼难以辨识的空鼓、细缝现象，既精准速度又快，提高质量控制效率，并可在物业交付使用期及时排查安全隐患。

3.1.2 外墙饰面砖开裂、空鼓现象案例

3.1.2.1 项目概况

上海市某学校位于浦东新区，包含小学部、中学部、体育中心，总建筑面积约3万m^2。本项目中学部地上二层，建成于2004年，小学部地上三层，建成于2006年。体育中心地

下二层，地上一层，一层上设尖顶阁楼层，建成于2014年。项目外墙均采用面砖饰面，外墙饰面层为劈开砖，饰面砖为红色，尺寸为240mm×60mm×10mm。2018年，项目单位发现学校外墙饰面砖有多处开裂和空鼓现象。

3.1.2.2 问题描述

经现场检查，本项目中学部外墙发现较多修补痕迹，并存在大面积空鼓和面砖开裂现象，小学部发现多处面砖开裂和空鼓现象，体育馆南立面角落存在大面积空鼓现象，详见图3.1.2-1～图3.1.2-5。外墙饰面砖作为外墙装饰，起到美化、装饰外墙的作用。外墙饰面砖的开裂和空鼓现象直接影响了建筑物外墙的美观性，情况严重的还会造成外墙面砖的起皮脱落，造成严重的后果，伴随着巨大的安全隐患。

图3.1.2-1 中学部现场图（一）

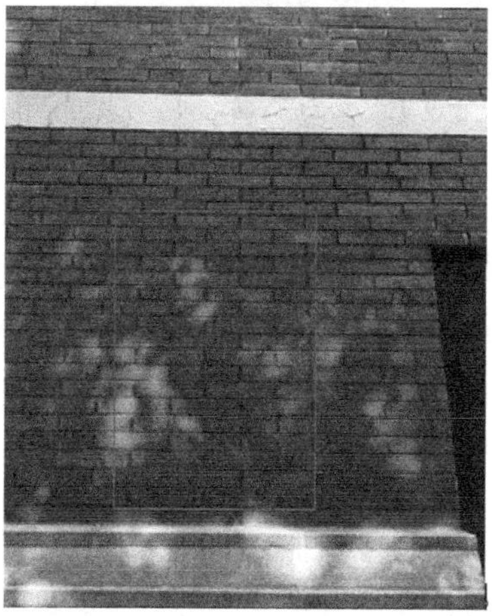

图3.1.2-2 中学部现场图（二）

图3.1.2-3 小学部现场图（一）

图3.1.2-4 小学部现场图（二）

3.1.2.3 原因分析

外墙饰面砖一般是用陶瓷面砖做成的，砌于建筑外墙面，用于装饰的外墙面砖，一般为浅黄色，也存在其他颜色。外墙饰面砖是用难熔黏土压制成型后焙烧而成的无光面砖，它具有质地密实、釉面光亮、强度高、耐磨、吸水率低、防水、耐腐和抗冻性好等特点，

图 3.1.2-5　小学部现场图（三）

给人以光亮晶莹、清洁大方的美感，是一种比较普遍应用的外墙贴面装饰。劈开砖又名劈离砖，是陶瓷墙地砖的一种。一般以各种黏土或配以长石等制陶原料经干法粉碎加水或湿法球磨压滤后制成含水湿坯泥，再以装有中空模具的真空螺旋挤出机挤出成为由扁薄的筋条将两片砖坯连接为一体的中空坯体，再经切割干燥后烧成，然后以人工或机器沿筋条连接处劈开为两片产品，故名劈开砖。劈开砖按表面的光滑程度分，可分为平面砖和拉毛砖，前者表面细腻光滑，后者是在坯料中加入颗粒料并在模具出口安装细钢丝对砖坯表面进行剖割，产品表面布满粗颗粒或凹坑，从而使产品表面获得粗糙的装饰效果。然而，外墙饰面砖基层处理极易出现脱落、脱皮、空鼓等质量问题，且容易导致面砖胶粘剂与饰面砖同时脱落，另外外墙饰面砖施工过程中容易受到多种因素的影响，导致其存在很大的安全隐患。因此对外墙饰面砖进行修缮加固是十分有必要的，在延长建筑物使用寿命、保障人民群众生命财产安全中具有重要作用。结合该项目外墙饰面砖的具体情况，造成外墙饰面砖开裂、墙体空鼓现象，分析可能的原因如下：

（1）外墙劈开砖自身强度较低

外墙劈开砖的强度与其组分、密度和工艺存在密切关系，一般原材料中添加一定比例的增韧添加剂，成型较致密、烧结温度合适、退火工艺较长的劈开砖，其自身强度较大，外在表征在于其破坏强度高、断裂模数大、耐磨性好、抗冻性强。通过科学合理的配比和增韧添加剂的使用，优化原材料的纯度，并添加适合的添加剂可有助于提高成型胚体的强度。此外，劈开砖的烧结和退火温度曲线也是十分重要的。对于劈开砖，烧结工艺和退火工艺直接影响陶瓷产品的晶粒生长和内部应力，从而影响陶瓷产品的强度。不同组分的劈开砖胚体需在不同的烧结温度曲线下烧结。用于劈开砖成型的粉末一般是由多种组分组成的混合物，其中主要成分为氧化铝。不同配比的组分组成有着不同的结晶生长温度，如果烧结温度偏低，陶瓷晶粒将无法正常生长，使得劈开砖成瓷不致密，影响其强度；如果烧结温度偏高，劈开砖的晶粒将会过分生长结晶，形成一个一个独立的完美大晶粒，在劈开砖中，大晶粒之间就会存在间隙，同时也会存在很大的应力，这样的劈开砖很容易受外界影响而产生开裂。因此，只有在适宜的烧结温度下，劈开砖坯体的晶粒才有一定的生长，又不至于生长为完美大晶粒，劈开砖中晶粒之间也较为致密，这样的劈开砖强度才最高。烧结过程中除了升温，降温也很重要。劈开砖在生产的过程中，如果降温速度过快，劈开砖中的应力来不及释放很容易造成应力集中现象，当劈开砖中存在应力集中时，劈开砖就容易产生开裂现象。一般来说，劈开砖烧结的降温速度越慢越好，但是考虑到降温慢会降低生产效率，影响产量，因此，在不影响劈开砖强度的情况下，适当的降温速度可以避免劈开砖在降温过程中的应力集中，从而避免劈开砖在后续使用的过程中出现开裂的现象。

（2）由于施工原因造成的空鼓

墙体的空鼓一般都是由于施工不当造成的。施工过程中的管理就变得非常重要。首先，在施工过程中，墙面基层的杂物、灰尘等杂质未清理干净，或墙体基层抹灰没按要求处理，抗裂砂浆面层受到污染未得到处理都会使装饰层与结构层不能牢固结合。其次，劈开砖在铺贴前没浸水或浸泡不够，也都会影响墙体空鼓。劈开砖偏干，砖体水分没饱和，就会过早吸收砂浆中的水分，导致砂浆粘结强度受损，形成空鼓；劈开砖过湿又会使粘结砂浆和劈开砖很难融成整体，容易造成脱落现象。此外，装饰层在配料的处理时若砂浆不饱满、调和不均匀或者在铺贴时未能挤压密实，都有可能造成空鼓。再次，粘贴劈开砖时若施工人员经验不足，由于劈开砖调整不及时待砂浆凝结达到一定时间仍校正劈开砖就会导致劈开砖空鼓脱落。最后，劈开砖粘贴完成后未及时养护也会影响劈开砖的粘结。

（3）外墙饰面砖与粘结用砂浆不匹配

外墙的饰面砖，一般是在胶粘剂的作用下粘贴到外墙墙面上的。外墙饰面砖与粘结用砂浆是否匹配，将直接影响墙体的是否会出现开裂和空鼓现象。在材料的选择上，应选择与外墙劈开砖的弹性模量、线性热膨胀系数等热工性能更接近的砂浆作为胶粘剂。由于建筑物常年处于温度不断变化的室外环境中，其外墙劈开砖在热胀冷缩的作用下不断膨胀与收缩。值得注意的是，粘结砂浆的线胀缩量相对外墙有很大的双向变形，若这种相对变形无法得到有效释放，便会导致外墙饰面砖的空鼓与脱落。因此，线性热膨胀系数等热工性能相差较大的劈开砖和砂浆会在日复一日的膨胀和收缩过程中产生很大的应力，最后造成劈开砖的开裂或者墙体的空鼓现象。一般情况下，在施工时，外墙劈开砖之间会留有一定的间隙，使劈开砖能在一定的温度范围内进行膨胀与收缩，当砂浆的膨胀系数与劈开砖的膨胀系数相差较大时，砖与墙体之间就会出现剪切应力，外墙劈开砖常年在这种剪切应力的作用下，其砖面容易出现开裂现象，劈开砖与墙体间也容易出现缝隙，产生空鼓。此外，当外墙劈开砖之间的空隙预留过窄时，在炎热高温的夏季，外墙劈开砖可能出现碰撞挤压，膨胀得不到释放，劈开砖也会出现开裂、空鼓等现象。

（4）自然环境的影响

建筑物在使用中，经常受到雨水侵蚀、温差、机械振动、风力影响、沉降等自然环境的影响，这些都会对外墙劈开砖产生一定的影响。一般情况下，劈开砖在设计时已将这些自然因素考虑在内，劈开砖本身具有一定的强度，能够应对自然界的风吹雨打、温差、振动，不会出现大面积的开裂、空鼓现象。但是，作为不常见的因素，地震一旦发生，也会对建筑物造成一定的影响。由于地震同时存在横波与纵波两种机械振荡波，并随震级的增大，波的能量也相应增大，普通的劈开砖承受不了巨大的能量，也会产生开裂、空鼓等现象。

3.1.2.4 解决措施

本项目中，经现场检查和检测，中学部发现大面积修补痕迹，东立面和西立面均存在饰面砖大面积空鼓或开裂现象，经红外检测，东立面未发现外墙饰面层损伤，南立面存在一处饰面砖空鼓，西立面多处局部存在空鼓，抽检部位面砖粘结强度符合国家标准；小学部西立面局部存在开裂和空鼓，经红外检测未见外墙饰面层损伤，抽检南、北立面所检部位面砖粘结强度符合国家标准，西立面所检部位面砖粘结强度低于国家标准。体育馆南立面东侧外墙面砖大面积空鼓，经红外检测发现体育馆东立面和北立面存在一处饰面砖空鼓部位，南立面存在多处饰面砖空鼓部位，南立面所检部位面砖粘结强度低于国家标准。建议对中学部空鼓开裂部位、小学西立面空鼓开裂部位以及体育馆南立面空鼓部位进行局部修缮。外墙修缮应综合考虑外墙饰面层损伤情况、适修性等因素，及时选取合理方式进行修缮，尽量减少外墙饰面层施工整治带来的各种干扰。

该项目中学和小学建成年代已久，已有十多年，体育馆相对较新，建成3年，目前除局部部位存在空鼓、开裂损伤外，总体完好，抽检部位面砖粘结强度基本符合国家标准，建议采取措施对局部区域进行修缮，彻底消除外墙饰面层的安全隐患。此外，随着时间的推移，受气候变化影响，饰面砖空鼓老化、损伤程度将进一步加大，建议每隔两年对外墙饰面砖进行一次全面检测。

现代城市建筑，外墙采用饰面砖越来越广泛，它不仅是房屋的功能需要，也是美化城市的需要。但由于气候条件、建筑设计、原材料、施工工艺及技术等诸多方面的原因，导致饰面砖空鼓、脱落、墙面渗水等质量问题和隐患不断增多。为了防止外墙饰面砖的脱落影响美观和使用功能，甚至脱落造成的安全隐患，定期进行评估与修补，提前做好预防控制是相当有必要的。为了更好地预防外墙饰面砖开裂、空鼓现象，可采用如下建议：

（1）既需要有资质的施工单位，又需要施工人员经过培训具备相关施工经验，才能从人的因素上根本杜绝饰面砖开裂、空鼓、脱落等问题。

（2）从材料严格把关入手，对施工使用的水泥、砂浆等材料必须要有合格证且在有效期内，砂要检测含泥量，拌合粘结砂浆或底层抗裂砂浆必须保证配合比，控制好水灰比，随拌随用，不许多拌和未及时使用，最好使用专用粘结砂浆和专用嵌缝材料。选择质量好的同质饰面砖，禁止使用釉面砖。

（3）粘结基层必须处理干净，做好界面处理、扫浆或者涂刷界面剂。保证找平层的平整度，控制找平层每层涂抹的厚度，严禁一次成活。饰面砖粘贴前要浸湿晾干后使用，粘结砂浆应饱满。

（4）施工前最好做样板以检验粘结效果，施工后养护必须做到位，尤其是夏季高温季节。做好施工过程及完工后的验收工作，最终保证饰面砖的施工检验符合流程规范。

（5）充分发挥现场管理人员（建设单位技术负责人、监理人员、施工管理人员等）的作用，使其能够积极主动的参与工程建设。

（6）在施工中严格执行《外墙饰面砖工程施工及验收规程》JGJ 126－2015。

3.2 外保温层变形与松动

3.2.1 外墙外保温系统各组成材料对系统安全性影响的案例分析

3.2.1.1 项目概况

某工厂生产车间项目包括厂房一和厂房二两个车间。厂房一地上共4层，高度约为24m，建筑面积约4.5万m^2。厂房二地上共4层，高度约为24m，建筑面积约3.1万m^2，项目结构类型为混凝土框架结构。采用挤塑板（XPS）外墙外保温系统，外饰面采用真石漆，2018年1月完工。从2018年4月份开始陆续发现外墙有起鼓现象，局部外墙面已出现大面积开裂。

3.2.1.2 问题描述

现采用目测、敲击等方式对外墙外观损伤检查发现，房屋外墙主要存在开裂、起鼓及脱落等损伤情况，外墙整体大面积起鼓和开裂，损伤情况很严重，如：南立面东侧外墙起鼓和开裂（图3.2.1-1、图3.2.1-2）。

图3.2.1-1　南立面东侧外墙起鼓和开裂（一）

图3.2.1-2　南立面东侧外墙起鼓和开裂（二）

3.2.1.3　原因分析

外保温系统起鼓、开裂、脱落是由多方面原因共同作用的结果，首先是材料方面，系统配套材料相容性差，性能达不到标准要求；其次是施工方面，未按技术规程和施工方案施工，材料用量不足，细部节点处理不到位；另外还有气候条件等客观因素的影响。

（1）进场检查前收集了建筑相关资料，含建筑立面图和平面图、外墙保温施工方案、监理日记等资料。建筑节能隐蔽工程施工质量验收资料、施工现场质量管理检查记录、检测报告等资料缺失。

通过对收集到的资料进行分析研究，对本工程中外墙外保温系统的材料、构造、施工过程等有了初步了解。外墙外保温系统构造说明、施工流程、施工节点图如下：

1）《某项目保温施工方案》文件中，外保温施工方案如下："在合格基础墙体上做表面清理即基层处理→墙体工作面弹基准线→刷界面剂一道→调制粘结聚合物砂浆（预粘板边翻包网格布）→挤塑板前期准备工作（排板、切割、翻包网格布）→条点法粘贴挤塑板→打眼安装固定件→挤塑板表面找平、清洁处理→刷界面剂一道→调制粘结聚合物砂浆→抹第一层面聚合物砂浆→埋贴网格布→抹第二层面聚合物砂浆→表面修、补找平处理"。

2）外墙外保温施工节点图包括外墙外保温构造，具体见图3.2.1-3。

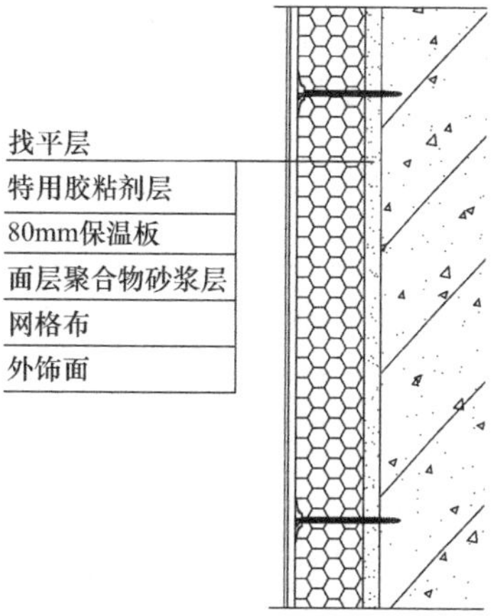

图3.2.1-3　外墙外保温节点图

3）通过查阅2017年8月20日至2017年9月2日的监理日记发现，项目外保温存在多天雨天施工以及下雨后立即施工的情况，与《外墙外保温工程技术标准》JGJ 144—2019中"雨天不能施工"要求不符。外保温施工记录过于简单，未记录保温系统各层的施工情况，而是笼统的记录，如"外墙保温施工""外墙保温面层施工"等。

（2）经现场检查发现，厂房一外立面均采用挤塑聚苯板外墙外保温系统，外墙采用真石漆饰面。

采用目测、敲击等方式对外墙外观损伤检查发现，房屋外墙主要存在开裂、起鼓及脱落等损伤情况，外墙整体大面积起鼓和开裂，损伤情况很严重，如：南立面东侧外墙起鼓部位，可观察到真石漆饰面与抹面层粘结良好，抹面层与保温层之间断开；北立面东侧管道周围部位，大面积空鼓凸显；北立面中部外墙大面积起鼓和开裂。

为验证外墙施工质量是否满足规范和施工方案要求，针对厂房一东立面选取 2 处，剥开外保温系统，对其粘结面积比、锚栓布置个数、基层平整度和网格布翻包情况进行检查。检查结果如下：

1）粘贴面积比检查

经检查，厂房一东立面所检部位外保温系统粘贴面积比分别为 13.4%和 13.9%（表 3.2.1-1）。

外保温系统粘贴面积比检查结果表 **表 3.2.1-1**

编号	位置	粘贴点数	粘贴面积（m^2）	总面积（m^2）	粘贴面积比（%）
1	东立面底层 1，18-19/H 轴	10	0.145	1.08	13.4
2	东立面底层 2，18-19/H 轴	9	0.150	1.08	13.9

2）锚栓数量检查

经检查，锚栓布置数量约为每平方米 5 套。

3）平整度检查

经检查，基层平整度约为 2mm。

4）网格布翻包情况检查

经检查，首层网格布未做双层加强，网格布水平搭接宽度约 30mm，不满足施工方案要求的 80mm，窗口部位未做网格布加强处理。

（3）为验证外墙节能构造是否满足设计要求，针对厂房东、南、西、北四面各取一组芯样，按照《建筑节能工程施工质量验收标准》GB 50411－2019 进行检测，检测结果见表 3.2.1-2。

节能构造现场钻芯检测结果汇总表 **表 3.2.1-2**

编号	位置	保温层厚度	实际做法				设计做法
1	东立面底层 18-19/H 轴	80mm	胶粘剂	XPS 板	抹面胶浆	网格布	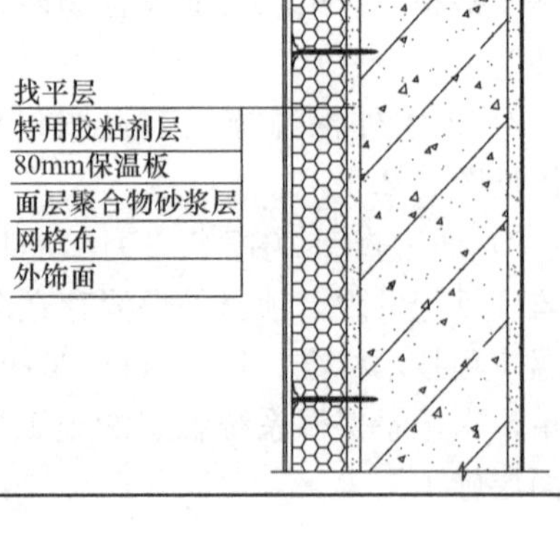
2	南立面底层 B-C/29 轴	80mm	胶粘剂	XPS 板	抹面胶浆	网格布	
3	西立面底层 7-8/A 轴	80mm	胶粘剂	XPS 板	抹面胶浆	网格布	
4	北立面底层 F-G/1 轴	80mm	胶粘剂	XPS 板	抹面胶浆	网格布	

（4）为确定抹面层与保温层的粘结情况，针对厂房东、南、西、北四个立面，每个立面选取一个部位，参照《建筑围护结构节能现场检测技术标准》DG/TJ 08—2038—2021进行检测，切割至保温层，检测结果见表3.2.1-3。

抹面层与保温层粘结性能现场检测结果汇总表 **表3.2.1-3**

编号	位置	测点	粘结强度（MPa）	破坏状态	平均值（MPa）
1	东立面底层18-19/H轴	1	0	抹面层与XPS板界面破坏	0.006
		2	0.0025	抹面层与XPS板界面破坏	
		3	0.0450	抹面层与XPS板界面破坏	
		4	0	抹面层与XPS板界面破坏	
		5	0	抹面层与XPS板界面破坏	
		6	0.0225	抹面层与XPS板界面破坏	
2	南立面底层B-C/29轴	1	0	抹面层与XPS板界面破坏	0
		2	0	抹面层与XPS板界面破坏	
		3	0	抹面层与XPS板界面破坏	
		4	0	抹面层与XPS板界面破坏	
		5	0.0206	抹面层与XPS板界面破坏	
		6	0	抹面层与XPS板界面破坏	
3	西立面底层7-8/A轴	1	0.0238	抹面层与XPS板界面破坏	0.024
		2	0	抹面层与XPS板界面破坏	
		3	0.0450	抹面层与XPS板界面破坏	
		4	0.0481	抹面层与XPS板界面破坏	
		5	0	抹面层与XPS板界面破坏	
		6	0.0275	抹面层与XPS板界面破坏	
4	北立面底层F-G/1轴	1	0	抹面层与XPS板界面破坏	0.033
		2	0	抹面层与XPS板界面破坏	
		3	0.0206	抹面层与XPS板界面破坏	
		4	0.0825	抹面层与XPS板界面破坏	
		5	0.0475	抹面层与XPS板界面破坏	
		6	0.0638	抹面层与XPS板界面破坏	

为确定胶粘剂与基层的粘结情况，针对厂房东立面选取一个部位，参照《外墙外保温工程技术规程》JGJ 144—2019进行检测，切割至基层，检测结果见表3.2.1-4。

胶粘剂与基层粘结性能现场检测结果汇总表 **表3.2.1-4**

位置	测点	粘结强度（MPa）	破坏状态	平均值（MPa）
东立面底层18-19/H轴	1	0.0600	胶粘剂与基层界面破坏	0.121
	2	0.3025	胶粘剂与基层界面破坏	
	3	0	胶粘剂与基层界面破坏	

（5）为确定锚栓的固定情况，针对东立面选取两个部位，参照《建筑围护结构节能现场检测技术标准》DG/TJ 08—2038—2021进行检测，检测结果见表3.2.1-5。

锚栓抗拉拔强度现场检测结果汇总表　　表 3.2.1-5

编号	位置	测点	基墙类型	拉拔力（kN）	破坏状态	最小值（kN）
1	东立面底层 1，18-19/H 轴	1	混凝土基墙	0.529	锚栓拔出	0.529
		2	混凝土基墙	1.086	锚栓拔出	
		3	混凝土基墙	0.559	锚栓拔出	
		4	混凝土基墙	0.811	锚栓拔出	
		5	混凝土基墙	0.876	锚栓拔出	
2	东立面底层 2，18-19/H 轴	1	混凝土基墙	0.806	锚栓拔出	0.737
		2	混凝土基墙	0.737	锚栓拔出	
		3	混凝土基墙	2.033	锚栓拔出	
		4	混凝土基墙	1.133	锚栓拔出	
		5	混凝土基墙	0.936	锚栓拔出	

（6）为了确定房屋外墙饰面的粘结缺陷部位，参考《红外热像法检测建筑外墙饰面层粘结缺陷技术规程》CECS 204：2006，采用红外热像仪对房屋厂房南立面外墙进行了全面检测。检测结果表明，厂房南立面外墙大面积存在温度异常部位，结合现场检测条件对底层和窗口部位进行敲击验证，发现红外图片显示温度异常的部位均存在空鼓现象，典型的红外图片见图 3.2.1-4（a）～图 3.2.1-6（a）。

(a)红外图

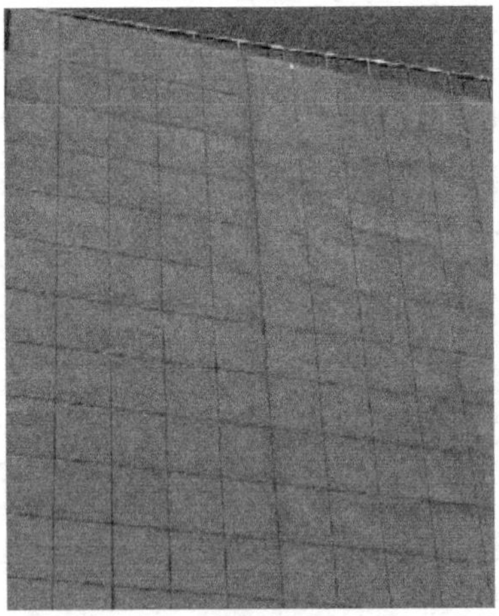

(b)普通图

图 3.2.1-4　南立面西侧左 3～4 层有温度异常部位

综合分析，可得：

（1）现场资料核查发现，现场监理日记记录信息过于简单，无法描述现场施工情况，没有隐蔽工程验收等相关资料，存在多天下雨施工以及雨后立即施工的情况，现场施工管理及资料归档存在不足。

（2）现场抽取厂房首层东立面外墙部位 2 处，经检测保温板粘贴面积比分别为 13.4% 和 13.9%，不满足“粘贴面积在 40%以上”规定。现场检查发现，挤塑板的粘贴不符合保温施工方案中条点法“用抹子在每块挤塑板周边涂抹宽 50mm，从边缘向中间逐渐加厚专用粘结砂浆，最厚处达 10mm，然后再在挤塑板上，抹 3 个直径为 100mm，厚度为 10mm 的和 6 个直径为 80mm，厚度为 10mm 圆形专用粘结砂浆”的要求。

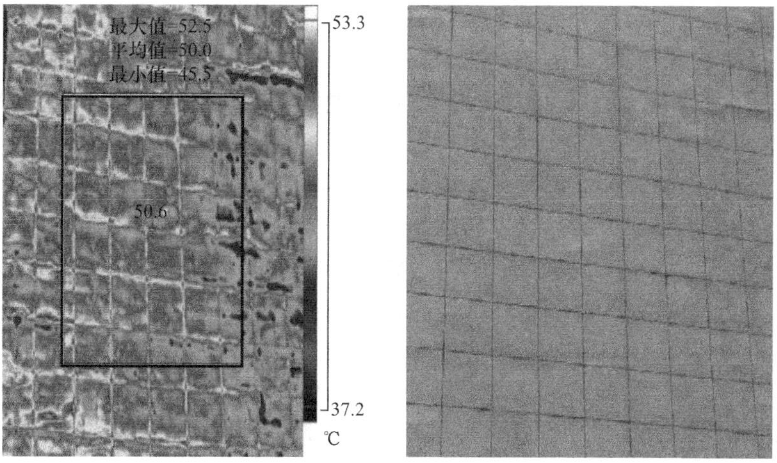

(a)红外图　　(b)普通图

图 3.2.1-5 南立面西侧左 2～3 层有温度异常部位

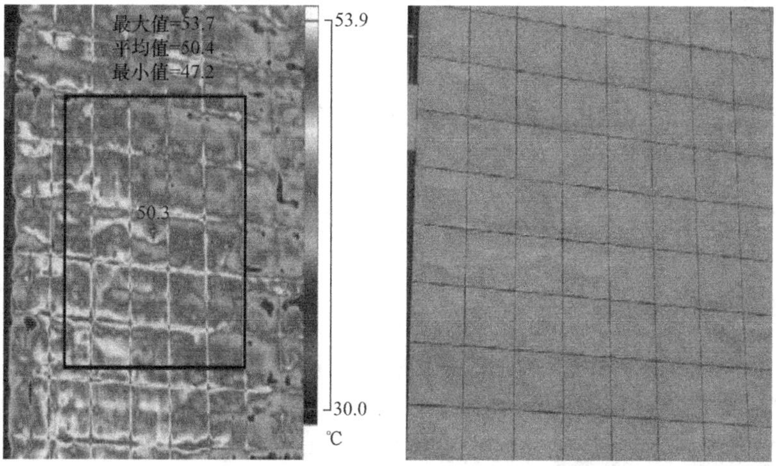

(a)红外图　　(b)普通图

图 3.2.1-6 南立面西侧左 1～2 层有温度异常部位

(3) 现场检查发现，厂房首层东立面外墙所检部位首层网格布未做双层加强，网格布水平搭接宽度约 30mm，不满足保温施工方案中 80mm 的要求，窗口部位未做网格布加强处理。

(4) 通过外保温系统抹面层与保温层的粘结强度检测结果表明，东、南、西、北四个立面所检部位（未发生空鼓）的外保温系统拉伸粘结强度范围在 0～0.03MPa，破坏部位均位于抹面层与保温层界面。参照国家标准《挤塑聚苯板（XPS）薄抹灰外墙外保温系统材料》GB/T 30595－2014，该标准中对耐候后抹面层与挤塑板的拉伸粘结强度要求≥0.15 MPa。经过不到 1 年的使用，外保温系统的粘结强度检测结果远远低于标准要求。现场查看资料发现，挤塑板在粘贴前未使用界面剂处理。

(5) 通过对胶粘剂与基层的粘结强度进行检测，结果表明，东立面所检部位的胶粘剂与基层的粘结强度为 0.12MPa，破坏部位均位于胶粘剂与基层界面。参照国家标准《挤塑聚苯板（XPS）薄抹灰外墙外保温系统材料》GB/T 30595－2014，该标准中胶粘剂与水泥砂浆的拉伸粘结强度原强度要求≥0.6MPa。经过不到 1 年的使用，胶粘剂与水泥砂浆的拉伸粘结强度检测结果远远低于标准要求。

（6）通过红外热像现场检测，结合现场目测及敲击检查表明，外墙饰面普遍存在起鼓、开裂现象，尤其南、北立面相对严重。根据现场检测结果分析，厂房一南立面空鼓和开裂损伤在 90%以上。

（7）根据《建筑外墙外保温系统修缮标准》JGJ 376—2015 第 4.4.4 条规定，“当保温板板材、现场喷涂类外墙外保温系统的粘结强度低于原设计值 70%，或出现明显的空鼓、脱落情况时应进行单元墙体修缮”。该项目东、南、西、北四个立面均出现了明显的空鼓和开裂情况，同时外保温系统的粘结强度远低于原设计值的 70%，四个立面外墙外保温系统的现状均满足单元墙体修缮的条件。此外，该项目靠近广东沿海，受到大风、暴雨等恶劣气候因素影响较大，随着时间推移，现有外墙外保温系统老化、损伤程度会进一步加大，存在严重的安全隐患。

3.2.1.4 解决措施

根据现场检查和检测结果，该项目存在开裂、起鼓及脱落等损伤情况的主要原因是挤塑板未使用界面剂，胶粘剂拉伸粘结强度达不到标准要求。并且，施工时未按方案要求施工，细部节点处理不到位。此外，项目靠海，受大风暴雨等恶劣气候因素影响较大，目前已发现有明显的空鼓、开裂现象，随着时间推移，外墙外保温系统老化、损伤程度将进一步加大。综合以上因素，建议尽快采取措施全面修缮，将原有挤塑板外墙外保温系统全部铲除，重新进行外保温设计施工，彻底消除外墙饰面层的安全隐患。

3.2.2 外墙外保温系统设计构造对系统安全性影响的案例分析

3.2.2.1 项目概况

某工程位于某市，项目共 10 栋建筑，1～8 号为住宅楼，另外包括 2 个配套建筑，总建筑面积 16 万 m^2，项目为剪力墙和框架剪力墙结构。

图 3.2.2-1 外墙空鼓、开裂

项目于 2012 年 11 月建成，外墙外保温系统采用某公司保温系统（复合保温板）。工程投用后出现了外墙漏雨和窗户漏雨问题，2014 年组织对部分外墙保温工程进行了维修，2018 年发现一期工程 1～8 号住宅楼、配套工程等外墙出现起鼓、裂缝或脱落等缺陷，部分住户报告出现外墙漏雨和窗户漏雨问题。

3.2.2.2 问题描述

现场对外墙外观损伤检查发现，房屋外墙主要存在开裂、起鼓及脱落等损伤情况，外墙东西立面大面积起鼓和开裂，损伤情况很严重，见图 3.2.2-1。

3.2.2.3 原因分析

外保温系统起鼓、开裂、脱落是由多方面原因共同作用的结果，首先是材料方面，系统配套材料相容性差，性能达不到标准要求；其次是施工方面，未按技术规程和施工方案施工，材料用量不足，细部节点处理不到位；另外还有气候条件等客观因素的影响。

（1）为验证外墙施工质量是否满足规范和施工方案要求，针对 4 号楼西立面、6 号楼东立面、8号楼东立面选取3处，剥开外保温系统，对其粘结面积比、锚栓布置个数、基层平整度和网格布翻包情况进行检查。检查结果如下：

1）粘贴面积比检查

经检查，4号楼西立面、6号楼东立面、8号楼东立面所检部位外墙粘贴面积比分别为15%、15%和0，见表3.2.2-1，现场检查图见图3.2.2-2～图3.2.2-4。

外保温系统粘贴面积比检查结果表　　表3.2.2-1

编号	位置	粘贴点数	粘贴面积（m^2）	总面积（m^2）	粘贴面积比（%）
1	4号楼西立面4层	10	0.135	0.92	15
2	6号楼东立面4层	9	0.251	1.67	15
3	8号楼东立面3层	0	0	0.57	0

注：8号楼所检部位无有效粘贴点。

图3.2.2-2　4号楼西立面粘结现场图

图3.2.2-3　6号楼东立面粘结现场图

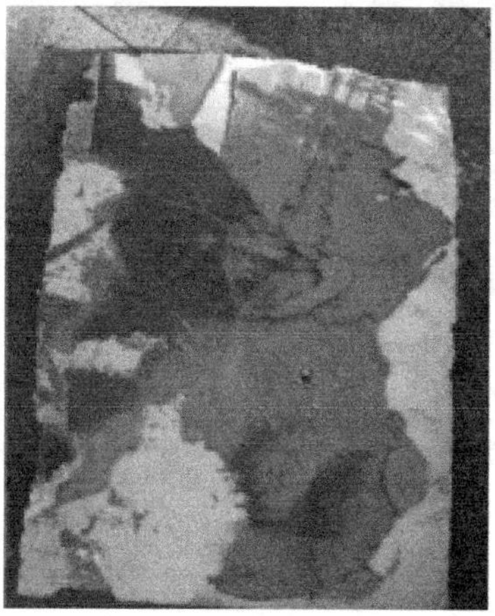

图3.2.2-4　8号楼东立面粘结现场图

2）锚栓数量检查

经检查，4号楼、6号楼和8号楼所检部位锚栓布置数量约为每平方米6套、6套和9套。

3）基层平整度检查

经检查，4号楼、6号楼和8号楼所检部位基层未做砂浆找平，砌块砌筑质量差，现场检测图见图 3.2.2-5～图 3.2.2-7。

图 3.2.2-5　基层平整度检查（4层）

图 3.2.2-6　基层平整度检查（6层）

图 3.2.2-7　基层平整度检查（8层）

4）细部节点构造检查

经检查，5号楼北1101餐厅、7号楼北304餐厅窗所检部位网格布无斜角网加强。现场检测图见图 3.2.2-8、图 3.2.2-9。

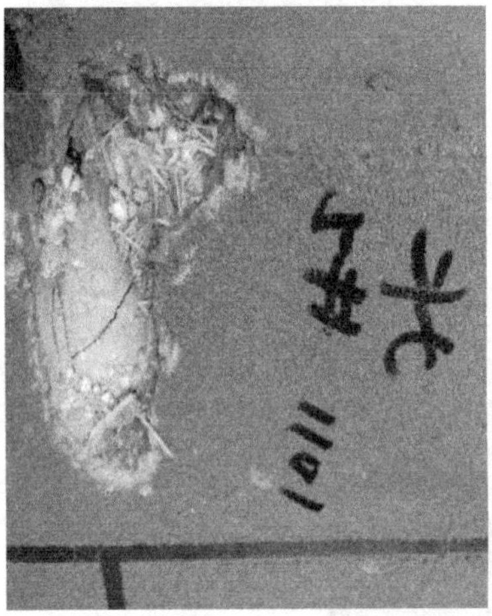

图 3.2.2-8　5号楼北餐厅窗无斜角网加强

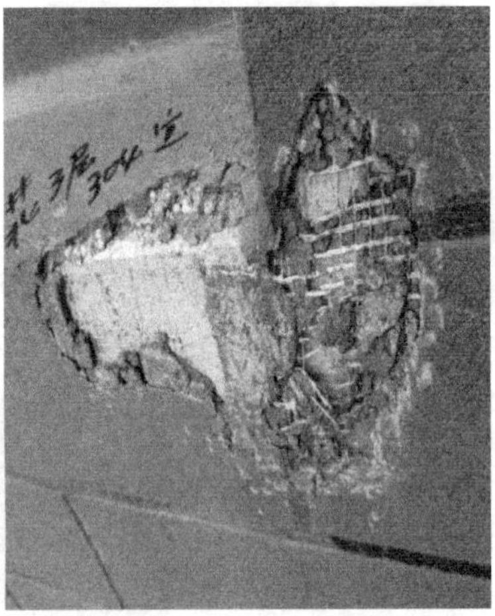

图 3.2.2-9　7号楼北餐厅窗无斜角网加强

（2）为验证外墙节能构造是否满足设计要求，选取4号楼、5号楼、8号楼四个立面，1号楼东、西立面，2号楼西立面，3号楼东立面，6号楼东立面，7号楼东立面，4号楼、5号楼屋顶机房各取一组钻芯。现场节能构造钻芯检测结果表明，现场外墙外保温系统实际分层做法有多种：复合板与基层现浇、复合板与基层粘贴加锚固、EPS板薄抹灰系统，还有酚醛复合板防火隔离带系统。面层构造有两种，一种是保温板＋抹面层，另一种是保温板＋聚苯颗粒＋抹面层。填充墙未做砂浆找平，砌筑砂浆不密实饱满，砌缝最宽处达20mm，砌缝最深处达100mm。所检部位保温层厚度在25～49mm，不同部位差异较大，且不满足设计要求。

(3) 为确定面层(保温层以外所有界面，包括硅钙板、聚苯颗粒和抹面层)与保温层的粘结情况，选取4号楼、8号楼四个立面各做一组拉拔试验，参照《建筑工程饰面砖粘结强度检验标准》JGJ/T 110进行检测，切割至保温层，检测结果见表3.2.2-2。

面层与保温层的拉伸粘结强度检测结果汇总表　　表3.2.2-2

编号	位置	测点	破坏力(N)	粘结强度(MPa)	破坏状态	平均值(MPa)
1	4号楼东立面2层	1	84	0.05	胶粉聚苯颗粒层破坏	0.06
2		2	71	0.04	硅酸钙板破坏	
3		3	134	0.08	硅酸钙板破坏	
4	4号楼南立面2层	1	132	0.08	硅钙板与抹面破坏	0.08
5		2	145	0.09	硅钙板与抹面破坏	
6		3	108	0.07	硅钙板与EPS破坏	
7	4号楼西立面4层	1	13	0.01	聚苯颗粒破坏	0.03
8		2	104	0.06	颗粒与硅钙板界面破坏	
9		3	31	0.02	颗粒与硅钙板界面破坏	
10	4号楼北立面3层	1	311	0.19	硅钙板破坏	0.13
11		2	181	0.11	硅钙板与EPS破坏	
12		3	139	0.09	硅钙板破坏	
13		4	22	0.01	硅钙板破坏	
14		5	59	0.04	硅钙板破坏	
15	8号楼东立面3层	1	121	0.08	聚苯颗粒破坏	0.10
16		2	217	0.14	聚苯颗粒破坏	
17		3	130	0.08	聚苯颗粒硅钙板破坏	
18	8号楼南立面3层	1	17	0.01	硅钙板与EPS破坏	0.02
19		2	35	0.02	硅钙板破坏	
20		3	41	0.03	硅钙板破坏	
21	8号楼西立面5层	1	89	0.06	硅钙板破坏	0.05
22		2	36	0.02	硅钙板破坏	
23		3	124	0.08	硅钙板破坏	
24	8号楼北立面5层	1	81	0.05	硅钙板与颗粒破坏	0.03
25		2	20	0.01	硅钙板与颗粒破坏	
26		3	48	0.03	硅钙板破坏	

(4) 为确定保温层与基层的粘结情况，选取4号楼、8号楼四个立面各做一组拉拔试验，参照《建筑工程饰面砖粘结强度检验标准》JGJ/T 110进行检测，切割至基层，检测结果见表3.2.2-3。

保温层与基层粘结性能现场检测结果汇总表　　表3.2.2-3

编号	位置	测点	破坏力(N)	粘结强度(MPa)	破坏状态	平均值(MPa)
1	4号楼东立面2层	1	136	0.08	胶粘剂与基层界面破坏	0.08
2		2	110	0.07	胶粘剂与EPS界面破坏	
3		3	120	0.08	胶粘剂与基层界面破坏	

续表

编号	位置	测点	破坏力（N）	粘结强度（MPa）	破坏状态	平均值（MPa）
4	4号楼南立面2层	1	163	0.10	EPS破坏	0.11
5		2	182	0.11	EPS破坏	
6		3	176	0.11	EPS破坏	
7	4号楼西立面4层	1	112	0.07	EPS破坏	0.09
8		2	163	0.10	EPS破坏	
9		3	155	0.10	EPS破坏	
10	4号楼北立面3层	1	116	0.07	EPS破坏	0.10
11		2	182	0.11	EPS破坏	
12		3	165	0.10	EPS破坏	
13	8号楼东立面4层	粘贴点与基层未粘贴，找不到拉拔点，故未做保温层与基层拉拔试验				
14	8号楼南立面3层	1	131	0.08	EPS破坏	0.08
15		2	151	0.09	EPS破坏	
16		3	102	0.06	EPS破坏	
17	8号楼西立面5层	1	136	0.09	EPS破坏	0.09
18		2	110	0.07	EPS破坏	
19		3	186	0.12	EPS破坏	
20	8号楼北立面5层	1	112	0.07	EPS破坏	0.09
21		2	154	0.10	胶粘剂与基层破坏	
22		3	186	0.12	EPS破坏	

（5）为确定锚栓的固定情况，针对东立面选取两个部位，参照《建筑围护结构节能现场检测技术标准》DG/TJ 08—2038—2021进行检测，检测结果见表3.2.2-4。

锚栓抗拉拔强度现场检测结果汇总表　　表3.2.2-4

编号	位置	测点	破坏力（N）	基层	破坏状态	检测结果
1	4号楼西立面4层	1	0.88	砌块	锚栓拔出	最小值0.55kN，平均值0.77kN
2		2	0.62	砌块	锚栓拔出	
3		3	0.55	砌块	锚栓拔出	
4		4	1.02	砌块	锚栓拔出	
5		5	0.77	砌块	锚栓拔出	
6	6号楼东立面3-4层	1	0.58	砌块	锚栓拔出	最小值0.58kN，平均值0.98kN
7		2	0.83	砌块	锚栓拔出	
8		3	0.85	砌块	锚栓拔出	
9		4	1.86	砌块	锚栓拔出	
10		5	0.76	红砖	锚栓拔出	
11	8号楼东立面3层	1	0.58	砌块	锚栓拔出	最小值0.53kN，平均值0.65kN
12		2	0.66	砌块	锚栓拔出	
13		3	0.82	砌块	锚栓拔出	
14		4	0.53	砌块	锚栓拔出	
15		5	0.66	砌块	锚栓拔出	

面层与保温层的拉伸粘结强度检测结果表明，所检部位（未发生空鼓）的拉伸粘

结强度范围在 0.02～0.16MPa，破坏部位多位于聚苯颗粒层或硅钙板层。19 组数据中，数值＜0.07MPa 的有 10 组，≥0.07MPa 的有 9 组。根据《建筑外墙外保温系统修缮标准》JGJ 376－2015 要求“保温板材类外墙外保温系统的粘结强度不低于原设计值的 70％”和图集要求，3 号楼东立面、4 号楼东立面、4 号楼西立面、5 号楼东立面、5 号楼南立面、5 号楼西立面、7 号楼东立面、8 号楼南立面、8 号楼西立面、8 号楼北立面所检部位（未发生空鼓）面层与保温层的拉伸粘结强度不满足上述标准的要求。

（6）为了确定房屋外墙保温的缺陷部位，参照《居住建筑节能检测标准》JGJ/T 132－2009，采用红外热像仪对房屋的外立面进行了全面检测。检测结果表明，房屋外墙面局部有温度异常部位，结合现场检测条件对项目外立面进行敲击，并采用无人机进行检查确认，发现红外图片显示温度异常的部位均不同程度存在空鼓现象。项目外立面典型的红外图片见图 3.2.2-10（a）～图 3.2.2-12（a）。

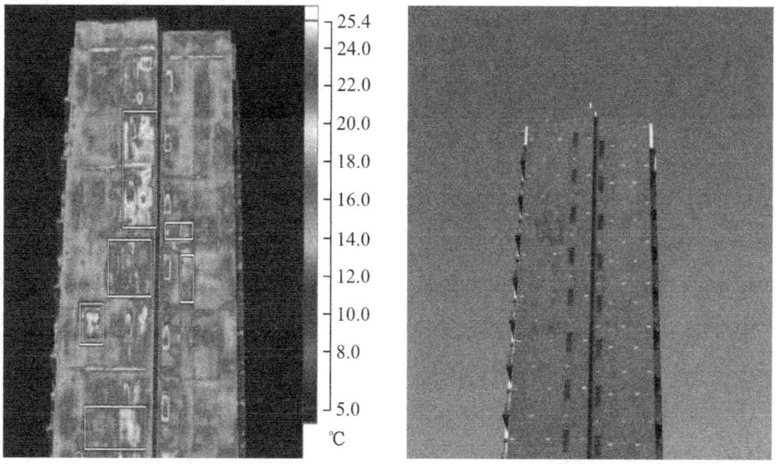

(a)红外图　　(b)普通图

图 3.2.2-10　2 号楼东立面 10～12 层中部、9 层南侧、8 层中部有温度异常部位

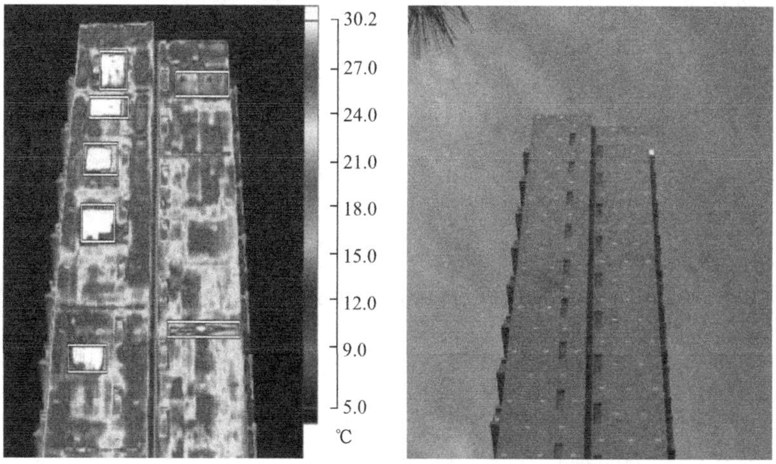

(a)红外图　　(b)普通图

图 3.2.2-11　5 号楼东立面 17 层、14～16 层南侧、11～12 层有温度异常部位

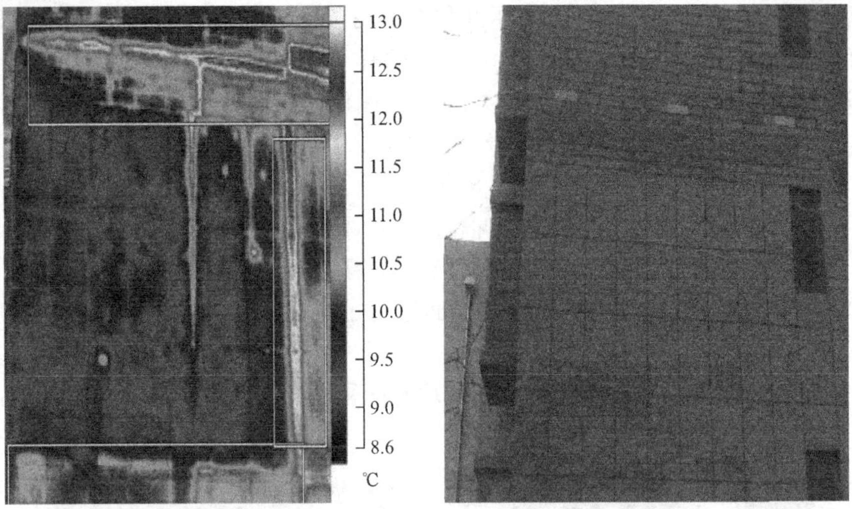

(a)红外图　　(b)普通图

图 3.2.2-12　8 号楼西立面 2～3 层北侧有温度异常部位

基于以上检测结果，项目外墙损伤的主要原因为：

（1）外墙外保温系统构造问题

首先从设计上来看，设计说明中的外墙保温构造与实际采用的保温构造不符，甲方未能提供设计变更单，如若没有变更单，那么项目属于未按图施工。甲方和监理在项目建设过程中针对外墙砌体未进行找平的情况未进行有效的整改，而是同意保温施工单位采用粘结砂浆和胶粉聚苯颗粒找平，事实上通过检测发现找平层问题很严重，直接影响了后续保温板的施工，造成后面保温系统容易发生开裂、空鼓和渗漏。

（2）施工质量问题

外墙空鼓、开裂、脱落原因很多，施工方面主要是因基层未做找平，砌块砌筑不满足规范要求，灰缝不饱满，平整度差，导致后续保温工程用粘结层和聚苯颗粒来找平保温层，这样会导致粘结层空腔过大，整个保温系统构造过于复杂。

保温施工工艺不满足标准要求，粘结面积不足 40%，粘贴工艺未采用点框法，且存在于保温层上再粘贴保温层的做法。整个项目保温构造混乱，面层做法复杂，保温层厚度差异较大。

系统细部节点构造做法不满足标准要求，所检部位网格布有未做翻包情况，窗口部位未做斜角网加强情况，而窗洞口部位为应力集中处，导致此处发生开裂。

面层与保温层粘结强度破坏部位多与聚苯颗粒和硅酸钙板相关，聚苯颗粒和硅酸钙板为整个系统粘结力薄弱部位，经热冷循环和冻融循环后，系统应力会在两种构造层之间发生破坏现象，导致保温层空鼓、开裂。

3.2.2.4　解决措施

（1）建议对东西立面，铲除保温层，对基层墙体进行找平处理达到要求后，请专业单位重新设计、施工，并按照现行规范执行。

（2）建议对南北立面，进行局部修缮，请专业施工单位有针对性地设计施工修补方案，经充分论证后实施。

3.2.3 外墙外保温系统施工对系统安全性影响的案例分析

3.2.3.1 项目概况

本项目为某地块项目，由 15 幢单体组成，总建筑面积约 9 万 m^2，项目于 2012 年完工。外墙构造为：基层墙体＋聚氨酯防潮底漆＋模浇聚氨酯（平均 40mm）＋万能膨胀锚栓锚固钢网＋找平砂浆（平均 8～12mm），其中 3 层及以下采用石材外墙面，粘贴灰色石材，3 层以上采用面砖外墙面，由专用胶粘剂粘贴暖白色或蓝灰色面砖。

3.2.3.2 问题描述

现发现外墙面砖空鼓、脱落，空鼓部位主要集中在东、西山墙和南、北立面窗口部位，委托方已发现的空鼓面积约为 2000m^2（图 3.2.3-1）。如：南立面东侧外墙起鼓和开裂（图 3.2.3-2）。

图 3.2.3-1 4 号楼东立面 7 层空鼓

图 3.2.3-2 14 号楼南立面天井 7 层开裂

3.2.3.3 原因分析

外保温系统起鼓、开裂、脱落是由多方面原因共同作用的结果，首先是材料方面，系统配套材料相容性差，性能达不到标准要求；其次是施工方面，未按技术规程和施工方案施工，材料用量不足，细部节点处理不到位；另外还有气候条件等客观因素的影响。

为了找出该项目外保温系统起鼓、开裂、脱落的原因，笔者公司根据委托方要求和现场情况制定了检测方案，并安排技术人员对现场进行检查、检测和评估工作。主要工作内容如下：

（1）现场检测内容

1）外墙外保温系统红外检测

根据现场勘察情况，检测组拟采用红外热像法对建筑物外墙外保温系统进行红外热像扫描，确定外墙面砖疑似缺陷部位和面积。对疑似缺陷部位和遮挡区域采用敲击法进行复核。

2）外墙面砖拉拔检测

对 36 号楼和 13 号楼（施工号为 14 号和 4 号）缺陷部位和未损坏部位进行面砖拉拔试验，切割至基层墙体。

3）现场钻芯取样检测

对 4 号楼和 14 号楼钻芯取样，与设计构造进行比对。

4）锚栓抗拉拔强度检测

对 4 号楼和 14 号楼的锚栓进行现场拉拔强度检测。

（2）现场检查内容

1）损坏部位检查

对建筑物外墙面砖质量缺陷部位拍照，记录损坏部位，采用凿开法确认缺陷类型。

2）细部节点构造做法检查损坏部位

采用凿开法对窗口、女儿墙、阴阳角等部位节点构造做法进行检查。

3）保温系统质量情况检查

采用凿开法对保温系统进行检查。

进场检查前收集了建筑相关资料，含建筑立面图和平面图、外墙保温施工方案、检测报告、建筑节能隐蔽工程施工质量验收资料等资料。

通过对收集到的资料进行分析研究，对本工程中外墙外保温系统的材料、构造、施工过程等有了初步了解。

① 该项目采用模浇聚氨酯外墙外保温面砖系统。

② 外墙外保温基本构造图见表 3.2.3-1。

外墙外保温构造图　　表 3.2.3-1

分层情况	外墙	基层处理	保温层	加固及找平层	饰面层	构造图
具体做法	混凝土及空心砌块	消除附着物	模浇聚氨酯	万能膨胀锚栓锚固钢网＋找平砂浆	粘砖胶浆＋贴面砖＋瓷砖嵌缝剂	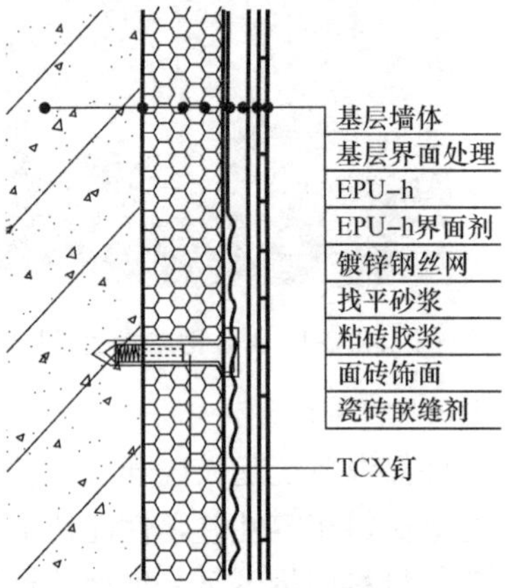
厚度			平均 40mm	平均 8～12mm	粘砖胶浆 5mm 面砖为 7mm	—

其中：镀锌钢丝网与聚氨酯硬泡保温层贴紧，钢丝网采用对接方式处理，对接处用双胶 22 号镀锌绑线捆扎。找平胶浆层厚度控制在 8～12mm。

（1）现场检测结果

1）外墙外保温系统红外检测

为了确定房屋外墙饰面的缺陷部位，参考《红外热像法检测建筑外墙饰面层粘结缺陷技术规程》CECS 204：2006，采用红外热像仪对 4～15 号楼东、西立面外墙进行了全面检测。

检测结果表明，4～15 号楼东、西立面外墙存在不同程度的温度异常部位，对东、西立面进行敲击验证，发现红外图片显示温度异常的部位存在开裂、空鼓、脱落等现象，典型的红外图见图 3.2.3-3（a）～图 3.2.3-5（a）。

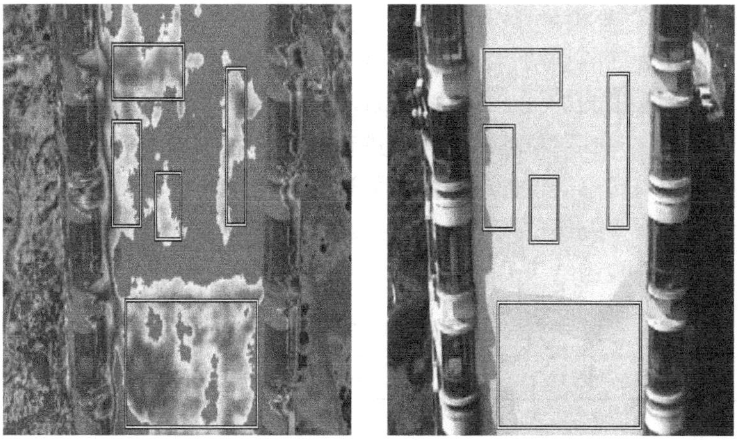

(a)红外图　　(b)普通图

图 3.2.3-3　4 号楼东立面 6～8 层

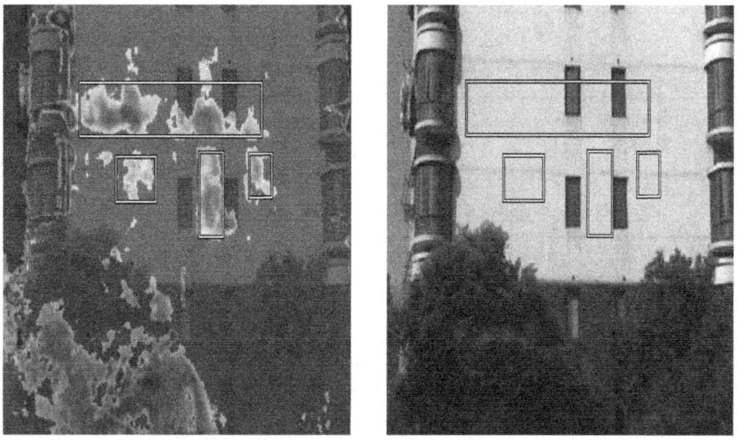

(a)红外图　　(b)普通图

图 3.2.3-4　7 号楼东立面 4～5 层

(a)红外图　　(b)普通图

图 3.2.3-5　10 号楼东立面 5～10 层

2）现场拉伸粘结强度检测

为确定各构造层之间的粘结情况，针对4号楼和14号楼，参照《建筑工程饰面砖粘结强度检验标准》JGJ/T 110－2017进行检测，分别对非空鼓部位外墙面砖与找平层、找平层与保温层、保温层与基层拉伸粘结强度进行检测，面砖与找平层拉伸粘结强度测试切割至找平层，找平层与保温层拉伸粘结强度测试切割至保温层，保温层与基层拉伸粘结强度测试切割至基层。对空鼓部位整个系统的拉伸粘结强度进行检测，空鼓部位系统的拉伸粘结强度切割至基层。检测结果见表3.2.3-2～表3.2.3-5。

空鼓部位系统的拉伸粘结强度检测结果汇总表　　表3.2.3-2

位置	测点	粘结强度（MPa）	破坏状态	平均值（MPa）	参考指标（MPa）
4号楼东4层	1	0	保温层与找平层界面破坏	0	≥0.10，且破坏部位不得位于粘结界面
	2	0	保温层与找平层界面破坏		
	3	0	保温层与找平层界面破坏		
14号楼东4层	1	0	保温层与找平层界面破坏	0	≥0.10，且破坏部位不得位于粘结界面
	2	0	保温层与找平层界面破坏		
	3	0	保温层与找平层界面破坏		

注：参考指标按《硬泡聚氨酯保温防水工程技术规范》GB 50404－2007，外墙用（Ⅰ型）喷涂硬泡聚氨酯物理性能，拉伸粘结强度（与水泥砂浆，常温）≥0.10MPa，且破坏部位不得位于粘结界面。

非空鼓部位外墙面砖与找平层拉伸粘结强度检测结果汇总表　　表3.2.3-3

位置	测点	粘结强度（MPa）	破坏状态	平均值（MPa）	参考指标（MPa）
4号楼东4层	1	0.62	找平层破坏	0.71	平均值≥0.4，最小值≥0.3
	2	0.93	找平层破坏		
	3	0.59	找平层破坏		
14号楼东4层	1	1.77	找平层破坏	1.99	平均值≥0.4，最小值≥0.3
	2	1.72	找平层破坏		
	3	2.48	找平层破坏		

注：参考指标按《建筑工程饰面砖粘结强度检验标准》JGJ/T 110－2017，每组试样平均粘结强度不应小于0.4MPa，允许有一个试样粘结强度小于0.4MPa，但不应小于0.3MPa。

非空鼓部位找平层与保温层拉伸粘结强度检测结果汇总表　　表3.2.3-4

位置	测点	粘结强度（MPa）	破坏状态	平均值（MPa）	参考指标（MPa）
4号楼东4层	1	0.11	保温层破坏	0.10	≥0.10，且破坏部位不得位于粘结界面
	2	0.11	保温层破坏		
	3	0.07	保温层破坏		
14号楼西5层	1	0.08	保温层破坏	0.06	≥0.10，且破坏部位不得位于粘结界面
	2	0.06	保温层破坏		
	3	0.05	保温层破坏		

注：参考指标按《硬泡聚氨酯保温防水工程技术规范》GB 50404－2007，外墙用（Ⅰ型）喷涂硬泡聚氨酯物理性能，拉伸粘结强度（与水泥砂浆，常温）≥0.10MPa，且破坏部位不得位于粘结界面。

非空鼓部位保温层与基层拉伸粘结强度检测结果汇总表　　表 3.2.3-5

位置	测点	粘结强度（MPa）	破坏状态	平均值（MPa）	参考指标（MPa）
4 号楼东 4 层	1	0.13	保温层破坏	0.13	≥0.10，且破坏部位不得位于粘结界面
	2	0.13	保温层破坏		
	3	0.14	保温层破坏		
14 号楼西 5 层	1	0.086	保温层破坏	0.08	≥0.10，且破坏部位不得位于粘结界面
	2	0.098	保温层破坏		
	3	0.056	保温层破坏		

注：参考指标按《硬泡聚氨酯保温防水工程技术规范》GB 50404－2007，外墙用（Ⅰ型）喷涂硬泡聚氨酯物理性能，拉伸粘结强度（与水泥砂浆，常温）≥0.10MPa，且破坏部位不得位于粘结界面。

3）节能构造钻芯

为验证外墙节能构造是否满足设计要求，针对 4 号楼和 14 号楼，参照《建筑节能工程施工质量验收标准》GB 50411－2019 进行检测，检测结果见表 3.2.3-6。

节能构造现场钻芯检测结果汇总表　　表 3.2.3-6

位置	保温层厚度（mm）		找平层厚度（mm）	分层做法				
	单值	平均值						
4 号楼东立面 4 层	32	34	20	喷涂聚氨酯	钢丝网	抗裂砂浆	面砖粘合剂	面砖
	32		13	喷涂聚氨酯	钢丝网	抗裂砂浆	面砖粘合剂	面砖
	38		15	喷涂聚氨酯	钢丝网	抗裂砂浆	面砖粘合剂	面砖
14 号楼西立面 4 层	45	33	13	喷涂聚氨酯	钢丝网	抗裂砂浆	面砖粘合剂	面砖
	30		20	喷涂聚氨酯	钢丝网	抗裂砂浆	面砖粘合剂	面砖
	25		37	喷涂聚氨酯	钢丝网	抗裂砂浆	面砖粘合剂	面砖

所检部位外墙外保温系统实际分层做法为：喷涂聚氨酯＋热镀锌钢丝网＋抗裂砂浆＋面砖粘合剂＋面砖，与委托方提供的施工方案中的外保温构造分层做法相符。

国家标准《建筑节能工程施工质量验收标准》GB 50411－2019 中规定“当实测芯样的平均值达到设计值厚度的 95％及以上且最小值不低于设计厚度的 90％时，应判断保温层厚度符合设计要求；否则，应判断保温层厚度不符合设计要求”。按上述标准，所检部位保温层厚度不符合方案要求的 40mm。

4）锚栓抗拉拔强度现场检测

为确定锚栓的固定情况，针对 4 号楼和 14 号楼，参照《建筑围护结构节能现场检测技术标准》DG/TJ 08－2038－2021 进行检测，检测结果见表 3.2.3-7。

锚栓抗拉拔强度现场检测结果汇总表　　表 3.2.3-7

位置	测点	基墙类型	拉拔力（kN）	破坏状态	平均值/最小值（kN）	参考指标（kN）
4 号楼东立面 4 层	1	混凝土基墙	0	锚栓拔出	0.44/0	单个锚栓抗拉承载力标准值≥0.30
	2	混凝土基墙	0.886	锚栓拔出		
	3	混凝土基墙	0	锚栓拔出		
	4	混凝土基墙	0.731	锚栓拔出		
	5	混凝土基墙	0.568	锚栓拔出		

续表

位置	测点	基墙类型	拉拔力（kN）	破坏状态	平均值/最小值（kN）	参考指标（kN）
14 号楼西立面 4 层	1	混凝土基墙	0	锚栓拔出	0.27/0	单个锚栓抗拉承载力标准值≥0.30
	2	混凝土基墙	0.688	锚栓拔出		
	3	混凝土基墙	0.673	锚栓拔出		
	4	混凝土基墙	0	锚栓拔出		
	5	混凝土基墙	0	锚栓拔出		

注：参考指标按《硬泡聚氨酯保温防水工程技术规范》GB 50404－2007，单个锚栓抗拉承载力标准值≥0.30kN。

（2）现场检查结果

1）外墙损伤检查

经现场检查，4～15 号楼各立面均存在不同程度的开裂、空鼓和脱落现象，典型损伤图见图 3.2.3-6～图 3.2.3-9。主要损伤情况为：东、西立面外墙局部存在开裂、空鼓、脱落现象，窗口周边、阳角部位局部存在开裂、空鼓、脱落现象；14 号南立面天井部位大面积存在开裂、空鼓、脱落现象；15 号北立面天井部位大面积存在开裂、空鼓、脱落现象，电梯间外墙存在开裂、空鼓、脱落现象；个别窗口上、下沿线条部位存在面砖空鼓、脱落现象，窗口周边、阳角部位存在开裂、空鼓、脱落现象。

图 3.2.3-6　5 号楼西立面 5 层开裂、空鼓

图 3.2.3-7　5 号楼西立面 10 层空鼓

图 3.2.3-8　14 号楼南立面天井 7 层开裂

图 3.2.3-9　14 号楼南立面天井 8 层开裂

根据现场检查结果：4～15 号楼东、西立面外墙以及北立面电梯间外墙存在开裂、空鼓、脱落等较多损伤情况；15 号楼南立面、14 号楼北立面天井部位存在开裂、空鼓、脱落等较多损伤情况，窗口周边、阳角部位局部存在开裂、空鼓、脱落现象，个别窗口上、下沿线条部位存在面砖空鼓、脱落现象；其中，4～15 号楼东、西立面，14 号楼南立面、15 号楼北立面天井部位，4～15 号楼窗口部位损伤情况较为严重。

2）细部节点构造做法

为验证外墙施工质量是否满足规范和施工方案要求，针对 4 号楼和 14 号楼选取 2 处，剥开外保温系统，对其抗裂砂浆找平层厚度、锚栓数量和钢丝网对接等情况进行检查，检查结果如下：

经检查，14 号楼西立面所检部位抗裂砂浆找平层厚度相差约 24mm，锚栓布置数量约为每平方米 5 套，锚栓和垫片锈蚀严重，阳角、窗口等部位未做钢丝网对接，钢丝网锈蚀严重。典型损伤图见图 3.2.3-10～图 3.2.3-12。

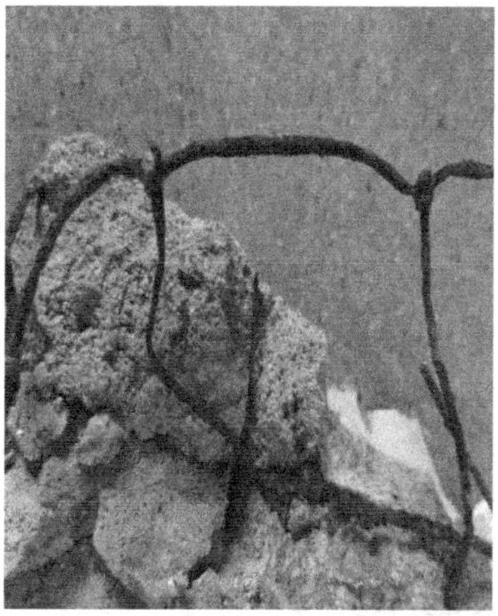

图 3.2.3-10　锈蚀的钢丝网

图 3.2.3-11　阳角部位无钢丝网对接

图 3.2.3-12　14 号楼西立面 4 层与保温层相邻的抗裂砂浆找平层厚度偏差

3）外墙系统质量情况检查

为验证外墙保温系统施工质量，针对 4 号楼和 14 号楼选取 2 处，剥开外保温系统，对外墙保温系统施工质量进行检查发现：

14 号楼西立面所检部位保温层厚度不均匀，最大厚度 45mm、最小厚度 25mm，平整度偏差较大，面层抗裂砂浆找平层厚度最大处 37mm，最小处 13mm，抗裂砂浆找平层＋面砖饰面层自重约 50kg/m^2。钢丝网紧贴保温层设置。面砖分隔缝断缝只切到抗裂层，未深入保温层内部。保温系统分隔缝采用挤塑板作为分隔缝的填充材料，但是抗裂砂浆找平层并未做断缝处理。

（3）综合分析

1）抗裂砂浆找平层厚度不一致。现场检查 14 号楼所检位置最薄处 13mm，最厚处 37mm，找平层厚度不均，收缩不一致，长期在温度作用的影响下，反复胀缩，易出现开裂现象。另外抗裂砂浆找平层与外墙面砖层每平方米的自重可达 50kg，自重过大，在长期荷载作用下，抗裂砂浆找平层与保温层之间由于自重的挤压产生层间位移，引起空鼓现象的发生。

2）热镀锌钢丝网紧贴保温层铺设，未采取对接的搭接方式，钢丝网锈蚀严重。热镀锌钢丝网紧贴保温层铺设，不仅不能起到抗裂的作用，还会因为钢丝网的锈蚀，在保温层与抗裂层之间产生隔离层，形成系统粘结力薄弱点。热镀锌钢丝网未采取对接方式铺设，尤其在阴、阳角及门、窗洞口等应力集中处，未采取有效加强措施，容易出现开裂现象。

3）分隔缝的做法不到位。分隔缝应从抗裂砂浆找平层开始直到基层，用发泡聚乙烯保温条填充，最后用密封膏密封。现场检查发现，保温层采用挤塑板作为分隔缝的填充材料，但是抗裂砂浆找平层并未做断缝处理，仍然是一个整体，实际分隔缝的处理方式与图集要求不符，未起到分散应力的作用。

4）系统拉伸粘结强度

现场对系统的拉伸粘结强度进行检测发现，所检空鼓部位丧失粘结能力。

5）节能构造钻芯

现场节能构造钻芯检测结果表明，该项目所检部位保温层厚度不符合设计要求的 40mm，且保温层平整度偏差较大，后续用抗裂砂浆找平层对整体进行找平，导致抗裂砂浆找平层厚度不均，收缩不一致，易引起抗裂砂浆找平层开裂、空鼓。

6）锚栓抗拉拔强度

现场锚栓抗拉拔强度检测结果表明，两处所检部位锚栓均存在锚栓锈蚀的情况，个别锚栓拉力为 0，失去固定钢丝网的作用。

3.2.3.4 解决措施

（1）针对主楼房屋 1～15 号楼外墙面砖和线条开裂、空鼓、脱落部位，建议东、西立面、天井等严重部位铲除重做，南、北立面对开裂和空鼓部位进行局部维修处理。

（2）外墙修缮应综合考虑外墙损伤情况、适修性等因素，及时选取合理的方式进行修缮，尽量减少外墙修缮施工整治带来的各项干扰，外墙重做前，建议采取预防高空坠落的防护措施，防止饰面层高空坠落伤人。

（3）修缮应请专业单位设计、施工，并按照现行规范执行。外墙修缮设计、施工方案应经充分论证后实施，同时还应加强重做后外墙饰面的日常维护管理工作，定期进行全面检查维修，建议不超过5年。

3.3　建筑幕墙松动与脱落

3.3.1　特大城市中超龄玻璃幕墙建筑开启窗脱离案例分析

3.3.1.1　项目概况

某大厦建筑总高超100m，玻璃幕墙已服役超过25年，工程主楼外立面部分采用玻璃幕墙和铝板幕墙作为围护结构，玻璃幕墙的面积约为8500m²。物业检查人员在日常巡查过程中发现，大楼的玻璃幕墙开启窗部分脱离。

3.3.1.2　问题描述

经现场检查发现，开启窗作为可活动的构件，在使用一段时间后，常会出现因风撑掉落、螺钉松动而导致窗扇打不开或关不严等问题，该建筑投入使用已超25年，风撑、螺钉松动、锈蚀后并未及时修理，导致开启窗使用不顺利，继续使用的过程中大力推拉、摇晃，导致风撑折断，日积月累的磨损致使部分开启窗脱落。现场图如3.3.1-1所示。

3.3.1.3　原因分析

开启窗脱落原因主要与设计、施工和使用环节相关。设计中幕墙的开启窗构造复杂且占幕墙面积比例较少，设计人员往往对开启窗重视度不够或理解不深入，造成设计缺陷；施工中，由于开启扇安装复杂，尤其是挂钩式开启扇的防脱限位装置安装不便，导致工人偷工减料；使用中，随着不断的启闭操作或不当操作，开启扇与框的连接螺钉、锁柱或锁座、撑挡等往往存在松动、脱落，导致开启扇在大风天气下易发生脱落。然而现阶段人们对开启窗脱落的重视程度和脱落原因的分析总结尚不足。

图3.3.1-1　现场风撑脱落

调研结果表明，玻璃幕墙开启窗脱落问题主要有：框与龙骨的连接不可靠；框与开启扇的连接不可靠；螺钉连接处的型材问题，螺钉连接处的型材壁厚太薄，型材丝牙破坏；五金配件安装问题、玻璃尺寸的选择方案等。

（1）框与龙骨的连接问题

玻璃幕墙中，开启窗框承担着连接横竖龙骨与开启扇的作用，框与龙骨的牢固连接是保证开启窗安全可靠的第一步。框与龙骨连接设计的典型问题是连接受力不可靠。

实际工程中开启窗节点设计存在的主要问题有：

1）顶框与横龙骨扣板连接，传力不可靠。扣板一般采用较薄铝合金板，起封堵横梁开口起到减少灰尘、雨水进入的作用，不用于承受外力。部分工程顶框直接与扣板连接，导致框与横梁部分连接无效，存在安全隐患。建议采用横梁截面与顶框连接，并采用不锈钢自攻钉加强。

2）开启扇底部无铝合金或不锈钢托条设计。在无托条的情况下，硅酮结构胶将长期承受玻璃板块自重，而其在永久荷载作用下强度很低，强度设计值仅为0.01N/mm²，存在开启扇玻璃板块脱落的安全隐患。因此，玻璃幕墙开启扇隐框玻璃板块底部必须设置金属托条。

3）框与龙骨连接螺钉间距过大或连接螺钉缺失，不满足规范要求。规范要求窗框固定螺丝的间距应符合设计要求并不应大于300mm，与端部距离不应大于180mm，目的是保证框的安全性和整体稳定性，从而保证开启窗的气密性能及水密性能，因此应严格按照规范要求设计和施工。

（2）框与开启扇的连接问题

玻璃幕墙框与开启扇的连接方式主要包括摩擦铰链式和挂钩式，两种方式的连接受力不同，但造成开启扇坠落的原因均为是框与开启扇连接不牢固。实际工程中两种连接方式存在的主要问题有两大方面。

1）摩擦铰链式框扇连接常见问题。

① 铰链承载能力不够而发生损坏。采用摩擦铰链式框扇连接时，在关闭状态下，开启扇的风荷载由锁点和铰链共同承担，而在开启时铰链承担开启扇自重，同时承受风荷载。因此要求设计人员应根据开启扇的重量、开启角度及开启部位的风压，计算铰链的承载能力及风压下的安全性，合理选用铰链的材质及承载能力。

② 铰链与型材间螺钉或铆钉脱落。由于连接点是一交变荷载，不锈钢自攻钉连接易松动，会导致幕墙窗扇关闭不严而漏风漏水，甚至导致窗扇坠落；因此建议选用长度合适的承受交变荷载能力较强的不锈钢拉铆钉。

③ 框、扇铝型材局部承压能力不够导致连接处铝型材被拉坏。由于不锈钢的弹性模量 $E=2.06\times10^5\text{N/mm}^2$，而铝合金的弹性模量 $E=0.7\times10^5\text{N/mm}^2$，接触面相同时两者极限承载力相差近三倍，因此铰链受较大荷载作用时常造成连接处铝型材被拉坏。因此连接处应合理增加铝合金型材的局部厚度，以提高连接处的局部强度。

2）挂钩式框扇连接常见问题。

① 挂钩处无限位装置。挂钩式开启扇挂接在框的挂钩上，处于开启状态时，如没有开启限位装置，开启扇有可能从框挂钩上脱落。因此，在开启扇安装完毕后，必须加装可靠的限位装置。施工过程中，由于限位块安装难度较大，部分安全责任意识较弱的工人往往省略安装。采取此种构造设计时，应考虑施工安装的便捷性，采取将挂钩提前安装于固定框（正挂式）或横龙骨（反挂式）等措施，可有效保证限位装置的完整。

② 开启窗横向窜动。当幕墙开启窗处于开启状态时，在风力作用下，对开启窗产生水平推力，当水平力大于挂钩与扇框之间的摩擦力时，开启窗将产生横向移动。同时由于开启窗左右移动，造成开启窗关闭后左右错位，影响密封效果。同时造成左右撑挡的受力不均，变形损坏不同，以至于撑挡无法同步，不能正常开启。

③ 铝合金上横龙骨刚度不够。采用挂钩式框扇连接时，开启扇上横龙骨除承受上玻璃板块的自重外，还要承受由挂钩传递的开启扇自重，开启窗处上横龙骨在自重荷载下的挠度要远大于其他位置处横龙骨挠度。因此，采用挂钩式开启框扇连接时，需要单独计算开启扇上部横龙骨在自重下的刚度，并考虑采取加大横龙骨截面尺寸、加装钢龙骨等构造措施，以提高横龙骨刚度。

（3）螺钉连接处的型材问题

由于螺钉连接处的型材壁厚太薄，型材丝牙破坏所致。铝合金龙骨和窗框窗扇型材常规的壁厚均为2～3mm，以M5螺钉（螺距约0.8mm）和2.5mm壁厚型材连接为例，与型材咬合的螺牙数仅约3个丝牙，在窗户频繁开闭后极易导致螺钉松动，故与螺钉连接处，型材截面应局部加厚。当螺钉连接处的型材没有按要求进行局部加厚时，也可在型材背面增加不锈钢衬垫，螺钉与不锈钢板连接固定。

（4）五金配件安装问题

开启窗扇安装时，左右两侧五金配件（如摩擦铰链）如不对称布置，两侧摩擦铰链高度不一致，即窗户使用过程中其左右行程不协调，会产生五金配件被扭曲或被扯断的情况，无法确保整窗协同工作，就导致开启窗安全事故的发生。

（5）玻璃尺寸选择

中国建筑装饰协会在《关于淘汰建筑幕墙落后产品和技术的指导意见》的通知中就明确规定："开启扇的尺寸不宜大于1.5m^2"，上海的幕墙地方标准规定："幕墙开启扇面积不应大于1.8m^2"。规范之所以对开启扇的尺寸做明确的限制，是因为它直接决定了窗户的重量和承受风荷载的大小，是受力分析的基础。验算玻璃的强度、刚度等力学性能，可以发现6mm厚的玻璃完全能满足结构计算要求。

玻璃幕墙中的固定玻璃，根据具体工程及板块大小可能需要8mm、10mm甚至更厚的玻璃。为提高开启扇的安全性，玻璃幕墙中的固定部分和开启扇的玻璃可以选用不同的厚度，尽量减轻开启扇的重量，降低相应的荷载，提升安全性。

（6）本项目开启扇脱落原因

本项目由于使用时间较久，在风撑出现初步损坏后没有及时维修，而是在开启扇使用不顺畅时大力推拉，导致风撑脱落，从而进一步致使开启扇部分脱落。日常使用过程中常出现因错误操作而导致窗户无法关闭的情况，更有因无法关闭窗扇而使用蛮力导致风撑折断或窗户脱落的事故，这是因为幕墙开启窗最常用的伸缩风撑的使用方法与普通门窗的使用是有区别的。伸缩风撑的操作方式为：窗户打开使风撑到达最大行程时，风撑顶住窗扇起到固定作用。当需要关闭窗户时，要先将窗扇往外推一下使风撑打开卡扣，再往回关闭窗扇。直接往回拽，是关不了窗扇的。这与人们的常规思路有区别，需要给使用者提供使用说明。

3.3.1.4 解决措施

本项目由于使用时间较长，在风撑出现初步损坏后没有及时维修，而是在开启扇使用不顺畅时大力推拉，导致风撑脱落，从而进一步致使开启扇部分脱落。笔者公司至工程现场对委托方要求的建筑幕墙进行全面检测，主要检测内容有：玻璃幕墙外观质量普查、结构复核、连接件检查、结构分析。通过现场检测更换所有掉落、破损、锈蚀的风撑、连接件。

开启窗安全性是玻璃幕墙安全性的关键环节，要保证开启窗的安全，必须做好以下几个方面工作：

（1）开启窗安全性应引起设计、施工、监理、验收等各方的高度重视。设计人员应对开启窗准确进行结构安全性校核，内容应包括铝型材局部承压强度、铰链与框扇连接强度、螺钉（铆钉）强度、铰链承载能力、挂钩式开启窗上横龙骨承载能力等。施工、监理、验收方应严格控制质量，如框固定螺钉个数及间距、铰链与框扇连接的固定螺丝、挂钩式开启扇的限位块等。幕墙开启扇不推荐采用挂钩式连接，实际工程中挂钩式上悬窗常因使用不当、限位块安装偏差、横梁弯曲等因素导致整窗掉落的安全事故。当不得已采用挂钩式时，需要单独计算开启扇上部横龙骨在自重下的刚度，并考虑采取加大横龙骨截面尺寸、加装钢龙骨等构造措施，以提高横龙骨刚度；此外，宜在窗户边沿设置防坠落钢丝锁，其可在挂钩失效后拉住窗扇，不至于窗扇掉落造成其他损失。

(2) 开启窗的设计、施工应严格执行现行标准。开启扇及上玻璃板块为横向隐框设计时，底部应有铝合金或不锈钢托条；框固定螺丝的间距与数量应符合标准规定。

(3) 标准中宜增加开启窗安全性设计、试验内容。开启窗是建筑幕墙必不可少的部分。然而目前相关技术规范中涉及开启窗的条文要求满足气密性能、水密性能、通风、立面效果、启闭方便、开启角度及开启距离方面要求，检验标准中提到了框固定螺丝间距、扇框搭接宽度要求，而未对开启窗结构设计、五金件承载能力做验算或检测的要求。因此建议，相关规范中增加开启窗结构设计计算校核及开启窗铰链承载能力（开启状态承受自重荷载、风荷载）试验等内容。

综上所述，开启窗是在幕墙设计过程中容易被忽视，但对玻璃幕墙安全性能有重要影响的部分，实际工程中常出现安全事故。对于幕墙服役时间较长的既有建筑，建议委托方针对上述玻璃幕墙检测中发现的问题，对该工程外立面围护结构的各类问题进行相应整改，主要措施如下：对玻璃幕墙的开启窗、压板区域所用密封胶及密封胶条进行全面维修整改，及时更换连接处的五金件等；杜绝渗漏现象，确保玻璃幕墙的正常使用功能。对金属幕墙进行全面检查维修，对锈蚀严重的钢框架及连接节点的焊缝进行全面更换、维修整改，确保金属幕墙的安全使用性能。加强日常定时巡检工作，尤其应在台风预警发布后，加强巡查，采取防护措施。

3.3.2 既有教学楼建筑石材幕墙高空松脱坠落案例分析

3.3.2.1 项目概况

某大学工程图书信息中心占地面积约 6000m²，地上建筑面积近 20000m²，石材幕墙于 2006 年竣工后使用至今。师生在路过时发现存在石材幕墙坠落现象，物业人员展开日常巡查后发现除了坠落，个别位置还存在石材面板表面开裂、松动、胶缝破损的现象，见图 3.3.2-1。

3.3.2.2 问题描述

经现场普查发现，该工程图书信息中心的石材幕墙区域个别位置存在石材面板表面开裂、变色、胶缝破损、开槽质量较差的现象；个别位置连接处存在局部点焊连接发生锈蚀现象，如图 3.3.2-2～图 3.3.2-5 所示。

3.3.2.3 原因分析

由于该建筑使用时间已有 15 年之久，造成石材幕墙损坏、脱落的原因较多，主要有幕墙的施工工艺、面板破损、金属挂件处石材崩裂、胶粘剂的选用和非大面石材的连接失效等因素。

(1) 幕墙的施工工艺

早期的建筑一般都是湿贴法，这种施工工艺的优势是建造成本较低，但同时其劣势也很明显：受温度变化的影响，容易造成石材幕墙的开裂、空鼓，甚至脱落等质量问题。相关报道称，石材幕墙主要的破坏形式是砂浆接缝处的密封胶破损，是设计缺乏防水构造和可靠的机械连接等原因造成的。此外还有学者认为湿贴石材幕墙脱落的原因是石材面板背部缺乏有效连接。湿贴法的石材幕墙由于先天的缺陷，容易发生坠落事件，需要在日常维护中加强管理。

图 3.3.2-1 石材幕墙高空松脱坠落图

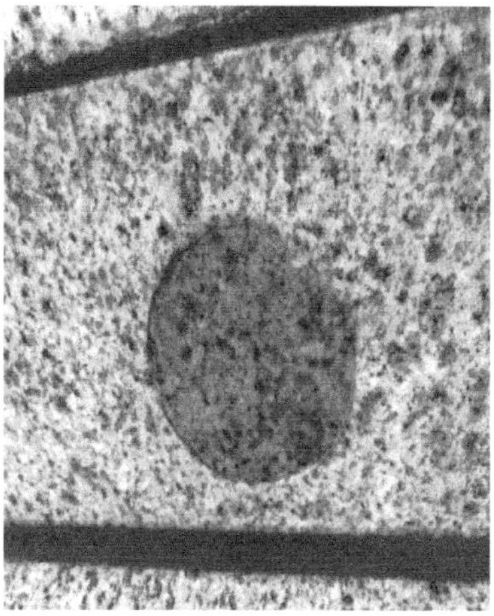

图 3.3.2-2 现场石材表面变色

图 3.3.2-3 现场石材间胶缝破损

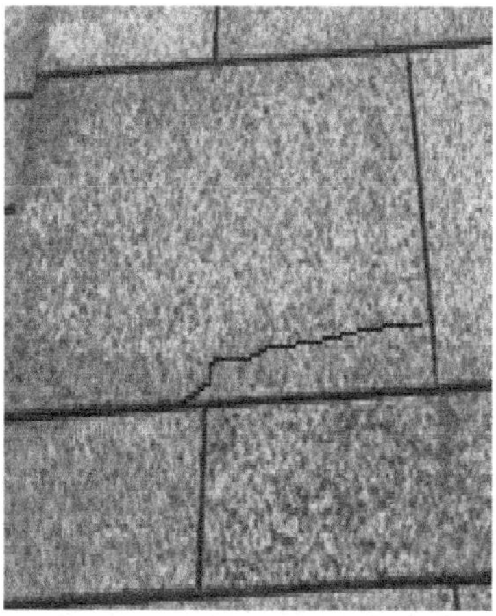

图 3.3.2-4 石材表面角部开裂

图 3.3.2-5 石材间胶缝局部破损

干挂石材采用高强度、耐腐蚀的金属固定连接件，将石材安装在建筑的外墙上，是一种对湿法粘贴的改进技术。从幕墙所承受的荷载进行受力分析和实际工程的破坏情况来看，石材幕墙的损坏形式主要为面板破损、金属挂件处石材崩裂和非大面石材的连接失效。

（2）石材面板破损

石材幕墙破坏的主要原因有两条：一是石材选取不当，抗弯强度不满足设计要求。石材作为一种天然形成的脆性材料，其强度离散性较大，对石材弯曲强度测试及评定具有重要工程应用价值。不同纹理面石材的弯曲强度差异可达 100 倍。二是在石材强度不足的情况下，未采取面板加固措施。天然石材的抗拉强度相比抗压强度低很多，石材幕墙在高风压荷载下，易造成石材板的拉裂，甚至脱落。《金属与石材幕墙工程技术规范》JGJ 133－2001 规定，石材抗弯强度不满足 8.0N/mm² 时，石材背部应采取加固措施。

（3）连接节点处破坏

石材与金属连接件的连接节点处也容易发生损坏，短槽式与通槽式连接破坏主要是由于石材槽口经过切割加工，其抗拉强度削弱，且有应力集中，石材槽口边易崩落。背栓式较槽式连接受力合理，但施工不规范也会导致背栓从石材孔中拔出等现象发生。连接节点处破坏后，无法支撑石材幕墙的悬挂，则可能导致石材幕墙高空坠落的发生。

（4）非大面石材连接失效

石材拼接的转折部位，石材尺寸往往很小，连接构造尺寸不足，无法单独安装连接件，需要与其他大块石材复合后，进行整体安装。拼接的非大面石材通常采用石材专用胶与大块石材粘接在一起，而没有其他的加强措施，容易发生破坏。

（5）胶粘剂的选用

《干挂石材幕墙用环氧胶粘剂》JC 887－2001 规定石材与挂件连接应采用环氧树脂胶粘剂。而云石胶作为不饱和胶，耐水性差，易老化，工地上经常会出现使用云石胶代替环氧树脂胶的情况。石材脱胶、伤人事故频发，与连接胶的乱用有很大关系，并且石材幕墙的安全性和耐久性会受到很大影响。

本项目石材幕墙脱落原因主要是由于室外大理石饰面常年经受霜、雪、冰冻等的侵袭，随着使用时间的不断增长，经历冻融循环次数的增多，造成石材幕墙表面开裂。石材密度大，板块重，挂点承受自重大。基于天然材料的特性，材质离散型较大，且细微裂纹难以发现。由于大理石的石质较差，色纹多，或是镶贴不当，墙面上下空隙留得较少，常受到各种外力影响，在色纹、暗缝或其他隐伤等处产生不规则的裂缝，产生裂缝的主要原因有以下几点：

1）除了石材的色纹、暗缝或其他隐伤等缺陷以及凿洞开槽不当损伤外，在受到结构沉降压缩变形外力后，由于应力集中，外力超过块材强度时，就会导致石材墙面开裂。

2）石材安装在外墙面，安装时粗糙、板缝灌浆不严，侵蚀气体和空气透入板缝，使预埋铁件等遭到锈蚀，产生膨胀，给石材一种向外的推力而裂缝。

3）石材板安装在墙面、柱面上时，上下缝隙留得较少，在结构受压变形时使石材饰面受到垂直方向的压力，也会产生裂缝。结合工程实际，对该工程石材幕墙装饰线条的节点质量进行检查。经现场通过内窥镜抽样检查后发现，建筑物高区装饰线条部分节点存在锈蚀现象，如图 3.3.2-6 所示。

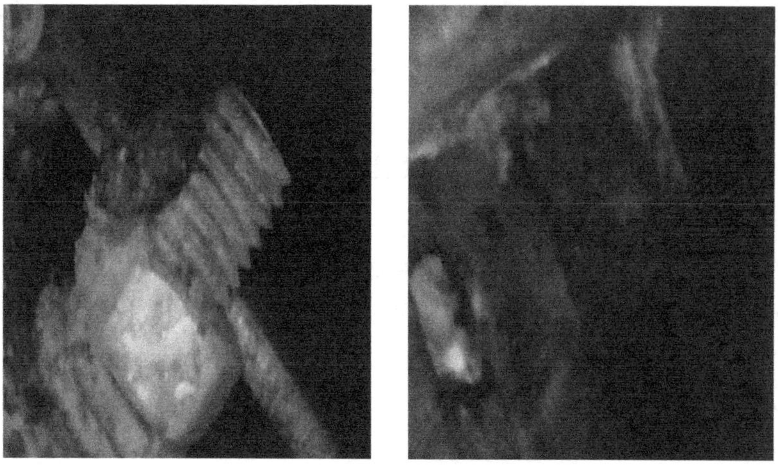

图 3.3.2-6　内窥镜实拍连接件锈蚀图

3.3.2.4　解决措施

（1）防治石材面板锈斑

石材面板锈斑的形成主要有两种因素：一种是自然生成，即石材本身的成分含有赤铁矿或硫铁矿等含铁矿物，这些铁制矿物接触空气后发生氧化而生成三氧化二铁后，随水流物通过石材的毛细孔渗出，造成石材表面变黄，出现锈斑；另一种是石材在开采、运输、加工等过程中，不可避免地接触到铁制物品，这些铁制物品的残留物粘敷在石材表面，遇水氧化，产生锈斑。工厂里加工后的石板材，一定要将钢砂等铁制残留或已发生的锈黄彻底清洗干净。严禁用溶剂型的化学清洁剂清洗，以免残留在微孔内的化学成分与密封材料、黏结材料起化学反应，造成石材板面的二次污染；石材板面清理完成后，在安装前应采用树脂注入石材表面的方法，封闭石材的空洞，对石材六面（正面、背面及四个侧面）进行防水处理，以防止石材内部的铁制矿物被渗入的水汽氧化后渗出石材表面。在安装时，干挂配件一定要采用不锈钢配件或铝合金配件，幕墙面上的铁制品表面应进行防腐处理并注意养护，以防铁制品生锈而污染石材。

（2）预防硅酮密封胶对石材的污染

密封胶污染石材的主要原因是密封胶里所含的一些有机物（如不参与反应的塑化剂和未反应完的高分子聚合物以及一些载体和添加剂等）。随着时间推移，通过毛细管慢慢渗透到石材的毛细孔中而在石材接缝的两边沿形成一条黑色的带状，这就称为污染。石材一旦被污染，很难用化学或物理的方法将其去除，即便能够去除，其所付出的代价也是昂贵的。因此，当发现石材受污染后，唯一有效的办法，就是马上将接缝里的密封胶剔除。

杜绝幕墙石材被污染的最有效方法，是使用不含塑化剂的高性能硅酮密封胶。由于其配方中不含塑化剂等有机物，可从根本上杜绝产生污染的可能性。因此在石板材进行安装之前，应将选用的硅酮结构密封胶、硅酮耐候密封胶和石板材，提交至国家认可的检测机构进行粘结性试验。检测机构出具证明无污染的试验报告后，方可使用所选用的硅酮结构密封胶和硅酮耐候密封胶，否则不得使用。

综上所述，建议委托方针对上述石材幕墙检测中发现的问题，对该工程外立面围护结构的各类问题进行相应整改，主要措施如下：对该工程玻璃幕墙的开启窗、压板区域所用密封胶及密封胶条进行全面维修整改，杜绝渗漏现象，确保玻璃幕墙的正常使用。对该工程锈蚀严重的钢框架及连接节点的焊缝进行全面更换、维修整改，确保石材幕墙金属连接件的安全使用性能。

3.3.3 某大型场馆看台屋顶铝板幕墙腐蚀受损案例分析

3.3.3.1 项目概况

某大型场馆项目于2004年竣工，竣工验收已满15年时间，总面积约5.3km²，可同时容纳20万人观看演出、比赛。主看台屋顶采用铝板幕墙，物业人员在日常巡查过程中发现主看台场馆存在金属板表面掉漆、金属屋面漏水现象，对赛事转播形象和赛场环境造成负面影响。

3.3.3.2 问题描述

对大型场馆而言，看台屋顶外观对赛事转播形象和赛场环境较为重要，经现场勘察发现该大型场馆的主看台幕墙铝塑板表面普遍存在涂层老化剥落现象，如图3.3.3-1所示。对该工程主看台场馆屋面铝塑板进行现场取样，并对不同区域的样品表面涂层破损率进行检测，经现场检测后发现，铝塑板表面涂层破损率为67%～94%，部分板块表面涂层已基本破损殆尽；部分区域的支撑钢结构存在锈蚀现象，这是由于铝板幕墙密封失效导致的，如图3.3.3-2所示。

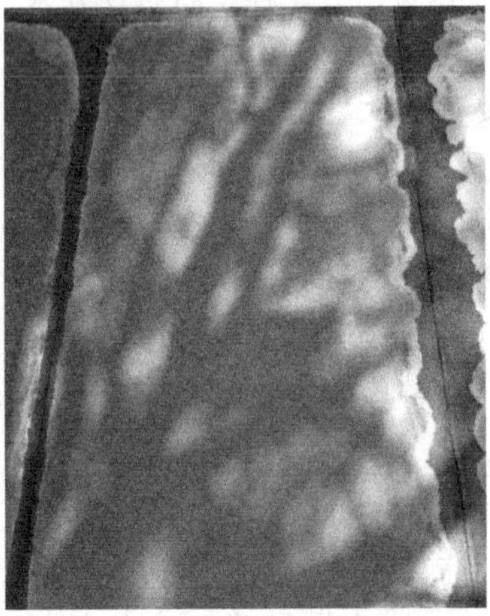

图3.3.3-1 铝塑板表面涂层老化剥落

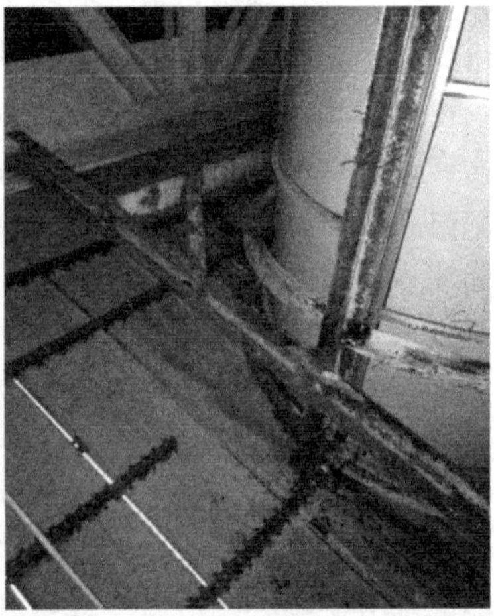

图3.3.3-2 支撑钢结构锈蚀

3.3.3.3 原因分析

铝板幕墙质感独特，色泽丰富、持久，而且外观形状可以多样化，并能与玻璃幕墙材料、石材幕墙材料完美地结合。因完美外观、优良品质的特点，使其倍受业主青睐。其自重轻，仅为大理石的五分之一，是玻璃幕墙的三分之一，大幅度减少了建筑结构和基础的负荷，而且维护成本低，性价比高。其缺点是不耐重击，易在表面形成划痕，图层修饰、脱落后对外观影响较大。随着铝板幕墙的大面积使用，越来越多的密封失效情况同时也在发生。铝板幕墙密封失效带来的危害是幕墙漏水，容易造成建筑物内饰的破坏、腐蚀幕墙锚固件、影响大楼的安全，同时密封失效还会增加建筑的能耗。造成铝板幕墙密封失效的原因有很多，如设计不合理、密封胶选择不当、粘结不良、施工操作不当等。

（1）铝板的设计

就目前国内使用的铝板幕墙而言，绝大部分是复合铝板和铝合金单板。

复合铝板由内外两层0.5mm的纯铝板（室内用为0.2～0.25mm）及中间夹层为3～4mm厚的聚乙烯（PE或聚氯乙烯PVC）经辊压热合而成，商品为一定规格的平板。复合铝板的板材在安装时要经加工制成墙板，首先，要根据二次设计的尺寸裁板，裁板时要考虑折边加放的尺寸，一般每边加放30mm左右，裁好的复合板需要四边刨槽，即切去一定宽度的内层铝板和塑料层，仅剩0.5mm厚的外层铝板，然后折边成90°阳角，再用铝型材制作同一大小的副框，放在铝塑板弯好的槽内，副框底面用结构胶与铝塑板背面粘结，折起的四边用拉铆的形式固定于副框外侧，副框中间一般还要有加强筋以保证墙板的机械强度，加强筋为铝材，用结构胶粘结。铝合金单板一般是2～4mm的铝合金板，在制作成墙板时，先按二次设计的要求进行钣金加工，直接折边，四角经高压焊接成密合的槽状，墙板背面用电焊植钉的方式预留加强筋的固定螺栓。钣金工作完成之后，再进行氟碳漆的喷涂，一般有二涂、三涂，漆膜厚度为30～40μm。

接口设计与密封胶位移能力不匹配，人们经常发现密封胶用于铝板幕墙接口位置时，存在开裂现象，特别是在季节变换时，昼夜温差特别大，温度降低时板片收缩后对密封胶造成过度拉伸。这主要是由于密封胶的位移能力达不到实际使用要求。设计师在计算接口密封胶宽度时，除了板片的热胀冷缩外，还要考虑下列因素，例如楼层的动荷载引起的位移、安装误差等。

设计师在进行设计时需选用具有合理位移能力的密封胶，避免因密封胶位移能力不足而造成开裂，密封胶的位移能力还应有国家权威检验中心报告作为依据。在设计时还应该注意，密封胶在接口内应形成两面粘结，而不是三面粘结。当三面粘结现象发生时，密封胶可承受的位移能力只有设计值的15%左右。对于较深的接缝，应采用PE泡沫棒填充，以控制密封胶的厚度；对于较浅的接缝用防粘胶带将密封胶与底部隔离开来。因为采用防粘胶带或PE泡沫棒均能够有效避免三面粘结。否则，密封胶在受外力作用时容易被撕裂，从而失去密封和防渗漏作用。

（2）密封胶选择不当

目前，市面上用于耐候防水的密封胶产品有很多：聚氨酯密封胶、聚硫密封胶和硅酮密封胶等。在工程案例上，很多人都没有注意这几种密封胶的区别，而是随意选择在铝板幕墙上进行应用，经常出现密封胶表面龟裂、粉化的现象。由于硅酮密封胶中所使用的基础聚合物的主链结构为Si-O键，而聚氨酯密封胶的主链结构为C-O键、C-C键和C-N键，聚硫密封胶的主链结构为C-S、S-S键。除了Si-O键以外，其他化学键键能都低于紫外光的能量，这就是硅酮密封胶能长期在紫外线照射下仍保持良好的性能，其他密封材料在使用一段时间过后，会出现不同程度的开裂而导致漏水，丧失了密封防水功能的根本原因。使用硅酮密封胶时还应该注意产品保质期，产品过期后使用容易导致胶缝产生气泡、性能降低或者不固化的问题。

（3）粘结不良

铝板幕墙还经常出现的问题是密封胶与铝板粘结不良。由于铝板表面的处理方式有阳极氧化铝、氟碳喷涂和粉末喷涂等，不同的处理方式和不同厂家的处理工艺均会对铝板的表面结构及性能产生影响，从而对密封胶的粘结造成影响。若工程在施工前没有按照规范要求进行相应的粘结性测试和相容性测试，有可能硅酮密封胶与铝板、胶条等等材料不相容，发生影响粘结性的化学变化，最终会严重影响密封作用。因此必须按照进行硅酮密封胶与接触材料的相容性测试、粘结性测试，从而保证系统的密封性。

（4）现场施工操作不当

在现场进行施工时，为了保证密封胶与铝板间的良好粘结性，必须保证施工工艺严格按照规范进行：1）选用粘结性测试报告中建议的清洁溶剂进行清洁，醇类溶剂可能无法有效清除聚酯粉末涂装材料上的污染物；2）采用两步法进行清洁，使用白色、干净、柔软，吸水和不脱绒的棉布，先用一块沾有溶剂的棉布擦拭，然后再用第二块干净的棉布擦拭；3）施打密封胶时须注满整个接口，并且紧紧贴住需要与密封胶相粘结的基材面。

为了避免铝板单元在加工和运输过程中发生划伤，通常都会在其表面覆盖一层PE保护膜。因此在铝板安装之后，需要对PE保护膜进行清理，然后才能施胶。如果PE保护膜未清理干净就施胶，密封胶只是粘附在PE保护膜上，随着板片接缝不断拉伸压缩就会出现密封胶与基材脱粘的现象。在密封胶的施胶过程中，通常需要采用PE泡沫棒来控制施胶厚度。安装PE泡沫棒时，需要防止其被尖锐的物体（例如小刀、刮刀、铆钉等）刺破，以免造成密封胶在固化过程中出现起泡现象。密封胶的施工厚度应该控制在6mm左右，如果注胶太薄（2～3mm），容易造成应力集中导致密封胶开裂。同时密封胶施胶也不能太厚，否则易导致密封胶位移能力显著降低。一般情况下，密封胶的施工厚度为实际接缝宽度的50％～100％。铝板的热膨胀系数较大，当温差较大时，铝板的热胀冷缩容易导致未固化完全的密封胶表面出现起鼓现象，特别是横向接缝。起鼓现象发生时由于密封胶内部是实心的，不会对密封效果造成影响，主要是对接缝的美观造成影响。针对这种现象，可采取分两次施胶的解决办法，或者在环境温度较为恒定的时段进行施胶作业。如果在现场施工时操作不当，可能会导致使用中铝板幕墙密封失效。

3.3.3.4 解决措施

因此，在铝板幕墙安装过程中要注意以下几点：

（1）板背面合理设置加强筋，以增加板面的强度和刚度。加强筋的布置距离以及加强筋本身的强度和刚度，必须均满足要求，以保证幕墙的使用功能及安全性。

（2）板块采用浮动连接。浮动式连接保证了幕墙变形后的恢复能力，保证幕墙的整体性，不会使幕墙因受作用力而造成变形，避免幕墙表面鼓凸或凹陷情况的发生。

（3）铝板幕墙系统的抗变形能力。必须对幕墙系统的每个重要部位进行科学的力学计算，考虑风压、自重、地震、温度等作用对幕墙系统的影响，对埋件、连接系统、龙骨系统、面板及紧固件进行仔细校核，确保幕墙的安全性。

（4）复合型面材材料拆边处采取补强措施。因复合型面板材料的折边只保留了正面板材厚度，厚度变薄，强度降低，所以拆边必须有可靠的补强措施。

（5）板块的固定方式。板块的固定方式对板块的安装平整度起着决定性作用。板块各个固定点的受力不一致会造成面材的变形影响外饰效果，所以板块的固定方式必须采用定距压紧的固定方式，保证幕墙表面的平整度。

（6）防水密封方式应合理。防水密封方式很多，结构防水，内部防水，打胶密封，不同的密封方式价格也不尽相同，选择适合的密封方式用于工程中，保证幕墙的功能及外饰效果。

（7）选用材料应满足规范、标准及设计要求。

经现场普查，该项目幕墙铝塑板表面普遍存在表面涂层老化剥落现象，主看台场馆屋面支撑结构及连接节点连接牢靠，但在部分区域的支撑钢结构存在锈蚀现象，主要集中在圆形透明孔附近，发现部分钢型材和栓钉存在锈蚀情况。经现场抽检，铝塑板表面涂层厚度实测平均值为14.1～19.0μm，涂层厚度实测最小值0，已不满足国家规范《建筑幕墙用铝塑复合板》GB/T 17748－2016对涂层厚度的要求。铝塑板表面涂层破损率为67.19%～94.28%，部分板块表面涂层已基本破损殆尽。

出现反常腐蚀表象的幕墙被腐蚀部位均为长时间渗水、湿润部位，所以铝单板幕墙施工过程中需做好防水、防潮处理，通常对于铝单板幕墙边框和墙体洞口的空隙宜选用隔声、防潮、无腐蚀性的材料，如聚氨酯PH发泡填缝料进行避免处置；如选用水泥砂浆填空，则应选用防水砂浆，禁止采用海砂做防水砂浆。

相应整改措施如下：

（1）对该工程圆形透明孔区域及曾发生过渗漏的区域附近，应加强铝板幕墙的支撑钢结构进行检查，对已发生锈蚀的钢结构及时进行更换处置。

（2）对主看台铝塑板表面的涂层已严重老化剥落，对赛事转播形象和赛场环境造成负面影响，且对铝塑板的耐久使用将造成一定的影响的部位，建议对表面涂层进行修复和提升，并在修复过程中改善铝板幕墙胶缝的防水性能。

（3）在整改前加强对该工程的日常定时巡检工作，尤其应在台风预警发布后，加强巡查，采取防护措施。

3.4 涂料剥离与脱落

3.4.1 涂层泛碱案例分析

3.4.1.1 项目概况

某市的建筑工程项目，在施工完成几个月以后，较多区域出现了较大面积的涂层泛碱现象。施工工艺：腻子＋底漆＋面漆。

3.4.1.2 问题描述

该工程在施工结束还未及交付的几个月以后，较多区域出现了较大面积的泛碱现象，涂层表面出现盐碱析出，并形成白色析出物，如图3.4.1-1所示。

图3.4.1-1 现场图

3.4.1.3 原因分析

建筑工程中引起涂层泛碱质量问题的原因主要有：选用了属于不耐碱的深艳颜色的产品；没有使用配套底漆；施工时涂料稀释过量；基层的pH值高于10；基层的含水率过高；使用的腻子碱性过强；水泥抹灰层保养时间未充分；存在着基层裂缝或者渗漏水等。

外墙涂层大多是有色漆，特别是加了有机色浆的涂料，比如炭黑、钛青蓝、有机合成亮黄、大红，它们遇到碱性物质很快会产生变化，导致颜色消失，使涂层变浅、变白。如果基层（砂浆抹灰层）和腻子层中含有大量未聚合的水泥或石灰，下雨时雨水会涌进腻子层和基层，天晴后水汽会把这些碱性物质带到涂层，在表面形成一层白色物质，同时因其高碱性导致涂层中颜料发生变色、褪色，这是涂层泛碱的真正原因。要预防其发生，必须保证碱性物质无法渗到涂料层。

该项目事情发生后首先分析了产品的检测情况和施工情况，随后进行了现场查看，根据现场的泛碱情况，分析了涂层质量问题发生的原因：

（1）可能由于墙基的含水率过高，其中的水汽将盐碱物质带至涂层表面，而形成白色析出物，造成泛碱现象；

（2）可能在涂料施工时，基底未完全养护结束，使得基底的碱性过高，碱性物质被基层中的水汽带至涂层表面，导致泛碱现象；

（3）可能由于建筑物结构性的原因，比如结构性开裂、渗水、持续潮湿等原因，造成了泛碱现象。

3.4.1.4 解决措施

将受泛碱影响而失去附着力的涂层铲除，让墙体基层充分干透，然后测试 pH 值，若 pH 值在标准规定的 10 以内，可进行重涂施工；若 pH 仍然过高，可用 5%的草酸处理泛碱部位，然后使用大量清水冲洗，使基层 pH 值符合要求。然后按要求进行整个体系的重涂施工。

若是由于结构性原因，需将建筑结构处理好，并采取一定的防水措施，保证基层符合条件后，按要求进行整个体系的重涂施工。

针对外墙涂层泛碱现象，相关的解决措施主要有：

（1）消除基层碱性。消除基层碱性主要是砂浆抹灰层的养护，如果能浇水 3～4 次，使水泥完全聚合，则其碱性会很快下降。如果不具备浇水条件，靠自然雨水和自然聚合，则干燥的时间会更长，至少要 20d（冬天可能要 30d 以上）。因此，砂浆抹灰层的浇水养护是最好的降碱方法。当然，水泥的选择也是很重要，选用合格达标的水泥是基础。消除腻子层碱性主要是选用质量好的找平腻子，这种腻子硬度好，且耐水，但碱性不高（pH 值小于 10），关键是可提高腻子中的粘合物（乳胶）用量，减少水泥用量，同时腻子施工好后要及时浇水 1～2 次，使腻子层中的水泥能完全聚合硬化，这样 pH 值也能降低。市场上有些低端腻子（1000 元/t 以下的）完全靠水泥来提高粘结力，又没有及时淋雨养护，导致 pH 达到 10 以上（有的达 14），这种情况肯定会出现泛碱现象。

（2）配套选用具有强封闭性的底漆进行配套施工；使用相应的配套封底底漆；严格按产品施工要求进行稀释，对基层和腻子层进行渗透封闭，使碱性物质难以随水汽渗透到涂层，这是种治标的方法。但如果底漆渗透封闭性不好或基层腻子碱性物质过多（pH＞10），还是会出现泛碱现象，要使底漆更好渗透，底漆乳液粒征要细，黏度要低（但要适合施工），所以正常情况下透明底漆要优于白色底漆，当然，选用粒征小、封闭性好的乳液是关键。

3.4.2 涂层掉皮剥落案例分析

3.4.2.1 项目概况

某市的工程项目，在春季开始施工，于当年夏初完工，当年秋季后便出现了部分区域的涂层剥落、掉皮等现象。施工工艺：腻子＋底漆＋面漆。

3.4.2.2 问题描述

该工程在春季开始施工，于当年夏初完工，当年秋季后便出现了部分区域的涂层剥落、掉皮等现象，如图 3.4.2-1 所示。出现问题的区域主要集中在北面墙面上，面积约占总涂刷面积的 1％。

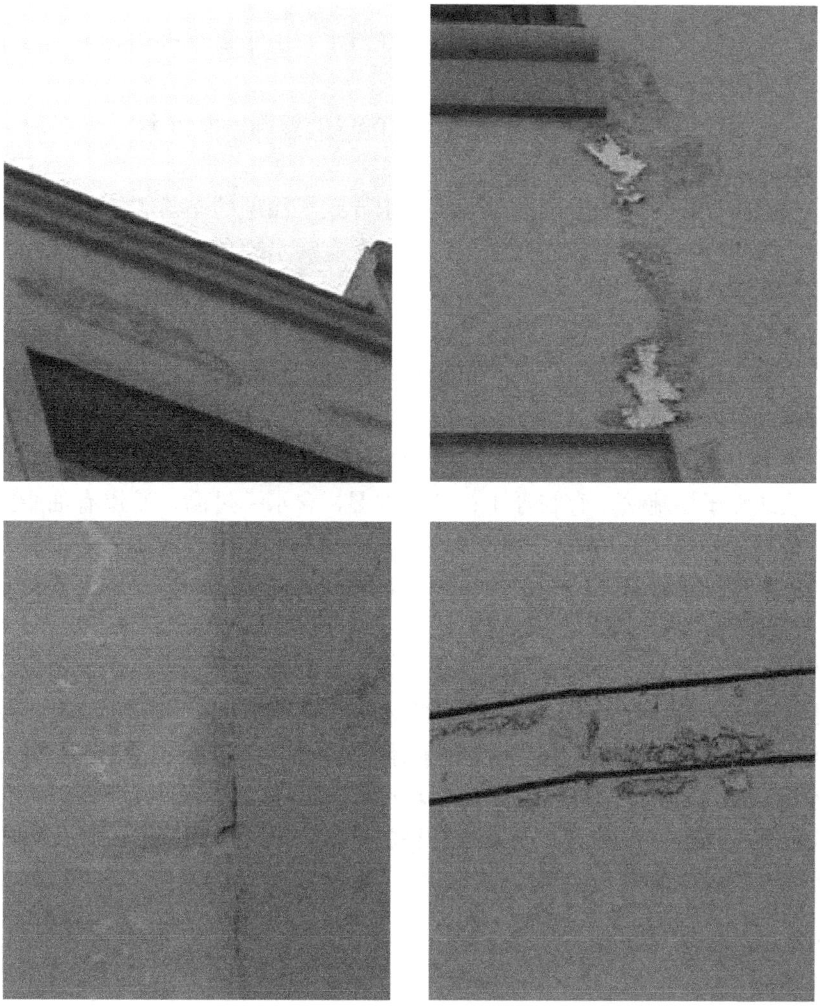

图 3.4.2-1 现场图

3.4.2.3 原因分析

涂层掉皮剥落主要有如下原因：

（1）基层污垢清理不当。装修公司在刷漆之前未清理墙面上的油污、灰尘等污垢，导致材料的粘结效果不佳。

（2）底漆过于光滑。如果底漆形成的涂膜表面过于光滑，会导致面漆无法渗透到底漆中，不能粘合。在这里建议底漆和面漆都使用配套的品牌。

（3）腻子粉粘贴性太差。如果腻子粉的粘结性太差的话，会导致遇水溶解而掉皮，尤其在潮湿的南方，一遇上回南天，更容易出现这种问题而导致掉皮。

(4) 弹性涂膜内聚力过强。弹性涂膜本身的内聚力较强会影响其渗透性，内聚力越强，则渗透性就较差，会导致涂膜整层剥离墙面的情况。

该项目问题发生后首先分析了产品的检测情况和施工情况，随后进行了现场查看，再根据剥落、掉皮现象发生的时间，分析了涂层质量问题的原因，可能是由于部分区域基材处理存在问题，施工完成后正值夏季，雨水较多，导致部分区域出现了涂层质量问题。具体原因分析如下：

(1) 第一张图分析可能为女儿墙根部未做好防水，由于夏季多雨，出现渗水，从而导致涂层的剥落、掉皮现象；

(2) 第二张图分析可能为由于夏季多雨，窗台处渗漏的水导致了涂层的剥落和掉皮现象；

(3) 第三张图分析可能为分隔缝处的渗漏水导致了涂层的剥落和掉皮；

(4) 第四张图分析可能为墙体开裂的原因，并有渗水现象，加之夏季多雨，从而导致了涂层的剥落和掉皮。

3.4.2.4 解决措施

对于该工程出现问题的部位，铲除了受影响的涂层部分，然后按施工要求进行了整个体系的重涂施工，问题基本得到解决。

建筑工程中引起涂层剥落、掉皮等质量问题的原因主要有：涂料产品或配套体系选择不合理；基层或腻子层疏松、存在浮土；基层潮湿，含水率过高；基层有油脂或者隔离剂等；基层有开裂或者渗水等情况；施工时气温过低，不利于涂料成膜，施工时湿度过高则基层表面会有水汽凝结，施工完成后涂层的保养时间不够充分；涂料本身的质量较差（附着力差）；未使用相关的底漆产品等原因。

相关的解决措施主要有：选择适合的产品或配套体系；清除浮尘，使用底漆或者界面剂加固基层或腻子；基层保养至适合施工的含水率（$<15\%$）时，方可施工；用溶剂清除油脂或隔离剂；找到渗水点、开裂处等缺陷部位，进行合理的修补工作；必须在适合的温度（施工环境温度大于 5℃）和湿度（施工环境湿度小于 85%RH）条件下进行施工；自然养护至涂层充分干燥；选择符合标准的合格的涂料产品；使用配套的底漆（即可加固基面，又增加了与面层的附着力）等方法。

3.4.3 涂层开裂案例分析之一

3.4.3.1 项目概况

某工厂厂房工程项目，在施工完成后，不久出现了部分区域墙面涂层的开裂、裂纹等现象。施工工艺：腻子+底漆+面漆（普通外墙涂料）。

3.4.3.2 问题描述

厂房项目施工完成后不久出现了部分区域墙面涂层的开裂、裂纹等现象，现场图如图 3.4.3-1所示。

3.4.3.3 原因分析

事情发生后首先分析了产品的检测情况和施工情况，随后进行了现场的查看，再根据开裂、裂纹情况，初步判断与涂料产品质量无关，进而分析了涂层质量问题发生的原因：

(1) 无规则的开裂可能是基层或腻子层开裂引起，通常是由于温差较大，热胀冷缩产生应力所导致，或者由于养护时间不够，而引起空鼓现象。施工期间烘烤、暴晒、大风直吹墙面；或气温过低，达不到面漆的成膜温度，导致不能形成连续的涂膜；或温度、湿度剧变等日后都会产生开裂；热胀冷缩应力还可能会导致涂层泛碱、钢筋受腐蚀、结构强度降低等问题。

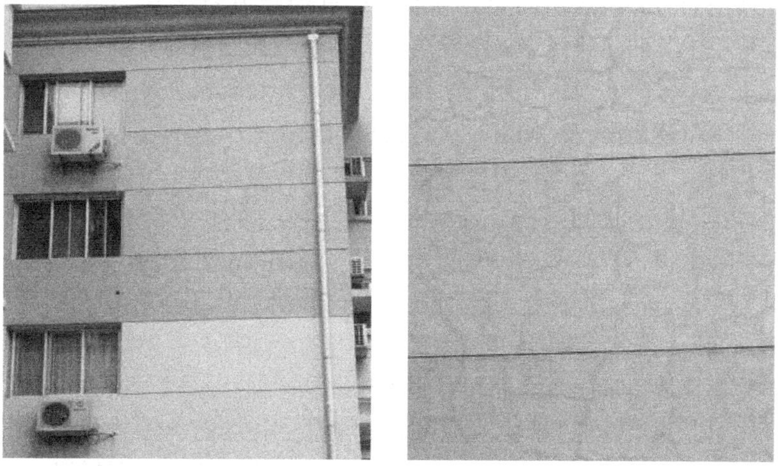

图 3.4.3-1 现场图

(2) 基层处理不当：如墙面开裂而引起的涂层开裂；涂刷第一道涂层过厚又未完全干燥即涂刷第二道，由于内外干燥速度不同，引起涂膜的开裂。批刮的水泥腻子的开裂，从而引起涂膜的开裂。

3.4.3.4 解决措施

对于该工程出现问题的部位，铲除了受影响的涂层部分，空鼓部分则必须铲除。需用高压水枪对墙面进行清洗，大的裂缝需切割后清洁、修补，然后按要求进行整个体系的重涂施工，施工完成后未再出现大面积开裂、裂纹现象。

3.4.4 涂层开裂案例分析之二

3.4.4.1 项目概况

北方某城市建筑工程项目，在施工完成一段时间后，面漆表面出现了较多的开裂等现象。施工工艺：腻子＋底漆＋浮雕漆＋耐沾污面漆。

3.4.4.2 问题描述

墙面出现较多开裂现象，凹陷部位涂料较厚的区域开裂情况较严重，局部区域已起翘可剥离。经观察主要开裂部位在耐沾污面漆与中层浮雕漆之间，现场图如图 3.4.4-1所示。

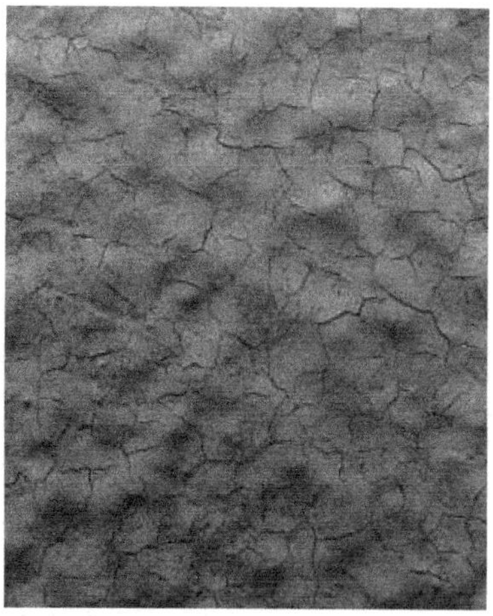

图 3.4.4-1 现场图

3.4.4.3 原因分析

事情发生后首先进行了现场的查看，随后再根据开裂、裂纹情况分析了产品的检测情况和施工情况。由于底漆、中层浮雕漆、耐沾污面漆产品都属于常规产品，以前各自单独使用于各类工程中，未出现重大质量问题，而且相关产品的试验室检测结果也是符合相关标准要求的，基本可排除产品本身的品质问题。进而分析了涂层的配套情况，并进行了试验证明。通过分析，涂层的质量问题可能是由配套体系不当所致，原因如下：

（1）由于所用面漆为耐沾污面漆，其所使用乳液的玻璃化温度较高，形成的涂层较硬，施工时在压平工艺凹凸状浮雕面上涂装，局部区域如凹陷部分就会涂的很厚，从而在涂料施工完成干燥一段时间后，开始产生细小裂缝、开裂现象。

（2）由于所用耐沾污面漆最初配方设计是适用于平涂工艺的，不是专为厚涂工艺设计的。因为单层每遍涂刷不会太厚，故常规平涂工艺的检测及施工都没问题，工程中使用常规平涂工艺也未出现过质量问题。

3.4.4.4　解决措施

更换或调整配方，提高面漆抗开裂性能，使之适合在压平工艺凹凸状浮雕面上使用。对于该工程出现问题的部位，打磨、铲除了受影响的涂层部分，然后按要求进行整个体系的重涂施工，施工完成后未出现大面积开裂现象。

建筑工程中引起涂层开裂、裂纹等质量问题的原因主要有：涂料采用的配套体系不合理；基层的开裂；底漆干燥的不充分，就进行了面漆施工；施工时现场温度过低，不利于涂料成膜；一次施工时涂层的膜厚过厚；基层的吸水性过高；施工时现场温度过高，表面涂层干燥的过快；采用喷涂施工时，喷涂的气压过大，造成雾化过度；涂料的颜料成分过多，颜基比过高等。

相关的解决措施主要有：选用适宜的底漆和面漆的搭配；先根据裂缝大小修补基层裂缝后，再进行涂料施工；底漆充分干燥后再进行面漆施工；施工环境温度在5℃以下时，水性涂料禁止施工作业；根据施工工艺合理地进行稀释，喷涂时尤其应注意控制湿膜厚度；使用适合的封闭底漆加固基层，降低其吸水性；避免在阳光直射情况下进行涂装施工，应确保在墙体温度低于40℃的条件下施工；根据施工工艺调整适宜的喷涂气压，确保涂层的成膜效果；调整涂料产品配方，确保合理的颜基比等方法。

3.5　固定支架松动

3.5.1　城市密集居民区空调支架高空脱落案例分析

3.5.1.1　项目概况

2019年某日，某地临街商厦8楼处，一台空调外机坠落至地面，所幸未砸到来往行人及车辆。

3.5.1.2　问题描述

据现场勘察，室外空调支架已严重锈蚀，两侧水平支架均已断裂，并随同空调外机坠落，与主体建筑连接的两侧竖向支架未见松动，但也存在明显锈蚀，详见图3.5.1-1。

3.5.1.3　原因分析

由于历史原因，2000年前建造的城市住宅楼，密度高，楼栋间距小，且基本上都未考虑设置空调板，但随着人们生活质量的提高，基本上每家都安装有两到三台空调，这些空调外机通过钢支架密密麻麻地挂在住宅楼外立面。

在2012年4月，中国家电服务维修协会发布了《空调器室外机安装用支架规范》，这是我国首个聚焦空调支架安全的行业规范，该规范对空调外机支架的厚度、防锈度、紧固件要求以及支架检测要求等均做了明确规定。而此前由于没有统一的空调安装支架规范，市场上空调支架质量良莠不齐，一些支架由非标钢材或废钢料制成，承载力不够，另有部分厂家粗制滥造，防腐涂层质量较差，支架容易发生锈蚀腐烂。

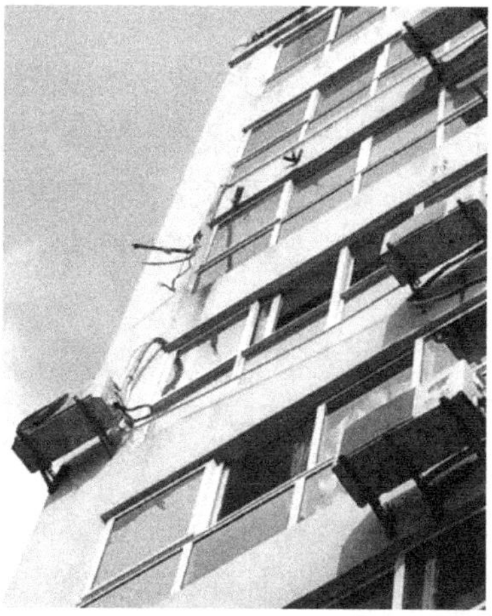
图3.5.1-1　空调支架高空脱落现场图

我国第一个安装空调高峰期大概在20世纪90年代中后期，到目前已有二十多年的历史，虽然大多数支架已经锈迹斑斑，已经到了“退役”的年龄，但仍然在使用中，因此这些城市密集居民区的老旧支架就成了悬在人们头顶上的“利剑”，时刻影响着人民的生命财产。

常见空调外机坠落原因主要有：钢支架锈蚀断裂、钢支架与主体建筑连接失效、空调支架承受额外负荷导致支架断裂等。

（1）钢支架锈蚀断裂

由于空调支架均设置在室外，长期经受风吹日晒、雨雪天气等，钢构件外表面防腐涂层存在剥落、龟裂、风化等现象，导致钢构件锈蚀，从而发生断裂。

（2）钢支架与主体建筑连接失效

2000年前建造的城市住宅楼，大部分都是砖混结构，因此固定螺栓将垂直支架锚固在砖墙上，现在二十来年过去，外墙的涂料或面砖等均出现不同程度的破损，砖墙本身也有老化现象，再加上经过长时间的空调机振动影响，固定螺栓可能会发生松动脱落，从而导致支架脱落、空调外机坠落事故。

若固定螺栓固定在填充墙上，尤其是空心砖，则无法牢固固定，经过一段时间的空调机振动影响，则容易发生螺栓松动脱落，导致空调机坠落（图3.5.1-2）。

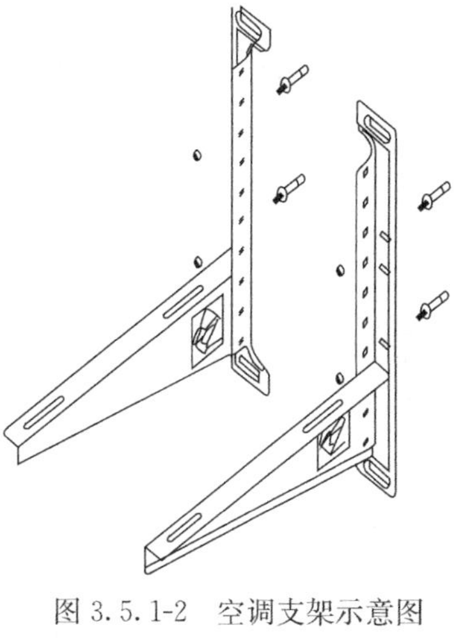
图3.5.1-2　空调支架示意图

（3）钢支架承受额外负荷

在钢支架使用过程中，经常会出现额外负荷的情况，譬如，在更换或维修空调室外机的时候，安装工人会直接踩踏在支架上，或者长期放置较重的花盆在空调外机上方，再加上不少支架质量不过关，无足够的承载能力富余量，在超负荷的情况下，容易发生支架松动或断裂，导致空调机坠落。

经现场勘察，本项目空调支架与主体建筑连接未见松动，部分有锈蚀，水平支架断裂，仍有部分水平支架留在原处，锈蚀严重，因此可推断，空调支架脱落原因为钢支架锈蚀严重，而发生突然断裂，从而导致空调外机坠落。

3.5.1.4 解决措施

鉴于本项目空调支架脱落原因为钢支架锈蚀，因此针对类似项目，需要对钢支架进行每年一次的防腐保养，发现有锈蚀、油漆脱落、龟裂、风化等现象时，应进行基底清理、除锈、修复、重新涂装；当发现锈蚀严重时，应及时更换支架。

空调支架脱落预防措施主要考虑如下几个方面：

（1）设计

空调支架一般由空调厂家设计制作完成，空调厂家需严格按照《空调器室外机安装用支架》GB/T 35753－2017 执行，支架材料、构件尺寸、防锈度等均需满足规范要求。

（2）施工

一般支架由空调厂家委派工人安装，因此需要对工人进行系统培训。

支架与主体建筑搭接处，最好为混凝土构件；若是承重砖墙，则建议采用细石混凝土加固砖墙后再安装支架，不得将支架安装在空心砖填充墙上。

（3）维护保养

根据《中华人民共和国侵权责任法》，建筑物、构筑物或者其他设施及其搁置物、悬挂物发生脱落、坠落造成他人损害，所有人、管理人或者使用人不能证明自己没有过错的，应当承担侵权责任；所有人、管理人或者使用人赔偿后，有其他责任人的，有权向其他责任人追偿。

因此每个居民均对自己家中的空调支架的安全负有责任，需要定时进行检查和维护保养工作，尤其是气候环境突变时，如大风大雪、雷雨天气等。当支架焊缝出现裂痕、锚固（或连接）螺栓出现松动时，应及时进行修补及紧固。钢支架应每一至两年进行一次防腐保养，应对构件锈蚀、油漆脱落、龟裂、风化等部位的基底进行清理、除锈、修复和重新涂装。

（4）安全检测

因为空调支架位于墙体外部，非专业人员不能到外部进行全面检测，因此居民自己只能进行初步的外观检查，全面检测需要委托具有相应资质的专业检测单位进行。为统一管理，一个小区可以由物业公司组织一起进行检测。

检测部分包括以下内容：

1）基础部分：主体建筑外观；

2）支架部分：支架垂直度、支架变形量、材料截面厚度、焊缝、连接螺栓；

3）防腐部分：构件锈蚀状况、涂层厚度及老化程度。

对存在一般缺陷的部位，检测单位应根据规范要求，提出合理的整改建议；对存在严重缺陷的，应及时修复并安排检测单位复检；对于存在坠落、倾覆危险的，应立即拆除。

（5）安全通道设置

鉴于还不能对空调支架进行检测全面实行，为避免行人被高空坠落外机砸伤，可以在靠近建筑物外墙边设置绿化带，减少人员伤亡概率。

综上，城市密集居民区中，老旧小区外部密密麻麻的空调支架，需要通过规范的设计、施工、维护保养、安全检测，才能避免发生高空脱落安全事故。

3.5.2 某街头店招因内部固定支架锈蚀发生脱落案例分析

3.5.2.1 项目概况

某市某街道，沿街一层商铺，其中 5 家商铺为整体式店招，总长约 40 多米，高约

1.5m，2005年左右完成室外店招安装。2013年某日早上，发生招牌坍塌事故，40多米长招牌全部跌落至地面。

3.5.2.2 问题描述

据现场勘察，该招牌采用钢结构与商铺主体结构连接，面板采用木板与钢结构相连，钢结构构件锈蚀部分较多，部分钢构件断裂处锈蚀严重，招牌面板与底部面板连接在一起跌落至地面，面板有部分断裂。现场图见图3.5.2-1。

图3.5.2-1 现场图

3.5.2.3 原因分析

店招一般主体为钢结构，一旦发生脱落，易造成较大危险。常见店招坠落原因主要有：钢结构构件锈蚀、面板与钢结构连接失效、钢结构与主体建筑连接失效、店招结构设计不符合规范等。

（1）钢结构构件锈蚀

由于店招均在室外，钢结构也基本裸露在室外，长期经受风吹日晒，雨雪天气等，钢构件外表面防腐涂层存在剥落、龟裂、风化等现象，易导致钢构件锈蚀，一旦某处钢构件因锈蚀后断裂，则将发生连锁反应，相邻钢构件因受力增大，超过承载能力而发生断裂，从而导致店招整体坠落。

（2）面板与钢结构连接失效

面板（广告灯布）及面框因长期日晒雨淋，已发生翘裂破损、脱落等现象，面板及面框与钢结构的固定螺栓发生松动、脱落或者锈蚀等现象，从而导致面板及面框跌落。

（3）钢结构与主体结构连接失效

店招的钢结构必须与主体结构连接牢固，若与主体建筑连接处不是梁柱等混凝土构件，而为填充墙，固定螺栓锚固在填充墙上，容易松动；若与主体建筑连接处为混凝土构件，固定螺栓锚固处有开裂破损现象，或者固定螺栓有锈蚀、脱落等现象。若存在以上现象，则容易发生整体倾覆，即面板、钢结构整体跌落。

（4）店招结构设计不符合规范

由于店招属于附属设施，相对于主体建筑，无论是体量或者安全性要求，都处于次要位置，很多业主对于店招设计不够重视，再加上店招多数为商铺租赁者后期增加，因此不少店招可能未经正规设计单位设计出图，而是由施工队自行设计施工，故很多店招存在不少结构设计上的问题，譬如：承载力设计不足、构件截面最小要求不符合现行规范、钢结构设计不合理等。由于承载力设计不足，一旦遇到暴雨天气，积水无法及时排出，或者暴雪天气，雪荷载较大，则容易出现荷载超出结构承载能力，发生坍塌。由于钢结构设计不合理，本身不符合力学原理，再加上结构冗余度不够，则很容易由于局部失效导致整体坍塌。

结合该项目店招的构造及破坏情况：店招钢结构与主体建筑连接未见异常，连接处锚固螺栓未见松动，部分有锈蚀，钢结构未整体掉落，部分钢杆件同面板及底板一同坠落，钢构件断裂处有多处严重锈蚀，因此可推断，本项目店招坠落原因为部分钢构件锈蚀严重，突然发生断裂，周边钢构件也由于荷载突然增大而发生断裂，从而导致店招整体坠落。

3.5.2.4 解决措施

鉴于本项目店招坠落原因为钢构件锈蚀，因此针对类似项目，需要对店招的钢结构进行每年一次的防腐保养，当发现有锈蚀、油漆脱落、龟裂、风化等现象时，应进行基底清理、除锈、修复、重新涂装；当涂层表面光泽失去 80％、表面粗糙、风化龟裂达 25％和漆膜起壳时，应及时维护。

现阶段店招多为钢结构，且较为普遍，为避免店招发生坠落，应从以下方面采取措施：

（1）设计

主体为钢结构的店招，需由具备相应资质的设计单位完成设计工作，符合技术先进、经济合理、安全适用、确保质量的设计原则。在设计前，应了解所依附建（构）筑物的结构安全情况，必要时应委托房屋质量或其他检测机构评估建（构）筑物安全使用的性能情况。

目前仍有不少房龄较老的建筑作为商铺，此部分商铺店招设计需遵循如下规定：砖木结构建筑及历史建筑不应设置钢结构的箱体式招牌，砖混结构建筑不宜设置钢结构户外招牌。

设计时需注意店招钢结构与主体建筑连接处，是否为混凝土受力构件，如果原有主体建筑该处为填充墙，应采用细石混凝土预埋构件、隐蔽型夹板构造或其他加固措施的形式进行连接。

店招应预留检修孔或采用可开启的面板构造形式，以便于后期维修检测；业主需做好工程资料归档，包括图纸及计算书的保存，以便后期维护保养使用。

（2）施工

因为店招施工体量较小，因此常有业主贪图方便，寻找“马路游击队”进行安装导致施工质量及材料质量均无法得到保证。

主体为钢结构的户外招牌，应由具备建筑、钢结构工程等专业施工资质的企业，按设计图及本标准要求进行施工。主体为钢结构的户外招牌的施工应实行监理制。结构简易和体型较小的户外招牌若不能实行监理时，其施工质量需委托专业检测机构进行检测。

针对店招钢构件在露天环境下锈蚀严重问题，建议优先采用热浸镀锌法进行防腐处理。钢构件加工制作宜在工厂内进行，焊缝、表面除锈及防腐处理，均需按照图纸及相关规范要求进行。

大部分店招均采用后置埋板作为钢结构基础，因此后置埋板的化学锚栓施工质量至关重要，一旦失效，则会导致店招整体坍塌。化学锚栓锚固胶的掺料和用量应符合说明书的规定；锚孔施工应避开混凝土受力主筋和管线，废孔应采用化学锚固胶或高强度等级的树脂水泥砂浆填实；化学锚栓置入锚孔后，应按照生产企业规定的养生要求进行固化养生，固化期间禁止扰动；安装完成后应进行抗拉拔试验。

（3）验收

主体结构为钢结构的户外招牌的竣工验收，应由业主（设置人）组织建设各方进行，并做好测试数据和验收意见的记录和签字确认。验收资料作为店招的施工档案，应由业主（设置人）长期保存至该设施拆除。

（4）维护保养

业主（设置人）应负责店招的检查和维护保养工作，尤其是在气候环境突变时，如高温、梅雨季节和大风、大雪、雷雨天气等，必须加强对户外店招的安全检查，特别是对重要部位，譬如埋件螺栓、钢构架及连接、防腐、面板等，并应采取必要的安全防范措施。

店招定期检查、维护、保养的主要内容有：

1）店招的维护及面板的服役情况，应每周检查一次。当店招的维护过程中发现存在渗水、霉斑、下凹，面板出现翘裂、破损（或腐烂）等现象时，应及时进行修复或更换

2）店招的照明灯具、电气设施至少每月维护保养一次。固定脱落或触点打弧的灯具和电器件，以及绝缘破损老化、芯线外露、接地松动的缆线应及时修复和更换。

3）店招的构架及其锚固，至少每半年检查一次。当构架的焊缝存在裂痕、锚固（或连接）螺栓出现松动时，应及时进行修补及紧固。

4）店招的构架应每年进行一次防腐保养，应对构件锈蚀、油漆脱落、龟裂、风化等部位的基底进行清理、除锈、修复和重新涂装。

（5）安全检测

店招设置满两年的，业主（设置人）应每年委托具有相应资质的检测单位进行安全检测。

店招的安全检测主要包括现场检测和结构复核两部分（本文检测部分均针对预防坠落，不涉及照明防雷等部分）。

1）现场检测主要包括以下内容：

① 基础部分：被依附体外观、锚固件、混凝土强度；

② 构架及连接部分：构架垂直度、构架变形量、材料截面厚度、焊缝、连接螺栓；

③ 面板及围护部分：围护固定、面板变形、字体及标识、面框及固定状况；

④ 结构防腐部分：构件锈蚀状况、涂层厚度及老化程度；

⑤ 照明及电气部分：配电箱、灯具及灯架、电线及电缆、护套管及接线盒、绝缘电阻值、接地电阻值；

⑥ 防雷装置部分：防雷装置的连接状况、接地电阻值。

2）结构复核主要包括以下内容：

① 以施工竣工图及现场测量的结构实际尺寸及材料截面为依据，对结构的强度、刚度和稳定性进行复核；

② 基础的抗倾覆性和锚固螺栓的强度。

店招安全检测报告应进行分项评定和综合评定，综合评定结论作为判定依据，分项评定应包含以下内容：

1）结构的强度、刚度和稳定性，基础抗倾覆性及锚栓强度；

2）结构及锚固状况，杆件变形状况；

3）构架（面板及围护）连接（焊接、螺栓等）状况；

4）主体及围护结构的防腐、锈蚀、变形状况；

5）电气、照明及防雷装置性能。

分项评定等级分为a、b、c三个等级。综合评定划分为A、B、C三个等级，并按下列要求执行：

1）综合评定为A级的店招，可正常使用，并按规定进行维护保养

2）综合评定为B级的店招，对存在一般缺陷的部位，检测单位应根据规范要求，提

出合理的整改建议。业主（设置人）应在 15d 内完成整改，并向检测单位申报复检。

3）综合评定为 C 级的店招，结构、锚固和电气等方面存在严重缺陷的，业主（设置人）应根据检测单位的意见和相关规定，在 7d 内完成加固、修复，并及时向检测单位申报复检；对存在坠落、倾覆危险或极易造成触电伤害的，业主（设置人）应立即采取安全保障措施，并在 24h 内予以拆除。拆除前，应及时切断电源，做好安全防范工作。

4）检测单位在出具检测报告的同时，应当在 5d 内抄送区（县）绿化市容管理部门。对存在坠落、倾覆危险或极易造成触电伤害的，检测单位应及时告知设置单位和区（县）绿化市容管理部门。对没有按时完成整改或复检不符合规范要求的，检测单位应当及时告知区（县）绿化市容管理部门。

第4章 材料退化与失效

4.1 混凝土老化

4.1.1 钢筋混凝土结构碳化侵蚀案例分析

4.1.1.1 项目概况

上海市某大型隧道工程于2006年开始建造，由于工程原因于2009年停工，已实施的工程结构包括工作井、明挖段和圆隧道三部分。工作井、明挖段及圆隧道原抗震设防烈度为7度，按8度采取抗震构造措施，设计使用年限为100年。工作井及明挖段混凝土结构采用C35混凝土，抗渗等级为P8。圆隧道普通衬砌环采用钢筋混凝土管片，混凝土强度等级为C55，抗渗等级为S12，管片连接螺栓性能等级为6.8级。项目废弃时间较长，相关方准备对已建成的结构进行改造，以改变其使用功能。

4.1.1.2 问题描述

现场检测评估过程中发现工作井、明挖段和圆隧道的混凝土管片碳化程度差异较大，且工作井和明挖段的部分顶板处发现钢筋锈蚀情况，会对后续混凝土结构的改造造成影响。工作井和明挖段处混凝土的碳化情况见表4.1.1-1，圆隧道混凝土管片的碳化情况见表4.1.1-2，工作井和明挖段的部分顶板处钢筋锈蚀情况见图4.1.1-1和图4.1.1-2。

工作井和明挖段处混凝土碳化深度 **表4.1.1-1**

序号	构件名称	碳化深度实测值（mm）		
1	地下一层中墙	11.5	12.5	13.0
2	地下一北侧墙	12.5	11.5	12.5
3	地下一层西侧墙	11.0	10.5	13.5
4	地下一层南侧墙	13.0	11.0	11.5
5	地下二层北侧墙	11.5	11.0	12.0
6	地下三层北侧墙	11.0	12.0	11.0
7	地下二层南侧墙	12.0	12.5	12.0
8	地下三层南侧墙	11.5	13.0	11.0

圆隧道混凝土管片的碳化深度 **表4.1.1-2**

序号	管片位置及编号	碳化深度实测值（mm）			序号	管片位置及编号	碳化深度实测值（mm）		
1	8环C10	0.5	0.5	0.5	3	28环A10	0.5	0.5	0.5
2	20环D02	0.5	0.5	0.5	4	38环A10	0.5	0.5	0.5

续表

序号	管片位置及编号	碳化深度实测值（mm）			序号	管片位置及编号	碳化深度实测值（mm）		
5	85 环 B02	1.0	1.5	1.5	18	308 环 B03	1.0	1.0	1.0
6	120 环 A09	0.5	1.0	0.5	19	309 环 B04	0.5	0.5	1.0
7	164 环 C04	0.5	0.5	0.5	20	315 环 A02	0.5	0.5	0.5
8	171 环 C01	0.5	1.0	1.0	21	321 环 D04	0.5	0.5	1.0
9	200 环 C09	1.0	1.0	0.5	22	327 环 B09	1.0	1.0	0.5
10	222 环 B02	1.0	0.5	1.0	23	334 环 B05	0.5	0.5	1.0
11	235 环 D02	1.0	1.0	1.0	24	339 环 B01	0.5	0.5	0.5
12	240 环 D02	1.0	1.0	1.0	25	348 环 D04	0.5	0.5	0.5
13	254 环 B04	0.5	0.5	0.5	26	351 环 A05	0.5	0.5	0.5
14	257 环 D09	0.5	0.5	0.5	27	357 环 D02	0.5	0.5	0.5
15	263 环 D03	0.5	0.5	0.5	28	35 环 A08	1.5	1.0	1.5
16	288 环 A09	0.5	0.5	1.0	29	100 环 D04	1.0	1.0	1.0
17	295 环 A03	0.5	0.5	1.0	30	150 环 C07	1.0	1.0	1.0

图 4.1.1-1　工作井和明挖段顶板处钢筋锈蚀（一）

图 4.1.1-2　工作井和明挖段顶板处钢筋锈蚀（二）

4.1.1.3　原因分析

（1）大量研究表明，碳化作用是导致混凝土中钢筋钝化膜破坏的主要因素之一。混凝土的碳化，是指大气中的 CO_2 与混凝土中的 $Ca(OH)_2$ 发生化学反应，生成中性的碳酸盐 $CaCO_3$，其反应方程式如下：

$$Ca(OH)_2 + CO_2 = CaCO_3 \downarrow + H_2O$$

$$Ca(OH)_2 + [CO_2 + H_2O] = CaCO_3 \downarrow + 2H_2O$$

上式是 CO_2 气体的直接中和作用，下式是 CO_2 溶解于水中后起中和作用。水中溶解的 CO_2 气体，可使水的 pH=5.9。$Ca(OH)_2$ 是水泥水化产物之一，对于普通硅酸盐水泥，水化产生的 $Ca(OH)_2$ 可达 10%～15%，它一方面是混凝土高碱度的主要提供和保证者（对保护钢筋特别重要），另一方面又是混凝土中最不稳定的成分之一，很容易与环境中的酸性介质发生中和反应，使混凝土中性化，结果可使 pH 低于 9，导致钢筋钝化膜破坏。混凝土的碳化只是中性化的类型之一，也是现实中较为普遍存在的问题。大气中一般含有 0.3%的 CO_2，而工业区则要高几倍乃至数百倍，因此碳化作用对工业区的建筑物影响更显著。

混凝土的碳化过程，与多种因素有关，混凝土质量与密实性、覆盖钢筋的混凝土层厚度等是重要的前提条件。

1）大气中 CO_2 的浓度

通常认为，CO_2 在混凝土中的扩散遵循 Fick 定律：

$$D=\sqrt{2kC_0t/m}$$

式中，D——混凝土的碳化深度；k——扩散系数；C_0——混凝土表面 CO_2 的浓度；t——碳化持续时间；m——单位体积混凝土所吸收 CO_2 的体积。

由上式可以看出，在其他条件不变的情况下，环境中 CO_2 的浓度越高（C_0 值大），则在确定使用期内碳化深度 D 越大。

2）混凝土碳化与湿度

试验与实践表明，混凝土在较干燥的条件下比在潮湿条件下碳化速度更快，这是由于两种条件下 CO_2 的扩散系数 k 有区别，即 CO_2 的扩散，在干燥条件下更容易进行。在空气相对湿度大于 90%后，混凝土孔隙可能含有水，CO_2 的扩散要慢很多。有资料表明，在相对湿度 50%～80%的条件下，最有利于促进混凝土的碳化作用。这就是我国内陆地区较沿海地区碳化明显的原因，也可以说，长期处在潮湿环境中的混凝土建筑物，碳化不是影响其耐久性的主要因素。图 4.1.1-3 是 CO_2 的浓度、相对湿度对混凝土碳化深度影响的示意图。

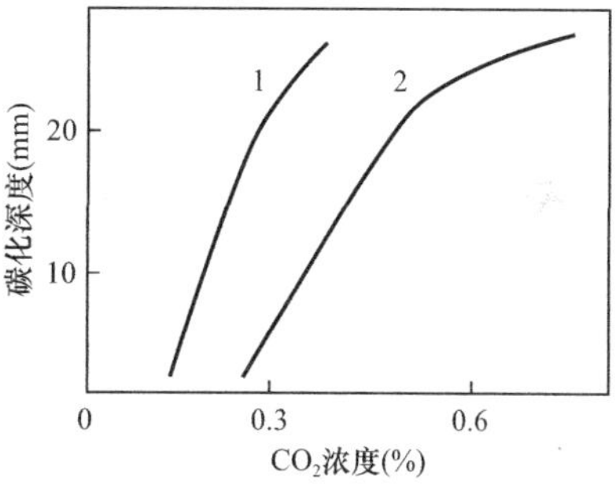

图 4.1.1-3 CO_2 浓度、相对湿度对混凝土碳化深度的影响

1—相对湿度 50%；2—相对湿度 90%

3）混凝土碳化与温度

温度提高，CO_2 在混凝土中的扩散系数增大，从而会加快碳化速度。

人们较早地认识到碳化的危害，并予以高度关注与重视。一些研究者曾把“碳化”作为影响混凝土耐久性的主要因素，进行了大量探索、试验和实物分析，并曾经将碳化深度（达到钢筋）作为结构寿命的主要评价依据。

（2）针对本项目的情况，对工作井和明挖段的混凝土强度和保护层厚度进行了检测，检测结果见表 4.1.1-3。

工作井和明挖段混凝土抗压强度和钢筋保护层厚度检测结果　　表 4.1.1-3

构件名称	设计强度	强度推定值（MPa）	钢筋保护层厚度实测值（mm）					
地下一层中墙	C35	55.1	47	56	63	52	49	57
地下一北侧墙	C35	46.9	41	39	48	51	49	46
地下一层西侧墙	C35	62.7	55	59	64	63	57	51
地下一层南侧墙	C35	46.7	47	51	49	57	59	51
地下二层北侧墙	C35	61.8	44	51	52	49	48	52
地下三层北侧墙	C35	57.5	46	49	57	48	54	51
地下二层南侧墙	C35	48.7	67	61	57	68	71	68
地下三层南侧墙	C35	61.4	62	56	51	58	60	57

因此可以发现，工作井和明挖段的混凝土碳化深度较大主要是由于其为现浇混凝土结构，浇筑时间长达到14年，且混凝土结构直接暴露在环境中且无相关遮挡结构，空气流通性好，受空气中CO_2的侵蚀作用较大，碳化深度较大。圆隧道的混凝土管片碳化深度较小，仅为0.5～1.5mm，其主要原因是隧道中空气流通性差，空气中的CO_2在与混凝土发生反应后含量降低，侵蚀作用降低，且管片为工厂预制生产，抗压强度高，混凝土密实程度高，抵抗外界环境侵蚀的能力强。

（3）现行国家标准《混凝土结构现场检测技术标准》GB/T 50784－2013第11.2节中规定了碳化剩余使用年限推定的相关方法。标准中规定碳化剩余使用年限的推定可用于推定自检测时刻起至钢筋开始锈蚀的使用年限或检测时刻起钢筋具备锈蚀条件的剩余年限。

本项目采用实测碳化模型计算工作井和明挖段侧墙及中墙的碳化剩余使用年限。碳化模型中碳化系数可由下式表示：

$$k_c = D_m/\sqrt{t_0}$$

式中，k_c——碳化系数；D_m——该批混凝土碳化深度代表值；t_0——已碳化时间（年）。

实测碳化模型可由下式表示：

$$D = k_c\sqrt{t}$$

碳化达到钢筋表面的剩余时间由下式表示：

$$t_e = t_c - t_0$$

式中　t_e——碳化达到钢筋表面的剩余时间（年）；

t_c——碳化达到钢筋表面的时间（年）；

t_0——已碳化的时间（年）。

根据已有检测数据，代入实测碳化模型中进行计算发现，混凝土碳化剩余使用年限的推定值仍超过100年，超过该混凝土结构的设计使用年限。因此，可以认为工作井和明挖段侧墙和中墙混凝土结构的碳化深度虽然偏大，但并不会引起钢筋锈蚀，与工程现场侧墙及中墙未发现钢筋锈蚀的情况相符。通过对现场工作井和明挖段部分顶板开裂情况的观察，发现开裂部位的保护层厚度偏薄，且均有渗漏水现象，这可能是导致部分顶板钢筋锈蚀的主要原因。

4.1.1.4　解决措施

（1）经过检测评估和计算发现，工作井和明挖段侧墙和中墙混凝土结构的碳化深度虽然偏大，但并不会引起钢筋锈蚀，该项目中对现浇结构中的侧墙和中墙可不做处理。对于已经出现锈蚀的顶板，需对已损伤的部位进行凿除，并进行加固和钢筋锚固处理，并检查顶板部位的渗漏点，疏通排水口，避免混凝土顶板底部结构受水流侵蚀。

（2）混凝土抗碳化性能是体现混凝土耐久性的重要指标，尤其是干燥通风条件下混凝土结构更易受到侵蚀。提高混凝土耐久性需从设计开始，提出相应技术指标并在施工、验收过程中严格控制施工质量，才能保证混凝土结构达到设计使用年限。提高混凝土工程耐久性的主要技术措施大致可分为根本防护措施和附加防护措施两类。

1）根本防护措施

根本防护措施是指从混凝土材料本体及结构设计的角度出发，通过对混凝土材料的高性能化、合理的结构保护层设计及优化混凝土养护技术，来提高混凝土对钢筋的保护性能，从而保证混凝土结构的耐久性要求。

其中最主要的为耐久性混凝土技术，即通过低水胶比、高效减水剂以及高性能掺合材料的使用，使得混凝土基相密实度相对提高以及水泥颗粒的解聚和粒径范围的扩大所获得的良好微观结构。此外，通过一些其他改善措施，如透水模板布、保护层厚度控制等，也可以有效避免海工耐久性混凝土的早期裂缝、砂眼等表面缺陷，同时控制混凝土保护层水胶比，以达到提高耐久性混凝土整体耐久性的效果。

2）附加防腐蚀技术措施

为避免混凝土结构受到 CO_2 等环境介质的侵蚀，除应提高混凝土自身耐久性外，在特殊腐蚀环境下，还应设置附加的防护措施。现阶段，结合国内外已有的工程经验，目前技术较为成熟的附加防护措施包括钢筋混凝土结构表面封闭与涂层、钢筋涂层及改善钢筋材质等。其中混凝土结构表面封闭与涂层应用较为成熟，主要有混凝土表面有机成膜涂层技术、渗透性涂层技术等。

混凝土表面有机成膜涂层防护是指在混凝土表面涂刷保护涂料，将表面孔隙及缺陷封闭，从而阻止水分及有害物质的侵入。通常把表面涂刷保护涂层的混凝土结构简称为涂层混凝土。混凝土防腐涂层所处环境特殊，对涂层体系的基本要求是：与混凝土基面具有很好的适应性，并能在设计寿命期内维持应有的防腐效果。涂层体系一般由底漆＋面漆或底漆＋中间漆＋面漆组成，各层油漆承担着相应的功能并能相辅相成，有效地保护混凝土结构，避免外来腐蚀介质的侵蚀。

渗透性涂层技术中有机类渗透型涂层的典型代表是有机硅烷浸渍型涂层，其具有较强的渗透性和憎水性，并能与混凝土组分起作用，在孔壁中形成憎水膜，阻止 Cl^-、CO_2 等腐蚀介质的渗透，但不能填塞空隙，所以不能抵抗压力水的渗透。而无机类渗透型涂层的典型代表是水泥基渗透结晶涂层，其是以硅酸盐水泥或普通硅酸盐水泥和精制石英砂等为基材，掺入活性化学物质及其他辅料混合而成的无机刚性防水材料。

4.1.2 混凝土材料性能对结构开裂影响案例分析

4.1.2.1 项目概况

安徽省某大型发电厂项目，厂房基础形式主要有独立承台（部分承台间设置联系地梁）、大底板基础，其中磨煤机基础为大底板基础，长 85.85m，宽 11.75m（中间区域宽 13.43m），基础底板厚 2.5m，在长度方向设计设置一条 2m 宽后浇带。以后浇带为分界线，磨煤机基础分两次浇筑，每次浇筑混凝土方量约 1450m^3，混凝土强度等级 C35R60。连系梁 H5/1-2 连接独立基础与大底板基础，与大底板基础同期浇捣及拆模，拆模后下空腾空。连系梁 4/H2-H3 连接两个独立基础。厂房建筑安全等级为二级，结构设计使用年限为 50 年，地基基础设计等级为甲级。抗震设防类别为乙类，6 度抗震设防烈度，Ⅰ类建筑场地类别。基础均采用天然地基，以中等风化灰岩为持力层，地基承载力特征值为 2000kPa。基础混凝土强度采用 C35，垫层采用 C15。主要钢筋等级：HPB300、HRB400，埋件、型钢等钢材采用 Q235B。在木模拆除后 1～5d 发现基础底板 2 轴-后浇带南侧面、连系梁 H5/1-2、4/H2-H3 轴出现开裂现象。

4.1.2.2 问题描述

勘察现场发现本工程项目裂缝主要位于基础底板 3a～6 轴南侧面、连系梁 H5/1-2、

4/H2-H3 轴，裂缝主要呈中间宽两端细和上端细下端宽两种形式，且存在部分不规则的裂缝。基础底板及连系梁裂缝最宽处宽度在 0.07～0.76mm 之间，且最大宽度大部分在 0.07～0.60mm 之间，裂缝宽度小于 0.5mm 的部分占裂缝总长度的比例大于 90%。基础底板南侧面主要为纵向裂缝，H5/1-2 轴连系梁裂缝主要分布在梁两端；4/H2-H3 轴连系梁南侧梁端处沿箍筋位置出现一条通长裂缝。裂缝分布详见图 4.1.2-1～图 4.1.2-6。该工程混凝土裂缝主要是由于混凝土材料收缩导致的，混凝土的早期收缩裂缝对结构的承载能力不会造成显著的影响，但此类裂缝一旦出现，数量一般较多，裂缝宽度较大，裂缝还有可能会与钢筋位置重合，如不对此类裂缝采取相应的封闭措施，会导致钢筋锈蚀，对混凝土结构耐久性产生不利影响。裂缝分布见图 4.1.2-1～图 4.1.2-4，裂缝最大宽度及长度结果见表 4.1.2-1，典型裂缝图片见图 4.1.2-5、图 4.1.2-6。

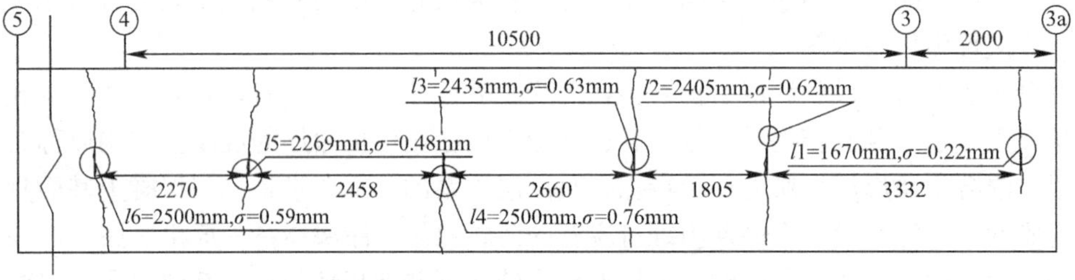

图 4.1.2-1　基础底板南侧裂缝示意图（一）

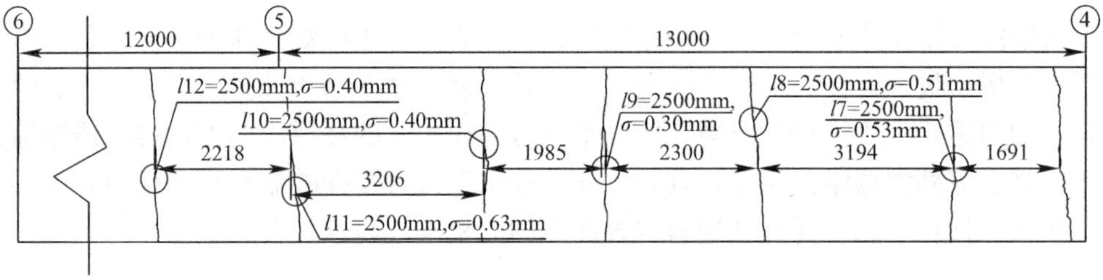

图 4.1.2-2　基础底板南侧裂缝示意图（二）

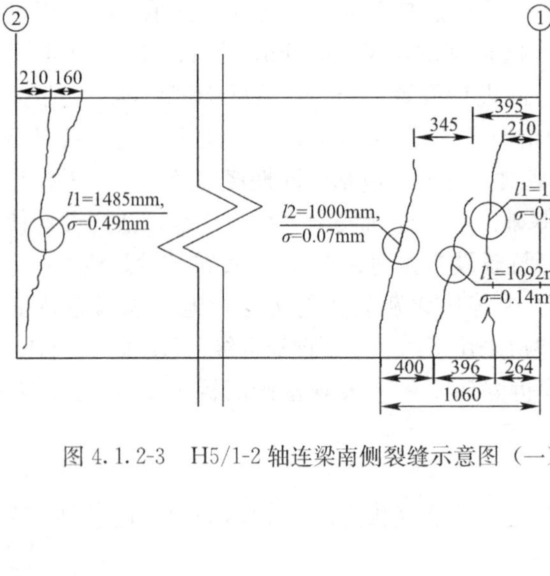

图 4.1.2-3　H5/1-2 轴连梁南侧裂缝示意图（一）

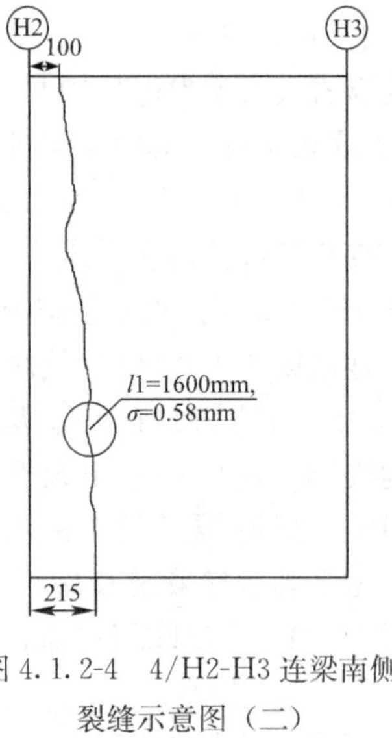

图 4.1.2-4　4/H2-H3 连梁南侧裂缝示意图（二）

裂缝最大宽度及长度　　表 4.1.2-1

序号	检测部位	裂缝编号	裂缝最大宽度（mm）	裂缝长度（mm）
1	基础底板 3a～6 轴南侧面	1 号	0.22	1670
		2 号	0.62	2405
		3 号	0.63	2435
		4 号	0.76	2500
		5 号	0.48	2269
		6 号	0.59	2500
		7 号	0.53	2500
		8 号	0.51	2500
		9 号	0.30	2500
		10 号	0.40	2500
		11 号	0.63	2500
		12 号	0.40	2500
2	连系梁 H5/1-2 轴	1 号	0.23	1356
		2 号	0.14	1092
		3 号	0.07	1000
		4 号	0.49	1485
3	连系梁 4/H2-H3 轴	1 号	0.58	1600

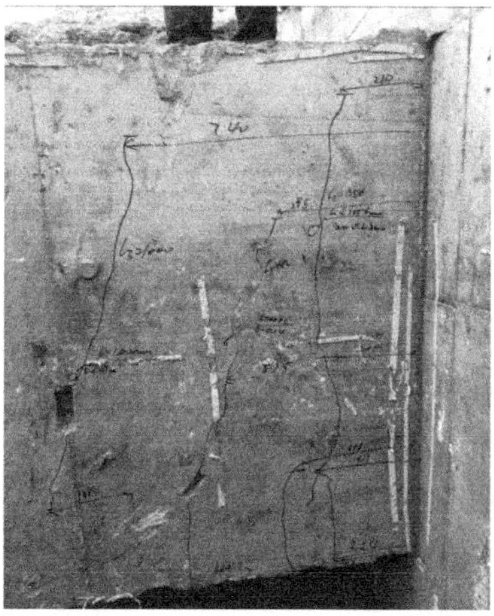

图 4.1.2-5　连系梁 H5/1-2 轴裂缝

图 4.1.2-6　基础底板南侧面 12 号裂缝

4.1.2.3　原因分析

当对建筑进行可靠性鉴定分析时，常常需要对结构出现的裂缝进行分析，然而裂缝有很多类型，不同类型的裂缝产生的原因也不同，其特点也不相同，并且对结构的影响也不同。结构出现的裂缝可能由一种或几种原因同时引起的，因此，要根据不同类型的裂缝采取不同的修补措施。

而根据裂缝产生的原因将裂缝分成两种：第一种是由于混凝土直接受到荷载的作用而引起的裂缝；第二种是由于变形引起的裂缝，这其中包括温度、收缩、钢筋锈蚀、冻融、湿度变形、徐变及地基基础沉降等引起的裂缝。

由于该工程基础上方主体还未施工，可直接排除荷载作用的因素。

经查阅图纸、施工日志及现场检测，厂房基础结构的保护层厚度、钢筋配置情况均符合图纸要求；

根据现场实体混凝土非破损检测结果，相应构件的抗压强度均符合设计强度等级C35的要求。基础底板后浇带西侧混凝土（9月29日浇筑）实体强度达到设计强度的119%～126%，基础底板后浇带东侧混凝土（9月26日浇筑）实体强度达到设计强度的101%～111%；连系梁H5/1-2轴实体强度达到设计强度的101%；连系梁4/H2-H3轴实体强度达到设计强度的110%。因此可排除设计因素。

通过检测结果和分析同时排除了不均匀沉降、钢筋锈蚀、混凝土碳化的因素。

同时为进一步分析混凝土开裂与混凝土中游离氧化钙的关系，对基础底板开裂区域、连系梁4/H2-H3轴混凝土进行钻芯取样。混凝土钻芯检验游离氧化钙的危害性按照《混凝土结构现场检测技术标准》GB/T 50784－2013的规定进行检测，具体检测结果见表4.1.2-2。

游离氧化钙危害检测结果 **表4.1.2-2**

序号	构件名称	试件种类	抗压强度（MPa）	抗压强度变化率（%）	
				单组值	平均值
1	基础底板3-4轴南侧侧面	未煮沸	38.8	4.4	4.2
		煮沸	37.1		
		未煮沸	37.5	2.9	
		煮沸	36.4		
		未煮沸	39.9	5.3	
		煮沸	37.8		
2	连系梁4/H2-H3轴	未煮沸	41.6	5.0	4.1
		煮沸	39.5		
		未煮沸	42.8	4.7	
		煮沸	40.8		
		未煮沸	40.6	2.7	
		煮沸	39.5		

根据游离氧化钙危害性检测结果，相应构件的煮沸试件（包括薄片试件和芯样试件）外观均无明显变化，芯样试件抗压强度变化率的平均值均小于30%。试验结果表明试件中未发现游离氧化钙对混凝土质量有潜在危害。

经调查，厂房混凝土工程采用现场自拌泵送混凝土、木模板。其中基础底板及连系梁H5/1-5轴于2018年9月26日浇筑混凝土，当天天气多云，气温为13～24℃。并于2018年10月3日、4日拆模，10月3日天气晴，气温为14～26℃，10月4日天气晴，气温为13～24℃。于2018年10月5日覆盖塑料膜养护。

连系梁4/H2-H3轴位于4号轴内，4号轴于2018年10月7日浇筑，当天天气晴，气温为15～25℃。并于2018年10月10日、11日、12拆模，10月10日天气晴，气温7～18℃，10月11日天气晴，气温9～20℃，10月12日天气晴，气温9～21℃。

温度的变化对混凝土开裂起促进作用。水泥水化是一个放热的化学反应过程，其间产生一定的水化热。每克水泥放出502J的热量，如果以水泥用量300～550kg/m^{3}来计算，每1m^{3}混凝土将放出15500～27500kJ的热量，且大部分水泥水化热在3d内释放出来。混凝土是热的不良导体，特别是大体积混凝土，产生的大量水化热不容易散发，内部温度不断上升，而混凝土表面散热快，使混凝土内外截面产生温度梯度，特别是昼夜温差大时，内外温差更大，内部混凝土热胀变形产生压力，外部混凝土冷缩变形产生拉力，由于此时混凝土抗拉强度较低，当混凝土内部拉应力超过其抗拉强度时，混凝土便产生裂缝。这种裂缝的特点是集中出现在混凝土浇筑后的3～5d，初期出现的裂缝很细，随着时间的推移而继续扩大，甚至达到贯穿的情况。

同时混凝土用水量与混凝土收缩有直接关系，在混凝土强度相同的条件下，用水量越大、水泥用量越多，会增加混凝土结构内部毛细孔的数量，进而增大混凝土的塑形收缩和干燥收缩。通过调查资料发现该工程使用的混凝土坍落度设计值为180±20mm，坍落度过大不仅要增加混凝土用水量，而且水泥用量也会随之增加，从而增大混凝土的收缩，导致混凝土表面出现裂缝。

4.1.2.4 解决措施

经过检测评估，混凝土裂缝主要由于温度变化、混凝土材料收缩导致，该类裂缝不会影响主体结构的结构安全性，为防止出现渗漏等隐患，须进行修复处理。对于不同宽度的裂缝采取不同措施：对于宽度为0.2mm及以下的裂缝，在混凝土表面涂刷黏度较小的高性能环氧树脂，使其渗透至混凝土裂缝内部；对于宽度为0.2～0.5mm的裂缝，则采用环氧树脂裂缝灌注胶进行灌浆封堵施工，填空裂缝内部空间；对于宽度在0.5mm以上的裂缝除进行环氧树脂灌浆施工外，需要在裂缝表面粘贴碳纤维布进行裂缝封闭。

而要防止混凝土发生温度、收缩裂缝，需从混凝土原材料的选择、配合比的确定以及施工养护全面采取措施。

（1）合理利用混凝土原材料，应优先使用低热和中热水泥。若使用水化热较低的水泥，则应适当提高 C_2S 和 C_4AF 的含量，并限制 C_3A 和 C_3S 的含量。

（2）混凝土的干缩受水灰比的影响较大，水灰比越大、干缩越大，因此要严格控制水灰比，掺加高效减水剂来增加混凝土的坍落度与和易性，减少水泥和水的用量。

（3）合理分缝分块施工，对较长的结构应设置后浇带，对基岩或老混凝土垫层，在表面铺设50～100mm砂垫层，以消除基岩约束和嵌固作用。

（4）降低混凝土入模温度，减少温差变化，施工时宜避开高温季节，如须在高温季节施工，应对砂、石材料采取降温措施，搅拌水采用温度较低的地下水。混凝土搅捣尽量安排在气温低的夜间进行。

（5）合理安排施工工序进行薄层搅捣，均匀上升，以便于散热。

（6）适当配置温度钢筋，减少混凝土温度应力。

（7）施工时加强插筋附近混凝土的振捣、抹压、养护。由于钢筋是热的良导体，易产生大的温度梯度，这是容易产生裂缝的一个主要部位。加强初凝前的抹压，以消除初期裂缝，并加强早期养护，提高混凝土抗拉强度。

（8）新浇筑的混凝土，由于强度低、抵抗变形能力差，遇到不利的温度条件时表面容易产生温度收缩裂缝。保温养护，即保持混凝土外界环境处于适宜的温湿度条件，目的是减少混凝土表面与内部温差以及表面温度梯度。保温层兼有保湿作用，其中尤以湿砂层、湿锯末层和蓄水养护效果较为明显。资料表明，混凝土湿养条件下的极限拉伸值比干燥养护时增加20％～50％。可以采用塑料薄膜苫盖养护。塑料薄膜具有很好的保湿效果，较湿砂层和湿锯末层更便于操作和周转存放，避免了表面蓄水养护的人工消耗。冬季施工和气温骤降时可以在其上面覆盖草帘子保温。此外，还可以采用湿麻袋片覆盖养护，效果同样非常好。在高温和大风天气要设置遮阳和挡风设施，及时养护。冬季施工时，要适当延长混凝土保温覆盖的时间。

4.2 钢结构锈蚀

4.2.1 钢结构锈蚀引起的结构承载力下降案例分析

4.2.1.1 项目概况

某展示馆项目发现屋面钢结构锈蚀严重，因此委托某检测单位对屋面钢结构进行检测。

4.2.1.2 问题描述

某展示馆项目自建成后就没有进行有效维护，在进行改扩建工程时发现屋面钢结构锈蚀严重，因此委托某检测单位对屋面钢结构进行检测。具体检测位置和数量由检测单位与监理单位协商确定。

具体锈蚀情况见图 4.2.1-1～图 4.2.1-5。

图 4.2.1-1 钢梁上翼板锈蚀图

图 4.2.1-2 钢构件下翼板锈蚀图

图 4.2.1-3 钢梁腹板钢锈蚀图

图 4.2.1-4 外表面及连接处

4.2.1.3　原因分析

结构承载力下降主要由材料强度不符合标准要求、焊缝质量不符合标准要求、构件面积减小等几个因素引起的。为了找到该结构承载力下降的原因，进行了钢结构锈蚀现场勘查试验、母材强度现场试验、焊缝无损检测试验。

图 4.2.1-5　外包装

（1）检测安排

1）检测咨询依据。本次检测单位主要依托《钢结构工程施工质量验收标准》GB 50205—2020、《焊缝无损检测 超声检测 技术、检测等级和评定》GB/T 11345—2013、《金属材料 里氏硬度试验 第 1 部分：试验方法》GB/T 17394.1—2014 以及委托方提供的相关资料。

2）检测仪器。本次检测使用的主要仪器设备如表 4.2.1-1 所示。

检测仪器设备信息　　　　**表 4.2.1-1**

仪器设备名称	型号规格	用途
游标卡尺	（0～300mm）/0.01mm	检测钢结构锈蚀情况
里氏硬度计	HL-150	检测钢结构原材强度
超声波探伤仪	CTS-9008	检测焊缝质量

3）检测区域。检测区域为某项目屋面伞状部位，具体分为四个区域，分别是西北、东北、西南、东南。屋面伞状部位钢梁原规格为 H500×250×8×16，牌号为 Q345B。槽钢为 20a（200mm×73mm×7mm），加劲板厚度 10mm。

（2）检测结果汇总

用目测法确定钢结构锈蚀严重部位，采用游标卡尺对钢结构锈蚀深度进行检测。用超声波和磁粉探伤对随机抽检的焊缝进行检测。用里氏硬度计对随机抽检的母材进行强度检测。

1）西北伞检测结果汇总

① 锈蚀部位情况检测结果见表 4.2.1-2。由表可见，西北伞共发现 17 处钢梁锈蚀严重部位，翼板锈蚀最严重部位厚度为 7.61mm，与原厚度 16mm 相比减少 52.4%，锈蚀区域最大尺寸为 2500mm×250mm；腹板锈蚀最严重部位厚度为 5.47mm，与原厚度 7mm 相比减少 21.9%，锈蚀区域最大尺寸为 300mm×500mm；连接槽钢锈蚀最严重部位厚度为 2.21mm，与原厚度 7mm 相比减少 68.4%；钢绞线检测 1 处，目测外表面有锈蚀情况，连接处未见破坏。

锈蚀部位情况汇总表　　　　**表 4.2.1-2**

钢梁锈蚀处实测厚度与尺寸（mm）						
检测位置	上翼板	锈蚀区域尺寸	下翼板	锈蚀区域尺寸	腹板	锈蚀区域尺寸
1	11.24	600×250	11.35	850×250	5.47	280×500
2	13.12	300×250	13.49	400×250	6.01	300×500

续表

钢梁锈蚀处实测厚度与尺寸（mm）						
检测位置	上翼板	锈蚀区域尺寸	下翼板	锈蚀区域尺寸	腹板	锈蚀区域尺寸
3	—	—	13.66	400×250	—	—
4	10.22	800×250	13.87	800×250	—	—
5	14.11	300×250	14.25	300×250	—	—
6	—	—	13.27	200×250	—	—
9	11.45	2500×250	12.38	750×250	6.11	300×500
10	12.50	300×250	12.61	400×250	—	—
11	12.50	300×250	13.59	450×250	—	—
12	10.28	400×250	12.66	400×250	—	—
15	11.35	300×250	—	—	—	—
16	11.68	300×250	—	—	—	—
17	12.47	350×250	10.89	200×200	—	—
18	9.56	1600×250	8.57	600×250	—	—
19	9.60	300×250	12.41	2500×250	—	—
22	14.37	300×250	15.12	300×250	—	—
23	14.28	300×250	15.06	300×250	—	—
25	7.61	500×250	10.25	2300×250	—	—
26	11.53	1300×250	—	—	—	—
27	11.52	400×250	—	—	—	—

连接槽钢锈蚀实测厚度与尺寸（mm）		
检测位置	实测厚度（mm）	锈蚀区域长度（mm）
20	2.21	400
21	5.13	400

钢绞线处锈蚀情况	
检测位置	锈蚀情况
24	目测外表面有锈蚀情况，连接处未见破坏，钢绞线外包装完好

注：1. 检测位置见图纸标记，详见附件；2. “—”表示无锈蚀情况。

② 焊缝无损检测结果见表 4.2.1-3。由表可见，焊缝检测 3 处，结果均为合格。

焊缝无损检测汇总表 **表 4.2.1-3**

检测位置	超声波探伤	磁粉探伤
7	合格	合格
8	合格	合格
14	合格	合格

注：检测位置见图纸标记。

③ 母材强度检测结果见表 4.2.1-4。由表可见，母材强度检测 8 处，结果均为合格。

母材强度检测结果汇总表 **表 4.2.1-4**

检测位置	母材强度（MPa）	检测结果
4	481	合格
5	476	合格
8	475	合格
10	488	合格
15	479	合格
17	492	合格
20	488	合格
24	496	合格

注：检测位置见图纸标记。

2）东北伞检测结果汇总

① 锈蚀部位情况检测结果见表 4.2.1-5。由表可见，东北伞共发现 14 处钢梁锈蚀严重部位，翼板锈蚀最严重部位厚度为 9.56mm，与原厚度 16mm 相比减少 40.2%，锈蚀区域最大尺寸为 800mm×250mm；腹板锈蚀最严重部位厚度为 5.34mm，与原厚度 7mm 相比减少 23.7%，锈蚀区域最大尺寸为 220mm×500mm。

锈蚀部位情况汇总表 **表 4.2.1-5**

钢梁实测厚度与尺寸（mm）						
检测位置	上翼板	锈蚀区域尺寸	下翼板	锈蚀区域尺寸	腹板	锈蚀区域尺寸
1	13.11	400×250	12.11	500×250	—	—
2	12.60	300×250	13.54	300×250	5.34	220×500
3	13.11	550×250	12.21	200×250	—	—
4	13.34	200×250	—	—	—	—
5	12.54	400×250	13.17	500×250	—	—
6	13.51	400×250	12.65	400×250	—	—
7	13.34	300×250	9.87	700×250	—	—
8	12.54	400×250	—	—	—	—
9	9.56	800×250	12.34	250×250	—	—
10	12.83	420×250	13.54	250×250	—	—
11	11.62	300×250	—	—	—	—
12	10.87	400×250	9.61	450×250	—	—
13	10.28	250×250	9.48	250×40	—	—
14	10.95	100×40	13.83	350×150	—	—

注：1. 检测位置见图纸标记，详见附件；2. “—”表示无锈蚀情况。

② 母材强度检测结果见表 4.2.1-6。由表可见，母材强度检测 5 处，结果均为合格。

3）西南伞检测结果汇总

① 锈蚀部位情况检测结果见表 4.2.1-7。由表可见，西南伞共发现 22 处钢梁锈蚀严重部位，翼板锈蚀最严重部位厚度为 8.23mm，与原厚度 16mm 相比减少 48.6%，锈

蚀区域最大尺寸为400mm×280mm；连接型钢（西南与西北伞间）检测1处，目测锈蚀严重。

母材强度检测结果汇总表　　表4.2.1-6

检测位置	母材强度（MPa）	检测结果
2	477	合格
5	473	合格
8	481	合格
11	484	合格
14	475	合格

注：检测位置见图纸标记，详见附件。

锈蚀部位情况汇总表　　表4.2.1-7

钢梁实测厚度与尺寸（mm）						
检测位置	上翼板	锈蚀区域尺寸	下翼板	锈蚀区域尺寸	腹板	锈蚀区域尺寸
1	12.22	150×150	—	—	—	—
2	11.76	250×200	12.14	100×50	—	—
3	11.35	250×200	—	—	—	—
4	12.56	200×150	—	—	—	—
5	12.47	100×100	—	—	—	—
6	12.57	150×150	—	—	—	—
7	11.46	200×200	—	—	—	—
8	10.53	100×100	—	—	—	—
9	8.23	300×200	10.33	500×50	—	—
10	11.54	150×120	—	—	—	—
11	11.15	100×100	—	—	—	—
12	12.08	150×120	—	—	—	—
13	13.42	150×120	—	—	—	—
14	12.16	100×50	—	—	—	—
16	11.34	200×150	12.51	150×100	—	—
17	9.51	300×120	—	—	—	—
18	9.07	300×150	11.37	400×120	—	—
19	10.27	400×280	—	—	—	—
20	12.12	400×280	—	—	—	—
21	13.23	300×100	11.33	150×50	—	—
22	12.31	150×150	—	—	—	—

连接型钢（西南与西北伞间）锈蚀情况	
检测位置	锈蚀情况
15	目测锈蚀严重

注：1. 检测位置见图纸标记，详见附件；2. “—”表示无锈蚀情况。

② 母材强度检测结果见表4.2.1-8。由表可见，母材强度检测3处，结果均为合格。

母材强度检测结果汇总表 表 4.2.1-8

检测位置	母材强度（MPa）	检测结果
6	474	合格
7	485	合格
8	476	合格

注：检测位置见图纸标记，详见附件。

4）东南伞检测结果汇总

① 锈蚀部位情况检测结果见表 4.2.1-9。由表可见，东南伞共发现 20 处钢梁锈蚀严重部位，翼板锈蚀最严重部位厚度为 8.36mm，与原厚度 16mm 相比减少 47.8%，锈蚀区域最大尺寸为 3000mm×240mm；腹板锈蚀最严重部位厚度为 5.17mm，与原厚度 7mm 相比减少 26.1%，锈蚀区域最大尺寸为 200mm×500mm；加劲板检测 2 处，锈蚀最严重部位厚度为 6.35mm，与原厚度 10mm 相比减少 36.5%。连接型钢（东南与东北伞间）检测 1 处，目测锈蚀情况严重。

锈蚀部位情况汇总表 表 4.2.1-9

钢梁实测厚度与尺寸（mm）						
检测位置	上翼板	锈蚀区域尺寸	下翼板	锈蚀区域尺寸	腹板	锈蚀区域尺寸
2	13.21	100×100	—	—	—	—
4	12.34	3000×240	—	—	—	—
5	10.01	100×100	—	—	—	—
6	10.11	600×100	12.00	400×100	—	—
7	10.21	400×100	—	—	—	—
8	12.13	200×200	—	—	—	—
9	11.27	400×150	—	—	—	—
10	12.34	150×100	—	—	—	—
11	10.63	300×250	—	—	5.17	200×500
12	9.22	600×100	—	—	—	—
13	12.40	250×100	—	—	—	—
14	8.36	270×100	—	—	—	—
15	9.41	200×150	13.33	200×100	—	—
16	12.16	500×100	—	—	—	—
17	11.38	500×100	—	—	—	—
18	9.25	350×100	—	—	—	—
19	13.31	300×50	13.42	100×50	—	—
20	12.26	180×70	—	—	—	—
21	14.30	250×100	—	—	—	—
23	12.31	150×150	12.25	150×100	—	—

加劲板锈蚀情况		
检测位置	实测厚度（mm）	锈蚀区域长度（mm）
8	7.21	100
9	6.35	260

续表

连接型钢（东南与东北伞间）锈蚀情况	
检测位置	锈蚀情况
24	目测锈蚀严重

注：1. 检测位置见图纸标记，详见附件；2. “—”表示无锈蚀情况。

② 焊缝无损检测结果见表 4.2.1-10。由表可见，焊缝检测 2 处，结果均为合格。

焊缝无损检测汇总表 **表 4.2.1-10**

检测位置	超声波探伤	磁粉探伤
21	合格	合格
22	合格	合格

注：检测位置见图纸标记，详见附件。

③ 母材强度检测结果见表 4.2.1-11。由表可见，母材强度检测 4 处，结果均为合格。

母材强度检测结果汇总表 **表 4.2.1-11**

检测位置	母材强度（MPa）	检测结果
1	474	合格
3	485	合格
4	476	合格
21	473	合格

注：检测位置见图纸标记，详见附件。

4.2.1.4 解决措施

建议对锈蚀部位进行除锈加固，涂刷防腐涂料，并进行相关检测。另外应建立定期检查机制，在使用过程中定期检查和维护，发现问题后及时处理。

4.2.2 腐蚀引起的某钢结构网架坍塌事故案例分析

4.2.2.1 项目概况

某机修车间建于 1982 年，使用三十多年后屋面网架结构在没有任何征兆和外力影响的情况下突然坍塌。车间主体承重结构形式为排架结构，上部采用焊接空心球网架结构，网架形式为正放四角锥，材质为 Q235B，屋面为混凝土屋面板。

4.2.2.2 问题描述

勘查现场发现，该车间使用多年来由于缺乏有效的维护，网架杆件和节点出现了大面积的锈蚀，网架杆件、节点和支座处有明显的锈蚀，局部塌落现状见图 4.2.2-1，网架锈蚀见图 4.2.2-2。

4.2.2.3 原因分析

网架坍塌通常是多因素综合作用引起的。为了找到坍塌的原因，进行了现场锈蚀勘查试验、杆件力学性能试验、材料化学分析。

（1）网架腐蚀情况分析

首先将采集回来的构件进行编号，根据构件状况和腐蚀程度确定构件在网架结构中的所处位置，按照构件上杆件位置进行编号。对构件进行打磨除漆除锈。将杆件从端头至节点焊缝均分五处，每处在杆件上下各打磨一块。打磨后构件见图 4.2.2-3。打磨完成后，采用超声波测厚仪测量杆件的壁厚，得出杆件平均腐蚀程度见表 4.2.2-1。

图 4.2.2-1 局部塌落现状

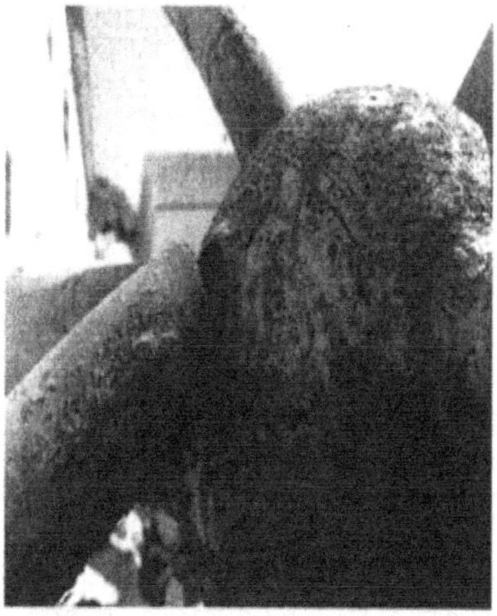

图 4.2.2-2 网架锈蚀

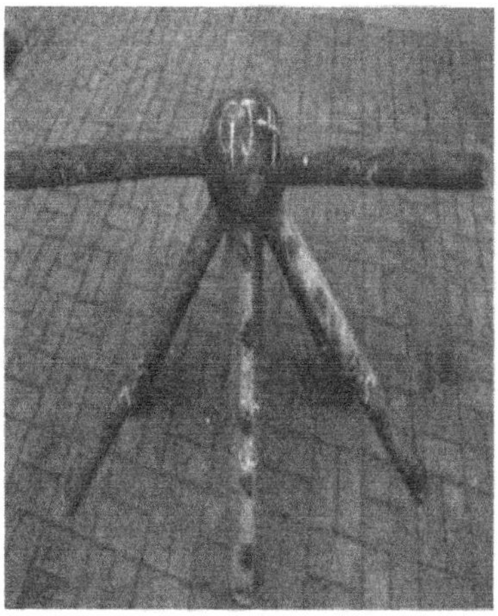

图 4.2.2-3 打磨后构件

杆件腐蚀程度 **表 4.2.2-1**

直径（mm）	原管壁厚（mm）	腐蚀后平均壁厚（mm）			腐蚀后最小壁厚（mm）		
		上弦杆	下弦杆	腹杆	上弦杆	下弦杆	腹杆
43	3.5	2.47	2.97	2.78	2.38	2.76	2.73
45	5	4.2	—	4.63	4.17	—	4.44
63.5	5	3.68	4.02	4.08	3.45	3.6	3.59
89	5	4.67	4.91	5.06	4.63	4.74	4.82
108	5	4.57	—	4.614	4.4	—	4.36

通过对网架各杆件的壁厚进行测量，发现了网架在使用过程中的腐蚀规律。杆件上部存在积灰腐蚀。积灰腐蚀是大气腐蚀的一种，随着环境的不同，大气中的尘埃也具有不同的性质，主要表现在其溶解性和腐蚀性上。当尘埃落于钢结构表面时，尘埃与钢结构之间的缝隙有利于水分的凝结。另外，有些无腐蚀性的尘埃可以吸附腐蚀性物质，当其溶于水

膜时便带入了腐蚀性物质。有腐蚀性的尘埃溶于水膜后会参与腐蚀反应。尤其值得注意的是，当钢结构局部落有尘埃时，很有可能出现局部腐蚀，在局部区域出现应力。

杆件下部腐蚀速度比上部更快。从外观上发现网架杆件上部锈蚀程度较轻，而杆件下部腐蚀较上部严重。通过对事故网架杆件壁厚的测量，发现大部分杆件厚度都是上部比下部大。当建筑屋面漏水时，弦杆下部容易悬挂水滴，在常年使用过程中腐蚀速度高于其他无水滴的部分，造成了杆件的下部腐蚀影响较为严重。

所有构件中，节点焊缝本身处于最容易积水的位置，故腐蚀最为严重。焊缝附近不均匀腐蚀杆件表面会出现蚀坑、腐蚀缝隙、结构形状的弯曲或不连续等，再加之焊缝附近由于焊接过程中出现的缺陷，常常出现应力集中现象，导致节点过早发生破坏。

（2）钢材性能分析

为了全面深入分析网架坍塌原因，从网架钢材的化学成分、力学性能和网架构件承载力三个方面进行了试验分析。本次取样分析的钢管钢材化学成分见表 4.2.2-2。

通过对标准试件和网架杆件的力学性能试验得出，杆件在经过三十年的使用和锈蚀后，钢材弹性减弱，塑性增强，塑性屈服点提高且没有明显屈服强度，使钢材出现脆性破坏的可能性增大。依据《碳素结构钢》GB/T 700—2006 的相关规定，部分钢材伸长率未达到规范标准要求，钢材标准试件试验结果见表 4.2.2-3。

钢材化学成分 **表 4.2.2-2**

规格	C	Mn	S	P	Si
ϕ108×5	0.18	0.51	0.0024	0.024	0.22
ϕ89×5	0.42	1.03	0.011	0.028	0.32
ϕ63.5×5	0.19	0.59	0.018	0.011	0.27
ϕ43×3.5	0.19	0.49	0.01	0.018	0.28

钢材标准试件试验结果 **表 4.2.2-3**

杆件编号	宽度 (mm)	标距长 (mm)	总长 (mm)	断后标距 (mm)	厚度 (mm)	断裂时最大荷载（kN）	断后伸长率 (%)	最大应力值 (MPa)	标准厚度 (mm)
0 号-1	18.3	63.5	187.1	77.7	4.54	42.9	22	516	5
0 号-2	18.1	63.5	187.2	78.7	4.36	41.9	24	531	5
1 号-1	17.9	63.9	186.2	85.3	4.50	38.5	33	478	3.5
1 号-2	17.9	63.2	185.1	82.2	4.50	38.0	30	473	5
2 号-1	12.0	46.1	178.4	60.5	2.80	17.7	32	527	5

网架在使用中，由于受到腐蚀的影响，其整体承载力下降。大量事故现场图片显示网架破坏出现在节点附近。为此，从采集回来的构件中选择外形规范、焊缝质量良好的节点作为试件进行试验，其管球节点质量符合《钢网架焊接空心球节点》JG/T 11—2009 的相关规定。通过试验测得的应变和应力数据，可得弹性模量 E，见表 4.2.2-4。

管球试件弹性模量值 **表 4.2.2-4**

构件编号	弹性模量值（MPa）
GJ-2	201043.7
GJ-5	195099.3
GJ-9	206561.7

（3）网架结构验算

1）模型参数。以现场实测数据以及甲方所提供部分图纸为依据进行建模分析，参数如下：事故网架为焊接空心球网架，网架形式为正放四角锥。网架尺寸为 60000mm×24000mm，网格尺寸为 2000mm×2000mm，网架高度 2000mm。网架采用下弦支撑，支座为固定支座，位于柱顶。不考虑温度对网架的影响，场地类别为 3 类。由于事故发生时，没有大风和地震的状况发生，分析时不考虑风荷载和地震荷载作用。荷载参数：①屋面恒荷载（混凝土屋面板）：3.0kN/m^2；②屋面活荷载（非上人屋面）：0.50kN/m^2。荷载组合包括基本组合 1（1.2×恒载）、基本组合 2（1.2×恒载+1.4×活载）。

2）支座约束。《空间网格结构技术规程》JGJ 7—2010 中强调了计算模型必须与实际结构相符，即在任意水平和竖向荷载组合作用下，结构计算所假定的边界条件与支座节点的构造和设置必须相符，并保证结构的几何不变性。该网架支座为固定支座，但须考虑在承受荷载状态下混凝土柱的位移变化。混凝土柱线性刚度经计算：K_x=0.817kN/mm，K_y=0.2667kN/mm，K_z=777777.77kN/mm。

3）利用工程软件对坍塌网架按照原图纸和现场检测情况进行承载力计算复核，原网架杆件全部满足计算要求，网架中有部分杆件应力偏大。整体节点位移最大处为 52.6mm，符合设计规范。原设计焊接球经验算承压不满足要求的有 12 个，焊接球钢管间隙不够的有 68 个。其中焊接球钢管间隙不够的节点全部位于上弦边跨，承压不满足要求的焊接球位于网架长跨方向中间支座处。

（4）网架结构失效分析

1）由杆件承载力不足引起的结构失效分析。焊接球网架结构失效反映在杆件的变形和断裂，随着腐蚀的日趋严重，杆件有效截面减小，加之局部腐蚀带来的应力集中都对杆件的破坏带来了加速效果。整体检测发现，网架在边跨附近的弦杆腐蚀最为严重，最严重的部分杆件厚度仅为原杆件厚度的 68%，杆件超应力信息见表 4.2.2-5。根据事故网架构件的试验数据，采用工程软件对网架模型重新验算。在网架计算条件不变的情况下，验算后网架超应力杆件中最大应力比为 1.83，已经达到了破坏应力范围。由图 4.2.2-4 杆件最大应力比位置示意图可以看出，事故网架的破坏是从网架中间跨支座附近的下弦杆开始的。在杆件失效后，网架结构内力重新分布，已破坏杆件的相邻杆件应力迅速增大，被破坏杆件两侧的杆件应力超限严重。伴随着超应力杆件不断增加，大量杆件发生破坏。部分腐蚀不严重的杆件在不断失稳的过程中也被破坏，最终导致网架坍塌。

杆件超应力信息 **表 4.2.2-5**

杆件编号	原杆件截面（mm）	杆件位置	杆件最大轴力（kN）	杆件应力（MPa）	破坏应力（MPa）
601	63.5	下弦	243.6	395	375～460
603	63.5	下弦	244.3	397	375～460
613	63.5	下弦	244.3	397	375～460
615	63.5	下弦	243.6	395	375～460
837	63.5	下弦	243.6	395	375～460
839	63.5	下弦	244.3	397	375～460
849	63.5	下弦	244.3	397	375～460
851	63.5	下弦	243.6	395	375～460

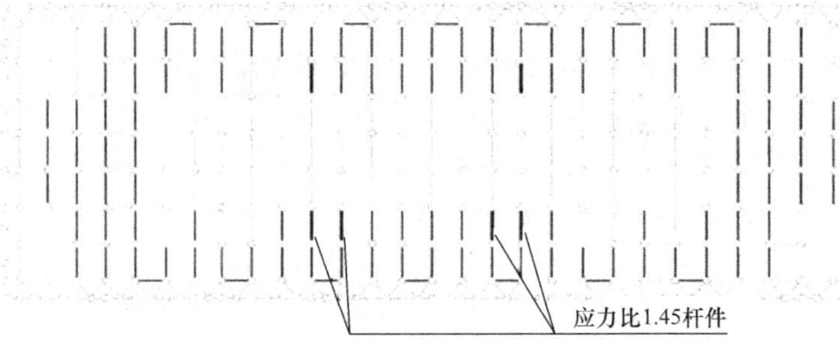

图 4.2.2-4 杆件最大应力比位置示意图

2）由球节点承载力不足引起的结构失效分析。事故网架存在设计缺陷，在还原的网架模型中存在承压不足的焊接球 12 个及杆件间隙不足的焊接球 68 个。依据《空间网格结构技术规程》JGJ 7—2010 第 5.2.2 条，对网架焊接球节点受力能力进行验算。原设计模型承压不足焊接球信息见表 4.2.2-6。

承压不足焊接球信息 **表 4.2.2-6**

节点编号	位置	焊接球型号	设计承载力（kN）	实际承载力（kN）
621	下弦	WS240×8	304.4	−305.7
627	下弦	WS240×8	256.7	−279.0
633	下弦	WS240×8	304.2	−305.7
562	下弦	WS240×8	304.4	−305.7
568	下弦	WS240×8	256.7	−279.0
574	下弦	WS240×8	304.4	−305.7
170	上弦	WS240×8	304.4	−305.7
272	上弦	WS240×8	256.7	−279.0
374	上弦	WS240×8	304.4	−305.7
154	上弦	WS240×8	304.4	−305.7
156	上弦	WS240×8	256.7	−279.0
358	上弦	WS240×8	304.4	−305.7

事故网架经过三十多年的使用后，焊接球出现了不同程度的腐蚀，焊接球壁厚测量数据见表 4.2.2-7。

焊接球壁厚测量数据 **表 4.2.2-7**

试件编号	位置	球直径（mm）	平均壁厚（mm）	试件编号	位置	球直径（mm）	平均壁厚（mm）
GJ-1	下弦球	240	5.05	GJ-6	下弦球	240	4.97
GJ-2	上弦球	240	6.08	GJ-7	下弦球	240	4.93
GJ-3	下弦球	240	4.86	GJ-8	上弦球	240	4.87
GJ-4	上弦球	240	5.17	GJ-9	下弦球	240	6.10
GJ-5	下弦球	240	6.09	GJ-10	下弦球	240	6.30

可以看出，随着腐蚀的加深，部分焊接球首先发生破坏。当部分焊接球被破坏后，网架结构内力重分布，对网架整体再进行验算，验算后发现已破坏的焊接球两侧腹杆承载力迅速增大，杆件超应力信息见表 4.2.2-8。

杆件超应力信息　　表 4.2.2-8

杆件编号	位置	杆件截面	设计承载力（kN）	杆件最大轴力（kN）	杆件最大应力（MPa）
2097	腹杆	ϕ108×5	557.8	−570.4	−391
2091	腹杆	ϕ108×5	557.8	−746.6	−512
2086	腹杆	ϕ108×5	557.8	−746.6	−512
2079	腹杆	ϕ108×5	557.8	−570.4	−391
2219	腹杆	ϕ108×5	557.8	−570.4	−391
2180	腹杆	ϕ108×5	557.8	−746.6	−512
2155	腹杆	ϕ108×5	557.8	−746.6	−512
2116	腹杆	ϕ108×5	557.8	−570.4	−391

根据现场勘查和采样试验结果，分析钢结构网架坍塌由以下几个因素共同导致：

（1）严重腐蚀导致焊接球、杆件截面面积变小，承载力下降；

（2）部分节点因锈蚀首先发生破坏，导致其他节点超载后发生破坏；

（3）钢材中含碳量超标，降低了结构塑性和韧性。

4.2.2.4 解决措施

建议对结构进行定期检查，在锈蚀非常严重的情况下需要进行可靠性检测鉴定。加强钢结构的检查，发现有害介质应及时进行处理；对有锈蚀性介质的工业建筑钢结构，应对钢结构表面进行定期维护，比如喷涂保护等；对已遭损坏的钢结构或钢杆件，应及时进行修补；对重要的承重钢杆件，其锈蚀程度危及结构安全的应及时进行可靠的加固；对整个工业建筑钢结构，应做好工业排水、防水工作。

4.3 地板翘曲与变形

4.3.1 工程中实木地板响声案例分析

4.3.1.1 项目概况

某木地板工程项目包括数百间住宅，都是全装修房，卧室和客厅的地面均铺设木荚豆实木地板。该工程的地板由两家生产厂商供应，由生产厂商 A 和装潢公司 B 分别安装。现场检查了大约几十套房间，大部分房间内铺设的地板有比较明显的响声。

4.3.1.2 问题描述

木地板铺设完成后，异响是常见的质量问题，该问题涉及实木地板、实木复合地板、强化木地板和竹地板等多个品种，其中实木地板较为突出，而且也很难解决。木地板响声问题表现形式比较多样，具体表现为有的局部响、有的都响、有的只是踩着才响、有的不踩也响（图 4.3.1-1、图 4.3.1-2）。

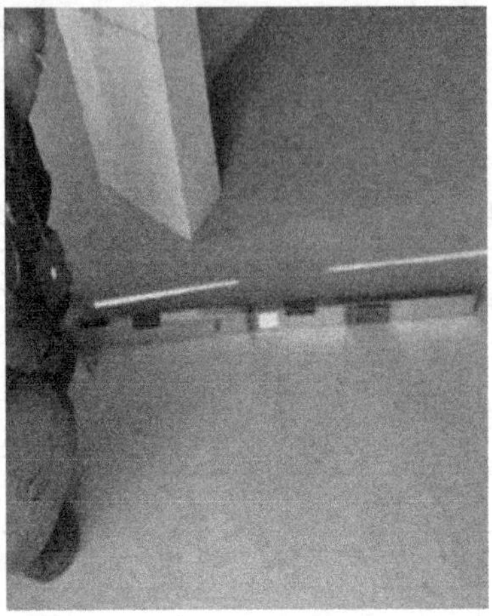

图 4.3.1-1　水泥地坪平整度较差

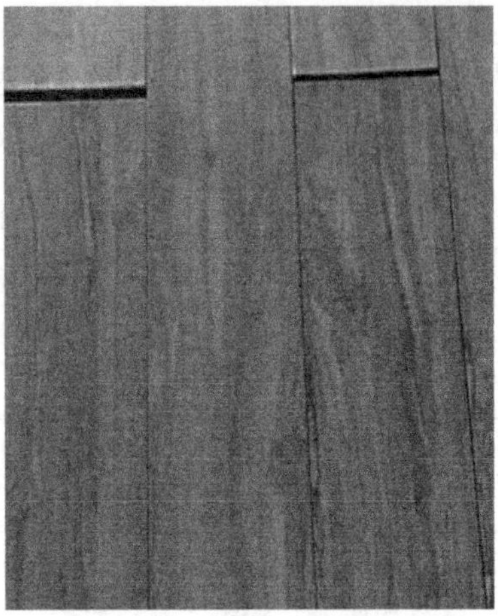

图 4.3.1-2　地板配合缝隙大

4.3.1.3　原因分析

（1）地板工程的现场拆地板检查

原水泥地坪平整度较差，并未作找平处理，同一间房内高差可达 3～4cm，因此大面积采用两根木龙骨重叠放置以保证龙骨的总体水平度，造成锚固钉进入地面基层过浅，有的锚固钉入基层深度仅 3cm，而且两套房间所用木龙骨的截面尺寸均不足 3cm×4cm，安装龙骨时所用的垫木不是很合理，这些都会影响龙骨铺设牢固度。

在部分房间内还发现，地板铺设时基本上只在侧向用 2 枚地板钉固定在龙骨上，还有部分地板上竟没有用一枚钉子。地板端头则均未用钉固定；地板木龙骨的固定基本上采取锚固钉和小木栓桩相间的方式，也发现有部分龙骨开裂，有的锚固钉未打入小木栓桩内，有的锚固钉竟可连根拔出，还有的是歪钉；在现场还发现部分拆下的地板的榫槽配合过松。

应该指出的是拆除地板后，个别地方木龙骨与地面的固定不够牢靠，可以被轻易摇动，且部分木龙骨上的锚固钉有冒头的现象，有的龙骨钉竟高出木龙骨上表面 3～4mm，虽然有的可能与拆地板时的撬动有关，但这也恰恰说明原先的龙骨钉与混凝土地面的连接不够牢固。

（2）地板质量的检测

在完成拆地板检查后即抽取地板实物带回试验室进行检测。在 A 房间的安装现场抽取了 a、b、c 和 w 共四组地板样，在 B 房间的安装现场抽取了 d、e 和 f 共三组地板样，每组为 20 块左右。地板规格为宽度 90mm×厚度 18mm。

对地板的宽度、厚度、槽榫尺寸及拼接定位尺寸等加工精度进行了全面的检测，但考虑到一些技术指标与地板响声关系不大，且地板已拆包装，会受环境的影响，尤其环境湿度会使之湿胀或干缩，也不能简单地按照《实木地板 第 1 部分：技术要求》GB/T 15036.1—2018 进行检测判断，故在实测地板含水率的基础上，对这些地板样的槽榫尺寸和配合情况进行了重点检查和分析。

在对每块地板进行槽榫尺寸检测后，发现地板的榫舌宽度厚度和槽高度在同一块或是在不同块之间的离差较大（表 4.3.1-1）。

地板槽榫配合尺寸检测结果表　　表 4.3.1-1

最大槽高度与最大榫舌厚度之差（mm）	数量（块）
−0.12～0.0	7
0.1	13
0.2	26
0.3	32
0.4	16
0.5～0.67	7
总计	101

关于实木地板的国家标准中对地板的槽榫的加工精度只规定了槽的最大高度与榫的最大厚度之差应为 0～0.4mm。实测数据表明，不仅这个差值靠近上限的多，且有部分地板样品超过了限值，即使考虑可能存在的胀缩变形，将该限值放宽 20%，仍有部分地板样的榫槽配合过松，这与现场拆地板时发现的部分情况相符。

由于考虑到铺设过的地板可能发生一些变形，影响地板拼装离缝、拼装高度差等的测量结果，所以不做这些项目的检测，而在每组地板中随机抽取 2 块，将地板样锯成厚度约为 6mm 的片状试件，用投影仪放大或肉眼直接观察槽榫尺寸、形状及其配合情况，发现地板样槽榫尺寸形状及其配合均有一些缺陷，从地板的实物可直观地看到地板槽和榫的拼接缝隙存在过大及错位的情况。因此说明该工程中所用的地板加工精度不好。

另外从这些地板上还可看到其槽榫的形状使地板拼接时的接触面较大。

（3）综合分析

综合该木地板工程的现场检查和地板质量检测结果，发现木地板的本身质量和安装铺设等方面均存在可能引起地板响声的缺陷。

实木地板铺设时混凝土地面一般应找平，其高度以铺设一根木龙骨为宜，该工程的地板在铺设时未做好找平工作，仅采取两根木龙骨加叠借平的方式，又未采取适当的方式加强木龙骨与地面的连接，影响了木地板基层的牢固度。

现场拆地板检查时发现的诸如龙骨截面偏小、部分木龙骨开裂或为边角料、龙骨钉入地基深度不够或未钉实等现象，均说明木地板基层未能达到“应牢固、不允许松动”的规范要求，以及装潢公司安装地板时的少钉、漏钉现象等均影响地板的安装铺设质量，导致人行走时地板容易产生位移而发出响声。

就地板质量而言，槽榫配合的加工精度非常重要，如果槽高与榫厚配合太松会使行走时地板相互间位移加大，容易产生响声，而且实木地板铺设时，是以背面为基面固定于木龙骨上的，如果槽榫配合有高低差则既会影响地板与龙骨间的连接牢固度，又加大了地板相互间位移，造成地板响声。另外如地板槽榫配合形状设计偏差较大，拼接时的接触面越大，位移摩擦产生的声音也越大。本案例中的地板本身在加工上恰恰存在槽榫配合松、拼接高低差较大和接触面大等瑕疵，因此容易导致地板出现响声。

4.3.1.4　解决措施

该工程中的地板响声主要原因是：

（1）地板在槽榫配合的加工精度和槽榫形状设计方面有瑕疵；

（2）水泥混凝土地面平整度较差，地板铺设前有关方未采取必要的找平等措施，影响了地板的铺设质量；

(3) 安装铺设方面存在较多影响地板基层牢固度等的质量问题。

木地板响声问题较难解决，目前只能做到尽可能降低，要想完全消除，几乎不可能。木地板响声问题最好的解决方法是防患于未然，特别是在全装修木地板工程中，把好木地板质量关铺设质量关、做好木地板验收、注意木地板使用维护，只有这样才能保证全装修工程的质量和广大消费者的利益，保证整个木地板行业的蓬勃发展。

以上只是对木地板响声问题的初步探讨，希望能起到抛砖引玉的作用，最终解决木地板响声问题。

4.3.2 工程中强化木地板变色案例分析

4.3.2.1 项目概况

强化木地板在使用过程中会出现变色现象，或因不同批次产品引起的色差使供需双方产生争议。事实上，引起木地板变色有多种原因，有的是产品质量问题，也有的是防潮处理不当或使用环境不当所致。分析强化木地板变色原因可以为消费者或工程方提供自查方向，为问题的解决提供理论依据。

4.3.2.2 问题描述

强化木地板一般由耐磨层、装饰层、基材层（中/高密度纤维板）、平衡层共 4 层材料复合而成。因其较高的性价比，备受消费者的青睐。但是强化木地板被投诉的问题点主要就是长时间使用后容易变色。该项工程中有消费者投诉称，家中部分地板变色严重，每个房间都有这种现象，而且房间内阳光直射的地方地板变色现象更为明显。

除上述现象外，现场勘查还发现，在变色区域间，变色程度还不一致，颜色由浅变深。地板变色现象如图 4.3.2-1 所示。

4.3.2.3 原因分析

(1) 地板抗污染不合格引起的变色

地板抗污染不合格的主要原因是：地板表面的耐磨纸浸三聚氰胺后，在干燥过程中产生预固化现象（过干），或是浸过三聚氰胺的耐磨纸在储存过程中，因环境温度过高致使耐磨纸上的三聚氰胺产生预固化现象，在热压过程中三聚氰胺流动性降低，从而在地板的表面产生许多微小气孔。在清洁地板时，细小的脏物进到气孔中，导致地板变黑。这种变色的特点是缺陷出现在使用过程中，有的会出现几条，严重的会出现许多条，分布没有明显规律性。

图 4.3.2-1 地板变色图

这种变色在浅色的地板上较为明显，深色地板不易发现。对于变色较轻的地板，用专用洗涤剂可以擦干净。地板表面气孔较大且较深情况下，地板变色较严重，用清洗剂很难擦净。这种缺陷地板在铺装前很难被发现，只能在后期使用中才会被发现，这是强化地板企业共同面临的难题。因此，在铺装浅色地板前，应先抽取几片进行抗污染试验，合格后再铺装。

（2）强化地板的光变色反应

地板长期暴露在空气中，都会产生一定的变色反应，一般情况都是由浅变深。强化地板表层的装饰纸由木材制成，有文献显示，62%的木材变色是由紫外光引起的，18%的木材变色是由可见光引起的。由于装饰纸的生产厂家不同，生产工艺不同，因此，装饰纸的抗变色能力也不同。有的工厂生产的纸抗变色能力较强，地板在使用过程中，虽然也会产生轻微的变色，由于变色不明显，没有引起投诉。而有的工厂生产的纸抗变色能力较差，地板在使用过程中产生严重的变色，从而引起投诉。

对于强化地板的变色问题，在原有的国家标准中没有相关要求。针对在使用过程中地板表面容易出现变色，消费者难以接受的这样的问题，在后来修订的关于强化地板的国家标准中增加了强化木地板的耐光色牢度指标及试验方法。

（3）水分窜入引起的地板变色

地板在使用过程中，由于防潮膜透气，地面的水分窜入地板导致地板变色，地板以变黑为主。在变色的同时，地板的边部和板面都会出现鼓包现象。产生此类问题需要两个条件：一是地面潮湿；二是地板安装时防潮没有做好。安装不当应是主要责任，使用环境不当应是次要责任，施工单位完全可以通过做好防潮工作杜绝问题的发生。

另一种因水分窜入引起的地板变色多发生在浮雕地板上，主要是在耐磨纸较薄的情况下，压贴过程中浮雕表面出现耐磨层破损。在擦地时水分将变色菌带进耐磨层底部，使地板产生变色，这种变色多以蓝变为主。此类问题发生在单条地板上，往往是相邻的地板没有蓝变，而且板面没有鼓包现象的发生。在发生蓝变的区域，用刮刀可以很容易地将耐磨层与装饰层分离。

（4）不同批号产生的色差

在受理的投诉事件中也经常会遇到这样的问题：1）样板与实际提供的产品颜色有差异。一种原因是样品与提供的产品不是一个批号，虽然产品型号一样，两批装饰纸的颜色略有差异；另一种原因是样板在展架上的时间过长，已经产生褪色，即使是同一批的产品，也会出现样板与实际提供的产品颜色有差异的现象。2）安装后的地板虽然颜色没有差异，但板面的亮度不一样。原因是地板大板在压贴过程中，压机的衬板刚换完时压的大板亮度高，随着压贴张数的增加，大板亮度下降。虽然是同一型号，由于生产日期不同，地板板面的亮度也就不同。

从现场勘查的情况分析，上述投诉的变色情况主要出现在阳光直射的地板上，产生的原因可能是强化地板的装饰层长期在阳光的直射下产生了光变色。

为了验证以上分析，从地板中抽取几片未经阳光直射的地板，带回试验室进行耐光色牢度性能测定，验证强化地板的变色原因是否为阳光直接照射导致。根据试验测试要求，将样品制成一定尺寸的试样，与蓝色羊毛标样一同置于日晒气候老化箱一段时间，直至蓝色羊毛标样暴晒和未暴晒部分间的色差达到灰色样卡4级，暴晒终止。试验后比对灰色样卡，检查试样暴晒和未暴晒部分间的色差达到哪个等级，试验结果试样有明显色差（灰色样卡2级）。这说明该地板经过一段时间阳光暴晒后，光变色较为明显，地板表层装饰纸的抗光变色能力较差。

4.3.2.4 解决措施

对于既成明显变色事实的地板除了拆除重新铺设，没有其他补救方法。对于地板变色的问题只能防患于未然，铺设前做预检，并做好日常保养工作，同时在使用过程中注意以下两点：

（1）不要将地板暴晒在阳光直射的地方，经常被太阳照射的部位，用窗帘或门帘进行遮挡。

（2）控制室内的温湿度和含水率，避免地板受潮及遭遇水浸，从而避免发生变色。

4.3.3 全装修工程中木地板发生虫害的案例分析

4.3.3.1 项目概况

上海市建材及构件质量监督检验站受业主委托，对上海市的一全装修房地板虫蛀问题进行勘查鉴定检测。为此，本站通过对地板虫蛀内外原因进行初步排查，对收集到的虫样进行虫种鉴定以及对实木复合地板用材和加工过程进行调查，确定虫害原因，并据此提出治理修复建议。

4.3.3.2 问题描述

现场勘查发现，每套全装修房中的地面均铺设实木复合地板，有几十套全装修房地板出现虫蛀。现场见到的地板虫蛀情况，多的一套 30 片，少的一套 1 片，大多数虫蛀地板一片上有虫孔 1～4 个，少数虫蛀地板虫孔数量在 10 个以上，且分布较为集中。因大多数虫孔口周围的蛀屑已被清理，故现场见到的一片虫蛀地板上虫孔口周围只有少量蛀屑。现场还见到部分业主提供的虫子，有大小两种，达数十只，木地板生虫图见图 4.3.3-1、图 4.3.3-2。现场撬开地板发现，该实木复合地板直接铺设在毛地板上，实木复合地板与毛地板之间铺有防潮垫层。

图 4.3.3-1 木地板生虫图（一）

图 4.3.3-2 木地板生虫图（二）

4.3.3.3 原因分析

一般而言，木地板极易遭虫害，故在地板的生产工艺中，木材经粗加工后要进行干燥处理及防虫处理，以杀灭木材中的虫卵。如地板在加工过程中未经以上处理或处理不充分，虫卵可能未被杀灭，而是继续留在地板内。另外，在地板加工过程中，未将处理过的原材料或半成品与有虫害的材料有效隔离，有虫害的材料中的雌成虫飞来产卵，造成二次感染。本案例中的实木复合地板在生产中的原材料质量较差，蠹虫卵孵化成幼虫，在地板中蛀食发育并羽化成成虫，对实木复合地板造成了蛀害。有虫卵的地板在使用过程中，蠹虫就会因适宜的环境在地板中繁殖。成虫一般在夜间活动并进行交配产卵。其卵多产在木材的边材导管中，在有树脂状填充物的心材导管上，或表面有涂料等覆盖层以致不显露出导管的地板及家具上，成虫产卵繁殖的可能性小，但在显露导管的木质品上仍能产卵繁殖。

根据现场勘查及以往的鉴定经验，木地板的虫蛀原因主要有以下几个方面：

（1）木地板质量

生产上应选好材料，工艺严格把关。在检测过程中，易生虫的实木地板多出自品牌信誉差、加工设备落后、质量监控不严的生产企业。由于木材原料价格大幅度上涨，部分小型加工厂出现原料供应危机，为了维持利润，这些小型加工厂放松了原材料的质量把关，将部分已出现虫害的木材及不符合质量要求的木材边皮料用于加工实木地板，再加上没有进行高温烘干或烘干工艺不过关，有的即使烘干或热压工艺控制的比较好，但是在原材料、半成品、成品之间也有可能造成产品的二次虫害污染，这些产品安装使用后容易被虫蛀。

（2）龙骨质量

木龙骨通常没有经过高温加工处理，很有可能留下虫子或虫卵的隐患，湿度和温度在适宜的时候就可能遭到虫子的侵蚀，并殃及地板。

（3）施工质量

木地板铺设前地面潮湿、地板铺设时的工艺把控不严格等情况给虫害创造了条件。

（4）环境条件

应考虑通风、防潮，杜绝害虫的生活条件。

（5）甲醛的原因

近年来，由于大家普遍关心板材的甲醛释放量水平，现在市场上的板材甲醛含量与几年前相比是有所降低的，材料的甲醛方面达到了环保，但是甲醛能杀死虫卵的作用被削弱，片面追求低甲醛、无甲醛使得虫害也就更容易发生了。

（6）害虫从国外的传入

有国外传入的害虫并可能在国内传播。例如，在上海、湛江、太仓等沿海口岸以及东北地区的满洲里等陆路口岸都发现过大象白蚁、蠹科害虫及松材线虫等；在首都机场口岸，北京检验检疫局也曾从一个航班的集装箱垫木托盘中截获了一种叫斜带短鞘天牛害虫。此外，还从其他货物木质包装中截获过小蠹、天牛（死体）等有害生物。有的虫子一年繁殖多代，繁殖、传播快，给防治增加了难度，应严格把关杜绝害虫的进口。

（7）室内木门、框、家具等木制品中的害虫感染或其他原因

有些害虫危害家具等木制品。它们的幼虫可在含水率极低的干材内完成发育，并且可能繁殖传播到木地板。

通过以上分析及现场拆地板检查，随机抽取地板实物进行含水率测试，现场采用感应式含水率测试仪进行，最终显示地板含水率高达 25%左右，并且发现地板背面有发霉现象，正好印证了含水率过高的问题。

4.3.3.4　解决措施

木地板含水率过高是地板加工工艺的问题。地板在原材料阶段未进行充分的干燥及防

虫处理，再加上半封闭式的涂饰工艺，造成地板生虫。此种情况的生虫无法做后期弥补，只能重新购置木地板进行铺设。

木地板内存在虫卵或易于虫蚁生存，所以木地板虫蚁腐蚀的问题不易解决，但可以从以下几个方面进行防治：

（1）选择好的地面材料：木地板、龙骨等材料

购买木地板和龙骨时，最好选择质量可靠的，品牌信誉有保障的知名品牌产品。在制作实木地板的工艺中，高温烘烤是必不可少的一道程序。这道在高温高湿环境下进行的工序，在使木材充分干燥和保持一定含水率的同时，会杀死木材里可能存在的虫子和虫卵。另外，成品的实木地板外要全部淋上油漆，即使有虫子也不容易感染虫害。因此，要选好的木地板。铺装木地板过程中如果需要使用龙骨，要仔细查看龙骨是否有缺陷或虫眼，检测中也有人发现建材市场上不少木龙骨产品中存在有害虫卵，因此用户在购买龙骨产品时一定仔细查看，并按要求投放防虫剂以防受到虫害。

（2）铺木地板注意防虫

铺装时原地面保持干燥，地面上可撒上防虫剂、防霉剂，必要时在木龙骨上涂刷防腐剂。另外，地板的缝比较大时虫子容易爬下去在地板和龙骨上产卵，从而容易发生虫害，因此在铺地板的时候，除预留必要的伸缩量外，要尽量不留大缝隙。

（3）注意使用条件

铺设竣工后，要保持正常通风，室内空气不能太潮湿；注意卫生，定期清洁；地板用不滴水的拖布顺地板方向拖擦，局部脏迹可用清洁剂擦洗；要注意防止靠近厨卫等地方的水源冒漏，深入木地板基层。

（4）木地板害虫防治途径和方法

根据木地板害虫危害比较隐蔽的特点，故害虫防治应以预防为主，然后才是杀灭。预防方法：加强木材害虫的监测与检查；加强植物检疫；创造不利于害虫的生存环境；清洁卫生防治。杀灭方法包括人工物理防治：物理隔离法和高温处理；化学防治：喷杀和熏蒸剂熏杀。

木地板经常遭受到昆虫的危害而造成损失，轻者使材质结构遭到破坏，丧失使用价值和工艺价值，重者可酿成严重事故。

对待木地板发生虫害的问题要有正确的态度。生虫的地板可能会蔓延开，满屋子的地板都会爬出虫子，的确影响到人们生活和安全。正确的态度是，当木地板出现生虫的情况时，应该请专家鉴定虫子的种类，需要根据不同种类的危害采取不同的防治办法，进行专业防治，以免危害其他木质纤维产品，如家具、毛毯、书籍等，甚至造成更大的危害。

近年来全装修房屋发展比较快，但是令人担忧的是，如果在全装修房中地板选用的是一个大的木地板品种，花色可能会有很多种，但是木地板的原材料是一样的，如果地板中有一只虫子爬出，那将会有很多家地板出现虫子，若是繁殖特别快或是对特别干的木材也能侵害虫类，那将会出现木地板的严重虫害，甚至危害房内的木制品（包括家具）。由于全装修房工程中地板面积都很大，所以虫蛀的危害更严重，木地板质量显得尤为重要。最好的虫害防治方法是，在全装修房木地板工程中，请权威检测机构把好木地板整个工程的质量关。

4.3.4　工程中强化木地板响声案例分析

4.3.4.1　项目概况

江苏某强化木地板工程项目涵盖了数百间住宅，皆为全装修房屋，在卧室和客厅这两个区域的地面都铺设有强化木地板。现场对几十套住宅进行抽查，发现大部分房间的地板都有较明显响声。

4.3.4.2　问题描述

强化木地板一般由耐磨层、装饰层、基材层（中/高密度纤维板）、平衡层共 4 层材料复合而成。因其较高的性价比，备受消费者的青睐。但是强化木地板的一个缺点就是在使用时会有踩踏响声发生。该项工程中就遇到此类问题，脚踩在地板上时，局部有明显的响声。在抽查的几十套住宅中，大部分都有这种情况，而且，在梅雨季节，地板存在变形、起拱现象，见图 4.3.4-1、图 4.3.4-2。

图 4.3.4-1　地板变形图

图 4.3.4-2　地板拱起

4.3.4.3　原因分析

（1）地面平整度方面的影响因素

按照木质地面的铺设和验收、使用相关规定要求，对铺设强化木地板的地面平整度要求是低于 3mm/2m，但是就我国房屋建筑实际情况来看，却是很难达到这一要求的，通过对该项目住宅房屋进行现场勘察，发现地面平整度一般都是介于 5～7mm/2m 间，甚至有些已经达到了 10mm/2m 或以上。而遇到这样的地面情况，一些地板铺装工作者便会将垫片放置在凹处进行处理，甚至一些地板铺装人员会不管地面的平整度而直接进行地板铺设，而当地板铺设之后，由于一些地方的地板并没有与地面充分接触，相当于是处在悬浮状态下，因此当受到踩踏之后，地板便会发生上下颤动的问题，锁扣处持续受到摩擦影响，最后产生响声。由于地面平整度因素造成的地板声响发生特点可概括为：地板在铺设之后踩踏会马上出现响声，响声仅限于地面不平或者是周边的局部区域，并不涉及全部。

（2）预留伸缩缝方面的因素

和其他原料的木材相同，强化木地板有热胀冷缩和干缩湿胀的特性，所以就强化木地板的铺设来说，应留出既定的伸缩缝，以备地板随着温度、湿度变化而发生自由伸缩。如果地板在铺设时周边并未留有充足的缝隙，那么一旦地板发生膨胀，就会出现拱起问题，随之地板就会离开地面，处于悬浮的状态，即视为人为的地面不平整，甚至严重情况下，地板锁扣会由于受到地板基材的挤压而出现损坏现象。在上述基础上，地板便会产生响声，概括其表现特点为：首先，地板在铺设之后的一段时间内并不会产生响声；其次，夏天或者是温度升高时便会产生响声；最后，将地板拆开可见没有设置伸缩缝，地板拼接处存在拱起或者是翘起的问题。另外，若室内摆放了较重的家具，由于长时间受到重物挤压，也会导致地板无法向两侧膨胀，继而产生响声。

（3）未采取有效的防潮举措因素

强化木地板在铺设时，由于未能采取相应的防潮措施，比如说没有有效铺设防潮膜，或者是室内有较大的湿度等，地板安装好之后会受到地面潮气的影响发生瓦状变形，久而久之，地板会发生较大程度的膨胀，地板间便会有非常紧密的咬合，当人在地板上走动时，地板不能有效做出上、下运动，锁扣间也没有摩擦，所以暂时并不会出现响声。但是当地面水分都散失之后，地板含水率便会恢复到常规状态，这时由于地板已经出现了收缩，所以导致地板拼接间都有缝隙出现，再加上地板瓦状的变形还没有恢复，所以当人行走在地板上时，地板便会由于上下运动产生摩擦而出现响声。由于这一影响因素而出现响声的表现特点可以概括为：地板安装时并不会有响声，在较短时间的使用内便会逐渐有响声出现，而且声音越来越大。除上述因素外，若日常使用和维护不得当，比如经常有水存在于地板表面、室内有较大的湿度和温度变化等，也会造成地板变形、出现响声。

（4）锁扣加工精度的影响因素

上述三个影响因素中，都涉及地板锁扣间出现摩擦的这一因素。如果初始状态下地板的锁扣加工精准度就不满足要求的话，在地板安装之后，锁扣便会一直出现配合不吻合的问题，很快便会发生响声。概括由于这一因素而导致出现响声的特点为：地板刚铺设好之后便会有响声发出，各处地板都会发生响声。

（5）其他因素

如果在地板安装之前地面未能清理干净还留有垃圾的话，那么当地板铺设之后，由于垃圾和地板间的摩擦，也会导致发生响声；在地板拼装的过程中，在对地板做敲击工作时，如果导致地板锁扣或者是基材损坏，会直接使地板出现响声。这些都是在铺装过程中需注意的细节。

通过现场勘查，发现地板有踩踏响声的原因主要是地板铺设时，未留设足够的伸缩缝。

4.3.4.4 解决措施

（1）降低地面平整度差值

想要从这一层面上进行地板响声预防，应采取的对策便是在地板铺设之前，仔细测量地面的平整度情况，要求平整度应该不超过 3mm/2m，如果地面并不满足这一条件，就应该先做找平处理，之后再进行地板的铺设。当前阶段，很多主流地板生产厂家也已经把地平检测内容纳入了地板铺设流程当中，可在很大程度上避免由于地面不平因素而导致发生地板响声。

而对于已经完成地板铺设的地面，已经不允许进行地面的找平工作了，则可以拆开地板，通过打胶铺装的方法来避免产生响声。具体做法：拆下出现响声的地板，将胶涂抹在锁扣槽处，抹胶时注意均匀程度，且建议使用固体含量高的胶，借助于胶合作用来使地板间互为密切咬合，虽然行走时地板还会发生上下运动，但是地板锁扣之间却是固定的，自然不会有摩擦，也就不会发生响声。在使用这一方法时，需注意：地板重新铺设之后的48h以内，避免在地板上行走，保证胶合作用的良好发挥。

另外，锁扣润滑的手段也可以针对由于地面不平因素导致发生响声进行处理，但润滑剂是有机原料的一种，使用较长时间后便会逐渐渗透到地板基材中，并随之不断挥发，所以该方法的应用持续一段时间之后便会因为润滑剂的消失而再次使地板发生响声。

(2) 预留足够的伸缩缝

地板在铺设时必须在与墙壁接触部位预留出足够的伸缩缝，防止由于地板膨胀、拱起而导致发生响声。就强化木地板的铺设来说，对于地板和墙壁固定物之间要留有8～12mm的伸缩缝这一确切规定，工作人员在铺设地板时，必须严格按照此要求进行。地板膨胀长度与其铺装总长度表现为线性联系，考量到地板墙边还留有踢脚线的原有厚度，伸缩缝发生并不能特别大，所以如果铺设长度超出了8m，则应先做隔断处理、同时预留出伸缩缝。

若是已经铺设好了地板，则可通过切除地板的边缘来加大伸缩缝宽度。若地板锁扣已经损坏，则可使用上文中提到的打胶铺设方法，并留出足够的伸缩缝，或者是替换掉损坏的地板做重新铺设处理。

(3) 做好防潮处理

首先，当地板由厂商运送到达后，在正式铺设开始前，把还没有拆包的地板放置到房屋中持续24h，直至湿度、温度得以平衡之后再开始进行铺设；其次，垫防潮的地垫，特别是如果该地环境潮湿或者是低热的话，必须保证地垫铺设到位，相连接的地方要互为重叠200m，使用胶带封严；再次，进行地板铺设时要避免处于非常潮湿的条件下，通常来说于房屋建设完成之后较短时间内，混凝土中还是会含有大量的水分，所以应该等到其含水率达到和外界的平衡之后，再做地板铺设工作；最后，卫生间、厨房等长时间处于潮湿环境下的区域，应避免铺设强化木地板。

在日常使用时，拖地要拧干拖把，避免将水长时间滞留在地板上，以防止地板受潮而发生变形。若是地板铺设完成、地板已经出现变形，有做防潮举措的需求，建议使用打胶的方法再次进行铺设。

(4) 保证锁扣加工的精准度

强化木地板是使用锁扣做拼合的地板类型，因此锁扣精准度是地板生产非常关键的一个内容。当前阶段，厂家对锁扣加工精准度的控制方法一般有两种，即模块检测方法和投影检测方法。前一种方法具有使用便捷、检测快的应用优点，但不能检测出具体的尺寸控制数据，精度把控比较低；后一种方法则是借助于投影仪做锁扣断面的投影，可显示出较精准的尺寸偏差，有利于及时做出调整。可见，投影检测方法的使用有利于保证并进一步提高锁扣加工的精准程度，继而确保地板在拼接时的有效性，可有效防止锁扣间摩擦问题所诱发的响声。

若已经完成了地板的铺设工作，则建议可通过替换质量更好的地板来做二次铺设。如果在原有地板的基础上进行打胶处理，会由于受到锁扣不吻合的影响，而导致长时间后出现地板分层及锁扣损坏等诸多质量问题。

总结以上工程实例，发现工程中出现地板响声的主要原因是：地面平整度差、伸缩缝预留小、未采取有效的防潮举措和锁扣加工精度低。想要解决强化木地板产生响声的这一问题，最好的方法便是有效预防，做好强化木地板生产质量的把关，加强地面平整度的处理、注意防潮和使用维护，只有这样，才能保证消费者的利益，并促进木板行业的可持续发展。

4.4 地暖系统老化

4.4.1 水地暖系统管道渗漏案例分析

4.4.1.1 项目概况

全国建筑渗漏状况调查项目报告显示在调查住户样本中，渗漏率达到37%，渗漏水不仅影响家居整体美观，还会带来安全隐患，造成邻里纠纷，而户内采暖管道漏水也是目前常见的渗漏类型。

4.4.1.2 问题描述

（1）某住宅使用时水暖管道渗漏

北方某住宅楼楼上家中漏水造成楼下家中顶板出现渗漏水现象，一直无法找到漏水原因，经现场勘验分析，该漏水是由楼上暖气管道漏水造成的，但是由于采暖管道漏水位置为埋地部分管道，所以本案采用对楼上采暖管道进行打压的方式，判断漏水原因。

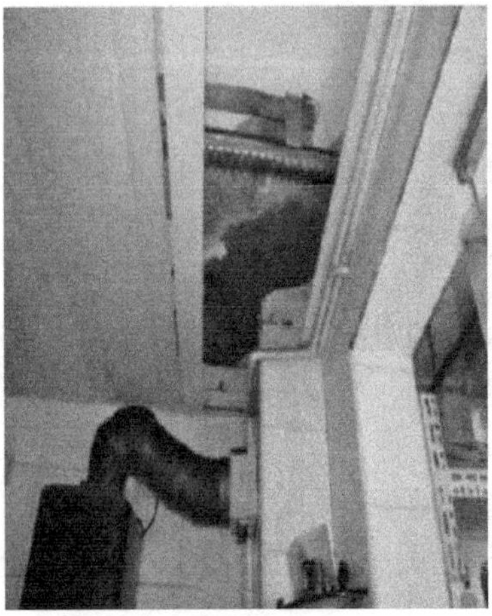

图 4.4.1-1 楼下厨房室顶板角落存在的淹湿现象

该住宅楼中楼下与楼上的厨房及卫生间为散热器采暖，其余房间为地板辐射采暖，楼下顶板部分位置出现渗漏。

对楼上户内采暖管道进行打压之后，楼下顶板最先发生淹湿位置为厨房角落，如图 4.4.1-1所示；另勘验楼上室内散热器立管出地面做法为用水泥砂浆将其与地面全部填充，如图 4.4.1-2 所示。

因为现场楼下房屋与楼上房屋厨房散热器供回水管道出地面处将管道三通或弯头隐蔽敷设，用水泥砂浆将其与地面全部填充。供暖过程中管道会产生热胀冷缩，楼下房屋与楼上房屋三通或弯头处的做法，会导致立支管无法自由伸缩变形，从而不能补偿干管的热胀冷缩，极易产生渗水。

综上，可判定楼上房屋散热器管道支路存在缺陷，且极有可能是因为楼上房屋散热器供回水支管接头（三通或弯头）处产生渗水，造成楼下房屋漏水。

参照《建筑设备安装分项工程施工工艺标准》及国家建筑标准设计图集《热水集中采暖分户热计量系统施工安装》04K502 的做法，管道出地面时三通或弯头位置需预留接头施工槽，不仅可以补偿管道的热胀冷缩，还便于检修，如图 4.4.1-3、图 4.4.1-4 所示。

（2）某住宅验房时水暖管道渗漏

漏水房屋业主于 2013 年 12 月验房时，发现涉案房屋娱乐室地面有渗漏水现象，随后房屋开发商对漏水房屋的娱乐室地采暖管线渗漏部位进行热熔接头修复，并恢复地面饰面层，使用后又发生渗漏。房屋室内以低温热水地板采暖方式进行采暖，其建筑平面示意图如图 4.4.1-5 所示。

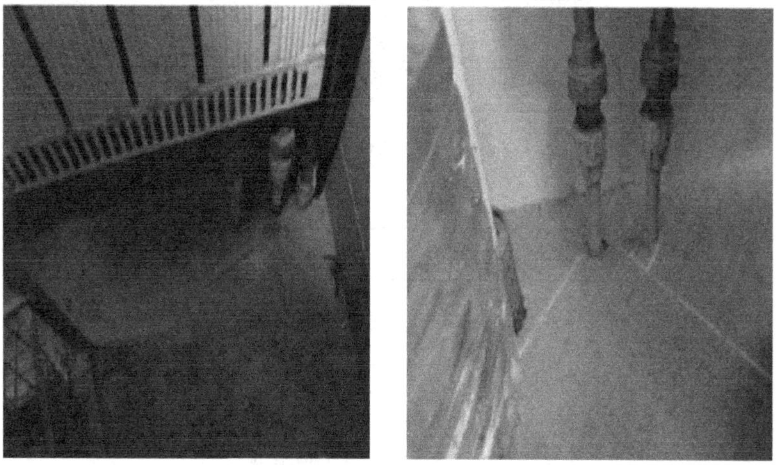

图 4.4.1-2 散热器立管出地面做法

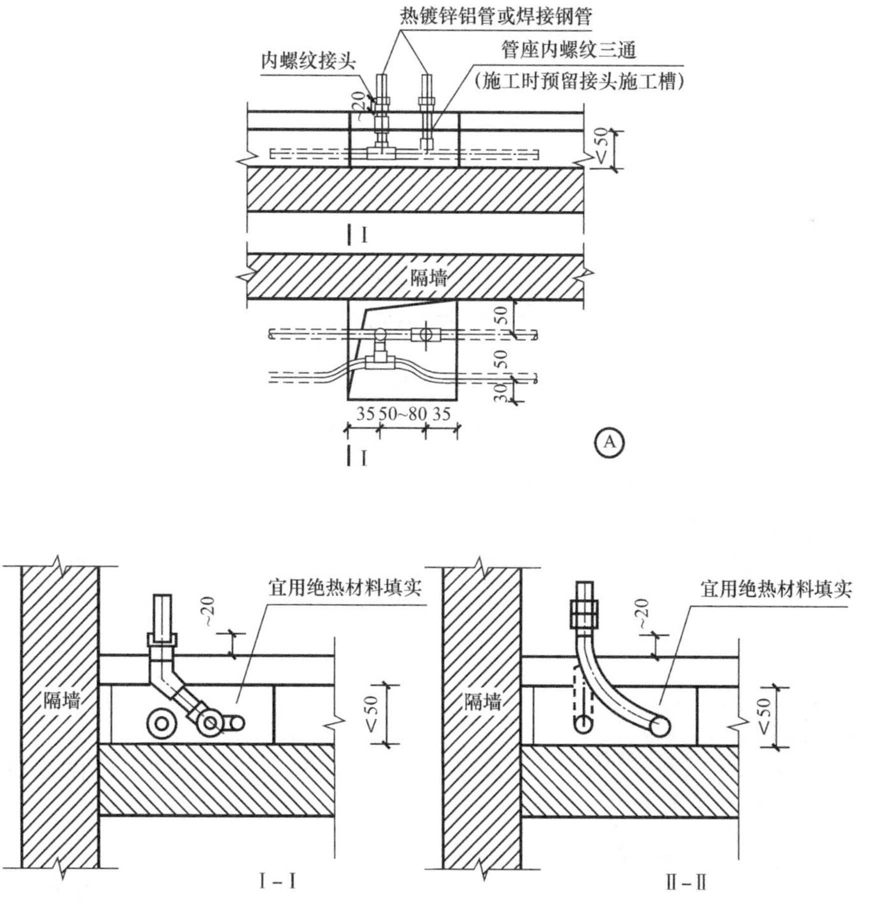

图 4.4.1-3 散热器下进下出安装-三通

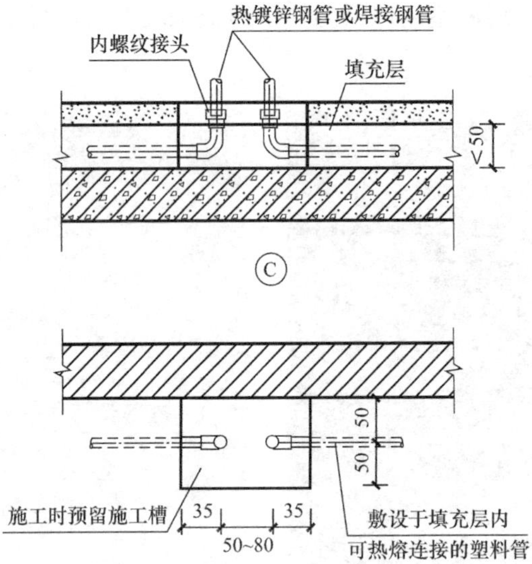

图 4.4.1-4 散热器下进下出安装-弯头

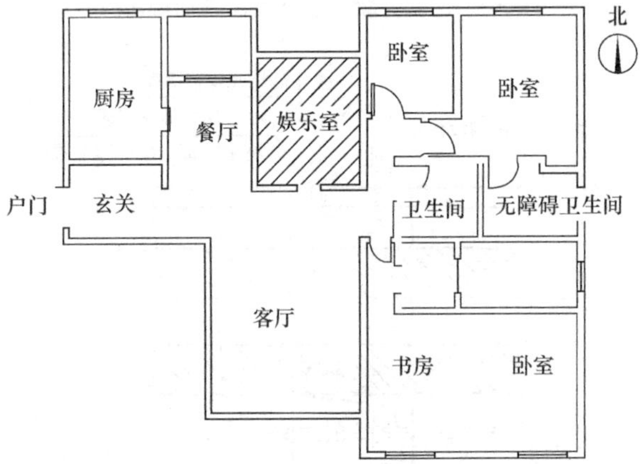

图 4.4.1-5 漏水房屋建筑平面示意图

图 4.4.1-6 娱乐室地采暖管线存在两处热熔接头

现场勘验过程中对涉案房屋娱乐室地面进行拆除、剔凿，在剔凿区域发现管线存在两处热熔接头，如图 4.4.1-6所示。

现行国家标准《建筑给水排水及采暖工程施工质量验收规范》GB 50242—2002 第 8.5.1 条规定：“地面下敷设的盘管埋地部分不应有接头”，该条的条文解释内容为：“地板敷设采暖系统的盘管在填充层及地面内隐蔽敷设，一旦发生渗漏，将难以处理，本条规定的目的在于消除隐患”；行业标准《辐射供暖供冷技术规程》JGJ 142—2012 第 5.4.5 条规定：“埋设于填充层内的加热供冷管及输配管不应有接头。在铺设过程中管材出现损坏、渗漏等现象时，应当整根更换，不应拼接使用，”该条的条文解释内容为：“根据我国现状，即使热熔连接也会因质量问题而漏水，为了消除隐患，规定埋于填充层内的加热供冷管和输配管不应有接头（不包括输配管与供暖板配、集水装置之间的接头）。同时与《建筑给水排水及采暖工程施工质量验收规范》GB 50242 相一致。”基于以上规定及相应的条文解释，当涉案房屋娱乐室地采暖管道发生渗漏水时，采用塑料管接头对管道渗漏水部位进行维修且有两处，存在渗漏水的安全隐患，该工程的维修措施不符合上述规范条文的规定。

4.4.1.3 地暖水管漏水原因

地暖管虽然常见，市场上也有大量的地暖安装，但是安装过程如果不遵守操作规程，或者地面以上的装修中敲击地面、打钉、楔木楔、切割石材等行为都可能伤及地暖管，造成漏水事故。很多地暖发生漏水的原因都不是地暖本身施工出现了问题，而是地暖铺设完毕后的后期装修对地暖管造成了二次破坏。正规的地暖铺设方法为，每一管路的管道必须使用整管，不允许有接头，所以只要管件质量合格，管道本身是不会发生渗漏的。管道铺完后要用 4cm 左右的混凝土回填覆盖管道层。后期施工中进行地面操作时，敲击地面、打钉、楔木楔、切割石材等行为都可能伤及地暖管，造成漏水事故。

4.4.1.4 解决措施

（1）地暖水管漏水维修方法

首先需要分环路进行打压试验，确定漏点所在的环路。然后查看地暖管的规格，选择相应的代替管材，进行焊接。因为地暖管焊接对维修人员技术要求较高，维修过程有可能需要掀开地板重新铺设，所以一定要交给专业人员处理。维修完成之后，需要再次进行打压测试，保证不再漏水，并进行通水测试，以防杂物进入造成堵塞。

（2）地暖水管使用注意事项

地暖是家庭中最大的隐蔽工程，一旦发生漏水简直是一场灾难，需要刨开地面重新换管，会给装修造成严重破坏，所以在铺设地暖后，一定要提醒施工人员注意地面施工，不可出现敲砸动作，而且地采暖施工不得与其他工种交叉作业。

安装地暖要做三次打压试验，为避免施工中误伤地暖，最好的办法是在打压试验后在施工现场留一块压力表，一旦异物伤及地暖管，压力表的压力会瞬间下降，使工人及时发现问题。

由于不同装饰材料的导热系数不同，对地暖的供热效率有一定影响。地面材料中按导热性能由大到小依次排列为：瓷砖、实木复合地板、强化木地板、地毯。

第二年使用地暖系统时要分阶段加热，逐渐提高温度，不要一次性将温度调到最高，以免对地面材料尤其是地板造成损坏。

对于 20 年以上的老楼，尽量不用气泵来清洗地热，这样如果地暖管道有划痕，在通过高压气泵来清洗地热管道的过程中，由于压力较大，会造成地暖管爆裂，给业主造成损失，最好的选择建议业主在安装地热的同时，安装地暖水质过滤器，不但地暖的水质能得到分解，还能对一些颗粒杂质进行拦截，降低地暖清洗频率。

4.4.2 水地暖系统地面开裂案例分析

4.4.2.1 项目概况

某多层住宅项目户内埋地管道采用 NZPE-RT 管（纳米结构阻氧管，壁厚 20×2.0），

NZPE-RT 管出地面后采用热熔连接过渡头，使用丝扣连接镀锌钢管的支管组件，进行水地暖系统地面施工后发现采用一次浇筑的楼层开裂明显。另一处商业楼项目为现浇钢筋混凝土框架结构，埋地管道采用 PE-RT 管（耐热聚乙烯管，壁厚 20×2.0），PE-RT 管采用热熔连接过渡头，使用丝扣连接镀锌钢管的支管组件，进行水地暖系统地面施工时由于房间跨度较大而未设置伸缩缝，导致房间地面开裂现象较为严重。

4.4.2.2　问题描述

某多层住宅项目进行水地暖系统地面施工，设计做法：起居室、客厅、餐厅、厨房铺设户内埋地管道为无坡敷设，先铺设挤塑聚苯乙烯保温板，将 NZPE-RT 管道铺设于聚苯板上，以固定管卡固定。施工完成后，在多处阳角柱底部出现 45°斜裂缝，且裂缝较宽。其他楼面裂缝相对较少，仅在混凝土楼板跨中出现一定数量的龟裂缝，裂缝较细。

另一处商业楼项目的水地暖系统地面施工工艺流程为：地面浮浆灰清理找平→铺设聚苯板→安装盘管→细石混凝土浇筑（内铺防裂钢丝网）→设置界格缝→混凝土碾压密实→混凝土面压实抹光→养护。由于房间跨度较大而施工过程中未设置伸缩缝，房间开裂较为严重，甚至有些部位出现空鼓、起砂，裂缝数量多且宽度较大，阳角、阴角、跨中均出现了不同程度的开裂。

调研的水地暖系统地面开裂工程实例统计如表 4.4.2-1 所示。

水地暖系统地面开裂工程实例统计　　　　**表 4.4.2-1**

序号	应用部位	混凝土浇筑方式	伸缩缝设置	效果	裂缝部位及数量
1	楼地面	一次	设置	差	在阳角处出现了少部分宽而深的斜裂缝，多个房间出现龟裂缝
2	楼地面	一次	设置	差	多个房间混凝土楼板在阳角、阴角和跨中等位置出现裂缝，裂缝较长，还有少数房间出现龟裂纹
3	楼地面	两次	设置	较好	仅有少数房间地面有表面龟裂纹
4	楼地面	两次	未设置	差	部分房间出现斜裂缝，裂缝一般较宽且沿采暖管铺设位置出现

4.4.2.3　原因分析

通过对已发生开裂工程实例的实地考察研究，分析归纳地暖管地面裂缝的形态和位置，确定了影响地暖管地面开裂的主要影响因素有混凝土原材料和配合比设计不当、伸缩缝间距过大或未按要求设置、地面面层厚度过小、养护时间不足或养护工艺不当、施工工艺不当等几个方面。

（1）混凝土原材料和配合比设计不当。

1）填充层细石混凝土采用商品泵送混凝土，由于水灰比过大，混凝土稠度大或搅拌不均匀造成抗拉强度降低，影响凝结力度造成面层裂缝。商品混凝土通常添加外加剂及其他替代材料，一般外加剂有减水及早强等作用，可以加速混凝土的早期收缩，如果养护不到位，面层水分散失过快，容易造成面层收缩裂缝。另外砂石料中的含泥量多少也直接影响到裂缝的产生，施工中应加强对砂石含泥量的控制。

2）坍落度的大小对裂缝的产生也有很大影响。坍落度越大，用水量则较大，在混凝土浇灌振捣后，有相当一部分搅拌用水在混凝土内部占有一定的体积，待这部分水被蒸发后，原本被水占据的部位就形成了毛细孔，而在毛细孔位置的混凝土的抗拉强度则最小，容易被拉开形成缝隙和裂缝。商品混凝土坍落度较大，故产生的裂缝也相对较多。水灰比过大，混凝土稠度大或搅拌不均匀，造成离析，在混凝土中留下许多微细小孔，抗拉强度降低，影响砂浆与基层间的粘结力度，也会使地面面层出现裂缝。此类裂缝特点是裂缝数量较多、较长且不规则，如图4.4.2-1所示为原材料及配合比原因引起的裂缝。

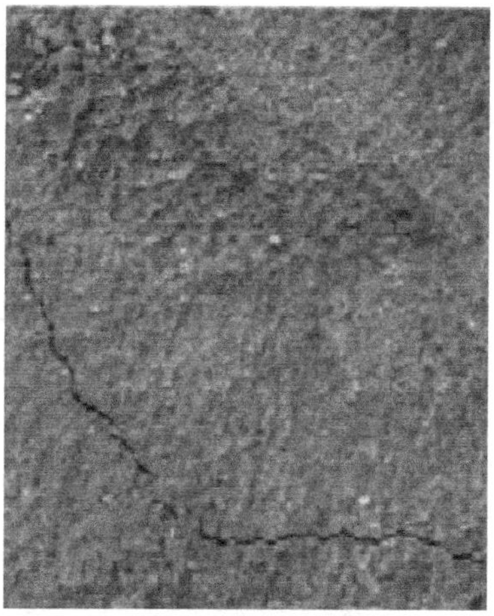

图4.4.2-1 原材料及配合比原因引起的裂缝

（2）伸缩缝设置与施工不当。

1）未设置伸缩缝。按照《辐射供暖供冷技术规程》JGJ 142－2012规定，地面面积超过30m^{2}或边长超过6m时，应按不大于6m间距设置伸缩缝，伸缩缝宽度不应小于8mm。调研中发现，在实际工程中，施工单位并未认识到伸缩缝对减少地暖管地面开裂的有利影响，绝大部分工程，尤其是住宅工程在施工过程中往往不设置伸缩缝，混凝土不能有效释放自身收缩应力而导致开裂，见图4.4.2-2。

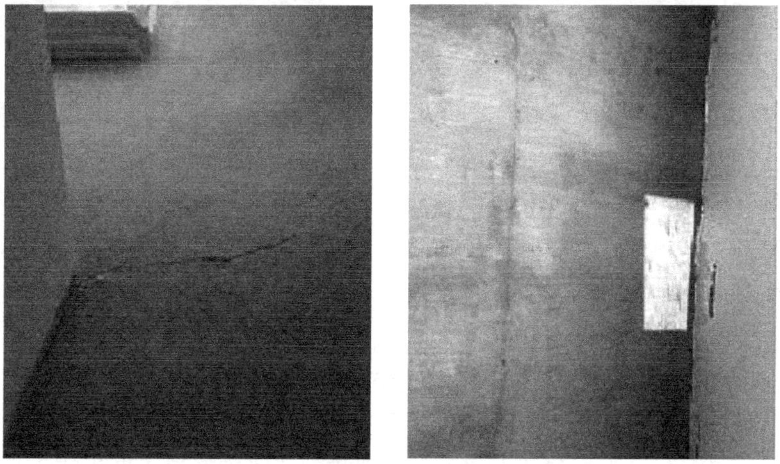

图4.4.2-2 伸缩缝间距及设置不当引起的裂缝

2）伸缩缝未按要求施工。伸缩缝处构造层（砂浆、混凝土、构造配筋）应做到完全断开，上下层缝贯通，并保持顺直，位置一致。伸缩缝填充物应为高发泡聚乙烯泡沫塑料。在施工过程中未能按伸缩缝构造要求进行施工，导致开裂。伸缩缝的设置和施工是引起地暖管地面开裂的主要影响因素。此类裂缝一般为门洞阳角及房间阳角45°斜裂缝、板跨中一字或十字形的较宽裂缝。如图4.4.2-2所示为伸缩缝间距及设置不当引起的裂缝。

（3）地面面层厚度不足。

填充层的厚度与管线布设工艺有一定的关系，40mm厚填充层虽然可以将管道埋住，但实际管道上皮与填充层上部只有15mm左右的厚度，地暖填充层在凝固和硬化的过程中，会产生横向的拉伸力，致使地面开裂。施工中混凝土地面根据标高进行找平，而由于地面高低不平产生地暖管地面上表面与混凝土接触处标高有偏差，容易造成地暖管面层厚薄不均，厚度较薄处引起应力集中，是产生裂缝的薄弱部位。经现场调研，发现地暖管地面保护层厚度低于15mm处产生裂缝的概率为70%。此类裂缝一般较宽且沿采暖管铺设位置出现，如图4.4.2-3所示为地面面层厚度过小引起的裂缝。

（4）养护工艺不当。

调研的十几个工程中，由于工期和费用等方面的原因，凡采用二次浇筑工艺施工的工程，在第一次浇筑混凝土后都未进行养护，混凝土由于缺少后期的养护引起表面干燥发生塑性收缩与开裂，这是地暖管地面施工的通病。除此以外，第二次浇筑的混凝土，由于未做好浇筑后的保温、保湿养护或养护龄期太短，在初期进行养护未达强度时，工人活动对混凝土造成振动，引起开裂。未养护和养护工艺不当是地暖管地面混凝土裂缝的主要影响因素。此类裂缝一般表现为表面龟裂纹，裂缝形态如图4.4.2-4所示。

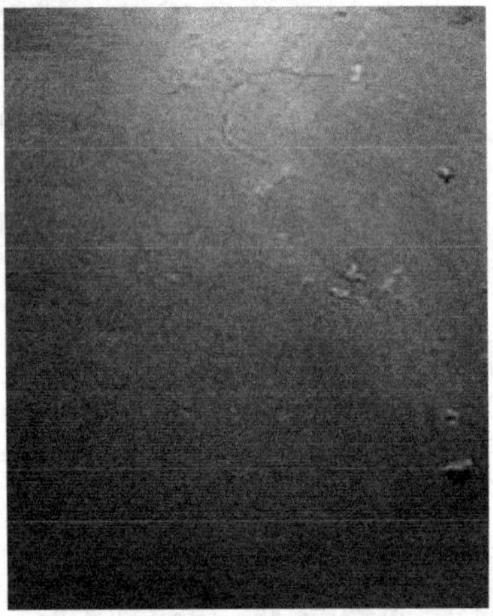

图4.4.2-3　地面面层厚度过小引起的裂缝

图4.4.2-4　养护不当引起的裂缝

（5）施工工艺及施工工序问题。

1）施工顺序不当。地暖管地面在大跨度房间混凝土浇筑施工设置多条界格缝时，一般采取分仓跳打、分格间歇式施工顺序，每浇筑完一段一般间歇3～5d，使小面积成型混凝土充分收缩后再继续浇筑，个别工程大面积地暖管地面为缩短工期采用大面积一次性浇筑成型方式，造成地面开裂。

2）楼面基层清理不干净、结构与面层材料强度相差太大、结构层未充分润水使基层失水过快，导致楼面混凝土与其下面的基层结合不牢固出现面层开裂。

3）采用一次浇筑的施工工艺，裂缝开展较多。

4）成品保护不够：因合同工期普遍较紧张，工程后期工序较多，在填充层地面强度还未达到的情况下就进行施工，且不采取相应的成品保护措施，对混凝土产生扰动，填充层表面遭到破坏。

4.4.2.4　解决措施

（1）原材料。水泥宜选用水化热低的普通硅酸盐水泥或粉煤灰硅酸盐水泥。地暖管地面用C20商品混凝土时其最大水泥用量一般不宜超过300kg。细骨料宜选用Ⅱ区中砂，粗骨料在泵送条件下宜选用连续级配细石，应该减小含泥量，并控制缓凝剂的使用。

（2）配合比。地暖管地面施工混凝土配合比设计其水灰比宜控制在0.55以下，同时地暖管地面当采用现场搅拌混凝土时，坍落度一般控制在4～8cm；商品混凝土坍落度一般控制在150mm以内。此外，应严格控制粉煤灰的掺量。

（3）伸缩缝设置。设置伸缩缝可以明显可以有效减少阳角处斜裂缝的产生。按照《辐射供暖供冷技术规程》JGJ 142－2012中的规定，当地面面积超过30m^{2}或边长超过6m时，应按不大于6m间距设置伸缩缝。伸缩缝处构造层（砂浆、混凝土、钢筋网片）应做到完全断开，上下层缝贯通，并保持顺直，位置一致。伸缩缝填充物应为高发泡聚乙烯泡沫塑料。

（4）有效厚度。地暖管地面混凝土层有效厚度不宜小于40mm，此外，混凝土下不宜使用表面摩擦力较大的防水卷材，如果设计有防水要求，混凝土与防潮（水）层间应设置滑动层。

（5）工艺流程。地暖管地面混凝土施工工艺流程建议如下：施工准备→基层处理→弹线、设标志→铺设保温层和地暖管→铺设钢筋网片→界格缝设置→混凝土第一次浇筑→毛毡覆盖洒水养护7d→混凝土第二次浇筑→去除浮浆→表面磨光→地面养护。

（6）工艺要点。1）二次浇筑。填充层施工建议采用二次浇筑工艺，第一次浇筑40mm细石混凝土将地暖管地面包裹，初凝前先垫好钢筋网片，再浇筑30mm水泥砂浆。经过统计调研的工程，发现采用二次浇筑工艺与一次浇筑相比，可以减少60%以上的裂缝。2）分仓跳打、分格间歇式施工。在大跨度房间进行地暖管地面混凝土浇筑施工时，设置多条界格缝，一般应采取分仓跳打、分格间歇式施工顺序，每浇筑完一段一般间歇3～5d使小面积成型混凝土充分收缩后再继续浇筑，以减少地面开裂。3）养护。填充层第一次浇筑完毕后，应根据外界气温在混凝土浇筑完后3～12h内用草帘、芦席、麻袋等适当材料对混凝土表面予以覆盖，并经常浇水保持湿润。混凝土的浇水养护时间，对采用硅酸盐水泥、普通硅酸盐水泥或矿渣硅酸盐水泥拌制的混凝土，不得少于7d。养护时应派专人进行养护，养护期前三天严禁上人，后期上人需铺设薄板，减少人在其上走动对混凝土产生的影响。采用二次浇筑工艺进行填充层施工时，注意第二次浇筑应在第一次浇筑完毕并养护7d后进行。

4.5　电气系统老化

4.5.1　某高层建筑内电缆井电气火灾事故案例分析

4.5.1.1　项目概况

某市（地级市）某大厦发生电气火灾，此起火灾烟熏过火区域相对密闭，过火区域仅发生在电缆井内，无人员伤亡，烟熏过火面积约30m^2。

4.5.1.2　问题描述

2012年1月5日16时，该大厦电缆井起火，巡查人员发现电缆井冒烟后通知中控室值班人员向“119”火警台报警。消防救援人员赶赴火场灭火，发现九层以上烟雾较大，一至三层电缆井有明火，于17时10分左右扑灭火灾。此起火灾烟熏过火区域相对密闭，过火区域仅发生在电缆井内，无人员伤亡，烟熏过火面积约30m^2，烧毁（损）电缆井内电缆、电器产品等物品，直接财产损失245681.6元，现场图见图4.5.1-1～图4.5.1-3。

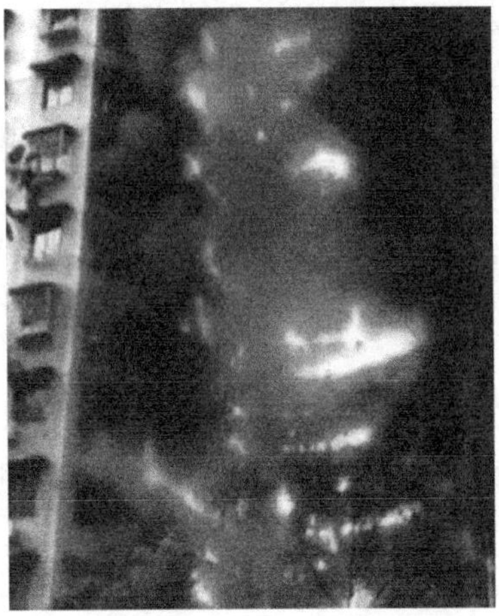

图 4.5.1-1 现场图（一）

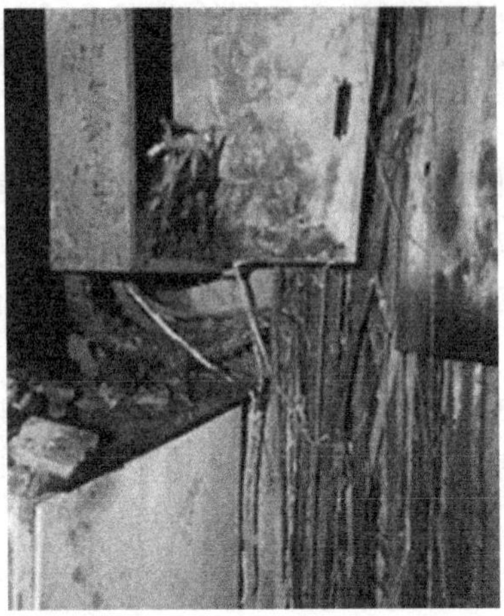

图 4.5.1-2 现场图（二）

图 4.5.1-3 现场图（三）

4.5.1.3 原因分析

电缆井电气火灾原因一般有两种：一是电缆本身故障着火，故障类型主要有短路、过负荷、接触不良、断路、漏电等；二是外界因素引发电缆井电气火灾事故，包括纵火、雷击等。

该建筑电缆井每层有管道井门封隔，起火点为位于一层西侧电缆井内竖向敷设的电缆，且具有一次短路金属熔痕的多根导线发生短路的故障点上。此处除电缆、配电箱外，无其他火源及易燃可燃物等致灾因素，结合技术鉴定结论，认定该起火灾系电缆短路造成火灾。根据公安部某物证鉴定中心对样品的鉴定结果分析，所有样品均为电热作用形成的熔痕，其中有 3 个样品熔痕的金相组织具有一次短路特征，说明起火时各电缆处于通电状态，其中有 3 根不同电缆几乎同时出现一次短路故障。可以排除电线发生接触不良、断路、漏电等原因引起火灾，但不能排除导线因某种因素出现多根不同导线超负荷用电致电线短路故障可能性。

从现场勘验询问了解的情况看，起火的主要原因包括：

（1）使用的部分电缆和部分电器产品不符合产品质量标准：所用电缆为 YJV 型普通电缆，不具备阻燃条件且未按照设计要求在电缆井内安装火灾报警探测器，火灾报警系统未正常交付使用，处于调试阶段，运行状态一直不太正常；

（2）部分电器产品安装、使用及其线路的设计、敷设（包括电缆井内电缆）不符合消防技术标准和管理规定：大楼所有用电缆都要经过电缆井，几十根电缆集中安放，未留间距，相互影响，配电柜该跳闸而未跳，导致线路出现故障后仍带电工作，加剧了火势扩大蔓延；

（3）原设计图纸中未考虑有空调电辅热，但整个大楼安装有带电辅热空调，电缆存在电流过载现象，致使电缆存在超荷载运行而产生热量高温（起火当天，气温在 0℃左右，正在办公时间内，大部分办公室内空调正处在开启状态）。不能排除导线超负荷用电产生高温，在热量积聚不散时破坏导线绝缘层，造成线路短路故障，从而引发火灾的可能性。

电气线路短路的原因如下：一是导线年久失修，绝缘老化或受损，线芯裸露。大厦内电缆投入使用才一年多，不存在老化现象，即使有这种现象，也不可能几根电缆同时出现这种情况；二是电源过电压，导致绝缘击穿。从调取的该大厦水电总表运行记录看，火灾前后，未发现电压异常现象（据火灾现场勘验情况，地下室电井内电缆绝缘完好，无过火、炭化、烟熏痕迹）；三是安装修理人员接错线，带电作业时人为碰线。据调查，火灾前后，大厦火灾供电区域内无电气线路、设备、设施安装情况；四是裸线安装太低，金属物件碰到导线时，致使导线之间跨接。大厦火灾供电区域内无裸线；五是导线断后落地或落在另一根导线上。从现场勘验及鉴定结果看，可以排除这种情况；六是乱拉导线，维护不当。电缆刚投入使用且敷设在电缆井内，无乱拉乱接现象；七是雷击使线路电压升高导致绝缘薄弱处击穿，但据群众反映，当天未发生打雷现象；八是导线的机械损伤：电缆敷设在电缆井内，除安装时有磨损外，其他时间不存机械损伤；九是没有按具体环境条件选用导线，使导线受到高温、潮湿和腐蚀等作用而失去绝缘能力。

此外，该建筑内火灾报警较迟，延误了扑救初期火灾最佳时间。从调查情况看，起火时间应为 16 时左右，但直到 16 时 10 分以后才有人发现五、六楼有烟，16 时 13 分左右才报警，这时火势已呈发展蔓延趋势，失去了火灾扑救的最佳时机。电缆井内电缆大部分采用 YJV 普通电缆，未按照设计要求在电缆井内安装火灾报警探测器，火灾报警系统未正常交付使用，处于调试阶段，运行状态一直不太正常。

4.5.1.4 解决措施

（1）对高层建筑电缆井部位，应严格按国家强制性行业标准《民用建筑电气设计标准》GB 51348－2019（现执行标准）要求进行电气设计和实施。

（2）建筑设计、施工方应按照《建筑设计防火规范（2018 年版）》GB 50016－2014 中对防火分隔、封堵措施的要求严格进行设计和实施，消防部门应从源头把关，严格按照《建设工程消防验收评定规则》XF 836－2016 中对电缆井的消防监管要求。因此应对电缆井防火封堵、电气设备安装进行严格要求，严格落实设计防火规范。在设计施工过程中，电缆井应独立设置，井壁的耐火极限不应低于 1h，井壁上的检查门应采用丙级防火门。电缆井应在每层楼板处采用不低于楼板耐火极限的不燃材料或防火封堵材料封堵。建筑内的电缆井与房间、走道等相连通的孔隙应采用防火封堵材料封堵。

（3）应加强对电缆产品的管理。一是在电线电缆的选材上，要选用正规厂家生产的合格产品，耐火性能应达到国家标准。《民用建筑电气设计标准》GB 51348－2019 中就明确指出，民用建筑宜采用铜芯电缆。二是对绝缘材料采取阻燃处理。铜芯电缆具有强度高、延展性好、稳定性高、载流量大、抗氧化、发热温度低等优势，可以有效降低事故的发生概率，因此，高层建筑应使用铜芯电缆。电缆的绝缘材料应做好阻燃处理，提高电缆耐火性能，减少事故发生。

(4) 选用合适的火灾探测器。根据《火灾自动报警系统设计规范》GB 50116－2013 中规定，电缆竖井宜选择缆式线型感温火灾探测器。电缆井发生火灾后，往往会产生大量浓烟，由于电缆井检查门封闭，火灾初期难以发现，所以在安装缆式线性感温火灾探测器的同时，建议安装感烟探测器，及时有效探测初期火灾，防止火势的蔓延扩大。

(5) 加强高层建筑消防安全管理。全面推行消防安全网格化管理，建立健全消防安全组织机构，明确消防管理工作责任，制定各项消防安全管理制度，并做好每日防火巡查记录，定期开展消防宣传和建筑防火管理。充分发挥微型消防站及其他联动力量的作用，确保发生事故后，能在第一时间赶赴现场处置。

4.5.2 某养老院重大火灾事故案例分析

4.5.2.1 项目概况

2015 年 5 月 25 日晚间，某县一处养老院发生火灾。火灾发生在晚上 7 点多钟，至少有 10 余间房屋被烧毁，且有大量人员伤亡，大火燃烧了 1 个多小时后被扑灭。

4.5.2.2 问题描述

2015 年 5 月 25 日 19 时 30 分许，该养老院建筑西墙处的立式空调以上墙面及顶棚区域起火燃烧。火势燃烧迅猛，并产生大量有毒有害烟雾，导致重大人员伤亡，起火区域全部烧毁。火灾现场情形见图 4.5.2-1～图 4.5.2-3。

图 4.5.2-1 现场图

图 4.5.2-2 现场图

图 4.5.2-3 现场图

4.5.2.3 原因分析

经相关部门查证，该处养老院起火区域为西北角房间西墙及其对应吊顶，给电视机供电的电器线路接触不良出现发热，高温引燃周围的电线绝缘层、聚苯乙烯泡沫、吊顶木龙骨等易燃可燃材料，造成火灾；造成火势迅速蔓延和重大人员伤亡的主要原因是建筑物大量使用聚苯乙烯夹芯彩钢板（聚苯乙烯夹芯材料燃烧的滴落物具有引燃性），且吊顶空间整体贯穿，加剧火势迅速蔓延并猛烈燃烧，导致整体建筑短时间内垮塌损毁。

该建筑违规建设运营，管理不规范，安全隐患长期存在。违法违规建设、运营。该建筑没有经过规划、立项、设计、审批、验收，使用无资质施工队；违规使用聚苯乙烯夹芯彩钢板、不合格电器电线；未按照国家强制性行业标准《老年人建筑设计规范》JGJ 122－1999（现为《老年人照料设施建筑设计标准》JGJ 450－2018）要求在床头设置呼叫对讲系统，不能自理区护工配置数量不足。

近年来养老院的火灾事故频发、人员伤亡大，原因主要有以下几种：

（1）建筑耐火等级低，平面布置不符合要求。随着城市的发展，房价、地价相对较高，而盈利不多的养老院往往是由老旧建筑改造而来，有的建筑外墙保温材料燃烧性能不能达到A级，有的甚至使用耐火等级极低的彩钢板搭建，存在平面布局不合理、防火间距不足、建筑耐火等级低、老化破损严重，极易发生火灾并造成“火烧联营”的现象。

（2）安全疏散不符合规范要求。由于缺少必要的规划且养老院大量新建，很大一部分养老院是由住宅、教室等其他性质的民用建筑改建而成，其安全疏散楼梯及楼梯间形式不符合要求，疏散宽度不够，有的甚至数量也存在不足。在日常管理中，占用疏散通道、封闭安全出口的现象也十分突出。

（3）建筑内部装修使用大量易燃可燃材料。装修过程中为降低造价、节省开支和营造温馨的环境，许多养老院使用大量木材、泡沫等易燃、可燃材料。室内大量使用的床、沙发、桌椅等家具往往使用大量木材、聚氨酯泡沫和纺织织物。沙发、地毯、窗帘等物品往往未经阻燃处理。

（4）消防设施、器材配置不符合要求。根据《建筑设计防火规范（2018年版）》GB 50016－2014养老院应设置火灾自动报警系统、室内消火栓、灭火器、应急照明和疏散指示标志等必要的消防设施、器材。而实际上，多数养老院修建在城乡接合部甚至乡镇，基本未按照规范要求设置消防给水系统，早期修建的绝大多数养老院都没有设置火灾自动报警系统，连最基本的灭火器都配置不足、不当或过期失效，疏散指示标志和应急照明的配置率和完好率普遍较低，导致初期火灾不易被发现、不易被扑救，往往小火酿成大灾。

4.5.2.4　解决措施

（1）提高建筑耐火等级。根据《老年人照料设施建筑设计标准》JGJ 450－2018的规定，老年人建筑等重要的公共建筑的耐火等级不应低于二级，而实际上投入使用的大多数乡镇养老院建筑耐火等级仅为三、四级，一旦发生火灾，蔓延非常迅速，不利于老人疏散。尽量逐渐淘汰耐火等级较低的养老院，坚决避免使用彩钢板搭建和耐火等级低于A级外墙保温材料。暂时不能解决的，应当考虑采取修建防火墙、拆除部分毗邻建筑、增设隔离带等措施尽量降低火灾风险。

（2）定期组织对人员密集场所进行安全隐患排查，对违规使用聚苯乙烯、聚氨酯等保温隔热材料、建筑达不到耐火等级要求的，要严格按照《建筑设计防火规范（2018年版）》GB 50016－2014等国家标准，限期整改，确保建筑符合防火安全规定；对防火、用电等管理制度不健全，不符合规范的，无应急预案的，应急演练不落实的，许可审批手续不全的等要坚决予以整改。各类养老机构等人员密集场所要强化法律意识，制定突发事件应急预案，切实落实安全管理主体责任。

（3）对于建筑物内的电气、导线老化、寿命要按期检查、评估。加强建筑物内的易燃物质的管控、监督，该换的换，该整改的必须整改。尽量减少会扩大灾害的易燃材料。多建立在有火势蔓延时能起到阻隔作用的防火分区。合理分配用电负荷，电器、导线的绝缘能力要匹配所用电功率的安全要求；电路设计合理，三相电源线路功率基本平衡；杜绝随意拉线、增多电器设备等。若确实需要变动，必须考虑电气中各指标中的要求问题，即所变动的电气设备、导线要相应地变动其所相关的电气指标。

(4) 设置必要的消防设施、器材严格按照《建筑设计防火规范（2018 年版）》GB 50016—2014 的要求设置火灾自动报警系统、室内消火栓、灭火器、应急照明和疏散指示标志等必要的消防设施、器材，有条件的要尽力安装简易自动喷水灭火系统，其在初期火灾扑救中能发挥的作用十分明显。结合农田灌溉、保障生活用水，乡镇养老院尽可能在屋顶或附近高地设置屋顶水箱或高位水池，保障初期火灾的消防用水。

(5) 保障养老院安全疏散畅通无阻。按照《建筑设计防火规范（2018 年版）》GB 50016—2014 中的规定，老年人建筑内的每个防火分区，一个防火分区的每个楼层，其安全出口的数量不应少于 2 个，老年人建筑房间的疏散门数量不应少于 2 个，而楼梯间的疏散形式也十分重要，多层养老院必须使用与敞开式外廊直接相连的楼梯间或封闭楼梯间。同时，应当保持疏散通道、安全出口时刻处于畅通状态。

4.6 玻璃失效

4.6.1 建筑工程中空玻璃内表面结露案例分析

4.6.1.1 项目概况

该项目为上海市某高档住宅商品房小区，总建筑面积约为 90 万 m^2，是国际知名品牌旗下的集商业中心、办公、商务酒店等于一体的多业态的城市综合体，共有居住用房 18 幢，建筑最高高度为 90.275m，容积率 1.81，绿化率 36%。该项目于 2012 年开始动工，并在 2014 年竣工，同年交付使用，入住率达到了 80%。

该项目透光部位主要采用厚度为（6+12A+6）mm、（6+0.76+6+12A+6）mm、（5+0.76+5+9A+5）mm 的中空玻璃，尺寸长宽介于 540～2220mm 之间，属于超大型玻璃。

4.6.1.2 问题描述

2014 年 7 月入住后，业主们陆续发现部分中空玻璃产生了雾气，渐渐出现了明显的水滴挂壁现象，而发生此现象的中空玻璃分布在每层楼的阳台、主卧、次卧、书房和厨房位置。无论南北朝向的住房所使用的中空玻璃均有此现象，并且随机发生在开启扇和固定扇所使用的中空玻璃上，毫无规律可循。业主对中空玻璃外表面进行了多次清洁，现象并无好转，并且随着时间的推移，该现象越发严重。渐渐地，部分中空玻璃已经丧失了通透感，严重影响到了建筑室内的采光，见图 4.6.1-1、图 4.6.1-2。

由于这些住户购买的房屋均为精装修房，开发商对房屋玻璃提供质保。对此，开发商和小区物业均表示，愿意免费更换雾化的中空玻璃。但在房屋使用的过程中，因为毫无规律可循，业主们坐立不安，担心其他中空玻璃也存在问题，甚至存在安全隐患。开发商之前未遇到过类似问题，在交房时已经通过检测。开发商积极帮助业主处理这一问题，不想因为中空玻璃的质量问题对品牌产生不利影响。

勘察现场会发现部分中空玻璃的内表面确实存在结雾、结霜现象，且该部分内外表面均无明显撞击痕迹，无外力作用导致的破损等特征。

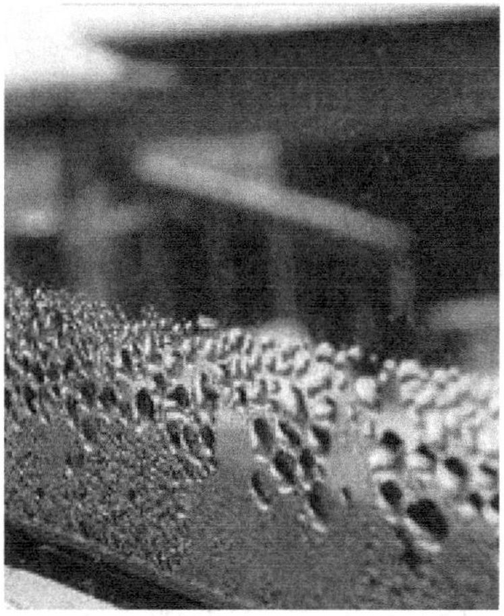

图 4.6.1-1　中空玻璃结雾结露现象图（一）

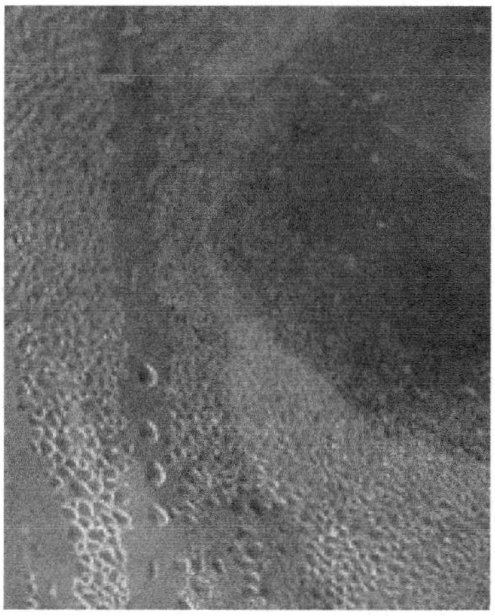

图 4.6.1-2　中空玻璃结雾结露现象图（二）

4.6.1.3　原因分析

现场中空玻璃有目视可见的水汽，即中空玻璃失效。为了找到该居住区中空玻璃出现问题的原因，技术人员首先该小区进行了中空玻璃现场情况勘察，发现该现象与中空玻璃露点试验中所产生的结露、结霜现象一致。露点的不合格，很大程度上跟玻璃的制造环境与使用环境有关，并且与玻璃加工合片工艺、干燥剂和密封胶等边部材料密不可分。边部密封材料的质量直接影响了中空玻璃的使用寿命。在温湿度环境的变化中，周围水汽源源不断渗透进入中空玻璃腔体内，使得干燥剂不断吸入水分，直至失效。中空玻璃结构示意见图 4.6.1-3。

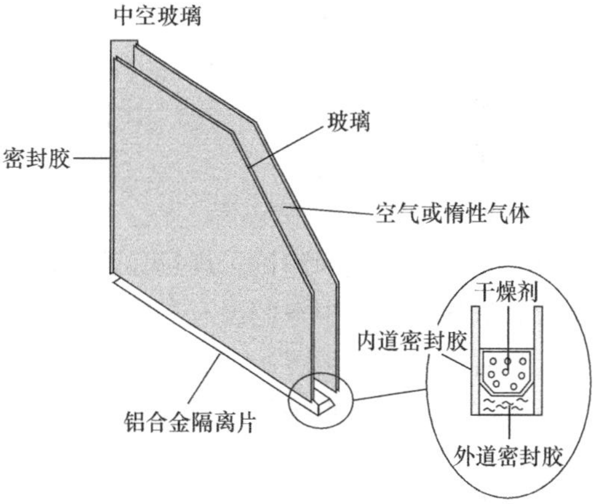

图 4.6.1-3　中空玻璃结构示意图

露点不达标可从以下几点原因进行分析：

（1）密封胶

建筑用安全中空玻璃按照中空玻璃的间隔材料和密封方式，强制性认证分为聚硫胶密封槽铝式双道密封中空玻璃、硅硐胶密封槽铝式双道密封中空玻璃、聚氨酯密封槽铝式双道密封中空玻璃、复合丁基胶条密封中空玻璃、热融丁基胶密封槽铝式。现如今，建筑用安全中空玻璃使用较广泛的为聚硫胶密封槽铝式双道密封中空玻璃、硅硐胶密封槽铝式双道密封中空玻璃两种。

在密封胶的使用上，中空玻璃的密封胶质量不佳或密封胶厚度、宽度过小，均会影响密封胶的胶合度。在很多情况下，工人施工重视度不够，操作不规范，施胶技术的缺乏，导致胶体涂布不均匀、不连续等会导致密封胶产生浑浊、变色、大量气泡、粉化、间断、流胶和胶中挥发物分量太高而起雾的现象。密封胶与玻璃的黏性会大打折扣，从而使得中空玻璃腔体不再密封，大量的水汽渗透进入中空玻璃腔体中，导致中空玻璃失效，密封效果差，且使用寿命缩短。

（2）加工工艺

建筑用中空玻璃是两片或多片玻璃以有效支撑均匀隔开并周边粘结密封，使玻璃层间形成有干燥气体空间的制品。生产施工工艺控制不严格，玻璃表面或者间隔条上有玷污，会导致合片之后的粘结性下降。操作人员操作不当，会直接导致中空玻璃合片效果不佳，密封失败，在使用一段时间后，中空玻璃出现开裂或者脱胶现象，久而久之导致中空玻璃结露和结雾现象。

（3）干燥剂

在干燥剂的选择上，选用不合格的分子筛作为干燥剂，其结果很有可能就会导致间隔条中出现盐析，从而腐蚀了间隔条，导致分子筛失效，水分含量升高。干燥剂的吸水能力也在一定程度上影响了中空玻璃腔体中的水分含量。或在加工过程中，干燥剂在空气中暴露时间过长使得干燥剂完全失效或者部分失效，工厂在过程监管上不重视，干燥剂吸水量过大，封入中空腔体时已经失效。

为了排查该小区中空玻璃结露结霜现象，技术人员首先现场勘察了密封胶的使用情况，发现密封胶条的未产生的大量气泡、粉化和间断现象，外道密封胶均匀整齐且不超出玻璃边缘，但内道密封胶厚度、宽度明显过小。未到达指定技术要求的密封胶影响了其与玻璃的充分粘结和密封效果。其次对于加工工艺和玻璃外面进行了观察。玻璃的外面表无明显的划伤，玻璃内表面有少许的污迹，并未存在密封胶流淌。由于工程已投入使用一段时间，所以无法判定污迹是出厂中空玻璃合片时就已存在的污染，还是后期由于密封性下降，跟随水汽渗透的。

再者在不破坏的情况下，无法直接验证干燥剂的失效，只能建议后期送检一部分进行水汽密封耐久性能的测试。现场目测了间隔材料，无扭曲，表面平整光洁，无污痕、斑点及片状氧化现象，中空腔没有异物。

最后根据现场情况制定了检测方案，由于难以确切辨别工程安装时所用玻璃的生产或送货批次，因此露点项目按测试方案及现场实际可操作情况确定抽样组数为 1901 块，测试量覆盖了该小区的大部分楼层。技术人员在现场对露点测试样品的玻璃进行了标记，向露点仪内注入乙醇，再加入干冰，使其温度降到－60℃以下，保持接触时间后，移开露点仪，立即观察表面，如结霜或结露，不断提高测试温度直到－40℃。厚度与数量分别为（6＋12A＋6）mm 的玻璃 1528 块、（6＋0.76＋6＋12A＋6）mm 的玻璃 437 块、（5＋0.76＋5＋9A＋5）mm 的玻璃 16 块。由于考虑到高层的安全隐患问题，技术人员的操作和设备的安置，以及所有的测试均在室内进行。在人员配置上，安排了 2 组技术人员，每组共计 4 台设备。每个测试人员单独负责一台仪器设备，配合人员由委托方委派，两组人员轮流进场，以 4 台设备同时进场估算，每天（工作时间 9：00～17：00）可测试玻璃约 220 片，在确保工作强度和结果准确性的情况下，大概需要 18d 完成测试。到达现场之后每台设备配备 1 名辅助人员。测试前委托方应将工程中每个窗和门的玻璃进行固定编号，并对每个编号的玻璃进行位置描述。带编号和描述的门窗图纸应分发给每个测试人员。具体测试顺序待进场前，双方进行充分讨论，如图 4.6.1-4 所示为露点项目现场检测图。

检测完成后，结果汇总见表 4.6.1-1。

19 号楼的 1608 块试样中，1484 块试样露点＜－40℃，124 块试样露点≥－40℃，出现结露和结霜现象，不合格率达到 7.71%；

20 号楼的 288 块试样中，245 块试样露点＜－40℃，43 块试样露点≥－40℃，出现结露和结霜现象，不合格率达到 14.93%，见图 4.6.1-5。

共计安装的 1896 块试样中，1729 块试样露点＜－40℃，167 块试样露点≥－40℃，出现结露和结霜现象，不合格率达到 9.66%。现场检测未安装的 90 块试样，露点均＜－40℃，未出现结露和结霜现象。

玻璃试样内表面出现结霜或结露现象的，经检验露点均≥－40℃，无法满足标准要求。可见，中空玻璃出现结霜、结露，与产品露点不达标有直接关系。

图 4.6.1-4　露点项目现场检测

露点检测结果汇总　　**表 4.6.1-1**

检测项目	标准值	检测结果			
		检测位置	检验数（块）	合格数（块）	不合格数（块）
露点	试样露点均＜－40℃	19 号楼	1608	1484	124
		20 号楼	288	245	43

4.6.1.4　解决措施

该项目经过大量的现场检测，确实为中空玻璃的质量问题，导致了使用过程中产生严重的结露结霜问题，开发商也免费为业主们更换了中空玻璃。

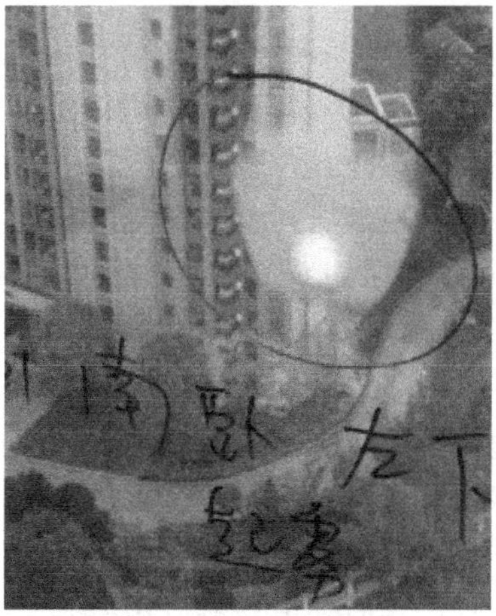

图 4.6.1-5　20 号楼西单元结露和结霜图

从现场情况看，即使是高档小区在两到三年后，也有部分中空玻璃出现露点不达标问题，但因条件限制，无法确认是入场质量问题，还是产品在两年后因各种因素产生了问题。因此建议项目采购方应注意以下问题：

（1）产品资质

建筑（安全）中空玻璃产品自 2006 年 7 月始开展产品认证以来，中空玻璃生产企业都被强制进行产品认证，企业必须在出售的产品本体上丝印或粘贴 3C 标志，或者在其最小外包装上和随附文件（如合格证书）中加施 3C 标志。选购产品时首先要查看是否有 3C 标志，并根据企业信息、工厂编号或产品认证证书等通过网络查看购买的产品是否在该企业已通过强制认证的能力范围之内，认证证书是否有效。同时，针对密封胶、干燥剂等影响产品寿命的主要材料，应与厂家确认供应商，并查看证书确认供应商的相关资质。

（2）入场检验

进场时查看产品的外观质量，中空玻璃不得有妨碍透视的污迹、夹杂物及密封胶飞溅的现象。可适当抽取部分样品送检，对其质量进行考证。

检测结果表明大部分中空玻璃失效都是由于环境中水汽不断从边部向中空腔内渗透，干燥剂因不断吸附水分子而最终丧失水气吸附能力。而由于环境温度的变化，中空腔内的气体的热胀冷缩使密封胶长期处于受力状态，且环境中紫外线、水汽等加速了密封胶的老化，加速了水汽进入中空腔内的速度，从而使中空玻璃无法达到预期的使用寿命，例如在本项目中，就出现了使用仅两年即出现露点不达标的现象。针对中空玻璃的长期使用寿命，可在试验室进行水汽密封耐久性，气体密封耐久性，边部密封材料水气渗透率等相关测试，验证中空玻璃密封胶阻隔水汽透过的能力、分子筛的吸附能力、中空玻璃制作环节的工艺控制水平，解决客户的后顾之忧。

该项目在一系列的现场和专业技术人员的排查、指导及整改后，使用至今未出现中空玻璃质量问题。但由于该项目是在发现问题后才开始进行检测，已是“事后型”处理，受现场条件限制，未能彻底排查具体失效的原因。现场的露点检测仅代表当前状态下（该项目安装使用几年后）产品的露点性能，无法说明该问题是否为中空玻璃随时间老化而产生的问题。目前中空玻璃的生产过程中，不同规模的厂家在生产工艺水平上差别比较大、水平存在一定差距，导致最终产品的质量有了高低之分，而部分企业的逐利行为又使得中空玻璃的质量波动非常大，因此建议在材料的进场前要进行系统的质量检测，测试产品的水气密封耐久性能等影响产品长期使用性能的指标，才能整体提高中空玻璃的质量，降低中空玻璃带来的安全隐患。

4.6.2 建筑玻璃自爆案例分析

4.6.2.1 项目概况

某酒店建筑面积 140000m^2，酒店地下二层，地上五十一层，建筑高度为 196.3m，结构性质为框筒结构。本建筑幕墙玻璃安装工程于 2006 年 6 月开始，2008 年 1 月 8 日竣工，包括明框玻璃幕墙、半隐框玻璃幕墙以及全隐框玻璃幕墙，主楼透光部位采用中空（8Low-E＋12A＋8）mm 玻璃，层间梁部位采用 8mm 透明钢化玻璃背衬铝板；裙楼透光部位采用中空（6Low-E＋12A＋6）mm 玻璃，南北面层间梁部位采用 6mm 钢化玻璃背衬铝板，东西面非透光部位采用 6mm 彩釉玻璃。

4.6.2.2 问题描述

在竣工验收后，2008 年 5 月到 2012 年 11 月期间，主楼玻璃就破损了 402 块，在现场勘查时发现不同楼层均出现了玻璃破损现象。玻璃破损现象基本相似，例如东立面、北立面的 3 块玻璃表面无撞击痕迹，破损中心有清晰的螺旋线形状裂纹，碎片大小不一致，并且局部有发现碎片偏大的情况，如图 4.6.2-1～图 4.6.2-3 所示。另外可观察到破碎玻璃表面存在如图 4.6.2-4 所示的明显蝴蝶状的碎片，蝴蝶斑公共边上可观察到细小的黑点。

4.6.2.3 原因分析

正常情况下，钢化玻璃破损的原因较为复杂，主要涉及幕墙设计、产品质量（包括玻璃原片、钢化加工等）、安装施工、使用等方面。

结合现场发现的问题，初步怀疑本次玻璃破损的可能原因主要由钢化后应力分布不均、颗粒度较大、原片玻璃质量较差等引起。

图 4.6.2-1 东立面破损图

图 4.6.2-2 北立面破损图（一）

图 4.6.2-3 北立面破损图（二）

图 4.6.2-4 钢化玻璃碎裂点蝴蝶状碎片

针对本项目问题的试验验证如下：

（1）总体方案

根据委托方提供的合同及相关破损图及资料，依据国家标准《建筑用安全玻璃 第 2 部分：钢化玻璃》GB 15763.2—2005，《硅酸盐矿物的电子探针定量分析方法》GB/T 15617—2002 及其他相关标准和规范等。检测钢化玻璃的表面应力、碎片状态、成分分析等相关项目。

现场对检测所需样品进行了取样，分别检测表面应力、碎片状态以及碎片成分分析，本次检测覆盖了大部分楼层。由于碎片状态为破坏性测试，考虑到工程已投入使用，为尽量减少相关方损失，故整体工程抽取 3 组玻璃（15 块），现场进行分组编号并封样。取工程 7～32 层为 A 组，33～55 层为 B 组，1～6 层为 C 组，每组随机抽取 5 块样品，其中 1 块为备样。在现场对以上样品进行分组编号并封样，由于现场施工条件的限制，实际抽样的样品仅拆卸下 12 块，送至检测。

现场抽取了已破损、但未飞散仍保留在原位的玻璃碎片样品3块（样品均包含起爆点周边的玻璃区域，由本机构带回试验室）。这3块碎片样品分别为该酒店5231房间东立面破损玻璃（约370mm×300mm）、5219房间北立面破损玻璃（约410mm×390mm）以及5506房间北立面破损玻璃（约410mm×390mm）。

（2）检测过程

1）表面应力和碎片状态检测及分析

现场进行的表面应力检测，根据《建筑用安全玻璃 第2部分：钢化玻璃》GB 15763.2—2005的标准要求，表面应力≥90MPa，取3块试样进行试验，当全部符合或2块试样符合时，再追加的3块试样全部符合时为合格；当2块试样不符合时，则为不合格。检测共计覆盖20个楼层18组样品，发现3组样品检测结果<90MPa，不符合《建筑安全玻璃 第2部分：钢化玻璃》GB 15763.2—2005标准要求。

试验室对A、B、C组样品进行碎片状态项目检测，根据《建筑用安全玻璃 第2部分：钢化玻璃》GB 15763.2—2005的标准要求，取4块玻璃试样进行试验，每块试样在任何50mm×50mm区域内的最少碎片数为40片，允许有少量长度≤75mm的长条形碎片。其中A组和C组（图4.6.2-5、图4.6.2-6）检测结果不符合《建筑安全玻璃 第2部分：钢化玻璃》GB 15763.2—2005标准要求。

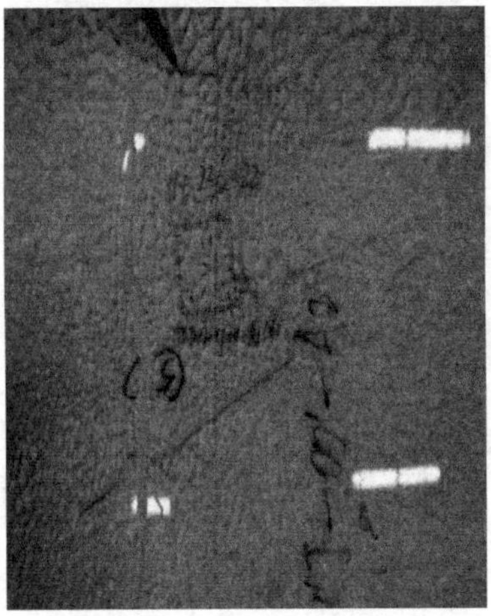

图4.6.2-5 碎片状态不合格（一）

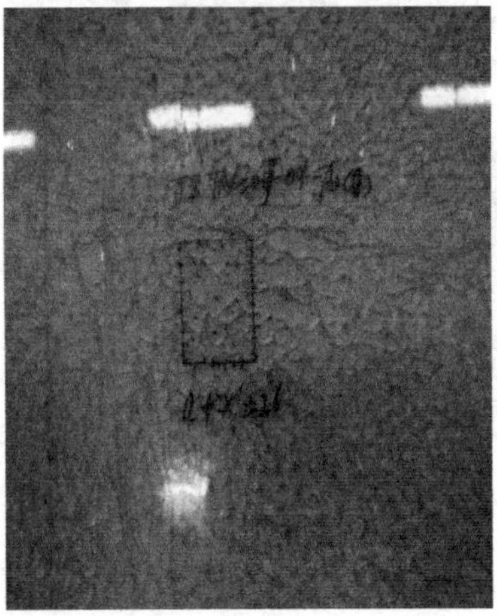

图4.6.2-6 碎片状态不合格（二）

2）破损玻璃成分分析检测

现场发现该酒店第52、55楼层均有破损但仍保留在原位的玻璃内外表面均无撞击痕迹，无外力作用导致破损的特征。破损中心有清晰的螺旋线形状裂纹，可观察到蝴蝶斑，部分可在蝴蝶斑公共边上观察到细小的黑点。

试验室对3块破损的玻璃样品（含起爆点蝴蝶斑）进行成分分析，根据《硅酸盐矿物的电子探针定量分析方法》GB/T 15617—2002，采用JXA-8100电子探针仪进行分析3块样品均测出蝴蝶斑公共边上的黑色杂质点，外观均呈现圆球状，凸立在玻璃的一处断面上，其形貌明显区别于玻璃材质的形貌（图4.6.2-7），分析得出的主要成分为硫（S）和镍（Ni）（图4.6.2-8）。

（3）验证分析原因

根据现场勘查及相关试验结果，玻璃破损的原因由生产工艺和玻璃原片杂质所致。

1）生产工艺

根据试验数据得知，所检验的产品存在表面应力及碎片状态不合格的情况，而造成产品质量不合格的原因可能有以下几方面：

① 加热不均匀。钢化玻璃生产线的加热不均主要是由于加热系统故障造成的。因为玻璃在加热炉中靠电炉丝加热，而电炉丝长时间使用会因氧化变细，可能造成接触不良或熔断，导致钢化炉炉体内局部加热功能丧失，从而导致玻璃板面温度不均匀。温度控制系统故障，每台钢化炉由多个温度控制区和与之相对应的温控器组成，如果温控器发生故障，炉体内局部失去控制，就会造成玻璃加热的不均匀。

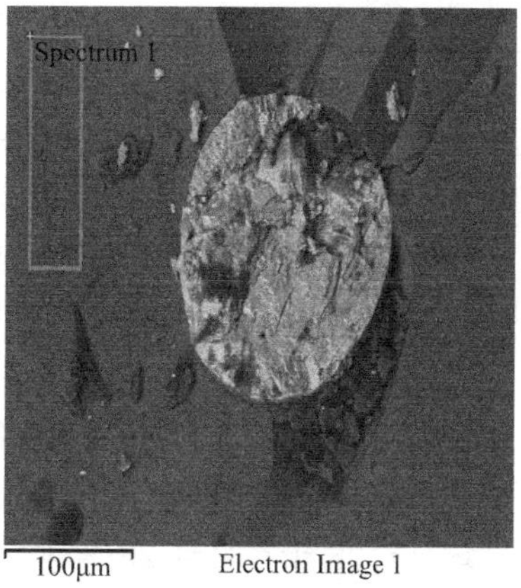

图 4.6.2-7　玻璃材质形貌

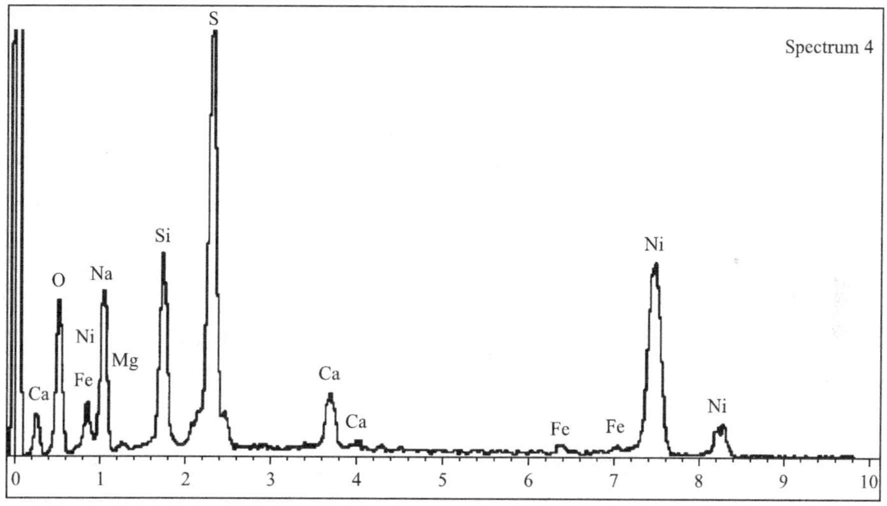

图 4.6.2-8　分析图

② 冷却不均匀。冷却风栅局部堵塞或风栅有设计制造缺陷，造成吹风不均匀，导致玻璃板面冷却不均匀。

③ 加热冷却的工艺制度设定不合理。加热温度、时间和冷却风压及吹风时间应随玻璃厚度、颜色及环境温度的变化而适当调整。

急于提高产量，装炉率高，使炉温下降过快，加热系统补热能力不足。

2）玻璃原片杂质

根据试验数据分析得出主要成分为硫（S）和镍（Ni），评估分析现场勘查结果确认有害杂质硫化镍导致玻璃自爆破损，具体分析如下：

钢化玻璃自爆往往是由于生产钢化玻璃的原片内部存在一些微小的硫化镍杂质而导致的。硫化镍是一种晶体，存在高温相和低温相，相变温度为 379℃。钢化玻璃是通过加热后骤冷工艺、使玻璃表面产生压应力，从而大大提高碎性玻璃强度。在钢化炉内加热时，玻璃内部温度约700℃，因为加热温度高于相变温度，低温相硫化镍全部转化为高温相。在随后的淬冷过程中，玻璃进入风栅急冷，由于急冷时间很短，高温相来不及转变为低温相，从而被凝结在钢化玻璃中。在室温环境下，高温相是并不稳定的，会随着时间的推移有逐渐转变为低温相的趋势，这种转变伴随着2%～4%的体积膨胀，使玻璃承受巨大的相变张应力，造成硫化镍附近区域应力集中，破坏了玻璃表面的应力平衡，从而导致钢化玻璃自爆。

送检的3块钢化玻璃经检测分析，玻璃破损的原因为内部有害杂质（硫化镍）相变膨胀，最终导致该玻璃发生自爆破坏。

钢化玻璃破损率较高。根据委托方提供的资料分析，该酒店主楼共安装7054块中空玻璃，2008年5月到2012年11月期间，主楼玻璃破损402块，占主楼中空玻璃总数的5.7%，远高于玻璃行业中钢化玻璃自爆率的平均水平。这种钢化玻璃破损率较高的情况，属于异常现象。

玻璃破损部位没有明显的分布倾向性。根据委托方提供的破损玻璃统计记录（2009年8月至2012年12月），使用后破损的玻璃分布于中空玻璃的内片、外片，记录显示内片破损为164片，外片破损为241片；破损玻璃分别分布于酒店的东南立面、西立面及北立面，其中东南立面破损117片，西立面破损153片，北立面破损118片。根据以上破损情况统计分析，玻璃破损部位没有明显的分布倾向性。

无外力撞击导致玻璃板块破坏特征。一般由外力作用导致的玻璃板块破坏特征为：破损中心清晰可辨，中心呈发散螺旋线形状，从中心出发沿径向呈网状分布，外力作用点区域存在玻璃碎屑缺失、有凹陷。现场勘查了现场保留在原位的3块破损玻璃，破损状态均不符合上述特征。

保留破碎现状的3块玻璃破损情况符合典型的钢化玻璃自爆特征，有害杂质硫化镍导致该3块玻璃自爆破损。一般由内部有害杂质（硫化镍、单质硅等）原因导致的钢化玻璃自爆的特征为：破损中心有清晰的螺旋线形状裂纹，一般由两小块有公共边的多边形组成的类似两片蝴蝶翅膀状图案（俗称蝴蝶斑），且在公共边上有细小的黑点存在。现场勘查保留破碎现状的3块玻璃的破损情况均符合上述自爆特征，且3块破损玻璃样品（含起爆点蝴蝶斑）经电子探针定量分析，均在破损中心发现硫、镍成分，说明细小黑点是硫化镍杂质，且杂质颗粒直径大于100μm。

玻璃的原片杂质含量偏高。根据以上分析可得，内部有害杂质引起玻璃破损的可能性较高。以玻璃密度为2500kg/m^{3}进行估算，根据委托方提供基本资料的数据，该酒店主楼安装7054块中空玻璃，总重量约为708t，2008年5月到2012年11月期间，主楼玻璃破损402块，即约每1.8吨玻璃中含有1个杂质颗粒，远远超过了玻璃行业中平均4～12t原材料中含有1个杂质颗粒的水平，说明涉案玻璃的原片杂质含量偏高。

4.6.2.4　解决措施

（1）及时更换和警示

针对本项目确认的破损玻璃应进行及时的更换，对暂未更换的玻璃进行必要的警示，避免造成二次破损而带来安全风险。

（2）原片质量

钢化玻璃一般选用平板玻璃作为原片。平板玻璃应符合《平板玻璃》GB 11614－2009

有关规定，条件允许时可以选用标准中一等品的质量要求。

（3）均质处理

均质处理是彻底解决自爆问题的有效方法之一，可以依据《建筑用安全玻璃 第4部分：均质钢化玻璃》GB 15763.4—2009标准要求，对钢化玻璃再次加热到280℃，并保温至少2h以上的时间，使可能出现自爆的玻璃在均质过程中提前破碎，从而避免后续自爆的产生。

（4）生产工艺改进及必要的防护

钢化玻璃应符合《建筑用安全玻璃 第2部分：钢化玻璃》GB 15763.2—2005，在生产过程中加强生产工艺管控，边部加工应进行倒角磨边处理，减小应力集中。做好成品保护，防止在运输过程中造成爆边、裂纹、缺角等问题出现。

4.6.3 幕墙镀膜玻璃颜色不均匀案例分析

4.6.3.1 项目概况

某产业园项目总建筑面积69176.43m²，其中地上计容建筑面积51434.35m²。1号试验车间为18层的单元式玻璃幕墙，总高91.2m。幕墙面积为30480m²，主要采用（6Low-E+12A+6）mm双钢化中空玻璃和（8Low-E+12A+8）mm双弯钢中空玻璃。本工程计划于2019年年底前完工并正式启用。

4.6.3.2 问题描述

2019年8月施工单位在幕墙玻璃安装上墙进程中，发现1号建筑已安装上墙的14层（含）以上部分与14层以下的幕墙玻璃存在明显色差。幕墙玻璃安装施工前，业主方曾与玻璃生产企业进行过选样比对工作，以如图4.6.3-1所示的偏浅蓝的钢化镀膜中空玻璃作为标样。标样玻璃的厚度规格为（8Low-E+12A+8）mm。

施工单位认为14层以下已经安装的幕墙玻璃与标样颜色接近，但14层（含）以上的幕墙玻璃颜色偏深蓝，幕墙外立面整体形象呈渐变色，极度不协调，严重影响建筑外观，如图4.6.3-2所示。施工单位怀疑临近交工期，工程进度加快，玻璃生产企业有偷工减料、以次充好、调整镀膜钢化生产线、使用劣质浮法原片等嫌疑。

图4.6.3-1 钢化镀膜中空玻璃标样

图4.6.3-2 项目玻璃幕墙外观

4.6.3.3 原因分析

（1）问题发生的可能性原因

常规的色差超标是指人眼目测观察一片镀膜玻璃的反射颜色同标准样片或与同批次其他玻璃，对比发现有明显的亮度和色度方面的差异。色差可以表现为一片玻璃的色差和一批玻璃的色差。国际上一般采用 CIELAB 色度空间值的色差值 ΔE^*_{ab} 定量表示这种色差的程度：

$$\Delta E^*_{ab} = [(\Delta L^*)^2 + (\Delta a^*)^2 + (\Delta b^*)^2]^{1/2}$$

式中：L^*——明度指数；a^*、b^*——色品指数。

《镀膜玻璃 第 2 部分：低辐射镀膜玻璃》GB/T 18915.2—2013 就规定了低辐射镀膜玻璃的 $\Delta E^*_{ab} \leqslant 2.5$ 为合格。一般镀膜玻璃产生色差的原因可能有两种：

一是浮法玻璃原片差异。不同厂家或不同浮法线生产的浮法原片，所用原材料和配比及加工工艺条件的变化都会导致原片厚度和透光率不同，进而导致原片颜色存在差异；或者原片存储时间长，存储环境不达标，导致原片表面发霉或与包装材料之间发生反应，产生纸纹，退火时表面沾油、水等，浮法原片的品级不达标，不仅会使原片产生颜色不均匀性，还会导致镀膜后膜层与原片附着力差，并会演化成更严重的色差。

二是膜层差异。低辐射镀膜玻璃是采用真空磁控溅射法在建筑级浮法玻璃原片上溅射一层或多层金属或金属化合物，降低玻璃表面辐射率，获得阳光控制性能的镀膜玻璃产品，满足现代建筑绿色节能的需求。镀膜生产过程中阴极磁场大小、靶材材质和纯度、靶材和玻璃表面温度、靶材溅射率、真空溅射室气体浓度和气体分布、阴极靶材与阳极玻璃坯之间间距及膜层结构等因素均会影响膜层厚度的均匀性，膜层厚度决定了镀膜玻璃的可见光透射比和颜色的均匀性。

另外，钢化、热弯等深加工过程中钢化应力不均产生应力斑点或斑纹等，在镀膜后颜色不均匀性更易于呈现。

（2）针对本项目问题的试验验证分析

为确认幕墙玻璃的颜色均匀性，施工方于 2019 年 9 月联系到上海建科检验公司玻璃组（以下简称玻璃组），委托检测工程师对该项目存在色差问题的幕墙玻璃进行检测评估。玻璃组针对本项目，制定了试验室送检和现场检测方案。

按照方案，施工方分别将尺寸为 300×300（mm）的封样、已安装上墙（14 层以上）拆卸下来的 1650×704（mm）、1250×901（mm）现场样，共计 3 块，配置均是 8Low-E+12A+8（mm）的玻璃送至上海建科检验有限公司玻璃（以下简称检验公司）试验室进行镀膜玻璃颜色均匀性的检测。

玻璃组接到客户委托，按照《玻璃幕墙光热性能》GB/T 18091—2015、《镀膜玻璃 第 1 部分：阳光控制镀膜玻璃》GB/T 18915.1—2013、《镀膜玻璃 第 2 部分：低辐射镀膜玻璃》GB/T 18915.2—2013 中低辐射镀膜玻璃颜色均匀性检测方法，考量送检试样数量和批次不满足标准要求，玻璃组分别对三块试样进行了三组检测：以封样为基准，测试另两块试样的色差；以 1650×704（mm）为基准，测试 1250×901（mm）的色差，提供实测结果（表 4.6.3-1、表 4.6.3-2）。

按照《镀膜玻璃 第 2 部分：低辐射镀膜玻璃》GB/T 18915.2—2013 中“低辐射镀膜玻璃室外面的反射色差 ΔE^* 不应大于 2.5”的规定，两块现场样与封样的色差值均不符合要求。

送检试样玻璃色差计算结果 表4.6.3-1

样品类型	样品规格（mm）	L^*	a^*	b^*	色差值 ΔE^*_{ab}
8Low-E+12A+8（mm）	300×300	39.03	−2.66	−7.08	—
	1650×704	43.46	−2.56	−7.09	4.43
	1250×901	42.75	−2.32	−7.50	3.76

送检试样玻璃色差计算结果 表4.6.3-2

样品类型	样品规格（mm）	L^*	a^*	b^*	色差值 ΔE^*_{ab}
8Low-E+12A+8（mm）	1650×704	43.44	−2.58	−7.11	—
	1250×901	42.66	−2.57	−7.56	0.9

工程送检样品的试验室检测结果证实了施工方的猜测，玻璃组检测工程师到施工工地对其他存在问题的幕墙玻璃实施现场检测。工地实际勘验后检测人员进一步了解到存在争议且需要确认的玻璃配置是8Low-E+12A+8（mm），有封样样品（送检那块试样）、在武汉新诺普思产业园工地内已安装上墙的样品（14层及以上的绝大部分幕墙玻璃已敲碎更换中）和在武汉嘉能泰科技产业园内堆放的未安装的样品3种。

在武汉新诺普思产业园工地内，从施工方确认的东立面8层未更换的玻璃中随机抽取1块，尺寸为1246×913（mm），编号为1-1；从武汉嘉能泰科技产业园内未安装的玻璃中随机抽取5块，尺寸和数量分别为1194×1161.5（mm）2块、1244×910.5（mm）2块、1244×1161.5（mm）1块，编号分别为2-1、2-2、2-3、2-4、2-5；加上现场施工方提供的300×300（mm）的封样，编号为0，共计7块玻璃，作为检测的样品进行现场检测。

检测人员参照标准GB/T 18915.2—2013，对现场抽取的样品及封样进行了现场检测，检测色差为中空玻璃外侧反射色差。照明与观测条件：采用10°现场标准照明体D65，光源与玻璃表面垂直，玻璃背面用黑色绒布遮挡，测试过程背景保持一致。分三组展开测试：以0号试样为基准，分别测试5块未安装试样（2-1～2-5）和安装上墙拆卸下来的试样（1-1）的色差；以1-1试样为基准，测试5块未安装试样（2-1～2-5）的色差。从分光测色仪中读取每一组中每一块测试样的 L^*、a^*、b^* 值，计算色差值，结果见表4.6.3-3～表4.6.3-5。

未安装玻璃与封样的色差计算结果 表4.6.3-3

样品类型	样品编号	L^*	a^*	b^*	色差值 ΔE^*_{ab}
8Low-E+12A+8（mm）	0号封样	37.24	−3.30	−7.10	—
	2-1	41.56	−2.47	−7.31	4.4
	2-2	41.66	−2.57	−7.56	4.5
	2-3	41.83	−2.14	−7.09	4.7
	2-4	41.56	−2.21	−7.31	4.6
	2-5	41.41	−2.09	−6.56	4.4

按照《镀膜玻璃 第2部分：低辐射镀膜玻璃》GB/T 18915.2—2013中“低辐射镀膜玻璃室外面的反射色差 ΔE^* 不应大于2.5”的规定，从项目8层东立面取下的玻璃与封样

色差满足标准要求，5 块未安装试样与封样的色差值均不符合要求。

安装上墙玻璃与封样的色差计算结果　　表 4.6.3-4

样品类型	样品编号	L^*	a^*	b^*	色差值 ΔE^*_{ab}
8Low-E+12A+8（mm）	0 号封样	39.32	−2.93	−7.03	—
	1-1	38.51	−2.41	−5.67	1.7

安装上墙玻璃与未安装的玻璃的色差计算结果　　表 4.6.3-5

样品类型	样品编号	L^*	a^*	b^*	色差值 ΔE^*_{ab}
8Low-E+12A+8（mm）	1-1	38.49	−2.39	−5.43	—
	2-1	43.46	−2.49	−7.28	5.3
	2-2	43.55	−2.61	−7.31	5.4
	2-3	43.64	−2.58	−7.44	5.5
	2-4	43.67	−2.46	−7.29	5.5
	2-5	43.73	−2.54	−7.41	5.6

结合试验室送检检测结果和现场样（8 层东立面已上墙玻璃拆卸下来的和未安装上墙的样品）检测结果，14 层（含）以上幕墙玻璃和未安装上墙的玻璃与标样色差不符合要求。

4.6.3.4　解决措施

根据试验室送检和现场勘检结果，鉴于本项目所用幕墙玻璃存在的色差问题影响了工程进度，严重拖延了工期。建议施工方向玻璃厂家索求更换存在色差问题的玻璃，且补样生产中，施工方应派专人驻厂，从浮法玻璃原片开始，查验玻璃原片来源和品级，调整镀膜产线工艺生产参数，在生产线上测量镀膜品质，在厂区内对待出货成品进行色差检测。

玻璃生产方应严格把控镀膜玻璃原片质量，采用镀膜级玻璃原片，从源头上降低色差的发生；确保钢化、镀膜等深加工工艺中每一台设备运行良好且参数设置准确，在生产线上设置小样片的颜色测试，与封样颜色进行比对，发现问题及时调整，减小不合格产品的大批量生产，降低成本损耗；对每批次产品做好出厂前的性能检测检查工作，以防存在问题的产品流入市场。

施工方在采购玻璃时，应综合考察生产厂商的生产环境、生产设备等深加工生产能力和产品质量信誉；有必要在采购协议中注明原片厂家，在交接玻璃产品时对每批次产品进行抽样检测，发现问题及时反馈，及时处理，减少不必要的安装拆卸成本和工期延误。

各地政府监管部门等应定期对玻璃深加工厂商的产品进行抽样监督检查，对不合格生产厂商进行一定的惩罚，管控玻璃产品质量，规范市场秩序，提高行业品质。

4.7　石材失效

4.7.1　大理石外观泛碱案例分析

4.7.1.1　项目概况

武汉市某商业住宅售楼处项目，建筑面积约 2000m²，上下两层，墙地面选用多款大理石板材通过干挂、湿贴、拼花等方式进行精装，定位高端商业住宅销售中心。2014 年年底开始施工，工期较短，2015年施工结束后业主反映大理石板材存在质量问题，有明显的色差、裂纹及泛碱等现象，部分区域的大理石完全破裂或者严重泛碱，对该项目的对外销售形象造成了不良影响。

4.7.1.2　问题描述

勘察现场发现本工程项目的大理石板材存在不同程度的质量问题，首先同一区域的板材存在较大色差（或色调基本调和），色彩深浅过渡不自然，修补、杂质等现象较为明显，外观上呈现凌乱无张；其次板材自身存在较多质量缺陷，如色斑、砂眼、裂纹等，经检查发现，近一半板材存在较大修补（影响石材美观及使用性能），近三分之一板材存在裂纹，其中拼花大理石较多在拼花处贯穿断裂，相应的泛碱现象也大多出现在贯穿裂纹周边，见图4.7.1-1～图4.7.1-4。

此类贯穿裂纹导致的质量问题，无法通过后期打磨、保洁等方式进行有效弥补。随着时间推移，泛碱现象会越来越严重，非常影响整个工程的施工质量。

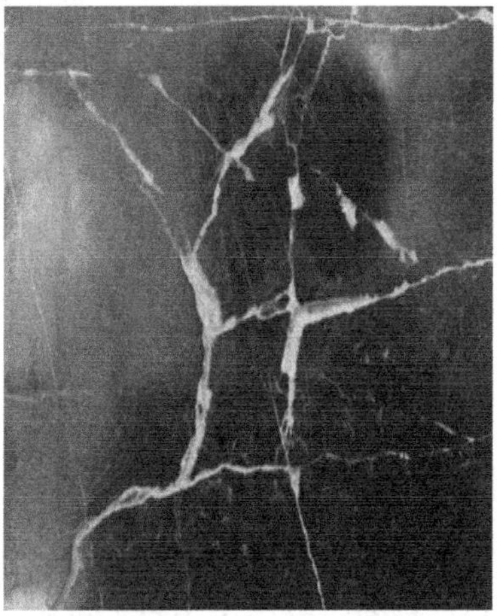

图4.7.1-1　开裂图片

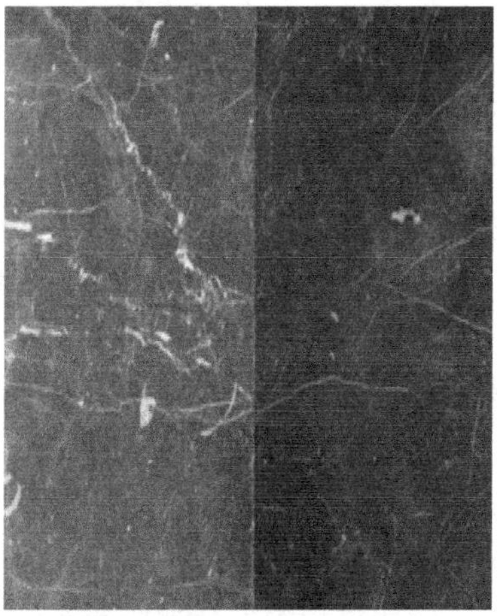

图4.7.1-2　色差图片

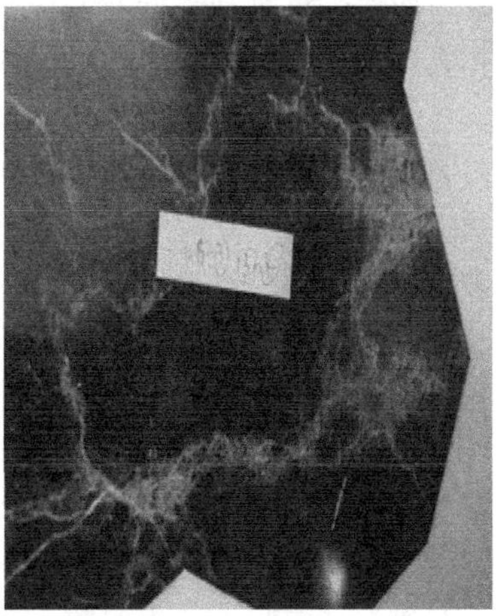

图4.7.1-3　泛碱图片（一）

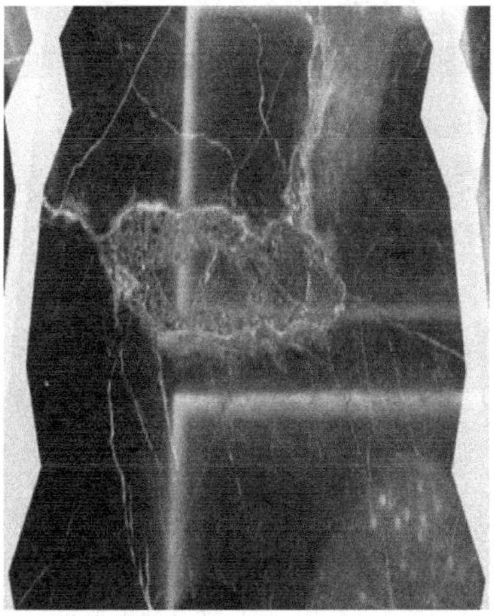

图4.7.1-4　泛碱图片（二）

4.7.1.3 原因分析

建筑用大理石板材由天然大理石荒料经选材、切割、加工、打磨等工序，根据工程设计需要，加工成不同的尺寸规格、颜色拼接等样式，通过干挂、湿贴等施工方式最终完成墙地面装饰。大理石质地致密，花纹美观，质感细腻，自然流畅，容易加工、雕琢、抛光，有很高的装饰性且耐久性高，广泛应用于建筑装饰装修工程。大理石存在上述特点的同时，但也因其天然矿物的属性，伴随着如色斑、砂眼、裂纹等缺陷，并且由于天然石材存在孔隙，当防护、铺贴等加工、施工工艺不对时，容易产生断裂、泛碱等现象，最终导致工程项目不能达到设计要求，结合该项目大理石存在的质量问题情况，分析可能的原因如下：

（1）自身缺陷

大理石荒料因其天然矿物的特点，不可避免存在质量缺陷及色差等问题，这就需要在板材加工时对原料进行筛选加工，通过科学合理的加工工艺，对较大缺陷的部分应舍弃或者加工为其他用途，而较小缺陷进行合理的修补，优化选材选料，特别是当使用场景用于地面时，工程方应着重考虑材料的强度性能，不能存在贯穿裂纹或易导致石材断裂的缺陷。而对于色差问题，板材在施工前（或出厂前）根据石材的颜色、花纹、图案、纹理等进行试拼板预编号，做到颜色过渡自然，在施工时施工方应严格按照设计图纸及预编号顺序进行施工，切勿为赶工期盲目施工。就该工程项目呈现的现场结果来看，在施工前未进行上述质量控制，尤其拼接石材部分，色差较大，裂纹最多，这种情况多为工程现场临时拼接所致。选用板材存在较多质量缺陷，存在很多大面积的砂眼、修补等情况，随着施工铺贴后该工程项目对外营业，家具、沙盘模型进场及售楼处较大的人流量，大理石地面在承压下最终逐渐发生断裂。

（2）施工错误

关于大理石产生裂纹的原因，一般情况下，除了石材天然就存在的裂纹，在加工、搬运、铺贴、使用过程中也会加剧或产生新的裂纹。当这种裂纹穿透了板材，就形成了所谓的“贯穿裂纹”。大理石板材在施工前应做六面防护及背网背胶处理，一方面是保护石材本身降低吸水率及减轻风化磨损程度，另一方面是人为加强板材物理强度及避免水泥砂浆等碱性物质的析出（也就是泛碱）；在施工时，找平层、粘结层等应有序按质量施工，避免漏贴空鼓现象。

在对该工程项目现场勘验及试验室检测，大理石铺贴砂浆中水泥与黄砂的体积配比不符合《建筑地面工程施工质量验收规范》GB 50209—2010 中技术要求（图 4.7.1-5），导致找平层砂浆强度不足，结合上文石材本身存在较多质量缺陷，最终导致或者加剧大理石贯穿裂纹的形成，铺贴层砂浆中碱性物质（通常是 $Ca2^{+}$、Na^{+}、K^{+}、OH^{-}等离子）通过贯穿裂纹向外渗透形成盐类结晶，也就是泛碱现象（图 4.7.1-6）。

（3）认识不足

天然大理石是地壳中原有的岩石经过地壳内高温高压作用形成的变质岩，属于中硬石材，主要由方解石、蛇纹石和白云石组成，其主要成分以碳酸钙为主，占 50%以上。在通常的建筑材料市场上，天然石材主要有花岗石和大理石两类，实际上这里是将大理石、石灰石、砂岩都统归为一类，称为大理石。石灰石和砂岩相比真正的大理石，在物理强度、吸水率、体积密度、硬度等方面都存在着较大的不同，选择石材进行施工时应根据不同的使用场景对品种、厚度、样式等多方面进行考量，以满足使用需求。该工程所用的一款大理石在岩相上实际为天然石灰石，吸水率较大，质地相对松软，抗压强度不高，在工程施工、石材防护处理等方面有着更高的要求。在实际工程中，并未着重考虑产品特性，造成最终施工质量的欠缺。

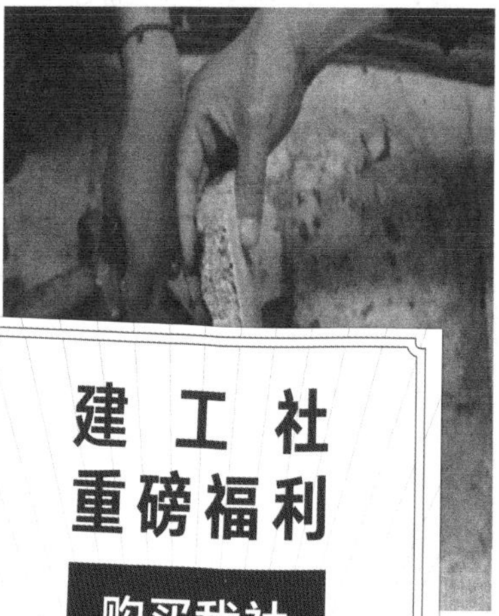

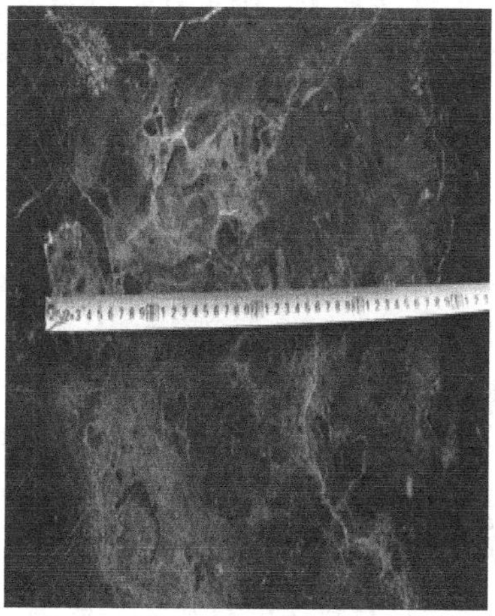

图 4.7.1-6 泛碱图片

项目各方都未能提供标样（即双方认定石材小样），也就……故事先约定，石材色差色调存在不确定性，关键质量风险把……题的原因之一。

4.7.……

……色差、裂纹、泛碱，若要继续使用，则需大面积更换已发生……打磨抛光处理，整个补救措施相对费工费时，并且这种补救……推移，泛碱现象还是会不断呈现，无法实现质量问题从根源……点较多，并非最优解决方法，最优方案还是统一更换，或者……也其实丧失了的设计诉求，发生此类质量问题几乎可认定为……只能采取重新建设施工。

……于一种最广泛使用的项目，目前虽然已有大量的工程案例……用，但是在工程应用中还应注意以下因素以保证最终工程……

……格进行复验测试，委托专业的第三方检测机构进行相关的……合相关的国家标准及设计要求后方可投入使用，而不应急……产方的口头承诺直接上墙施工，待出现质量问题后再重新……甲方和施工方均造成大量的经济损失。目前我国建筑用石……石建筑板材》GB/T 19766－2016、《天然花岗石建筑板材……岩建筑板材》GB/T 23452－2009、《天然石灰石建筑板材……材复合板》GB/T 29059－2012 及其他相关的地方行业规……产品物理性能和检测方法进行了严格规定，可对石材的吸水率、体积密度、压缩强度、弯曲强度进行进场复测，了解该材料的基本力学性能。

吸水率、体积密度、压缩强度、弯曲强度可表征材料的六面防护、自身内部的缺陷及承重承载水平，较低的吸水率和较高的密度、物理强度表示材料孔隙小、缺陷少、承载承压强，可以保证其材料在使用时的完整性，不易被损坏。通过第三方进场测试，可以确定石材的物理性能水平，确定其是否满足设计及施工要求，帮助使用方选择质量更优的石材板材，避免施工后断裂、泛碱等现象。除了第三方进行测试，还行加强施工过程管理，如石材的预排版编号，缺陷板材的筛选剔除，这些项目无法通过第三方试验室解决，需要施工方等各方对质量严格的把控。

（2）合理的选材

天然石材资源十分丰富，但同时也存在着巨大的差别，很难用已知的认知去认定现有材料的质量状况。同一品种石材因开采部位不同，各方面性能有所差异，不同品种石材各方面性能更千差万别。在工程设计阶段要充分考虑产品的使用场景，如是高负载区域还是低负载区域？是墙面用还是地面用？是室内用还是室外用？做到合理规划合理设计合理选材。

此外天然石材有些品质相对稳定，有些处于变质甚至到了风化阶段，当石材开始风化（如生物碎屑化石较多的石灰岩）时就不宜再用在建筑工程中。所以使用天然石材时，最好聘请第三方专业检测机构通过试验室和现场检测手段判断其质量情况，以便科学准确地进行设计施工。

4.7.2 天然石材风化案例分析

4.7.2.1 项目概况

某案例业主委托鉴定石材是否存在质量问题。外墙采用天然石灰石，石材采用幕墙干挂型式，于2012年7～8月上墙施工，房屋整体竣工时间为2014年。2016年1月交付业主，2016年4～5月发现石材出现风化等质量问题。

4.7.2.2 问题描述

到达鉴定现场后，项目组根据鉴定方案及现场实际情况，确定现场勘验石材的数量共28块。经勘验，抽取的28块天然石灰石中有18块发生风化现象，表面风化严重（图4.7.2-1～图4.7.2-3）。从图4.7.2-1中可以明显看到同一种石材的两种状态，右边是未风化完好的状态，左边是已经产生风化的状态，风化的石材表面已经由最初的光滑表面变得粗糙及凹凸不平，用手触摸表面有明显的粉末掉落，甚至风轻轻吹过，都能刮下一些粉末。

4.7.2.3 原因分析

石材风化是石材老化的一种表现形式，是指石材受自然环境中各种因素作用的侵蚀出现分崩离析，根据其作用力的不同，我们可将石材的风化分为物理性和化学性两种。

物理作用造成石材风化的因素有如下方面：

（1）热能的作用：石材因日间受热而膨胀，夜间受冷而收缩，产生热胀冷缩现象，且石材中含有许多不同的矿物质，其膨胀系数不同，而发生粒状剥蚀或块状的崩解。

（2）水的冻融亦可使石材风化：在冬季下雨后，温度下降到0℃以下时，造成石材吸水后结冰的急剧膨胀，使石材崩解碎裂。

图 4.7.2-1　风化样品与未风化样品对比

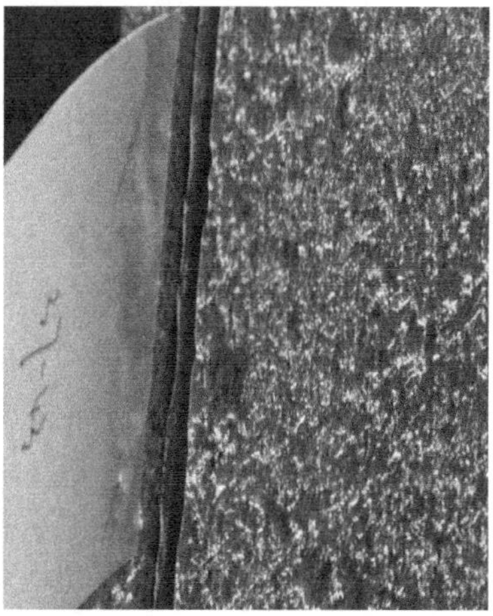

图 4.7.2-2　风化样品表面

图 4.7.2-3　风化样品表面

（3）低等植物的作用：在有水、温度适宜的条件下，苔藓、霉菌等有机物的孢子囊附着在石材的表面，开始发育生长，使石材表面形成各种各样的有机的色斑，这些有机物为了生存，与空气中的二氧化碳、二氧化硫、二氧化氮等物质相抗争，改变石材的表面纹理结构。另外，这些植物死后与水形成有机酸而加速石材的老化，使石材产生剥蚀的现象。

（4）紫外线的照射：石材本身具有许多毛细孔，且毛细管越小，则毛细现象越显著。因此，石材吸水后，在阳光（紫外线）的辐射下，水分在石材的毛细孔中的蒸发速度随之加快，水分中带有对石材侵蚀的物质对石材的侵蚀速度也会加剧，从而引起石材的老化。

（5）粘裂作用：胶粘是石材安装方法中的一种，其残留在石材表面的粘胶因老化作用使粘接石材的胶结矿物产生松弛作用，使石材内部松弛，表面易剥落，从而加速石材的老化。

化学作用造成石材风化的因素有如下方面：

（1）氧化反应作用：石材的矿物质元素成分被发生氧化反应，造成石材变软，体积增大，失去原有的光泽和弹性，如锈斑。

（2）溶解作用：通常是以水为溶剂，当其中含有碳酸根离子、硫酸根离子或硝酸根离子等及有机物时，溶解力更大。尤其对石灰岩含量高的这类的石材容易被溶解而风化，如化学腐蚀。

（3）水化、水解作用：石材吸水后与水化合而发生变化，体积增大，释放出大量的热能，使石材的硬度降低，光泽受损，弹性减弱，这是水化作用造成的破坏。同时水分还会使石材中矿物质含水。因此，石材在水解作用后，其基本形式发生变化，并有氢氧根从水中析出。这就是水解作用造成的破坏。在正长石这类石材的风化过程中最常见，如水斑。

（4）碱——硅质物的膨胀反应和碱，石材中的矿物质反应对石材的风化作用（其原理可参照水斑的成因），如锈斑、水斑、白华。

为了能准确分析石材质量问题，按照鉴定方案，从现场随机取下 5 块石灰石（其中 2 块表面未风化，3 块表面有风化）进行试验室检测分析，检测项目包括厚度、吸水率、体积密度、弯曲强度、压缩强度、剪切强度、抗冻系数、岩相分析。物理性能检测结果见表 4.7.2-1，岩相分析检测结果见表 4.7.2-2。

物理性能检测结果 **表 4.7.2-1**

检测项目	石灰石标准值	实测结果
体积密度（g/cm^3）	≥2.16	2.56
吸水率（%）	≤3.00	1.84
干燥压缩强度（MPa）	≥28.0	62.6
干燥弯曲强度（MPa）	≥3.4	12.9
水饱和弯曲强度（MPa）	≥3.4	12.6
剪切强度（MPa）	≥1.7	3.0
抗冻系数（%）	≥80.0	98.0
厚度（25mm 规格）（mm）	（−1.0～+3.0）	（−2.8～+0.4）

通过试验室检测，石灰石物理性能除厚度外，其他性能均符合标准要求，对厚度数据进行分析，表面未见风化的样品，其厚度为 24.5～25.4mm，符合标准要求，而表面风化的样品，其厚度为 22.2～23.6mm，不符合标准要求。

综上所述，产生石材风化的因素有很多原因，结合现场勘验和试验室检测，该石材吸水率为 1.84%，相对于花岗石吸水率偏大 4～5 倍，较易吸水，岩相分析结论为该样品内部新鲜，未见明显风华蚀变现象；但因材质及组分所决定，该样品生物化石特别丰富、球形生物化石与碎屑特别多，易导致脱落出现凹坑，在室外或酸性环境（自然或人为均有可能）中极易溶解风化破碎。查阅相关资料，浦东地区在 2012～2016 年降酸雨的概率为 70%左右，因此得出该石材产生风化的主要原因为化学的溶解作用，物理水的冻融也起到一定的促进作用。

4.7.2.4 解决措施

由于经过风化的石材表面已严重腐蚀且厚度已不满足标准要求，存在一定的安全隐患，因此对于现场已经风化的石材进行更换处理，且对所有石材进行定期检查防护，避免再次出现风化。并对开发商提出建议：对于主要成分为碳酸钙类的石材，由于在室外较容易风化，建议该类石材不宜使用在室外，如一定要使用该类石材，应对石材进行六面防护，并在安装上墙之前对石材及石材防护剂送第三方试验室检测，检测合格后方可用于施工。

岩相分析检测结果　　　　**表 4.7.2-2**

<table>
<tr><td colspan="2">手标本鉴定</td></tr>
<tr><td colspan="2">浅黄白色，不透明，表面可看到较多亮晶胶结化石以及球形砂屑颗粒，小刀可刻画，滴酸起泡</td></tr>
<tr><td colspan="2">偏光显微镜下鉴定及定名</td></tr>
<tr><td colspan="2">矿物成分及含量：
岩石主要由亮晶方解石、微晶方解石、生物屑组成；
腕足生物碎片：10％，0.01×02～0.6mm，长弧形条状亮晶方解石集合体，平行消光，表面凹凸不平；
双壳生物屑：30％，0.01×02～0.6mm，弧形条状亮晶方解石集合体，或螺旋贝壳腹足；
浮游有孔虫：15％，0.04-0.5mm 大小，球形或纺锤形，薄壳，其内被方解石充填，可见粟虫，列孔虫等有孔虫；
其他生物化石：5％，未知，生物形态清晰；
亮晶方解石胶结物：10％，0.005～0.5mm 大小，无色透明，菱形，闪突起，高级白干涉色；
微晶方解石胶结物：30％，<0.005mm 大小，隐晶质模糊状，正交光下高级白干涉色</td></tr>
<tr><td>结构构造特征
亮晶颗粒结构

次生变化
压实作用</td><td>显微图
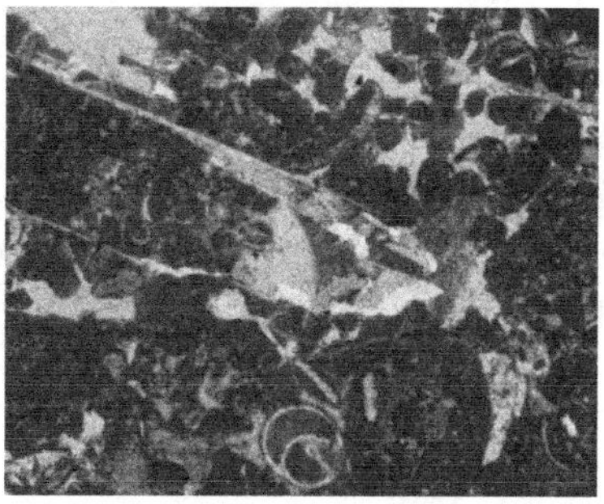
单偏光　10×2.5 倍
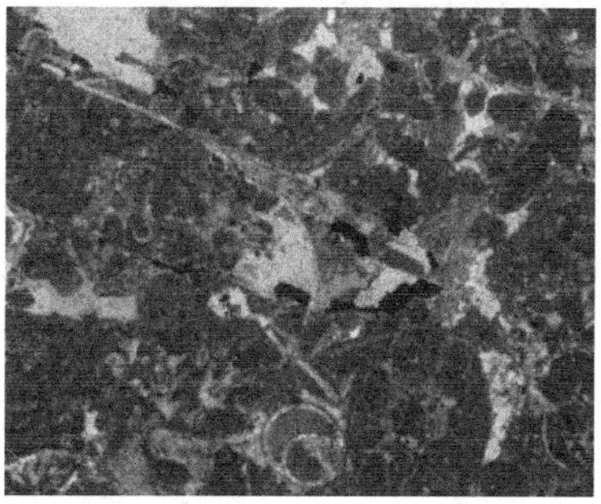
正交偏光　10×2.5 倍</td></tr>
<tr><td colspan="2">备注：主要化学成分为碳酸钙，生物化石特别丰富，球形生物化石与砂屑特别多</td></tr>
<tr><td colspan="2">岩石定名：亮晶生物屑灰岩</td></tr>
</table>

4.7.3　复合石材开裂案例分析

4.7.3.1　项目概况

某酒店为钢筋混凝土框架结构，地下 3 层，地上 32 层。酒店大堂复合石材地面于 2013 年 5 月中下旬开始施工，同年 7 月中旬竣工。在使用过程中，酒店大堂复合石材地面频繁出现开裂。大堂采用复合石材地面，面积约 870m^2，地面采用天然大理石与人造石复合而成，总厚度 30～32mm，其中上层天然大理石厚 18～20mm、下层人造石厚 12mm，设计中大量采用拼花工艺（图 4.7.3-1）。酒店大堂地面石材拼花总面积 421.26m^2，拼花破裂面积 47.3m²，不拼花破裂面积 93.5m²，大堂石材地面下铺设铝塑管水热地暖。

4.7.3.2 问题描述

项目组到达酒店大堂后，现场随机选定检查区域，检查区域为酒店一层大厅 D 轴 10-11 轴电梯前方 5 块石材，经检查，有 3 块石材表面有裂纹（图 4.7.3-2），对开裂的复合石材切开后，发现复合石材中天然大理石与人造石的粘结为四点式部分粘结，粘结面积不足 10%（图 4.7.3-3），其余地方均为空鼓。

图 4.7.3-1 酒店大堂复合石材拼花图片

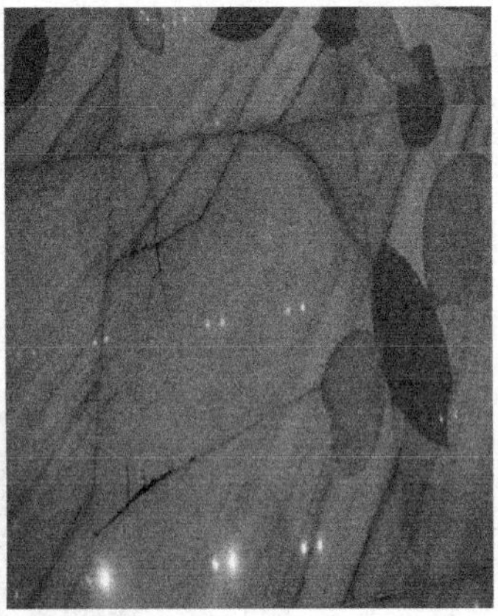

图 4.7.3-2 复合石材表面开裂

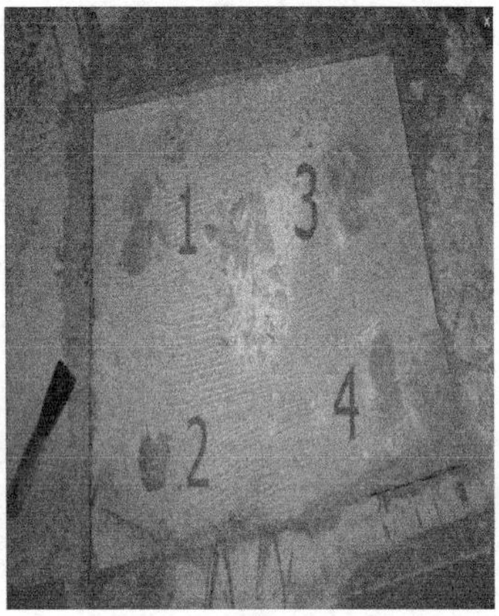

图 4.7.3-3 复合石材四点粘贴

4.7.3.3 原因分析

为了能准确分析复合石材开裂原因，按照评估方案，从现场备样中随机抽取 5 块石材进行试验室检测分析，检测项目包括抗折强度、剪切强度、弹性模量、落球冲击强度、耐磨度。复合石材物理性能检测结果见表 4.7.3-1。

复合石材物理性能检测结果 **表 4.7.3-1**

序号	试验项目		规范允许值	实测值	单项判定
1	抗折强度（MPa）	干态	≥7.0	32.8	合格
2		水饱和	≥7.0	37.2	合格
3	剪切强度（MPa）	标准状态	≥4.0	4.6	合格
4		热处理 80℃（168h）	≥4.0	3.4	不合格
5		浸水（168h）	≥3.2	2.7	不合格
6		冻融循环 25 次	≥2.8	2.4	不合格
7	弹性模量（GPa）		≥10	48	合格
8	落球冲击强度		表面不得出现裂纹、凹陷、掉角	表面无裂纹、凹陷、掉角	合格
9	耐磨度（1/cm³）		≥10	31	合格

经物理检测，发现经过热处理、浸水和冻融循环后的剪切强度达不到标准要求的指标，说明其在制作复合石材时所选用的胶粘剂不符合标准要求，另外天然石材与人造石之间存在未粘合的空隙达 0.85mm（图 4.7.3-4）。结合现场检查发现有较多的复合石材表面有裂纹情况，如裂纹下面正好是复合石材空隙的地方，在外力的作用下，该裂纹将在短期

内迅速开展。

由于酒店更换的复合石材已在石材厂加工，为了避免新的复合石材产生开裂，项目组到石材厂现场检查样品（图 4.7.3-5），检查中发现有部分复合石材的表面存在裂纹（图 4.7.3-6）。

综上所述，复合石材开裂的主要原因为使用的天然大理石存在裂纹，与人造石复合时未满贴，造成天然石与人造石之间存在空隙，造成复合石材使用后，裂纹处在外力作用下开展。

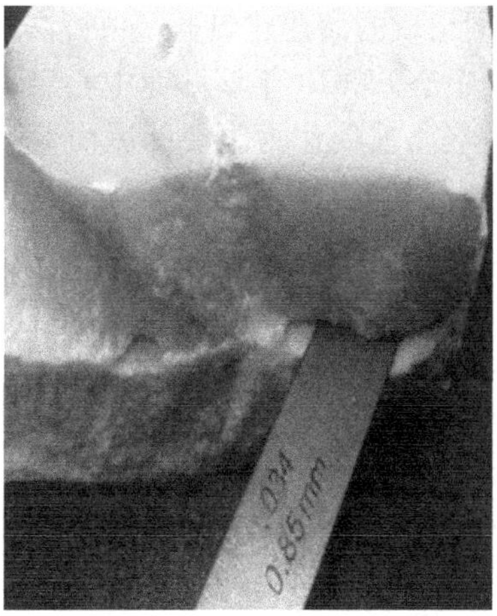

图 4.7.3-4　复合石材空隙

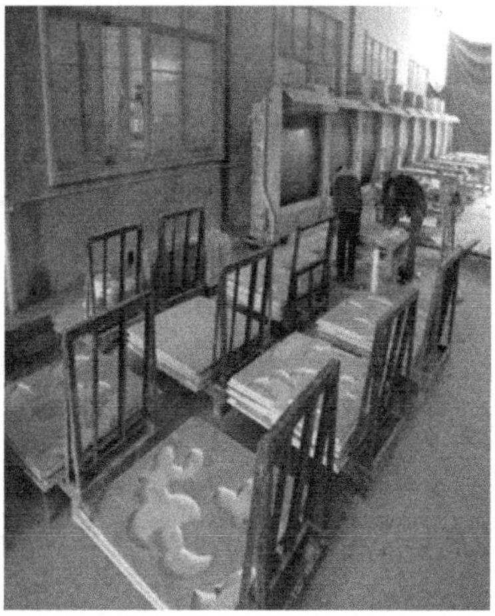

图 4.7.3-5　石材现场检查

图 4.7.3-6　石材表面裂纹

4.7.3.4　解决措施

由于发现复合石材之间粘贴方式采用的是四点式的，且未粘结部位有较大的空隙，因此要求石材加工厂更改粘贴方式，由点贴式改为满贴式。由于之前工程现场抽取的样品剪切强度不合格，因此，更改粘贴工艺后的复合石材需重新送第三方试验室检测合格后方可使用。

由于在石材工厂检查时发现已有裂纹的石材依旧被用在复合石材上，存在使用一段时间后开裂的风险，因此要求工地负责验收的技术人员逐块验收，发现有裂纹的产品必须退回。

4.8 节能材料失效

4.8.1 公共建筑屋面泡沫玻璃施工开裂案例分析

4.8.1.1 项目概况

北京某大型公共商业项目，由多个低层建筑共同组成的商业建筑群，项目占地面积约5万m^2，是一个定位综合休闲娱乐的大型高档商业中心。2018年该商业中心启动新一轮的项目改造施工，工程中屋面绝热设计使用绝热用泡沫玻璃作为主要的屋面保温绝热材料，但在施工过程中施工人员反馈刚铺设的泡沫玻璃发生多处贯穿裂纹，无法进行下一步工序。

4.8.1.2 问题描述

勘察现场发现本工程项目的屋面铺设的泡沫玻璃存在大范围的开裂情况，泡沫玻璃直接放置在基层上，施工设计在每一块泡沫玻璃中心部位都直接使用锚栓固定，锚栓击穿整个泡沫玻璃并固定在基层混凝土层，泡沫玻璃多是沿着固定用的塑料锚栓开裂，部分泡沫玻璃边角也同样存在开裂情况，大部分裂纹直接在厚度方向贯穿整个泡沫玻璃，详见图4.8.1-1、图4.8.1-2。该类破裂情况导致屋面保温层裂缝处产生大量热桥，若继续使用该屋面保温工程，则无法满足最初的保温隔热设计要求，同时由于热桥的存在，在正常使用时增加建筑物整体能耗，屋面上下表面温差较大时在裂缝处也会产生结露现象，导致屋面渗水，若在冬季，裂缝内的结露水结冰膨胀还会破坏屋面的整个保温防水结构，严重影响了整个工程的施工质量。

图4.8.1-1 泡沫玻璃现场图（一）

图4.8.1-2 泡沫玻璃现场图（二）

4.8.1.3 原因分析

泡沫玻璃是一种无机多孔绝热保温材料，最早由美国发明，是由碎玻璃或改性配方玻璃、发泡剂、改性添加剂和发泡促进剂等，经过细粉碎和均匀混合后，再经过高温熔化，发泡、退火而制成的无机非金属多孔材料，它由大量直径为1～2mm的均匀气泡结构组成。通过对产品进行切割可以制得泡沫玻璃保温板。泡沫玻璃保温板因其具有重量轻、导热系数小、吸水率小、不燃烧、不霉变、强度高、耐腐蚀、无毒、物理化学性能稳定等优点，被广泛应用于石油、化工、地下工程、国防军工等领域，能达到隔热、保温、保冷、吸音的效果。另外还广泛用于民用建筑外墙和屋顶的隔热保温，随着人们对环境保护的意识越来越高及城市防火要求的提高，泡沫玻璃已成为城市民用建筑的主要墙体绝热材料和屋面绝热材料。泡沫玻璃使用寿命等同于建筑物使用寿命，是一个既安全可靠又经久耐用的建筑节能环保材料，不同于有机保温绝热材料，无机硅酸盐类的材料结构更稳定且具有更高的物理性能，但是其材料自身柔韧性也较差，在受到外力及机械破坏的情况下，内部结构会发生破坏。不同配方或不同生产工艺生产的泡沫玻璃，其产品性能也存在较大的差异，并且由于使用了熔窑烧结生产工艺，不同的烧结温度曲线和时间也会在制备过程中产生一定的内部缺陷，导致最终产品不能达到设计要求，结合该项目屋面泡沫玻璃的节能构造和破坏情况，分析可能的原因如下：

（1）泡沫玻璃自身结构强度较低。

泡沫玻璃材料的结构强度与其组分、密度和工艺存在密切的关系，一般密度较高、原材料中杂质较少的泡沫玻璃，其自身结构强度便较大，通过科学合理的配比和改性添加剂的使用，优化设计使用发泡剂均可有效改善泡沫玻璃自身的结构强度，特别是用于上人屋面工况下使用时，建设方更应考虑使用自身结构强度更高的泡沫玻璃，当泡沫玻璃自身结构强度较低，或者在生产过程中由于原材料、发泡剂、生产工艺等影响导致其内部纯在一定量的缺陷时便不应继续使用。虽然不同强度的泡沫玻璃在运输使用过程中不能用肉眼直观观察其结构强度，但是通过外因（如本项目的锚栓敲击，工人踩踏等）可导致内部的点及线缺陷扩张连接成为面缺陷，最终导致泡沫玻璃宏观上发生碎裂现象。

（2）绝热层设计结构不合理。

泡沫玻璃作为无机材料其柔韧性较差，柔韧性主要表征材料吸收能量变形的指标，是一种材料断裂前吸收能量并进行塑形变形的能力，当材料在受力断裂前会通过较大的形变传递并吸收受到的能量，像金属、高分子塑料等其形变能力较强，柔韧性较大，在经过较大能量作用后仍能恢复初始状态不发生材料内部破坏。但是无机非金属材料的形变能力较弱，当受到的能量已经无法通过形变吸收时，材料在发生形变的最大端产生破坏并沿着能量的传递方向延伸，最终导致材料宏观上发生断裂破坏。本项目中将泡沫玻璃直接水平铺于混凝土基层，当泡沫玻璃板与混凝土基层均足够平整时，泡沫玻璃板可以将表面受到的力直接传递到基层进行扩散，但若泡沫玻璃板材自身的平整度不够，或者混凝土基层存在一定的凸起，泡沫玻璃保温板下表面通过基层凸起处接触，呈现多个简支梁结构。此时当泡沫玻璃保温板上表面受力作用时，较小的刚性接触面无法直接及时将能量传导下去，泡沫玻璃内部便会产生形变，接触面受力作用传导上面施压的能量，而非接触面便会发现形变，且泡沫玻璃保温板与基层墙体产生的空腔处因为存在最大的形变空间，当能量大于该材料的柔韧性时，泡沫玻璃便会发生变形并折断破坏。本项目中部分泡沫玻璃保温板就是在工程安装中，由于施工需要，安装工人站在已经铺设好的保温层上，泡沫玻璃自身抗折强度不够，便在与基层之间存在的空腔部位产生了部分破坏碎裂情况。

（3）泡沫玻璃生产时退火不够。

泡沫玻璃的生产工艺类似于我们生活中的陶瓷、玻璃等需要窑炉进行烧结生产的工艺，该类工艺有一个共同的特点就是需要进行一定的退火工序处理。该类无机材料在烧结过程中，由于不同相之间的热膨胀系数不一样，冷却时常常会产生不同相间热应力，容易导致材料内部产生微裂纹。另外，晶粒之间的玻璃相削弱了晶间结合，降低了材料的抗断裂能力。该类材料经过退火可以通过晶粒的变化减小相间应力，弥合微裂纹，同时长时间的退火可以使部分晶界玻璃相发生晶化，改善了材料的组织结构，提高了成品的室温和高温力学性能。但是泡沫玻璃的退火工艺需要消耗大量的能源和时间，部分生产企业为了降低生产成本，提高产品的市场价格竞争力，会缩短及降低退火工艺的温度和时间，实现泡沫玻璃产品的快速生产，但是泡沫玻璃内部的热应力却并没有完全释放，该类产品常会在无外力直接作用下发生碎裂现象，本项目中发现在已使用的泡沫玻璃边缘存在一定量的小块无规则非贯穿的破碎及剥离情况正是该类应力破坏。该类应力破坏类似于钢化玻璃的自爆现象，但是由于泡沫玻璃原材料的杂质过多，故该类应力破坏的发生率也较高，出厂时一般并无异样，但是存储一定时间后会随着自然应力的释放发生断裂，如果断裂处位于边缘就会有小块的泡沫玻璃从整体的板材上掉落。

4.8.1.4　解决措施

本项目中使用的泡沫玻璃已经发生碎裂，若需继续使用需对整个结构设计进行重新设计和计算，使用其他柔性材料将裂缝补齐，并确认补齐后材料及整个保温系统的力学性能是否满足设计要求，同时还需进行现场热工测试，整个补救措施相对费工费时，而且若无法满足最初热工节能设计要求，还需额外增加节能改造方案，故该类改造方案缺点较多，并非最优解决方法，对于该类保温材料破损情况，最优方案便是及时止损，将破损的保温材料铲除后重新使用强度较高的泡沫玻璃进行保温层施工，并在设计中考虑基层与泡沫玻璃的接触面平整度，若基层无法达到要求的平整度时，需增加柔性铺垫或使用柔性胶粘剂辅助粘贴，防止泡沫玻璃与基层间的空鼓导致的抗折破坏。

泡沫玻璃保温系统在国内绝热工程的施工应用尚属于一种新颖的保温构造，目前虽然已有大量的工程案例及施工设计图集可供施工方和设计方使用，但是在工程应用中还应注意以下因素以保证最终工程效果和质量。

（1）严格进场测试。材料使用方需要对进场材料严格进行复验测试，委托专业的第三方检测机构进行相关的物理性能检测，确认泡沫玻璃保温板材符合相关的国家标准及设计要求后方可投入使用，而不应急于抢施工进度，盲目信任材料生产方的口头承诺直接上墙施工，待出现质量问题后再重新铲除或补救，导致因小失大，对甲方和施工方均造成大量的经济损失。目前我国建筑用泡沫玻璃保温板的行业标准主要有《泡沫玻璃绝热制品》JC/T 647、《泡沫玻璃外墙外保温系统材料技术要求》JG/T 469 及其他相关的地方行业规范，该类标准都对泡沫玻璃的分类及产品物理性能和检测方法进行了严格规定，可对泡沫玻璃的抗压强度和抗折强度进行进场复测，了解该材料的基本力学性能。

抗压强度主要表征材料在外力作用下的强度极限，可以在一定意义上确定泡沫玻璃材料自身内部的缺陷水平，较高抗压强度的泡沫玻璃板材在受到锚栓的冲击作用和重物施压及施工人员踩踏时，可以保证其材料的完整性，不易被破坏。抗折强度主要表征材料在承受弯矩时的极限折断能力，可以表征材料的柔韧性。抗折强度较高的材料可以在基层平整度不够的情况下仍承受一定的受压荷载而不断裂，保证保温层的功能性不受破坏。通过第三方进场测试，可以确定泡沫玻璃的抗压强度及抗折强度水平，确定其是否满足设计及施工要求，帮助使用方选择质量更优的泡沫玻璃板材，避免上墙发生破坏断裂后的两难处境。

《泡沫玻璃绝热制品》JC/T 647 等材料标准还对泡沫玻璃进行了抗热震性测试要求，虽然该性能一般不作为进场检测要求，但是抗热震性主要表征材料承受急剧温度变化的能力。若泡沫玻璃材料退火时间不够，内部存在残余应力，通过力学性能无法确定，可通过抗热震性检测，对材料进行热冲击，判断材料在热冲击下是否发生断裂破坏情况，若材料未通过抗热震性检测，在施工后的使用阶段可能会自发产生破裂情况，导致整个保温层构造失效，增加建筑物能耗，严重情况下甚至可能会影响到建筑主体结构。故若材料进场时发现泡沫玻璃板材边缘存在一定的不规则碎片剥落现象，可以考虑对其进行抗热震性检测，判断其是否可继续使用。

（2）合理保温层构造设计。由于泡沫玻璃属于刚性板材且其线膨胀系数较小，而建筑物主体结构一般为混凝土或其他砂浆类材料，膨胀系数较大，故在设计阶段需要考虑不同线膨胀系数材料的粘结处理，若仅通过机械固定方式，需充分考虑材料在安装及使用过程中的受力情况，选用力学性能较高的泡沫玻璃材料可以有效避免机械固定施工过程中对材料的破坏，但是由于基层的热胀冷缩作用，机械固定部位也会发生一定的位移变化，故该类设计还需考虑泡沫玻璃板材之间拼缝的处理，防止材料之间受挤压破坏。

当采用粘结设计时，一般宜选用柔性材料作为胶粘剂，并且还需考虑是否需要满粘。刚性胶粘剂在基层热胀冷缩过程中在粘结点处易对泡沫玻璃产生一定的剪切力，泡沫玻璃受该剪切力作用较易发生片层断裂，最终脱离粘结层导致保温构造失效，而当采用柔性材料作为胶粘剂时，柔性胶粘剂自身会产生一定的形变以避免与泡沫玻璃板材的粘结处产生横向剪切力。但若采用点粘构造时，需对泡沫玻璃抗折强度进行综合判定，防止其受载荷作用断裂。

泡沫玻璃保温构造目前仍处于初期阶段，很多新型的构造模式还在继续被设计发明，无论是现有的保温构造或是新型的设计构造都仍需大量的工程实例进行跟踪验证并进行技术改进革新，故在建筑的日常维护使用过程中，物业及建筑维保相关人员仍需对该类保温构造进行一定的维护跟踪，及时发现问题并通知相关人员进行修补，当无法明确问题原因时，还需借助第三方专业检测机构通过现场和试验室检测手段判断其根本缘由，以便科学准确地进行维修及设计改进。

4.8.2 居住建筑地暖保温层失效案例分析

4.8.2.1 项目概况

上海市某小区居住商品房，业主装修采用了地暖辐射供暖，房屋建筑面积约 130m^2，实际地暖施工面积约 100m^2，采用天然气锅炉供热，供热管道介质为软化水，地暖进水温度和设定温度都正常，但在日常使用过程中楼下邻居反馈顶板有发热现象。

4.8.2.2 问题描述

经过现场勘查和问询，该房屋地暖系统采用 25mm 厚度的聚苯乙烯发泡塑料板作为保温层，上表面采用地暖专用木地板，设置锅炉出水温度 40℃，地暖设置温度 24℃，锅炉出水回水情况正常，室内升温情况均正常，通过红外热像仪检测未发现明显加热盘管泄漏等异常现场，楼板下表面温度高于室内空气度 1～2℃，现场情况见图 4.8.2-1、

图 4.8.2-2。

图 4.8.2-1　现场客厅光学图

图 4.8.2-2　现场客厅红外图

4.8.2.3　原因分析

地暖辐射供暖系统一般由基层地面、保温隔热层、反射膜层、加热盘管、地面保护装饰层所组成，如图 4.8.2-3 所示是一种典型的地暖辐射供暖系统详细组成结构。

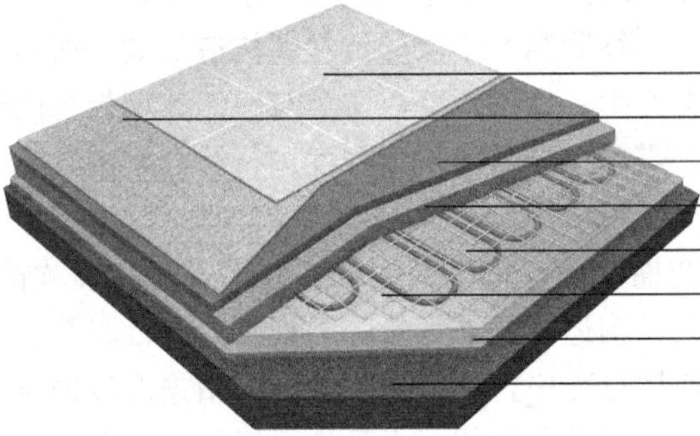

图 4.8.2-3　XPS 保温地暖系统结构图

保温隔热层是为了防止热量传导流失而铺设的，反射膜层是为了防止热量向下辐射流失铺设的一层金属保护膜，加热盘管是地暖辐射供暖系统中唯一的热量来源。地面加热盘管管网连接到锅炉，通过软化水等载热介质将热量从锅炉带出并沿着管网路径进行辐射供热，并通过钢丝网架、固定管卡固定采暖管及其他填充物，并采用细石混凝土及装饰层作为地暖辐射供暖系统的地面保护装饰层，防止日常使用过程中对输送管网产生受压破坏。保温隔热层和反射膜层可以有效控制加热管网的辐射热流方向，将锅炉产生的热量有效利用并加热建筑物室内空气，减少能源的浪费，保温隔热层的厚度和反射膜的辐射率直接影响着整体的保温隔热效果。

铺设地暖的一般均为装修完工即入住的项目，故破坏性检测并不适用于该类项目，对于地暖最有效的非破坏性检测手段便是使用红外热像仪进行全面积扫描检查。红外热像仪是一种利用红外热成像技术，通过对标的物的红外辐射探测，并加以信号处理、光电转换等手段，将标的物的温度分布图像转换成可视图像的设备。红外热像仪将实际探测到的热量进行精确的量化，以面的形式实时成像标的物的整体，因此能够准确识别正在发热的疑似故障区域。操作人员通过屏幕上显示的图像色彩和热点追踪显示功能来初步判断发热情况和故障部位并分析，从而在确认问题上体现了高效率、高准确率。当地暖锅炉开启后，地暖中流动的加热水温度高于周围环境温度，其辐射出来的热量被红外热像仪捕捉后可以清晰地显示整个装饰地板下的工程情况。本项目现场勘查中发现整体楼板的热量分布均匀，通过计算保温绝热板的热阻，绝热层的热工设计满足实际运行要求，且锅炉的进回水压力及水力平衡也未发现明显异常现象，故排除绝热层的施工问题及加热管网漏水问题。

在对整个地暖供热系统进行红外热像仪扫描时发现该地暖系统供热水管中部分管道是紧邻房间墙体排布的，而在房间墙体与地面墙角等边界处并未设计一定高度的竖向隔热保温层，现场图详见图4.8.2-4～图4.8.2-7。

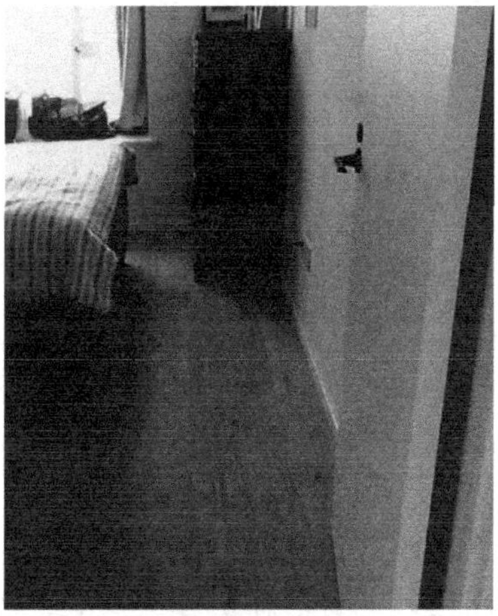

图4.8.2-4　卧室墙体边缘光学图

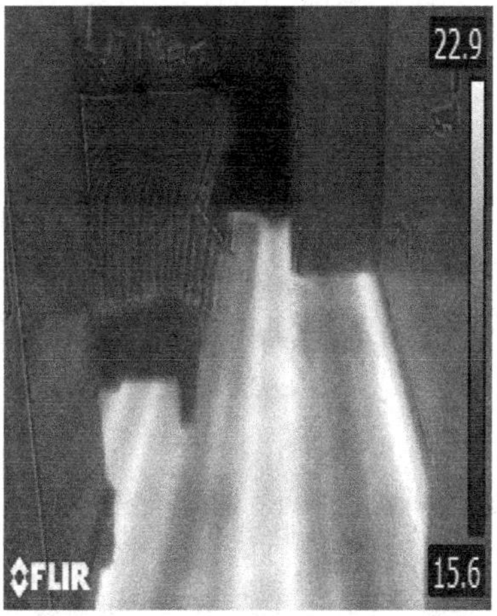

图4.8.2-5　卧室墙体边缘红外图

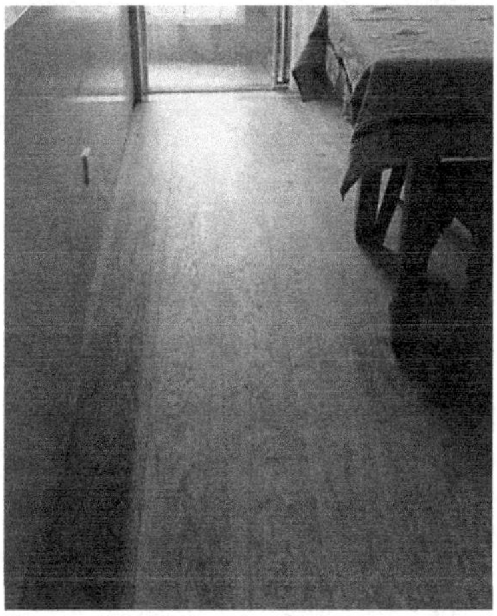

图4.8.2-6　客厅墙体边缘光学图

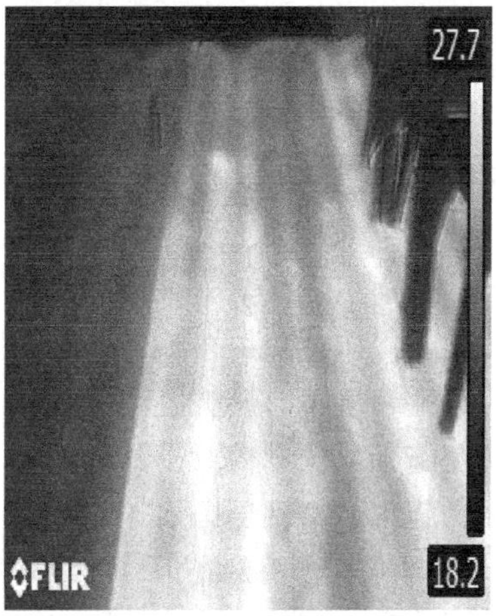

图4.8.2-7　客厅墙体边缘红外图

混凝土楼板及其预制构件的导热系数较高，导热系数是指在稳定传热条件下，1m厚的材料，当两侧表面的温差为1℃，单位时间内通过$1m^2$面积传递的热量，单位为W/（m·K），导热系数越高，其传递热量的能力也就越大，建筑上就越不保温。金属的导热系数最大，普通碳钢的导热系数一般大于45W/（m·K)，混凝土的导热系数也均大于1.5W/（m·K)，而绝热保温层一般均采用有机高分子材料，如聚苯乙烯保温材料等，其导热系数一般均小于0.040W/（m·K)，故即使在绝热保温层上方铺设一定厚度的素混凝土，由于导热系数较大，加热水管内的热量仍可以有效传递，在红外热像仪所拍摄的图中可明显观察到加热水管的形状及位置。但是由于墙体与楼地面相连，墙体的导热系数较大，靠近墙体的加热管却并没有做断热处理，部分热量通过墙体传递到最近的楼板，楼板一般均为钢筋混凝土结构，其导热系数较墙体大，并且直接接触楼下房间，温差越大，热量传递也越快，热流密度相对上方梁柱也较集中，最终便导致了楼板下侧温度升高，这种现象也是建筑中较典型的热桥现象。由于楼下住户的顶板表面温度升高，当室内空气湿度增加，未开启加热供暖措施时，温度较低的壁面容易发生结露现象，长期处于该环境中容易致使楼下住户墙面的结露点积聚灰尘等霉菌导致发生墙面霉害和滴水现象，墙体饰面层也会遭受破坏。

4.8.2.4 解决措施

经与本项目住户和楼下住户房间勘查并解释该情况及危害，楼下住户墙体在冬季采暖期内也会采用空调进行间歇式供暖，墙面未发现明显的霉害现象。一般该类地暖系统若在保修期内，可要求设备厂家及安装公司免费进行维修更换，但是由于地暖系统表层铺设有一层素混凝土，修缮工程量较大，并需要清空室内已有家具，破坏地板，在修缮过程中还可能会对墙面有一定的脏污破坏，即使最终对墙面进行修复，最终装饰效果也会降低，故本项目住户在充分了解了实际情况及使用过程中的能耗增加情况后未考虑相关解决方案，减少对家装的破坏。

地暖系统的修缮目前是一个棘手的问题，若只是小面积的问题一般都可以通过局部开挖完成修缮，但是像本项目这种问题涉及长度大，问题点又分散在边缘区域的，如果要实现完全解决方案均需要进行一定的工程量，并且还需要进行清场，影响业主的日常生活，故一般已经入住的业主使用方均不希望自己的财产受到更大的损失，而地暖系统供应商提供的维修售后方案中也不会包括其他连带的赔偿责任，故在地暖铺设过程中施工方、现场装修监理方及业主均需要重视过程中的检测，及时发现并解决问题，避免后期对其进行补救，特别应该注意以下几点：

（1）地暖结构及热工设计的合理性。目前现有的专业地暖系统提供方会对自有的地暖系统设计一套通用的科学施工及热工方案，除非遇到大型居住或者公共建筑及甲方特别需要，一般实际操作过程中并不会针对个别工程另行单独设计。但是每一个建筑工程都具有一定的特殊性，通用的热工设计可能在工程局部会有一定的不匹配性，业主及房屋建筑的使用方应在施工前认真核对设计方案并与设备及施工方充分交流，从而确定最终的协商结果，避免在施工时出现不必要的分歧及临时改变设计方案的情况发生。

（2）严格落实地暖验收。目前地暖生产企业会将新研发设计的产品送往第三方机构进行相关的试验室检测，试验室检测主要是对地暖系统进行模拟测试，了解整个地暖系统的整体情况，虽然该类测试并不能完全符合实际工况，但是也具有一定的参考意义，地暖使用者在采购时可以要求提供该类检测报告并明确试验室检测过程中使用的锅炉参数、地暖类型、保温绝热层材料设计参数及其他地暖运行参数，并与实际工程安装使用的材料参数进行对比，确认工程现场没有故意偷漏或者简配行为。在地暖供水管安装完成后设备厂家也会对其进行一次试运行检查以检查整体安装质量，避免在整体安装完成后才发现安装缺陷导致无法整修，该检查也是最终完成前最后一次检查过程，此时地暖使用者应重视现场陪同并共同参与相关验收工作，确保整个验收工作完整有效，保证锅炉的实际运行时间及水管压力满足试验要求，以免因草率验收而错过最终的修缮机会。

一般家庭使用者在完成地暖安装及验收工作后便会进行房屋的其他装修工程，地暖这种隐蔽工程也会暂时闲置使用，若有条件的话也可对其再次进行开机检查，因为目前地暖使用的绝热层属于有机保温绝热材料，有机材料的尺寸稳定性较差，长期高温加热后部分产品还会释放有毒有害物质。在长时间持续的高温作用下，尺寸稳定性较差的有机绝热材料受热部位发生蠕变变形，而水管远端的有机绝热材料温度较低，蠕变现象较小，尺寸变化情况较小，绝热保温层整体出现不规则形变，导致地暖系统内出现空鼓情况，严重时可能会挤压水管。而地暖系统中的加热水管一般仅固定在保温层上，且铺设安装时均排空并在常温状态下，在高温流体运行通过时，管道本身也会出现一定的热胀冷缩现象，管道弯头处受内部流体压力及热胀冷缩作用也会发生一定的拱起变形，受基层的保温板形变共同作用可使地板隆起，出现该类情况时应及时通知施工方返修，避免以后发生更严重的破坏。专业的地暖设备供应商也会在最终安装完成后采用红外热像仪全面扫描并跟踪最终使用情况，为客户提供完整的验收服务。

（3）安装时关注热桥等重要节点。现有正常使用的建筑物都会有热桥存在，但是热桥是可以通过对其进行工艺处理而消除的。目前大部分房屋开发商在建造时都对建筑进行了内外保温设计，建筑整体外保温基本得到保障，但是房屋使用者在对建筑进行二次装修的时候若需破坏现有保温系统，需考虑其热工设计并对破坏的保温系统进行再施工，防止以后在使用过程中出现更严重的质量问题。而在内墙与楼地面等使用钢筋混凝土等高导热系数材料部位，由于建筑物整体热工设计中设定其室内温度一致，故并不考虑其热桥发生情况，但当类似本项目中上下并未同时进行采暖供冷或使用的工况不同时，原本并不会产生热桥的区域也会发生热桥现象。但是考虑到我国居民房屋使用现状，在内围护结构中增设断桥隔热设计会减少房屋使用者的建筑面积使用率而不被接受。故地暖施工人员在安装时应注意将供热管线远离墙体，并在镀铝反射膜与墙体的连接处进行断热处理，尽量减少热桥部位的温差，通过减少热桥部位的热流量将热桥的影响降到最低。

地暖在我国的应用时间较短，目前仍处于初期阶段，地暖技术也在发生着日新月异的进步，除了普通的软化水等流体介质供热的水地暖，还有通过其他电发热供暖等，甚至已有直接通过地板发热的地暖系统和远红外地暖，依据面层铺装工艺不同可分为干式地暖和湿式地暖。地暖在提高建筑舒适度的同时也带来了一系列其他问题，存在质量问题的地暖系统不仅带来了更大的能源消耗，还会破坏室内装饰，污染室内空气并危害室内人员身体健康，在现有检测技术及修缮手段均不完善的情况下，我们仍应加强施工阶段的检查验收工作，对施工和材料均进行质量跟踪，了解实际使用的材料性能才能保证最终工程质量。

4.8.3 工业设备管道保温层接触面金属腐蚀案例分析

4.8.3.1 项目概况

某工业设备管道及储罐均采用硅酸铝棉包裹，并采用普通金属管道涂覆防腐涂层处理，内部运行高温流质。该设备已经运行多年，整体运行无异常，外保温构造存在一定的老化现象，未发现明显破损，但是在管道与储罐的连接处能够发现明显的锈蚀膨胀痕迹，储罐内未发现破损现象。

4.8.3.2 问题描述

现场勘查发现管道保温层外部都设置有防护和防水层，管道保温层整体并没有发现明显的破裂及人为破坏痕迹，保温层分段接口处有部分隆起和铁锈痕迹。通过剥离外保温层后可以明显看到金属管道有腐蚀现象，部分金属已经呈片状剥落。保温层内已经有明显的结露水存在，设备管道的保温效果已经无法满足最初的设计要求，且该管道若继续使用将存在一定的安全隐患，不推荐继续使用，现场锈蚀情况见图 4.8.3-1、图 4.8.3-2。

图 4.8.3-1 管道与储罐连接处锈蚀情况

图 4.8.3-2 管道表面锈蚀情况

4.8.3.3 原因分析

该设备管道外防护层基本完好，故排除外界环境及气候对管道的腐蚀作用。而腐蚀均发生于管道外表面与保温材料的接触面，并且该管道运行高温流质，故初步判断是保温绝热层对金属管道造成的电化学腐蚀。国外统计资料表明导致化工行业管道泄漏事故的最大原因是绝热层下腐蚀，40%～60%的管道维护维修成本由保温绝热层下的腐蚀产生的，且保温绝热层下腐蚀问题因为其隐蔽于保温绝热层和外保护层下而较难被发现，对设备运行存在极大的安全隐患及危害。

依据腐蚀发生的机理，一般可将其分为化学腐蚀、物理腐蚀和电化学腐蚀。

化学腐蚀是指金属表面与非电解质直接发生纯化学作用而引起的破坏。酸雨是设备管道中最常见的化学腐蚀，酸雨中的硫化物与金属发生化学反应产生硫酸盐，对金属管道进行化学反应破坏。

物理腐蚀是指金属受到物理冲击作用而引起的破坏。金属强度直接影响物理腐蚀程度，如在雾霾或沙漠等恶劣环境下的输送管道，空气中的微小颗粒对金属表面进行持续冲击，金属表面被磨削后形成裂纹，该类腐蚀可通过对其进行外防护设计处理即可避免。

电化学腐蚀是指金属表面与离子导电的介质发生电化学反应而引起的破坏。电化学腐蚀是最普遍、最常见的腐蚀，如金属在大气、海水、土壤和各种电解质溶液中的腐蚀都属此类。电化学腐蚀是一种氧化还原反应，由于铁等金属具有的电离能较低，在参与化学反应时经常释放电子：$Fe=Fe^{2+}+2e^{-}$，与金属铁接触的非金属物质具有较高的电离能，通过还原反应捕捉金属铁释放的电子，铁离子在氧化反应中失去了电子后变成可溶于水的二价铁离子，非金属物质和空气中的水在还原中得到电子形成羟基离子，这些羟基化合物和铁离子的氧化物沉积在金属表面后形成了我们肉眼能见的腐蚀现象，电化学腐蚀的速度远大于化学腐蚀和物理腐蚀。

保温绝热材料的电化学腐蚀影响因素如下：

（1）保温材料的电化学性能不满足设计要求。电化学腐蚀是一个不可绝对避免的自然反应现象，目前在设计金属管道防腐工艺时都对所使用的材料进行严格性能要求，力求将该类腐蚀现象减少至最低。《覆盖奥氏体不锈钢用绝热材料规范》GB/T 17393 对用于金属管道的纤维状绝热材料进行了腐蚀性和可溶于液的 pH 值规定。各个相关的绝热材料产品标准也对腐蚀性进行了详细的要求，如《绝热用岩棉、矿渣棉及其制品》GB/T 11835 对腐蚀性进行了要求，并在附录中单独提出了用于覆盖铝、铜和钢材时的腐蚀性测试要求。《工业设备及管道绝热工程设计规范》GB 50264 也对管道设备的各个构造的使用材料均有防腐要求，质量满足设计要求的绝热材料内部阴离子离子浓度及 pH 值较高，由于存在比金属释放出来的阳离子活性更高的离子，故金属较不易被腐蚀。当使用的绝热材料性能不能满足相关的产品设计要求时，绝热材料在水汽作用下于局部形成的溶液中更易捕获金属释放出的阳性电子，从而发生电化学腐蚀。

（2）金属管道在特定工况下会加速腐蚀进行。温度对电化学腐蚀具有关键的影响作用，CINI 手册《工业绝缘标准》中提供了不同温度下的绝热层腐蚀风险等级，如表 4.8.3-1所示。

CUI 风险级别表　　　　**表 4.8.3-1**

类别	CUI 危害	工艺温度
1	超高	循环或双工艺温度之间－20℃～320℃（或稍低）[①]
2	高	工艺温度：50℃～120℃
3	中	工艺温度：－5℃～50℃
4	中	工艺温度：120℃～175℃
5	低	所有工艺温度：＞175℃
6	低	所有工艺温度：＜－5℃

[①] 有些管道和设备在高温之间循环（高于 320℃）并且环境温度也属于第一类。一个例子就是柴油机的排气管。

依据该风险级别表，在低温管线和超高温管线中，绝热层下腐蚀现象较少，冷热循环交替作用下绝热层腐蚀危害最高，材料在受到周期性的热对冲或双工艺温度作用下，材料内部产生热应力，金属内能变大，离子的热动力增加，腐蚀反应速度便相应加快。但是设备管道的工艺温度是无法改变的，故温度对金属腐蚀的影响是一个不可改变的现状，仅能通过其他手段降低该类腐蚀现象。

（3）保温绝热构造安装存在缺陷，加速结露水生成。在工业管道的设计中都会有防潮层或隔汽层的设计，但在实际施工中，由于防潮层及金属管道本身会存在一定的老化及表面粗糙情况，管道设备形状也较复杂，特别是在设备接口及法兰等关键部位的防潮层施工难度较大，难以实现完全连续和无缝的施工操作。绝热系统在运行中还会受到管道和外部环境的温度变化发生热胀冷缩，连续周期性的热胀冷缩也易造成隔汽防潮层破损。而且管道施工过程中势必会有交叉作业情况发生，不同工序交叉施工也会对保温绝热构造造成一定的破坏。随着使用寿命的增加，高分子密封胶也会逐渐达到使用寿命而出现老化脆化现象，密封效果缺失。当保温构造发生破坏后，由于内外温差作用，空气中的水汽结露附着在破损处，并溶解非金属绝热材料和管道自由电离的离子反应，管道表面的离子浓度增加后进一步加速了金属电化学腐蚀反应。

（4）安装施工不规范。由于工业管道及设备的保温构造基本都是由现场施工安装进行，安装工人需要进行大量的穿管粘贴等复杂工艺。部分安装人员为了提高安装进度，会减少防腐涂料的使用量及涂层厚度，在管道表面涂抹润滑剂或直接喷洒自来水润滑等，使用非防腐溶液直接涂抹在管道表面后由于外防潮层的作用，金属管道内的阳离子快速与溶液内离子反应，加速管道腐蚀，这种不规范施工操作对工程质量造成了严重隐患，降低了管道的防腐程度，且该类施工具有一定的隐蔽性，验收时无法发现管道内部情况，故在现场安装工程中还应提高安装工人素质，提高安装质量管理并加强巡查，及时发现问题，避免造成安全事故。

4.8.3.4　解决措施

当发现设备管道存在一定的腐蚀现象时，首先应当对设备管道进行检查并确认其腐蚀类型及腐蚀机理，工程中的腐蚀常会由多种诱因同时作用，如有需要可以聘请专业的第三方试验室进行现场勘查并制定相关的检修方案。第三方试验室首先会对相关设计图纸进行核查，确认设计的合理性及对材料性能指标要求的科学性，并现场核验实际施工质量。在核验过程中会通过现场采样对金属管壁、绝热层、防腐层所用的材料进行勘查和试验室检测，了解工程实际使用材料情况并最终判定导致腐蚀的原因。本项目中使用的硅酸铝棉虽然较岩棉等纤维类保温材料具有更高的 pH 值，其主要成分是二氧化硅、氧化铝及三氧化二铁等无机非金属物质，阴离子含量较低，较不易发生腐蚀管道现象。但是其在生产工艺中需要添加其他胶粘剂等外加剂制备成为可供使用的毯状成品，故对其仍进行了化学成分检测并了解其实际阴离子含量。最终发现该材料与金属管壁接触处的阴离子含量较高，依据现场勘测及试验室检测结果确定该项目属于电化学腐蚀，可能的原因是管道在安装过程中表面涂刷的胶粘剂导致，也有可能是硅酸铝棉自身的离子经过长时间使用以后，伴随着水汽迁移而最终全部沉积到金属管道面层。鉴于该管道及设备的锈蚀程度已没有修缮价值，但是可以通过红外热像仪等设备对其他管道设备进行热工缺陷的检测，因为设备管道的锈蚀氧化过程容易常伴随有膨胀及保温管道的破坏情况，水蒸气较易迁移进入保温绝热层，导致局部热阻变小，通过红外热像仪一定程度上也可以分辨出设备的潜在破坏点，及时发现设备问题，并对设备管道表面的绝热材料进行化学分析，替换不符合设计要求的材料防止腐蚀情况加剧，并对设备已腐蚀表面喷砂去锈处理，清除原有的离子团聚合物，并对表面重新进行防腐处理。

电化学腐蚀是一种自然存在的化学反应过程，目前还没有一种绝对有效的办法可以避免该类腐蚀现象，仅能通过一定的技术手段将电化学腐蚀程度降至最低。目前我们可以分别通过被动保护和主动保护对其进行腐蚀干扰和防护。

金属管道的氧化过程是在无时无刻不在发生的，表面防腐涂层可以有效减少金属与外界物质的接触面积，这种增加活性面层的方法可以有效阻止金属的进一步氧化反应，并且可以有效隔绝水汽的侵蚀，还能降低表面粗糙度，减少表面结露现象。在设备管道对其进行阴极保护可以更好地实现管道金属的氧化抑制作用，常用的方法是在外部进行直流电供电，该类防腐措施一般常用在供油管路及埋地管路，对管道使用工况有一定的要求。对管道进行牺牲阳极也是一种较常用的解决方法，其原理同阴极保护，通常加入比管道更易氧化的牺牲金属，如锌、铝或者铜等，具体视管道材质及成本酌情选择。当该类金属与管道金属直接接触后，较活泼的金属先氧化并释放大量的阳离子从而抑制了管道金属的氧化过程。

选择金属管道绝热层的材料时应优先考虑添加了缓蚀剂的材料，如纤维材料中主动添加硅酸根和钠离子，对材料进场复验时也可增加对腐蚀性的相关检测，了解其抗腐蚀能力。绝热构造中还应设隔汽防潮层，阻止或减缓外界腐蚀性离子进入绝热系统，从而减少绝热层下的腐蚀。并且还能保证管道内部的水汽迁移，降低整个管道绝热系统内的水汽含量，防止局部离子浓度升高。虽然防腐层的构造设计会增加工程整体造价和施工难度，但仍建议完善防腐措施，增加设备使用寿命，防止生产事故发生，从而避免更大的经济及财产损失。

虽然工业管道及设备在外防护层的保护下较不易及时察觉其内部腐蚀情况，但是在有条件的情况下仍建议相关设备的维保人员能够定期对设备进行检查，通过红外热像仪等设备及时了解工况，必要时对设备保温层进行开挖观察，特别是在隐蔽区域、较易结露工况下及周期性进行热冲击的管道部位，发现腐蚀现象后能够第一时间对其进行维修，延长设备的使用寿命。

电化学腐蚀一直是行业内无法解决的棘手问题，现有的方法仅能通过对使用材料、防潮防腐构造及后期维保跟踪，对已经发生腐蚀现象的管道进行维修甚至更换，降低设备安全隐患。

4.9 管材失效

4.9.1 极端低温对给水管网使用性能影响的案例分析

4.9.1.1 项目概况

浦东某小区中一栋高层建筑，受寒潮影响，该区8号楼一住户水管爆裂，水沿着窗口流向外墙。由于夜间温度较低，导致结冰，并形成冰柱。

4.9.1.2 问题描述

从20楼以下，凡是外墙凸起的地方，都挂着一排排冰锥。冰锥图片见图4.9.1-1、图4.9.1-2。

4.9.1.3 原因分析

(1) 给水管网系统产品概况

给水管网系统是由管材、管件、阀门、水表等组成的，自沪建材［98］第0141号文件发布后镀锌给水钢管在上海被逐步淘汰，各类新型塑料管及复合管被广泛使用于新建住宅的给水管道系统以及二次供水改建项目中，但在老式小区、老式公房铺设的镀锌给水管仍有部分在使用中。塑料管根据材质分为硬聚氯乙烯（PVC-U）管、聚乙烯（PE）管、无规共聚聚丙烯（PP-R）管等，复合管分为塑料复合管和钢塑复合管等。而目前PVC-U给水管已逐渐被PE、PP-R管材替代，新建的住宅小区给包括二次供水改造使用的水管主要为聚乙烯（PE）管、无规共聚聚丙烯（PP-R）管和钢塑复合管。

图 4.9.1-1　外墙冰锥图

图 4.9.1-2　冰锥近景图

常用的水表有湿式和干式两类。湿式水表是指计数器浸入水中的水表，水表玻璃承受水压。干式水表是指计数器不浸入水中的水表，传感器与计数器的室腔相隔离，水表玻璃不承受水压。在北方地区，尤其是水质较硬的地区，由于水质易结水垢，而干式水表其计数机构与被测水隔绝，不会影响抄读，主要使用干式水表。而上海地区因为水质较软，不易结水垢，冬天气温较高，主要使用的是湿式水表。

（2）模拟试验情况分析

给水管网在低温下爆裂通常是多因素综合作用的结果，常见主要有管网未采取足够的保温措施、管网老化、运维等方面原因。

给水管网系统是由管材、管件、阀门、水表等组成，目前新建给水管网主要为聚乙烯（PE）管材、无规共聚聚丙烯（PP-R）管材。给水管网系统模拟试验共采样 8 类产品，其中聚乙烯（PE）管材 12 组，无规共聚聚丙烯（PP-R）管材 12 组，聚乙烯（PE）管件 12 组，无规共聚聚丙烯（PP-R）管件 12 组，钢塑复合管 8 组，衬塑管件 8 组，阀门 8 组，水表 8 组（干式水表和湿式水表各 4 组），共计产品 80 组。

给水管网系统产品模拟试验通过分析研究模拟实际使用连接方式的给水管道系统连接件在不同冻融循环后的抗冻性能，并对不同壁厚相同外径的无规共聚聚丙烯（PP-R）管材的抗冻性能进行研究。

结果显示：无保温防护措施的给水管网系统在低温条件下存在破坏的风险，湿式水表在－10℃冻融循环后易发生爆裂。在－10℃条件下，采取一定保温防护措施后即可有效降低整个管网系统的冻裂风险。

（3）给水管网系统产品模拟试验概况

对上述产品在试验室内进行了模拟试验，样品规格见表 4.9.1-1。

模拟试验分别对有、无保温防护措施的管网系统在 0℃、－5℃、－10℃的冻融循环后的抗冻性能检测并进行比较和评价。

为了探究冻融循环对给水管网系统的性能的影响，故在冻融循环后采用静液压强度试验。静液压强度试验方法按照《流体输送用热塑性塑料管道系统 耐内压性能的测定》

GB/T 6111—2018和《金属管 液压试验方法》GB/T 241—2007。静液压强度试验条件按《建筑给水排水及采暖工程施工质量验收规范》GB 50242—2002 和《建筑给水塑料管道工程技术规程》CJJ/T 98—2014 确定，试验时间为 1h，测试环境温度为 20℃，试验压力 1.5MPa。比较不同壁厚对无规共聚聚丙烯（PP-R）管材抗冻性能的影响所进行的静液压强度试验条件根据《冷热水用聚丙烯管道系统 第 2 部分：管材》GB/T 18742.2—2017 试验时间为 1h，测试环境温度为 20℃，环应力 16.0MPa。

模拟试验样品规格　　表 4.9.1-1

产品种类	规格
聚乙烯（PE）管材	PE100，dn50，SDR11
无规共聚聚丙烯（PP-R）管材	dn25×3.5；dn25×4.2
聚乙烯（PE）管件	PE100，dn50，SDR11
无规共聚聚丙烯（PP-R）管件	dn25，S2.5
钢塑复合管	DN50
衬塑管件	DN50
阀门	DN15
水表	DN15，湿式；DN15，干式

给水管网系统模拟试验项目见表 4.9.1-2，冻融循环条件见表 4.9.1-3。

检 测 项 目　　表 4.9.1-2

<table>
<tr><th>产品类别</th><th colspan="2">检测项目</th><th>检测条件</th></tr>
<tr><td rowspan="7">聚乙烯（PE）管材、
无规共聚聚丙烯（PP-R）管材、
聚乙烯（PE）管件、
无规共聚聚丙烯（PP-R）管件、
钢塑复合管、衬塑管件、
阀门、水表</td><td colspan="2">未受冻处理的静液压强度试验</td><td rowspan="7">1h
20℃
试验压力 1.5MPa</td></tr>
<tr><td rowspan="2">0℃冻融循环后的静液压强度试验</td><td>无保温防护</td></tr>
<tr><td>有保温防护</td></tr>
<tr><td rowspan="2">−5℃冻融循环后的静液压强度试验</td><td>无保温防护</td></tr>
<tr><td>有保温防护</td></tr>
<tr><td rowspan="2">−10℃冻融循环后的静液压强度试验</td><td>无保温防护</td></tr>
<tr><td>有保温防护</td></tr>
<tr><td rowspan="7">无规共聚聚丙烯（PP-R）管材
（不同壁厚对抗冻性能影响）</td><td colspan="2">未受冻处理的静液压强度试验</td><td rowspan="7">1h
20℃
环应力 16.0MPa</td></tr>
<tr><td colspan="2">0℃冻融循环后的静液压强度试验</td></tr>
<tr><td colspan="2">−5℃冻融循环后的静液压强度试验</td></tr>
<tr><td colspan="2">−10℃冻融循环后的静液压强度试验</td></tr>
<tr><td colspan="2">0℃冻融循环后的密封性能试验</td></tr>
<tr><td colspan="2">−5℃冻融循环后的密封性能试验</td></tr>
<tr><td colspan="2">−10℃冻融循环后的密封性能试验</td></tr>
</table>

冻融循环条件　　表 4.9.1-3

序号	冻融循环条件				循环次数
	冷冻温度（℃）	冷冻时间（h）	解冻温度（℃）	解冻时间（h）	
1	0	8	23±2	≥16	2 次
2	−5	8	23±2	≥16	2 次
3	−10	8	23±2	≥16	2 次

给水管网系统模拟试验中将相同给水管道连接件（即管材、管件、阀门、水表的连接件）内注满水后分为两类，其中一类无保温防护，另一类根据管道工程技术规范要求采用保温材料防护。

本次试验的保温材料目前上海地区常用的厚度约 10mm 的橡塑管材采用分别对两类连接件进行相同冻融循环后再进行静液压强度试验比较，并对无保温防护的连接件进行未受冻处理的静液压强度试验以排除样品本身的质量问题。静液压强度试验采用的条件一致，即相同温度、相同压力及相同持压时间。

（4）模拟试验结果统计分析

1）模拟试验结果统计

本次模拟试验的 12 组聚乙烯（PE）管材，12 组无规共聚聚丙烯（PP-R）管材，12 组聚乙烯（PE）管件，12 组无规共聚聚丙烯（PP-R）管件，8 组钢塑复合管，8 组衬塑管件，4 组干式水表，8 组阀门在 0℃、−5℃、−10℃冻融后的静液压强度试验均未出现破损、渗漏现象。但 4 组湿式水表在无保温防护状态下的−10℃冻融过程中发生玻璃爆裂，占该类产品的 100%。模拟试验产品破坏情况见表 4.9.1-4。

给水管网系统产品破坏情况 **表 4.9.1-4**

产品静液压强度试验	给水管网系统产品破坏数量（组）								
	PE 管材	PE 管件	PP-R 管材	PP-R 管件	钢塑复合管	衬塑管件	水表		阀门
							干式	湿式	
未受冻处理	0	0	0	0	0	0	0	0	0
0℃冻融循环后（无保温防护）	0	0	0	0	0	0	0	0	0
0℃冻融循环后（有保温防护）	0	0	0	0	0	0	0	0	0
−5℃冻融循环后（无保温防护）	0	0	0	0	0	0	0	0	0
−5℃冻融循环后（有保温防护）	0	0	0	0	0	0	0	0	0
−10℃冻融循后（无保温防护）	0	0	0	0	0	0	0	4	0
−10℃冻融循后（有保温防护）	0	0	0	0	0	0	0	0	0
总数（组）	12	12	12	12	8	8	4	4	8
占比（%）	0	0	0	0	0	0	0	100	0

2）给水管网系统有无保温防护的分析比较

有保温防护措施的给水管网系统的抗冻性能明显优于无保温防护措施的给水管网系统，有保温层的管网系统的结冰程度并不严重，仅靠近管壁出现结冰情况。即使在−10℃的条件下冷冻 8h，水表玻璃下方的水仅呈现出一层冰凌未完全冻结。无保温防护的湿式水表在−10℃冻融循环后较易发生爆裂，这是由于给水管网系统内存水结冰体积膨胀所致。

3）管材冻融前后外径的分析比较

本次模拟试验中的管道产品均未出现破坏现象。为了解管道内水结冰膨胀对管道尺寸的影响，在进行冻融试验的过程中对部分管材的外径进行测量（数据见表 4.9.1-5）。数据显示钢塑复合管在冷冻前后外径没有明显变化，这是由于钢管采用金属材料，具有较强的刚性，能抵御管道内水结冰产生的膨胀。而 PE 管材和 PP-R 管材在冰冻后外径出现明显的变化，尤其在−10℃冰冻后的变化比在−5℃冰冻后的变化大，这是由于管道内水结冰后体积膨胀引起了管材外径的变化，相比之下 PE 管材的外径变化比 PP-R 管材的外径变化显著。但在两次冻融后管材外径基本回复到原有大小，这充分反映出 PE、PP-R 材料具有一定的弹性变形恢复能力。

冻融前后管材外径变化　　表 4.9.1-5

冻融条件	类别	序号	规格型号	冷冻前尺寸(mm)	第一次冰冻后尺寸(mm)	第一次解冻后尺寸(mm)	第二次冰冻后尺寸(mm)	第二次解冻后尺寸(mm)	冻融前后尺寸变化(mm)
−5℃冷冻 8h 23℃解冻≥16h	PE 管材	1	PE100，dn50，SDR11	50.3	50.6	50.4	50.6	50.4	0.1
				50.3	50.6	50.4	50.6	50.4	0.1
				50.3	50.6	50.4	50.6	50.4	0.1
		2		50.3	50.5	50.4	50.7	50.4	0.1
				50.3	50.5	50.4	50.6	50.4	0.1
				50.3	50.5	50.4	50.6	50.4	0.1
		3		50.4	50.6	50.4	50.8	50.4	0
				50.4	50.6	50.4	50.8	50.4	0
				50.4	50.6	50.4	50.7	50.4	0
		4		50.3	50.4	50.3	50.5	50.3	0
				50.3	50.4	50.3	50.4	50.3	0
				50.3	50.4	50.3	50.5	50.3	0
		5		50.4	50.5	50.4	50.7	50.4	0
				50.4	50.5	50.4	50.8	50.4	0
				50.4	50.5	50.4	50.7	50.4	0
	PP-R 管材	1	DN25×3.5	25.2	25.4	25.2	25.4	25.2	0
				25.2	25.4	25.2	25.4	25.2	0
				25.2	25.4	25.2	25.3	25.2	0
		2	DN25×4.2	25.5	25.7	25.5	25.7	25.5	0
				25.5	25.7	25.5	25.7	25.5	0
				25.5	25.7	25.5	25.7	25.5	0
		3	DN25×4.2	25.3	25.4	25.3	25.4	25.3	0
				25.3	25.4	25.3	25.4	25.3	0
				25.3	25.4	25.3	25.4	25.3	0
		4	DN25×4.2	25.3	25.4	25.3	25.4	25.3	0
				25.3	25.4	25.3	25.4	25.3	0
				25.3	25.3	25.3	25.3	25.3	0
		5	DN25×3.5	25.2	25.4	25.2	25.5	25.2	0
				25.2	25.4	25.2	25.5	25.2	0
				25.2	25.4	25.2	25.4	25.2	0
	钢塑复合管	1	DN50	60.3	60.3	60.3	60.3	60.3	0
				60.2	60.2	60.2	60.2	60.2	0
		2		59.8	59.8	59.8	59.8	59.8	0
				59.5	59.5	59.5	59.5	59.5	0
		3		60.5	60.5	60.5	60.5	60.5	0
				60.5	60.5	60.5	60.5	60.5	0

续表

冻融条件	类别	序号	规格型号	冷冻前尺寸(mm)	第一次冰冻后尺寸(mm)	第一次解冻后尺寸(mm)	第二次冰冻后尺寸(mm)	第二次解冻后尺寸(mm)	冻融前后尺寸变化(mm)
－10℃冷冻8h 23℃解冻≥16h	PE管材	1	PE100，DN50，SDR11	50.5	51.3	50.6	51.3	50.6	0.1
				50.5	51.4	50.6	51.4	50.6	0.1
				50.5	51.4	50.6	51.4	50.6	0.1
		2		50.3	51.3	50.4	51.4	50.5	0.2
				50.3	51.3	50.4	51.4	50.5	0.2
				50.3	51.4	50.4	51.5	50.5	0.2
		3		50.5	51.6	50.6	51.6	50.6	0.1
				50.4	51.5	50.5	51.5	50.6	0.2
				50.5	51.7	50.6	51.8	50.6	0.1
		4		50.3	51.1	50.4	51.1	50.4	0.1
				50.3	51.2	50.4	51.2	50.4	0.1
				50.3	51.2	50.4	51.2	50.4	0.1
		5		50.7	51.6	50.8	51.7	50.9	0.2
				50.7	51.6	50.8	51.7	50.9	0.2
				50.7	51.6	50.8	51.7	50.9	0.2
	PP-R管材	1	DN25×4.2	25.4	25.7	25.5	25.7	25.5	0.1
				25.4	25.7	25.5	25.7	25.5	0.1
				25.4	25.6	25.5	25.6	25.5	0.1
		2	DN25×3.5	25.2	25.4	25.2	25.4	25.2	0
				25.2	25.4	25.2	25.4	25.2	0
				25.2	25.3	25.2	25.3	25.2	0
		3	DN25×4.2	25.2	25.5	25.2	25.5	25.2	0
				25.2	25.5	25.2	25.5	25.2	0
				25.2	25.4	25.2	25.4	25.2	0
		4	DN25×3.5	25.2	25.4	25.2	25.4	25.2	0
				25.2	25.4	25.2	25.4	25.2	0
				25.2	25.3	25.2	25.3	25.2	0
		5	DN25×3.5	25.3	25.7	25.3	25.7	25.3	0
				25.3	25.7	25.3	25.7	25.3	0
				25.3	25.6	25.3	25.6	25.3	0
	钢塑复合管	1	DN50	60.2	60.2	60.2	60.2	60.2	0
				59.9	59.9	59.9	59.9	59.9	0
		2		60.1	60.1	60.1	60.1	60.1	0
				59.9	59.9	59.9	59.9	59.9	0
		3		60.0	60.0	60.0	60.0	60.0	0
				60.0	60.0	60.0	60.0	60.0	0

4）水表的分析比较

本次模拟试验中4组干式水表均未出现破坏，而4组湿式水表在－10℃未加保温层的情况下，冷冻过程中水表玻璃都发生爆裂。之后将爆裂的水表拆解开，分别量取了上垫圈厚度、下垫圈厚度及玻璃厚度（表4.9.1-6）。发现玻璃的厚度同玻璃爆裂的时间有一定的联系，即玻璃的厚度薄爆裂时间就相对短。

湿式水表部分结构尺寸　　表4.9.1-6

产品名称	上垫圈厚度（mm）	下垫圈厚度（mm）	玻璃厚度（mm）	玻璃爆裂时间
水表（湿式）	1.9	3.3	5.9	−10℃冷冻约7h
	1.0	3.3	5.9	−10℃冷冻约7h
	0.7	3.3	5.9	−10℃冷冻约7h
	0.9	2.4	4.9	−10℃冷冻约6h

5）相同外径不同壁厚无规共聚聚丙烯（PP-R）管材静液压强度试验比较

比较试验采用规格为DN25×4.2和DN25×3.5的无规共聚聚丙烯（PP-R）管材。这两种无规共聚聚丙烯（PP-R）管材经冻融循环后的静液压强度试验均未出现渗漏、破损现象。

（5）模拟试验结论

给水管网系统在−10℃时，如不采取保温防护措施，抗冻性能存在较大的风险，这是由于系统内部存水受冻体积膨胀所致，给水管网系统作为一个整体，整个系统最薄弱的部位最易出现破坏，在本次模拟试验中湿式水表出现100%的冻裂现象。

此外，本次模拟试验采集的样品都是未使用的样品，而在实际使用过程中，塑料管材暴露在自然条件下，经过长时间的使用会逐渐老化，力学性能下降，弹性变形的恢复能力降低；金属管道在使用过程中内壁会被腐蚀，壁厚变薄使其整体性能下降，抗冻性能也存在潜在的风险。

保温防护能够有效地提高给水管道系统的抗冻性能，即使在−10℃的环境下，采用厚度10mm的橡塑保温材料，管道系统未出现破坏现象。因此，有保温防护的给水管道系统的抗冻性能不存在风险。

根据模拟试验结果，分析给水管网爆裂的原因由以下几点共同作用导致：

（1）外墙管网未采取防冻措施；

（2）持续低温天气；

（3）低温期间管道内水流静止时间较长；

（4）管道老化。

4.9.1.4 解决措施

为预防给水管网低温爆裂需要从以下几点考虑：

（1）对管网采用棉麻织物、塑料、泡沫等物体包裹一层进行保温；

（2）寒潮期间的晚上关紧阳台、厨房、卫生间以及所有朝北方向的门窗，防止室内管道胀裂；

（3）打开水龙头并保持一定的水流，使管道里的水保持缓慢流动状态；

（4）关闭水闸，打开水龙头将水管里的水排干，但需要做好对水闸及水表的防冻措施。

4.9.2 使用环境因素对埋地管网漏水影响的案例分析

4.9.2.1 项目概况

上海某路，道路南北走向，长约940m，按城市支路Ⅱ级标准设计，道路结构设计荷载为BZZ-100型标准车。使用过程中路面出现沉降开裂。

4.9.2.2 问题描述

现场发现路面存在肉眼可见的开裂，见图4.9.2-1。通过管道CCTV电视摄像检测报告，发现雨水管道3级（严重）变形（变形率Δ>15%）有34处，破裂4处，错位2处，渗漏17处；污水管道3级（严重）变形（变形率Δ>15%）有6处，错位1处。

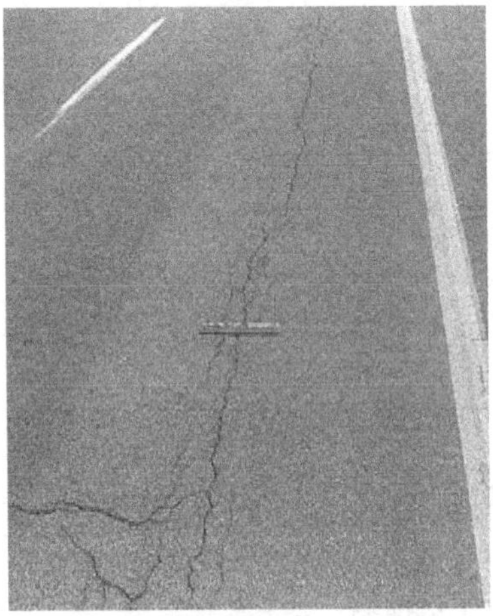

图4.9.2-1 路面开裂图

4.9.2.3 原因分析

根据以往的经验并结合现场的路面情况，推断造成埋地漏水的可能是地面上过大的荷载及地下环境因素。为了验证该结论，对该段道路进行了弯沉、取芯厚度等项目检测，并查找了相关资料。

检测频率、评定参照《城镇道路工程施工与质量验收规范》CJJ 1—2008并经相关单位共同确认：沥青路面厚度每车道150m取芯样一个，合计12个；道路弯沉每车道50m测一点，合计38点；检测里程桩号：K0+100～K1+030（由南往北里程桩号逐渐增大）。

（1）沥青面层厚度检测结果见表4.9.2-1。

沥青面层总厚度 表4.9.2-1

序号	桩号	型号规格	试件编号	设计厚度（mm）	实测厚度（mm）	允许偏差（mm）	实测偏差（mm）	结论
1	K0+950西侧	AC-13+AC-25	1	120	84	−5～+10	−36	不合格
2	K0+950东侧	AC-13+AC-25	2	120	145		+25	不合格
3	K0+800西侧	AC-13+AC-25	3	120	95		−25	不合格
4	K0+800东侧	AC-13+AC-25	4	120	81		−39	不合格
5	K0+650西侧	AC-13+AC-25	5	120	63		−57	不合格
6	K0+650东侧	AC-13+AC-25	6	120	75		−45	不合格
7	K0+500西侧	AC-13+AC-25	7	120	96		−24	不合格
8	K0+500东侧	AC-13+AC-25	8	120	102		−18	不合格
9	K0+350西侧	AC-13+AC-25	9	120	80		−40	不合格
10	K0+350东侧	AC-13+AC-25	10	120	110		−10	不合格
11	K0+200西侧	AC-13+AC-25	11	120	72		−48	不合格
12	K0+200东侧	AC-13+AC-25	12	120	43		−77	不合格

注：1. 4cm细粒式沥青混凝土（AC-13Ⅰ），8cm粗粒式沥青混凝土（AC-25Ⅰ）；
2. 表中所指桩号由窨井桩号推算而来；
3. 本次检测数量共12个，不合格数量为12个，占总检测数100%，其中11个实测厚度小于设计厚度，最大厚度偏差−77mm（桩号K0+200东侧），1个实测厚度大于设计值，厚度偏差+25mm（K0+950西侧）。

（2）4cm 细粒式沥青混凝土（AC-13Ⅰ）沥青面层厚度检测结果见表 4.9.2-2。

AC-13Ⅰ沥青面层总厚度 **表 4.9.2-2**

序号	桩号	型号规格	试件编号	设计厚度（mm）	实测厚度（mm）	允许偏差（mm）	实测偏差（mm）	结论
1	K0+950 西侧	AC-13	1-1	40	39	−5～+10	−1	合格
2	K0+950 东侧	AC-13	2-1	40	54		+14	不合格
3	K0+800 西侧	AC-13	3-1	40	35		−5	合格
4	K0+800 东侧	AC-13	4-1	40	46		+6	合格
5	K0+650 西侧	AC-13	5-1	40	25		−15	不合格
6	K0+650 东侧	AC-13	6-1	40	33		−7	不合格
7	K0+500 西侧	AC-13	7-1	40	31		−9	不合格
8	K0+500 东侧	AC-13	8-1	40	34		−6	不合格
9	K0+350 西侧	AC-13	9-1	40	28		−12	不合格
10	K0+350 东侧	AC-13	10-1	40	35		−5	合格
11	K0+200 西侧	AC-13	11-1	40	29		−11	不合格
12	K0+200 东侧	AC-13	12-1	40	17		−23	不合格

注：1. 4cm 细粒式沥青混凝土（AC-13Ⅰ）；
2. 表中所指桩号由窨井桩号推算而来；
3. 本次检测数量共 12 个，不合格数量为 8 个，占总检测数 66.7%，其中 7 个实测厚度小于设计厚度，最大厚度偏差−23mm（桩号 K0+200 东侧），1 个实测厚度大于设计值，厚度偏差+14mm（K0+950 东侧）；
4. 因道路施工方未能提供该沥青混合料密度值，故无法对压实度检测结果进行判定。

（3）8cm 粗粒式沥青混凝土（AC-25Ⅰ）沥青面层厚度检测结果见表 4.9.2-3。

AC-25Ⅰ沥青面层总厚度 **表 4.9.2-3**

序号	桩号	型号规格	试件编号	设计厚度（mm）	实测厚度（mm）	允许偏差（mm）	实测偏差（mm）	结论
1	K0+950 西侧	AC-25	1-2	80	45	−5～+10	−35	不合格
2	K0+950 东侧	AC-25	2-2	80	91		+11	不合格
3	K0+800 西侧	AC-25	3-2	80	60		−20	不合格
4	K0+800 东侧	AC-25	4-2	80	35		−45	不合格
5	K0+650 西侧	AC-25	5-2	80	38		−42	不合格
6	K0+650 东侧	AC-25	6-2	80	42		−38	不合格
7	K0+500 西侧	AC-25	7-2	80	65		−15	不合格
8	K0+500 东侧	AC-25	8-2	80	68		−12	不合格
9	K0+350 西侧	AC-25	9-2	80	52		−28	不合格
10	K0+350 东侧	AC-25	10-2	80	75		−5	合格
11	K0+200 西侧	AC-25	11-2	80	43		−37	不合格
12	K0+200 东侧	AC-25	12-2	80	26		−54	不合格

注：1. 8cm 粗粒式沥青混凝土（AC-25Ⅰ）；
2. 表中所指桩号由窨井桩号推算而来；
3. 本次检测数量共 12 个，不合格数量为 11 个，占总检测数 91.7%，其中 10 个实测厚度小于设计厚度，最大厚度偏差−54mm（桩号 K0+200 东侧），1 个实测厚度大于设计值，厚度偏差+11mm（K0+950 东侧）；
4. 其中编号为 1-2/4-2/5-2/6-2/11-2/12-2 试件在分层时破碎，其厚度由总厚度减去上面层 AC-13 厚度所得；
5. 因道路施工方未能提供该沥青混合料密度值，故无法对压实度检测结果进行判定。

小结：通过取芯检测道路结构层厚度，结果表明道路实际结构层厚度未达到设计要求，道路施工方未按设计要求进行施工。

路面结构层（主要指沥青面层和三渣承重层）具有承受道路车辆荷载的能力，沥青面层还具有抵抗车辆荷载产生的剪切应力的能力，是各分工程项目中的关键项目，也是影响裂缝的关键因素之一，对路面施工质量控制起到至关重要的作用。

（4）道路弯沉检测结果见表 4.9.2-4。

道路弯沉检测 表 4.9.2-4

序号	桩号	设计值（0.01mm）	检测结果（0.01mm）			
			西侧行车道	结论	东侧行车道	结论
1	K0+110	≤36.9	71	不合格	71	不合格
2	K0+160		71	不合格	38	不合格
3	K0+210		115	不合格	30	合格
4	K0+260		104	不合格	40	不合格
5	K0+310		118	不合格	34	合格
6	K0+360		86	不合格	89	不合格
7	K0+410		86	不合格	81	不合格
8	K0+460		107	不合格	49	不合格
9	K0+510		77	不合格	64	不合格
10	K0+560		90	不合格	92	不合格
11	K0+610		92	不合格	108	不合格
12	K0+660		84	不合格	154	不合格
13	K0+710		84	不合格	81	不合格
14	K0+760		110	不合格	55	不合格
15	K0+810		93	不合格	44	不合格
16	K0+860		104	不合格	46	不合格
17	K0+910		34	合格	43	不合格
18	K0+960		22	合格	36	合格
19	K1+010		24	合格	33	合格

注：1. 表中所指桩号由窨井桩号推算而来；
2. 本次检测数量共 38 点，其中 31 点不符合设计要求，占总检测数 81.6%，最大测值 154（0.01mm）（K0+660 东侧行车道）超出设计值 117.1（0.01mm）。

小结：通过弯沉检测，结果表明道路弯沉未达到设计要求，道路施工方未按设计要求进行施工。

道路实测弯沉值远大于设计弯沉值，说明该道路无法承受设计荷载作用。

（5）雨污水管管顶覆土情况检查见表 4.9.2-5。

雨污水管管顶覆土情况检查表 表 4.9.2-5

序号	测量点号	对应设计井号	设计里程桩号	测量地面高程（m）	测量管顶高程（m）	管顶覆土厚度（推算值 cm）
1	YS23	4	K0+180	4.20	2.53	167
2	YS22	5	K0+225	3.98	2.51	147
3	YS21	6	K0+262	4.06	2.40	166

续表

序号	测量点号	对应设计井号	设计里程桩号	测量地面高程（m）	测量管顶高程（m）	管顶覆土厚度（推算值 cm）
4	YS14	12	K0+455	4.24	2.35	189
5	YS13	16	K0+610	4.26	2.53	173
6	YS7	22	K0+850	4.23	2.58	165
7	YS5	24	K0+930	4.25	2.57	168
8	YS3	26	K1+000	4.25	2.53	172

注：1. 管顶覆土厚度=设计地面标高-管外顶标高。管顶覆土厚度含道路结构层厚度，该道路结构层厚度=沥青面层总厚度（4cm 细粒式沥青混凝土（AC-13I），8cm 粗粒式沥青混凝土（AC-25I））+35cm 粉煤灰三渣厚度+15cm 砾石砂厚度=62cm）；

2. 因该段道路不允许开挖，故无法现场检查雨污水管管顶覆土厚度情况，只能通过推算获得；

3. 通过推算管顶覆土厚度表明符合设计要求，但保证规范所要求的最小附图要求（0.7m）时还必须考虑施工过程中的荷载、特别是管道回填施工工程中施工机械（包括重型压路机）荷载对管道的影响，道路施工方未能提供相关资料。

（6）土路基弯沉检测资料检查

因该道路已处竣工通车状态，故检查原土路基弯沉检测资料，然而缺少土路基弯沉设计资料，所以无法复核原检测结果。

4.9.2.4　道路周边建筑、设施影响情况调查

（1）周边建筑施工影响

井点降水影响

周边建筑施工采用的是轻型井点降水，井点布置在基坑内。

查阅相邻地块地下基础施工信息化监测报表发现，某日水位检测孔监测点垂直位移累计：

SW6-333mm

SW21-377mm

SW25-342mm

SW28-342mm

水位监测孔变化量的警报值≥±300mm，累计报警值为≥±1000mm。监测数据表明监测点累计水位垂直位移未超标。

小结：道路附近地块采用的是轻型井点降水，并且布置在基坑内，根据坑外地下水位监测资料，地下水位变化未超标，故井点降水未对环境产生有害影响。

（2）围护结构施工影响

1）围护结构施工对道路路面质量影响

查阅相邻地块工程项目部地下基础施工信息化监测报表围檩监测点累计平面位移：

WL40　53mm（报警）

WL43　56mm（报警）

WL44　57mm（报警）

平面位移负值表示向施工区域外发生位移，正值表示向施工区域内发生位移，围檩监测点本次变化量的报警值≥±5mm，累计报警值≥±50mm（门架式、重力坝）。监测数据表明部分监测点累计平面位移超标。

查阅相邻地块工程项目部地下基础施工信息化监测报表围檩监测点垂直位移累计：

JS7-1　−124.4mm（报警）

JS8-1　−124.8mm（报警）

JS14-1　−128.5mm（报警）

人行道增加的土体监测点垂直位移累计：

M18*　−71.7mm（报警）

M20*　−68.8mm（报警）

M35*　−100.8mm（报警）

M37*　−86.3mm（报警）

垂直位移正值表示上升，负值表示下沉，土体监测点本次变化量的报警值≥±4mm，累计报警值≥±30mm。监测数据表明监测点部分沉降超标。

小结：基坑开挖、支撑、地下结构回筑和支撑拆除，产生土体部分下沉侧移，这些部分下沉侧移，对埋地管道产生一定影响。

2）围护结构施工对道路地下管道的影响

根据《基坑工程技术规范》DG/TJ 08−61−2010 第 3.02 条对环境保护等级要求，可以看出：

① 当管线离基坑净距小于基坑深度 H 时，为二级；当大于 H 小于 $2H$ 时，为三级；对于大于 $2H$ 的，没有保护要求；

② 条文也说明基坑外沉降主要发生在 $0.5H \sim 1H$ 处，而瑞林路路面沉降开裂位于道路另一侧，与基坑开挖原因不符。

小结：基坑开挖、支撑、地下结构回筑和支撑拆除，产生土体部分下沉侧移，但这些部分下沉侧移，对排水管道造成一定影响。

4.9.2.5　总结

通过试验表明该段道路无法承受设计荷载作用，现有的荷载超出了道路实际可承受范围。

周围的施工产生土体部分下沉侧移，这些部分下沉侧移，对埋地管网产生了一定的影响。

由于上述这些原因的综合作用，处于路面下方的埋地管网产生了很严重的变形，从而发生了渗漏、破裂和错位等问题。

4.9.2.6　解决措施

路面施工需要严格按照设计要求进行，同时在使用过程中避免出现路面荷载超出道路可承受范围的情况，确保埋地管网不出现严重的变形。

定期对埋地管网进行检查，可采用管道 CCTV 电视摄像检测技术，一旦发现问题应及时处理，对管道进行加固或修复，避免管道出现更为严重的问题。

4.9.3　管道施工对埋地管网漏水的案例分析

4.9.3.1　项目概况

上海新虹桥商圈内一处路口，由于管网渗水，造成地面发生塌陷。

4.9.3.2 问题描述

从现场看洞口直径约一米多，深度 1m，所幸没有造成人员伤亡和财产损失。路面坍塌图见图 4.9.3-1。

4.9.3.3 原因分析

图 4.9.3-1 路面坍塌图

发生渗水的埋地管网有埋地雨污水管道和埋地给水管道，埋地污水管道有水泥管、塑料管等，一般采用承插连接；埋地给水管道有金属管、聚乙烯管等，聚乙烯管一般采用对接焊接连接。

（1）管道发生位移和（或）变形

市政污水管道施工过程中，管道位移和（或）变形等外相变动事故的发生风险较大，直接影响市政污水管道的稳定、安全运行。造成事故的原因主要分为两点：其一，污水管道周围环境对其产生影响，若管道施工区域土壤质地较为松软或常年经水浸泡，含水量较高，致使土壤承载程度较低，直接影响管道运行稳定性及安全性，长时间运行的强大作用力影响下导致管道位移和（或）变形；其二，污水管道施工建设中，若测距、测量等检测工作实施不到位，造成实践施工与施工设计方案产生一定偏差，安置方位不精确或合理性不足。此外，污水管道安装完毕后，若土壤回填操作不当，例如单侧压力过高，造成管道两侧作用力不平衡也同样可导致管道移位，情况严重时可引发管道变形，发生管道渗水。

（2）雨污水管道材质不满足施工要求

雨污水管道材质很大程度上决定了雨污水管道施工质量，但是从目前的市政管道施工现状来看，部分施工单位为了降低施工成本，往往选择价格便宜的劣质材料，这些劣质材料一旦应用到污雨水管道施工中，经过长时间的使用，会由于各种因素的影响而导致管道存在隐患，严重时会出现管道破裂以及移位等情况。

（3）埋地聚乙烯给水管道

通过研究，聚乙烯给水管道热熔焊接接头的宏观缺陷主要是由于焊接操作者的操作不当、焊接设备的质量和工况、管材的质量和焊接环境等因素引起的，以下是聚乙烯给水管道热熔焊接接头的集中典型宏观缺陷。

不对中：是指在焊接过程中两端夹具对管材的固定不在同一轴线上，致使焊接后的焊接接头在轴向或者角度上出现错位，这会降低接头的承载能力并影响管内物料的流动。在焊接过程中可以通过目测来预防不对中缺陷的产生，对于严重不对中的接头需要重新焊接。

裂纹：是指由于环境或应力的作用，在热熔焊接接头的熔合面出现局部缝隙，严重削弱了接头的性能，降低接头寿命，在承受载荷的条件下极易失效。属于局部面缺陷。

孔洞：是指在焊接过程中管道端面存在较大气孔、缩孔或固体颗粒导致在焊缝内部形成孔洞。孔洞使接头内部结构不连续，在存在气孔处力学性能严重下降，削弱了接头的性能，属于体积型缺陷。

熔合面夹杂：是指在焊接过程中熔合面存在微小杂质颗粒或大量微小气泡致使聚乙烯

分子链缠结不牢，使整个熔合面的结合程度下降，严重削弱接头性能。属于整体面缺陷。

熔合面熔合不良：是指由于管材端面不平整，加热后被焊管材端面不能完全贴合，造成焊接端面只有部分熔合，对热熔焊接接头性能造成极为严重的削弱。其主要由管材端面铣削程度不足或是在铣削过程中铣刀出现“跳刀”所引起。

含工艺缺陷的热熔焊接接头致密饱满，且不含夹杂物，从宏观来看与正常接头几乎无异，且失效形式也多与正常接头相似，除少数工艺缺陷下发生脆性破坏，多数均为韧性破坏。因此工艺缺陷是一种由于焊接工艺参数选取不当所引起的热熔焊接接头材料性能本质上的削弱。按照工艺缺陷的特征和成因，分为冷焊、过焊和焊缝过短三种。

冷焊：是指在焊接过程中加热温度过低或加热时间过短引起热熔焊接接头的吸热量不足所造成的缺陷。这种缺陷的宏观表现为卷边过小，熔合区的形成只是表面上的粘结在一起，但是其连接强度远未达到要求。在实际操作中，控制卷边的大小可以有效地减少冷焊缺陷的发生，但是当焊接压力足够大时，某些含冷焊缺陷的热熔接头同样具有正常接头致密饱满的卷边，这就使该方法不再适用，此时只能通过提高接头的吸热量来避免冷焊缺陷。

过焊：是指在焊接过程中加热温度过高或加热时间过长引起热熔焊接接头的吸热量过多所造成的缺陷。在焊接压力一定的条件下，这种缺陷的宏观表现为卷边过大，过大的卷边对于管道内流体的传送是相当不利的，极易在卷边处形成应力集中，造成管道在接头处失效破坏。并且当加热板温度过高时，会引起管道被加热端面碳化，这在一定程度上更加严重地降低了热熔焊接接头的强度。

焊缝过短：是指在焊接过程中焊接压力过大致使大量熔融材料被挤出，导致热熔焊接接头焊缝长度较短的缺陷，严重削弱了焊接接头的性能。

4.9.3.4 解决措施

（1）原材料质量控制

由于市政雨污水管网施工是地下隐蔽工程，因此管材等原材料的质量是保证污水管道工程质量的基础，管直接影响工程质量，对于管道的质量若把控不严，在后续投入使用中容易发生变形、渗漏等问题。首先，管材应在正规厂家进行采购，进场时审核三证，按照验收标准仔细检查管材外观质量，排除缺陷，再委托具有资质的第三方检测机构抽样复检。管材按照不同材料的要求进行存放。

（2）管道安装质量控制

依据雨污水管道建设要求不同和建设环境的特异性，所用的材料也不尽相同，现阶段常用的雨污水管材包括水泥管和塑料管等，在选择过程中，重点依据管道内外压力指标科学地确定环刚度。除此之外，应在安装前认真检查基层的标高是否符合处理的条件及安装要求。现场的监理工程师应对隐蔽工程进行验收，并签署相应文件后才可进行下一步操作。最后，加强现场管材的复核工作，仔细检查管材外观是否完整，是否存在破裂现象，管材的检验证书是否齐备，对于使用热熔接口的管材，应保证沟槽内不存在积水。在管道敷设过程中应坚持自下游往上游的顺序。对于安装过程中使用胶质密封圈的污水管道应严格检查密封车表面是否光滑，质地是否均匀，在密封圈的保存过程中应放置在阴暗清洁的地方，避免暴晒。

（3）内部质量管理体系建设

要构建项目执行团队、工程部监督团队和公司顾问团队等多级管理团队，从而保障施工质量，以每个月检查 2 次为基本要求，检查内容涉及工程项目进度、质量安全落实情况等，做好标准化管理，同时落实归档管理工作。要强化对项目监理人员的督察。每个季度需要做好项目的工作绩效考核，考核结果和奖金、工资的调整以及职称评定等挂钩。另外，要做好对监理部门的针对性管理。城市污水管道的材料质量直接影响工程施工效果。在采购过程中，必须严格审查管道材料制造商的背景和资质。同时，必须对材料的技术内容进行审查，检查机械试验报告等材料。

(4) 边坡系数精准计算及防护，防止塌方

排污管道是长期使用且持续性损耗的工程用具，其受到外部环境强压，因而必须对管道边坡及基地予以就加固保护，沟槽建设需重点监测边坡土壤性质，切记不可过深，需根据实际土质情况设置相应的边坡系数，若沟槽建设过程中涉及较深土壤，应实行分层开挖模式。实践工作的预处理阶段，需根据土壤性质、槽深等基础数据，确保边坡坡率的合理性及最大精确性，从根本上避免槽帮失稳而引发塌方。土方堆积过程中还需重点关注项目所在地气候环境，一方面可避免雨季引发滑坡等事故，另一方面有利于合理规划施工安排，避免耽误施工进度。工程初步完毕后需及时填补并夯实加固，避免塌陷，填运方式还需合理选择，以防止不合理填埋致使管道位移，同时如上所述，还需加强边坡、基底质量，有助于保护排水管道，可在一定程度上延长管道使用寿命。此外，若有必要下于槽边运输管道材料，需着重控制机动车与槽边的安全距离，最小距离必须大于 3m，若土壤性质较为松软，间距应大于 5m。

(5) 埋地给水管道

在对聚乙烯给水管进行热熔焊接的过程中，需要对其质量进行全面的控制，针对操作人员、机械设备、焊接材料、焊接工艺等开展管理工作，将试验工作作为依托，致力于减少焊接裂纹与裂缝等问题。当前，我国施工企业在热熔焊接中，已经开始应用超声波检测技术开展相关检测工作，可以及时发现聚乙烯给水管内部的焊接质量问题并采取有效措施。在焊接之前与工作中开展质量管控工作，在焊接之后，可以利用检验方式控制施工质量。

(6) 焊接之前质量控制措施

在焊接之前，需要做好质量控制工作，可以提高工作质量。首先，对于焊接操作人员而言，需要对其专业素质与技能等进行严格控制，要求其具有焊接资格证书。同时，要制定完善的质量管理规划方案，根据其实际发展需求，建设高素质人才队伍，以此提升施工质量。对于焊接原材料而言，需要满足国家相关质量要求。其次，在选择焊接设备的过程中，需要积极应用全自动的电焊机，使其具备自动补偿、自动加热与加压、自动显示焊接数据信息、自动检查、自动检测、自动报警等功能，以此支持焊接工作的开展。再次，需要科学选择焊接工艺，对其进行评定，同时，要保证熔体质量符合相关规定，不可以出现质量问题。最后，对于焊接工艺参数而言，需要做好评定工作，将其温度控制在 230℃以内，以此提高其工作质量。同时，要全面检查管材与管件质量，在质量满足相关要求之后，准备焊接口，做好清洁处理工作，刮除氧化层。

(7) 焊接过程中质量控制措施

在实际焊接工作中，需要做好质量管理工作，减少错误操作等现象，逐渐优化其工作体系。第一，需要将焊接机的温度控制在 210℃左右，以便于对其进行焊接处理。另外在大风或是雨雪天气中，不利于开展焊接工作，避免出现温度过低的现象。第二，施工技术

人员需要严格按照相关规定操作，保证工作数据信息的准确性。第三，要将夹具行程余量控制在 21mm 以上，科学控制操作速度与温度，避免出现焊接缺陷问题。第四，需要在平稳压力之下对焊接缝进行冷却处理（自然风冷），不可以对其进行移动处理，也不可以补加压力。第五，焊接工作中，需要保证加热板表面一直处于清洁状态。

（8）焊接之后的质量控制措施

在完成焊接工作之后，施工企业需要对焊接部位外观进行全部检查，利用切除检查方式（切口抽检达 5%），及时发现焊接工作中存在的问题。同时，技术人员需要开展耐压试验等，将抽查与全面检查结合在一起，例如：在拉伸能力测定抽查中，一旦发现存在质量问题，就要采取全面检查的方式，确定所有焊接部位是否存在问题。

4.9.4 建筑用硬聚氯乙烯（PVC-U）雨落水管道系统失效案例分析

4.9.4.1 项目概况

某建筑厂房建于 2009 年 3 月。2019 年“利奇马”台风及暴雨造成该厂房金属屋面和天沟接缝处严重漏水。厂房建筑现场见图 4.9.4-1～图 4.9.4-4。

图 4.9.4-1 金属屋面内部图（一）

图 4.9.4-2 金属屋面内部图（二）

图 4.9.4-3 金属屋面图

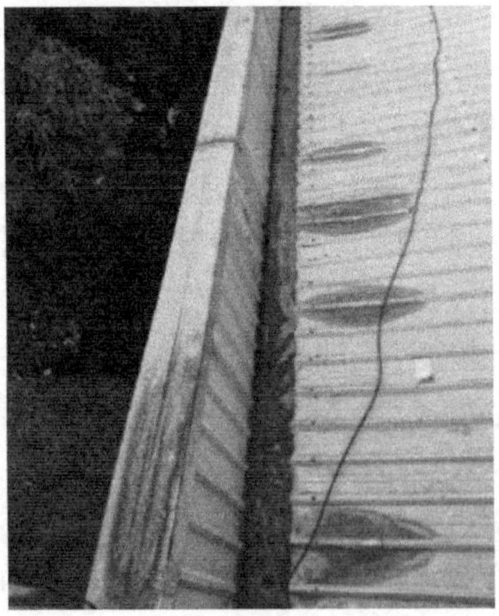

图 4.9.4-4 金属屋面不锈钢天沟图

4.9.4.2 问题描述

勘查现场发现该厂房屋面长约 111m，宽约 28.94m，中间高，两边低，坡度为 5%。两边设有女儿墙，高度 1017mm，宽度 270mm。该屋面采用天沟内排水设计，天沟的材料为不锈钢，平均深度为 240mm，平均宽度为 300mm，每条天沟共设有 16 个雨水口，每个雨水口的直径为 50mm。

4.9.4.3 原因分析

(1) 天沟检测结果

经检测，天沟平均深度为 240mm，上沿口 300mm，下底 280mm，整体呈梯形，屋面瓦楞板与天沟交界处，存在缝隙，如图 4.9.4-5 所示。当天沟积水漫过屋顶时，便可从缝隙中渗出。

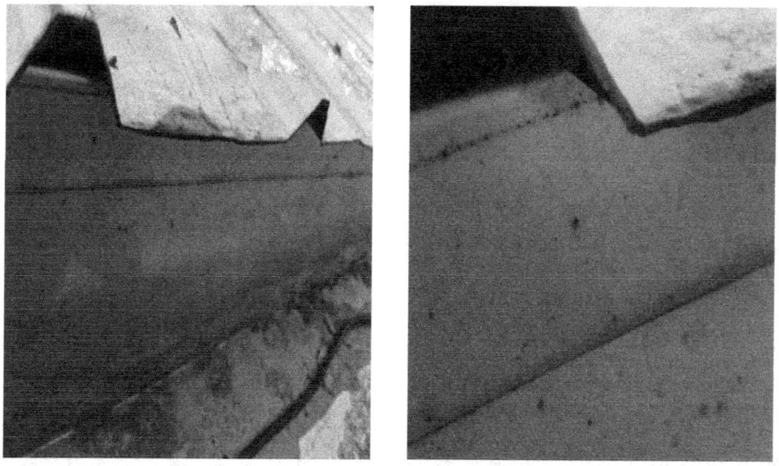

图 4.9.4-5 屋面瓦楞板与天沟交界处

(2) 雨水口检测结果

经检测，雨水口直径为 50mm，管材材质为不锈钢，有焊接痕迹，无雨水顶盖，无防堵塞措施，每个雨水口之间距离为 7900mm。其中有 8 个排水口被树叶堵塞，详情见图 4.9.4-6。

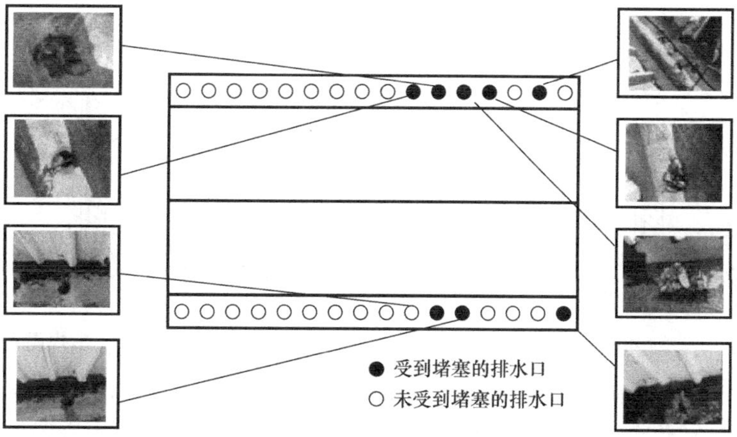

图 4.9.4-6 排水口检查示意图

（3）排水立管结果

经检测，每个雨水口都对应一根立管，立管为 UPVC 建筑用雨水管，规格为 ϕ110mm，每根立管的间距约为 7.9m，见图 4.9.4-7。

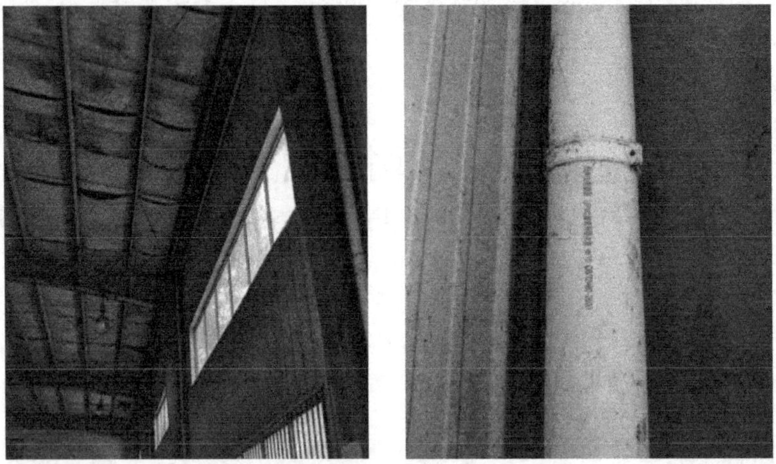

图 4.9.4-7　立管正面图

（4）系统合理性分析

本项目屋面采用内排水系统，地上系统包含天沟、立管、排出管。屋面未设置雨水斗，而是在天沟内焊接多处不锈钢管立管代替，管径 50mm，管长约 200mm，管口无任何防堵塞措施。雨水立管设于厂房内，管径 100mm，材质为 UPVC 管。雨水立管位置与天沟内开口一一对应，立管间距约 7.9m。

本项目雨水系统与常规做法下雨水系统对比，如图 4.9.4-8、图 4.9.4-9 和表 4.9.4-1 所示。

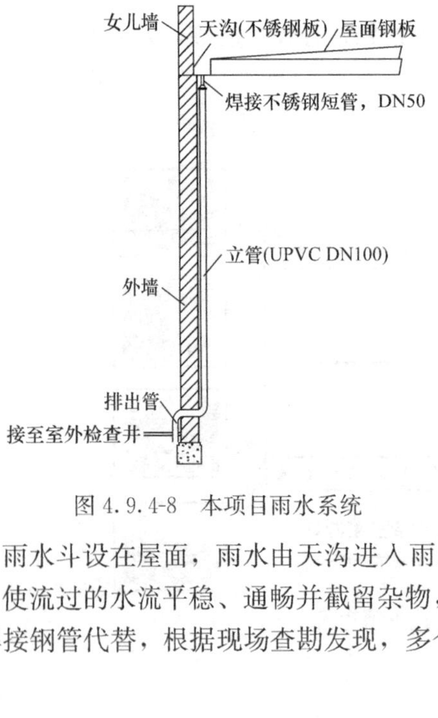

图 4.9.4-8　本项目雨水系统

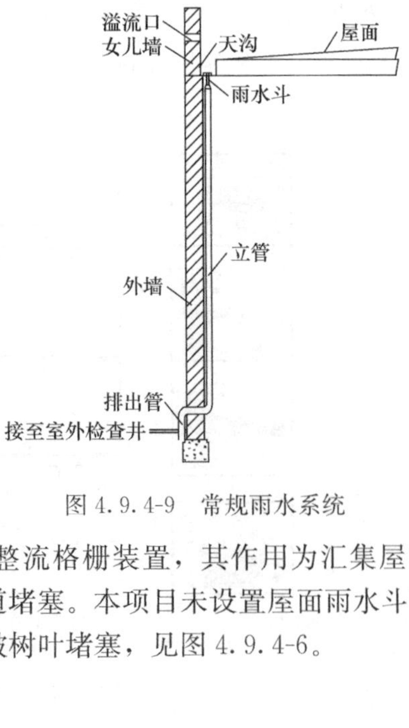

图 4.9.4-9　常规雨水系统

雨水斗设在屋面，雨水由天沟进入雨水管道有整流格栅装置，其作用为汇集屋面雨水，使流过的水流平稳、通畅并截留杂物，防止管道堵塞。本项目未设置屋面雨水斗而采用焊接钢管代替，根据现场查勘发现，多个雨水管被树叶堵塞，见图 4.9.4-6。

本项目雨水系统与常规雨水系统对比及结论　　表 4.9.4-1

常规雨水系统	本项目雨水系统	是否合理
天沟	√	是，内排水系统不需校核天沟尺寸
雨水斗	× 采用焊接钢管代替，无任何防堵措施	否，《建筑给水排水设计规范》GBJ 15—1988 第 3.10.6 条，屋面雨水由天沟进入雨水排水管道入口处，应设置雨水斗，雨水斗应有整流格栅。《建筑给水排水设计规范》GB 50015—2003 第 4.9.14 条，屋面排水系统应设置雨水斗。不同设计排水流态、排水特征的屋面雨水排水系统应选用相应的雨水斗
立管	√	待进一步校核尺寸
排出管	√	待进一步校核尺寸
溢流设施	×	否，《建筑给水排水设计规范》GBJ 15—88 第 3.10.3 条，天沟的排水，应在女儿墙、山墙上或天沟末端设置溢流口。《建筑给水排水设计规范》GB 50015—2003 第 4.9.8 条，建筑屋面雨水排水工程应设置溢流口、溢流堰、溢流管等溢流设施。溢流排水不得危害建筑设施和行人安全

溢流设施的设置是从建筑安全角度考虑，让超过设计重现期的雨水能够通过溢流设施排放。

因此，从系统合理性上看，本项目未设置雨水斗和溢流设施，不符合设计规范要求。

（5）雨水系统水力计算校核

本项目采用雨水内排水系统，按照要求应对雨水斗、立管、排出管和埋地管进行计算选择，见表 4.9.4-2。本项目不含雨水斗，因此对立管和排出管进行校核，判断其最大泄流量是否满足要求。本项目屋面两侧各设有一条天沟，单侧天沟对应立管数量为 16 个，最大汇水分区长度 7.9m，宽度 13.9m，汇水面积为 $110m^2$。立管管径均为 100mm，排出管管径与立管相同，见图 4.9.4-10。

校核相关参数及计算结论　　表 4.9.4-2

参数	《建筑给水排水设计规范》GBJ 15—1988	《建筑给水排水设计规范》GB 50015—2003
F_w	$110m^2$	$110m^2$
P	1 年第 3.10.19 条	2-5 年（取 $P=2$ 年）第 4.9.5 条
q_5	3.36L/（s·$100m^2$）	4.14L/（s·$100m^2$）
K_1	1.5（屋面坡度均值为 5%）	—
φ	—	0.9 第 4.9.5 条
q_y	5.54L/s $q_y=K_1\dfrac{F_w q_5}{100}$ 第 3.10.23 条	4.10L/s $q_y=\dfrac{q_5\varphi F_w}{10000}$ 第 4.9.2 条
管径 100mm 立管最大设计泄流量	19L/s 第 3.10.24 条	15.98L/s 第 4.9.22 条
雨水排出管管径	不小于立管管径	不小于立管管径
结论	5.54L/s<19L/s 立管和排出管设计满足要求	4.10L/s<15.98L/s 立管和排出管设计满足要求

注：主要参数说明如下：

q_y——屋面雨水流量（L/s）；

F_w——屋面汇水面积（m^2）；

q_5——降雨历时 5min 的暴雨强度 [L/（s·$100m^2$）]；

K_1——考虑重现期为一年和屋面蓄积能力的系数，平屋面（坡度<2.5%）：$K_1=1$；斜屋面（坡度≥2.5%）：$K_1=1.5\sim2.0$；

φ——径流系数，屋面取 0.9。

经计算，本项目立管和排出管尺寸和数量满足雨水排放要求。

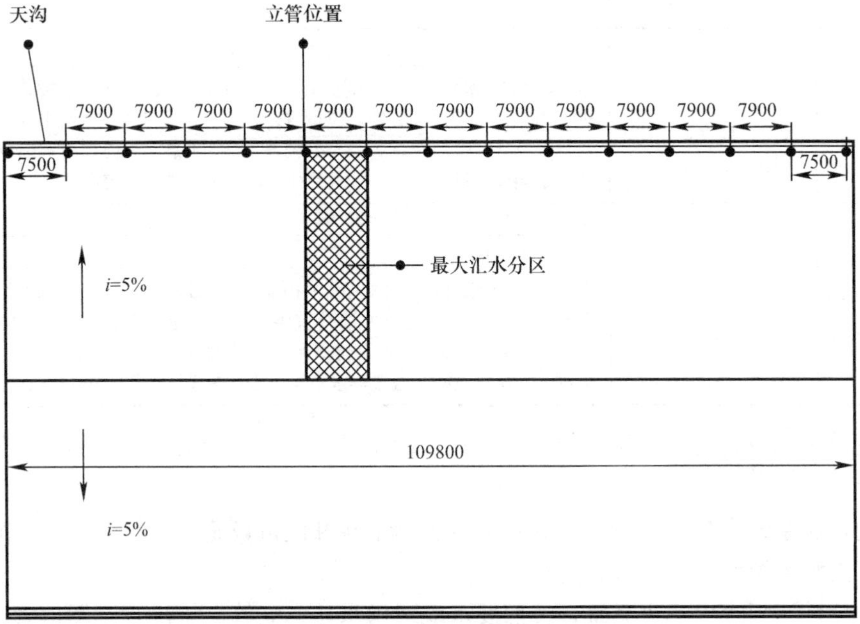

图 4.9.4-10　屋面雨水排水系统俯视图

（6）结论

经现场检测，该厂房屋面长约 111m，宽约 28.94m，中间高，两边低，坡度为 5%。两边设有女儿墙，高度 101.6mm，宽度 270mm。该屋面采用两条天沟内排水设计，天沟的材料为不锈钢，深度平均为 240mm，宽度平均为 300mm，每条天沟共设有 16 个雨水口，每个雨水口的直径为 50mm，有 8 个雨水口存在树叶堵塞情况。

该厂房屋面排水采用焊接钢管代替雨水斗不符合《建筑给水排水设计规范》GBJ 15－1988 第 3.10.6 条和《建筑给水排水设计规范》GB 50015－2003 第 4.9.14 条“屋面排水系统应设置雨水斗。不同设计排水流态、排水特征的屋面雨水排水系统应选用相应的雨水斗”。

该厂房屋面排水无溢流设施，不符合《建筑给水排水设计规范》GBJ 15－1988 第 3.10.3 条和《建筑给水排水设计规范》GB 50015－2003 第 4.9.8 条“建筑屋面雨水排水工程应设置溢流口、溢流堰、溢流管等溢流设施。溢流排水不得危害建筑设施和行人安全”。

该厂房屋面排水立管和排出管尺寸和数量满足雨水排放要求。

4.9.4.4　解决措施

应对屋面排水系统进行改造，设置雨水斗，并设置溢流口、溢流堰、溢流管等溢流设施。

（1）建筑屋面雨水采用的雨水斗应符合下列规定：

1）可在雨水斗的顶端设置阻气隔板，控制隔板的高度，增强泄水能力；

2）对入流雨水应进行稳流或整流，其目的是避免雨水口形成漩涡，减少掺气量。通常采取的措施是设置整流格栅或整流罩；

3）应限制入流雨水的掺气量，其目的是增加水汽比，提高雨水斗的排水能力。雨水斗顶端的阻气隔板、周边的整流格栅，都能抑制、减少人流雨水的掺气；

4）应拦阻雨水中的固体物，整流格栅可将堵塞管道的较大固体物拦截住，如塑料袋、树叶等；

5）雨水斗应由短管、导流罩（导流板和盖板）和压板（图 4.9.4-11）等组成；

6）导流板不应小于 8 片，进水孔的有效面积应为连接管横断面积的 2～2.5 倍，雨水斗应根据立管尺寸（110）选用 D100mm 的铸铁短管雨水斗或 D104mm 的钢制短管雨水斗，导流板高度 H_1 不宜大于 70mm；

7）盖板的直径不宜小于短管内径加 140mm，即铸铁短管雨水斗盖板的直径不宜小于 240mm，钢制短管雨水斗盖板的直径不宜小于 244mm；

8）雨水斗的材质宜采用碳钢、不锈钢、铸铁、铝合金、铜合金等金属材料；

9）宜选用最大排水流量不小于 39L/s 的雨水斗。

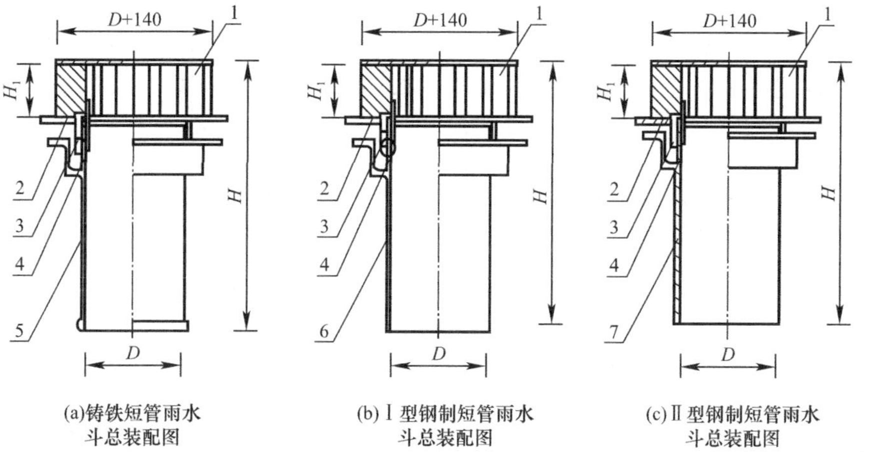

图 4.9.4-11 雨水斗装配图

1—导流罩；2—压板；3—固定螺栓；4—定位柱；5—铸铁短管；6—钢制短管（Ⅰ型）；7—钢制短管（Ⅱ型）

（2）雨水斗安装位置应符合设计要求：

1）雨水斗的进水口应水平安装；

2）雨水斗应按产品说明书的要求和顺序进行安装；

3）安装在不锈钢板天沟内的雨水斗，宜采用氩弧焊等方式与天沟焊接，也可采用其他防水连接方式；

4）雨水斗边缘与屋面间连接处应严密不渗漏；

5）雨水斗内及其周围不得遗留杂物、充填物或包装材料等。

（3）雨水管道的连接应符合下列规定：

1）管道的交汇处应做顺水连接；

2）立管与排出管的连接弯头宜改为 2 个 45°弯头，代替原有的直角 90°弯头。

（4）溢流口或溢流装置是确保屋面安全的必要措施，应保证其畅通。为保证屋面安全，应在每个汇水区域分别设溢流口或溢流装置，其验收应符合下列要求：

1）溢流口或溢流装置的设置高度应符合设计要求；

2）溢流口或溢流装置周围不得遗留杂物、充填物等；

3）在雨水口与溢流口或溢流装置之间，屋面应保持水流通畅，无障碍物。

（5）屋面排水系统改造时，若天沟变形较大，会对天沟的过水和蓄水能力产生较大影响，所以应对天沟的实际有效积水深度和水流断面做校核，并验证其能否保证屋面雨水排水系统正常运行。

（6）屋面排水系统改造后应进行密封性能验收：

1）密封性验收应对所有雨水斗进行封堵，并应向屋顶或天沟灌水，水位应淹没雨水斗并保持1h后，雨水斗周围屋面应无渗漏现象。

2）进行灌水和通水试验，灌水高度应达到每个系统每根立管上部雨水斗位置，灌水试验持续1h后，管道及其所有连接处应无渗漏现象。

3）有条件的话，还可以利用消防泵、生活泵等向屋面或天沟灌水，对系统进行模拟排水试验。

（7）雨水排水系统应定期维护，每年至少在雨季前做一次巡检。

（8）雨水排水系统日常检查和维护应符合下列规定：应检查格栅或空气挡罩固定于雨水斗上的情况；应检查屋面雨水径流至雨水斗情况，并应及时清理屋面或天沟内杂物；应定期检查雨水管道的功能和状态，并应清除雨水斗和管道中的杂质；应检查固定系统；宜建立检查和维护档案。

4.9.5 给水用无规共聚聚丙烯（PP-R）管道失效案例分析之一

4.9.5.1 项目概况

2019年3月上海市普陀区某小区一户人家出现了水管爆裂的情况。据了解该用户住在六楼，该小区是90年代建造的老小区，房龄为20多年。

4.9.5.2 问题描述

勘察现场发现，该用户平时洗澡一直使用太阳能热水器，其就安装在屋顶。太阳能热水器的发展史不过是短短十几年而已，但作为使用新型绿色能源的热水产品，在民生方面的应用上已经越来越广泛。该爆裂部位出现在出水口处，该处是钢管和PP-R混接的形式。管材爆裂形式如图4.9.5-1所示。

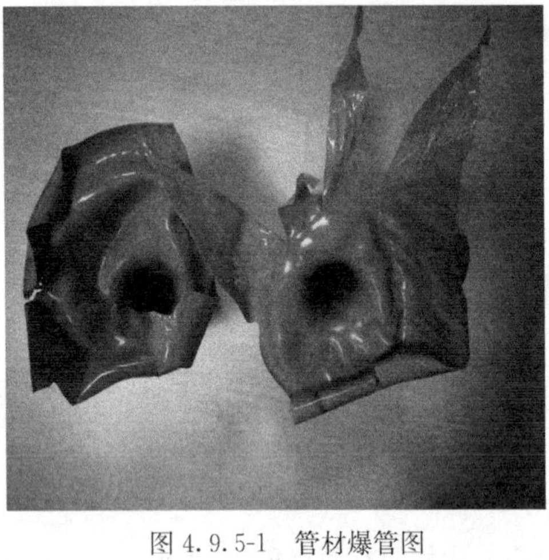

图4.9.5-1 管材爆管图

4.9.5.3 原因分析

在分析原因之前我们首先了解一下PP-R管材。PPR（聚丙烯）管材是塑料管的一种，其耐腐蚀性好，具有较好的强度、较高的表面硬度和表面光洁度，管内水阻小；具有一定的耐高温性能；连接方式采用热熔连接，永久密封安全可靠，安装时可埋入墙内作为暗敷管道使用。缺点为：管材不耐高温，在温差较大的情况下容易发生变形致使泄漏，不能用于长期供高温的热水，也不能在寒冷的北方使用，同样也不适用于高层建筑。

PP-R管材爆管通常是由很多因素所引起的，常见的主要由温度、压力，管材质量，施工等方面原因。为了找出该住户PP-R管材爆裂原因，我们对管材尺寸进行了测量，同时还进行了熔融温度试验、氧化诱导时间试验、熔体质量流动速率试验等。

首先观察完好管材的表面，发现该管材是PP-R绿色管材，外径32mm，公称壁厚

4.4mm，S3.2 的管材。同时观察该管材表面，管材表面颜色均匀一致，没有明显色差。管材的内外表面光滑，平整，无凹陷、气泡、杂质和其他影响产品性能的表面缺陷，符合《冷热水用聚丙烯管道系统 第 2 部分：管材》GB/T 18742.2—2017 的要求。

(1) 规格尺寸的测量

我们首先对管材的基本尺寸进行测量，管材实际外径 32.3mm，壁厚 4.5～4.7mm，满足《冷热水用聚丙烯管道系统 第 2 部分：管材》GB/T 18742.2—2017 中对于管材尺寸的要求。

(2) 熔融温度试验

熔融温度是指 PPR 管材从完全结晶或半结晶聚合物向具有不同黏度液体转变所需要的温度。

爆裂样品检测可得熔融温度为 146.9℃，满足《冷热水用聚丙烯管道系统 第 2 部分：管材》GB/T 18742.2—2017 中对于熔融温度的要求。

(3) 氧化诱导时间试验

给水管氧化诱导时间指标（OIT）是测定试样在高温（210℃）氧气条件下开始发生自动催化氧化反应的时间，是评价材料在成型加工、储存、焊接和使用中耐热降解能力的指标。氧化诱导期（简称 OIT）方法是一种采用差热分析法（DTA）以塑料分子链断裂时的放热反映为依据，测试塑料在高温氧气中加速老化程度的方法。其原理是：将塑料试样与惰性参比物（如氧化铝）置于差热分析仪中，使其在一定温度下用氧气迅速置换式样室内的惰性气体（如氮气）。测试由于试样氧化而引起的 DTA 曲线（差热谱）的变化，并获得氧化诱导时间，以评定塑料的防热老化性能。

爆裂样品检测可得氧化诱导时间为 45.5min，满足《冷热水用聚丙烯管道系统 第 2 部分：管材》GB/T 18742.2—2017 中对于氧化诱导时间的要求。

(4) 熔体质量流动速率试验

熔体质量流动速率是在标准化熔融指数仪中于一定的温度和压力下，树脂熔料通过标准毛细管在一定时间流出的熔料克数，单位为 g/10min。在塑料加工中，熔体流动速率是用衡量塑料熔体流动性的一个重要指标。通过测定塑料的流动速率，可以研究聚合物的结构因素。

爆裂样品检测可得熔体质量流动速率为 0.34g/10min，满足《冷热水用聚丙烯管道系统 第 2 部分：管材》GB/T 18742.2—2017 中对于熔体质量流动速率的要求。

同时，我们又对原来完好的管材进行了检测，发现各项检测数据与原材料相比无显著变化，排除了材料本身的问题。

另外，从破坏形式来看：破口整体呈“花瓣”撕裂的形状，管材壁厚被拉薄，个别点厚度仅为 1mm，属于韧性破裂。大多数情况下管材破裂符合蠕变破坏机理，具体见图 4.9.5-2。在保持应力不变的条件下，应变会随时间的增加而逐渐增大，这种现象称为材料的蠕变。蠕变又可以大致分为两种，一

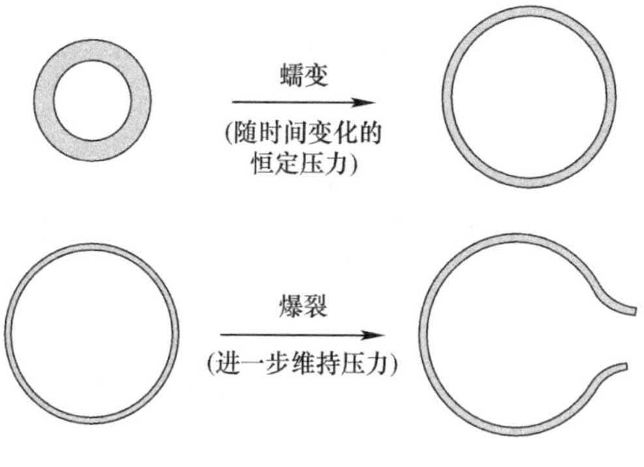

图 4.9.5-2　蠕变破坏机理图

种是经过一段时间后蠕变停止，材料不被破坏，称为稳定蠕变；另一种情况是材料一直蠕变直到破坏为止，称为非稳定蠕变。

在持续的压力下壁厚变薄，然后进一步压力的作用下，从一个方向凸起直至破裂。该管材未从一个方向鼓包，说明管材壁厚均匀度控制很好，偏差较小。其次，从破口分析的过程中可知使用过程中水温较高，材料展现出优良的韧性。

4.9.5.4　解决措施

根据原因分析可知，破裂管材与原材料相近，并未出现明显变化。管材破坏点有显著的塑性形变，破口处力学性能已超过材料的屈服点，为韧性破坏。综上所述，此次破坏为温度较高、压力较大导致管材破裂。与加热设备相连接时，建议采用金属软管进行过渡连接。

建议长度不低于40cm，当必须使用PP-R管材时，明装容易出现蠕变现象发生变形，最好采用暗装或用保护膜包覆。使用温度：热水管不要长期超过85℃，冷水管不要超过60℃。

4.9.6　给水用无规共聚聚丙烯（PP-R）管道失效案例分析之二

4.9.6.1　基本情况介绍

2018年9月上海市浦东新区某一垃圾站出现了PP-R管材和管件爆裂的情况。该垃圾站从建造完成到现在已经使用了十多年。

4.9.6.2　问题描述

勘察现场发现，管材连接在洁普斯JPS-B20型全自动高压清洗机上。管材和管件破裂形式如图4.9.6-1～图4.9.6-3所示。

图4.9.6-1　管材爆管图（一）

图4.9.6-2　管材爆管图（二）

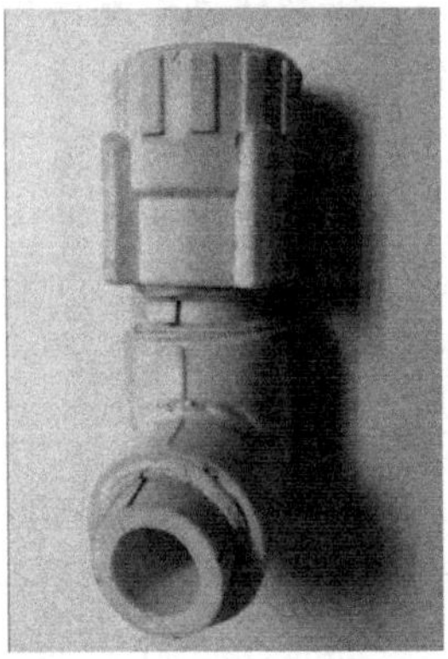

图4.9.6-3　管件爆管图

4.9.6.3　原因分析

PP-R管材爆管通常是由很多因素所引起的，常见的主要由温度、压力，管材质量，施工等方面原因。为了找出该住户PP-R管材爆裂原因，我们进行了管材尺寸的测量，同时还进行了熔融温度试验、氧化诱导时间试验、熔体质量流动速率试验等。

首先观察完好管材的表面，发现该管材是PP-R灰色管材，外径25mm，公称壁厚4.2mm，S2.5的管材。同时观察该管材表面，管材表面颜色均匀一致，没有明显色差。管材的内外表面光滑，平整，无凹陷、气泡、杂质和其他影响产品性能的表面缺陷，符合《冷热水用聚丙烯管道系统 第2部分：管材》GB/T 18742.2—2017的要求。

（1）规格尺寸的测量

我们首先对管材的基本尺寸进行测量，PP-R管材样品平均外径为25.8mm，其中部分任一点外径可达25.93mm，最小壁厚为4.04mm（图4.9.6-4）。PP-R管件管材连接处任一点外径可达26.39mm（图4.9.6-5），不符合《冷热水用聚丙烯管道系统 第2部分：管材》GB/T 18742.2—2017的要求。

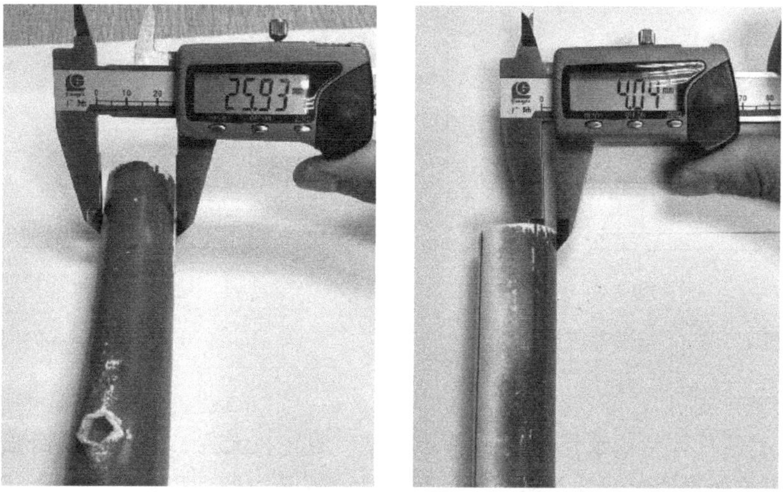

图4.9.6-4 管材外径和壁厚测量图

（2）熔融温度试验

爆裂样品检测可得熔融温度为146.9℃，满足《冷热水用聚丙烯管道系统 第2部分：管材》GB/T 18742.2—2017中对于熔融温度的要求。具体见图4.9.6-6。

（3）氧化诱导时间试验

爆裂样品检测可得氧化诱导时间为35.3min，满足《冷热水用聚丙烯管道系统 第2部分：管材》GB/T 18742.2—2017中对于氧化诱导时间的要求。具体见图4.9.6-7。

（4）熔体质量流动速率试验

爆裂样品检测可得熔体质量流动速率为0.28g/10min，满足《冷热水用聚丙烯管道系统 第2部分：管材》GB/T 18742.2—2017中对于熔体质量流动速率的要求。

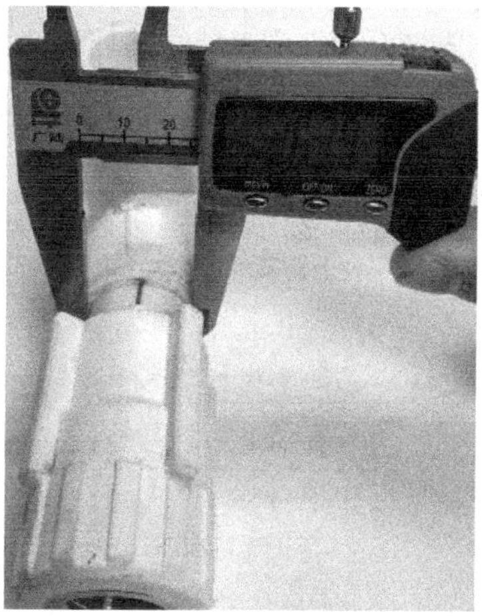

图4.9.6-5 管材和管件连接处测量图

从试验结果来看，说明该PPR管材材质没有质量问题。另外，PP-R管材连接在洁普斯JPS-B20型全自动高压清洗机（工作压力：60～110Pa）上。经高压清洗机加压后，管路中水压可高达90～110Pa。同时机器在启停时还会出现水锤效应，水压甚至会更高。管路中水压过大，导致PP-R管出现爆管。

根据原因分析可知，破裂样品经检测，材质与原材料接近，未出现异常。样品规格尺寸偏离国家标准要求，说明在使用过程中水压过大。从破坏形式分析：属于韧性破裂，为压力过高导致爆管。另外从图中可知，两个管件连接较近，为系统的薄弱点。当受到较大外力时，容易造成破裂，而非产品质量问题。管材与管件连接时，建议距离不要太近，否则容易造成应力集中。

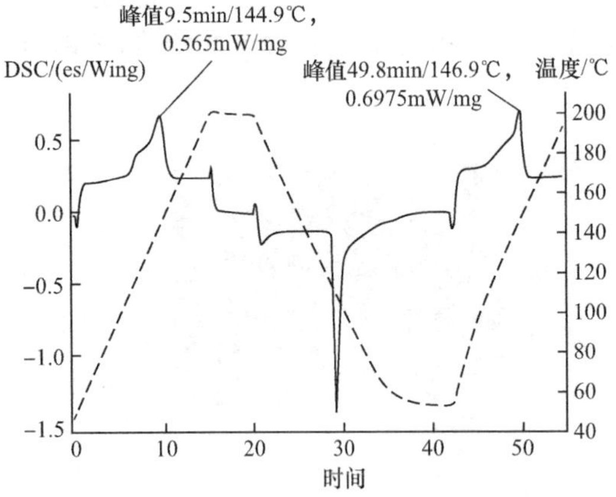

图 4.9.6-6　熔融温度图

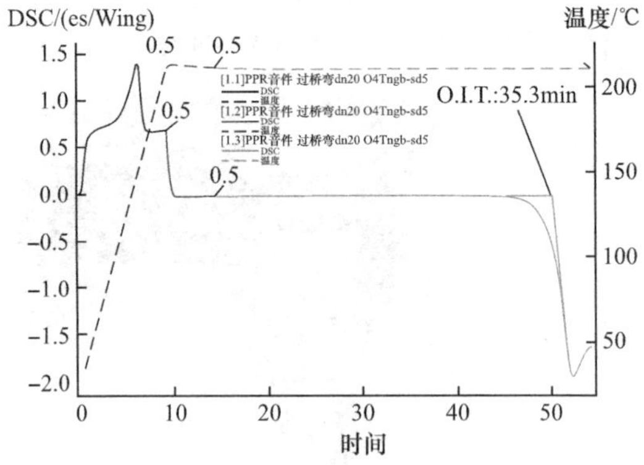

图 4.9.6-7　氧化诱导时间图

4.9.6.4　解决措施

PP-R 管材管件作为给水使用优点非常明显：质轻、无毒、耐腐蚀和高强度，用于热水管道保温节能效果明显，并具有较好的耐热性、安装方便和可回收利用等优点。但长时期的耐高温，以及高压，会对管材本身造成极大的损伤，就会出现上文所提到的爆管的情况，所以建议避免在高温，高压下长时间的工作。

另外，对于 PP-R 管材，还有一些值得我们注意的地方：

（1）施工前，应检查管材和管件的内外壁是否有裂口、裂纹等情况，同时需要检查管材和管件的外径和壁厚是否符合要求，发现有问题的 PP-R 管材应提醒施工人员更换。

（2）PP-R 管材如明装时必须采取遮光保温措施，以防冻裂和光照老化。

（3）在进行施工改造的过程中，尽量在室内进行管道改造，如果必须要在室外进行管道改造，必须要做好管材保温工作，同时定期要派专人进行检查，防止保温层破损或脱落。

（4）在管内水不循环且环境温度低于 0℃的情况下，应将管内水泄空以防水结冻体积膨胀将管道撑破。

（5）管道在切割前，如发现由于外力因素造成应力发白现象，则此管材不能使用。

（6）PP-R 管较金属管硬度低、刚性差，在搬运、施工中应加以保护，避免不适当外力造成机械损伤。在暗敷后要标出管道位置，以免二次装修破坏管道。

（7）PP-R 管道安装完毕后，应要求施工方进行水压试验，检查无渗漏后方可回填或进行下一步的工作。

4.10　塑胶跑道

运动场地使用过程中材料失效案例分析。

4.10.1.1　项目概况

2016 年 6 月 21 日，央视财经《经济半小时》播出的节目“谁制造了‘毒跑道’”将问题跑道事件推向了舆论漩涡。由于跑道的质量问题直接影响广大学生和孩童，因此跑道成为人们非常看重的一种材料。

4.10.1.2 问题描述

(1) 2016 年 5 月，北京市第二实验小学白云路分校的学生家长反映近期有多名学生出现了流鼻血、头晕等身体不适的状况。学校怀疑与该校最近铺设的塑胶跑道有关。不只是北京，近一两年的时间里全国出现的异味跑道、异味操场问题所涉及的城市不在少数。而在不久前，北京市平谷区第六小学也出现了类似问题。

(2) 2016 年 3 月底，塑胶跑道在刘诗昆万象新田幼儿园铺设并投入使用。很快，家长们发现塑胶跑道散发出刺鼻的气味，很多孩子出现眼睛疼痛、流泪、咳嗽、流鼻血等身体不适状况。家长认为新铺设的塑胶跑道“有毒”，于是开始向有关部门反映问题。

(3) 2016 年 10 月 20 日，一条“上海松江一新办小学跑道被指有毒”的新闻遍布各大网站。学校是新建小学，近一个月来，400 名学生中有 75 个孩子出现流鼻血、出疹子等症状，比较严重地出现了鼻孔淌血。

(4) 2015 年 11 月 10 日，广州天河区大观路东方康城幼儿园十多名孩子在上学后，出现了流鼻血、起红疹等症状，家长怀疑与学校新铺的塑胶操场有关，校方请了专业机构进行检测。

4.10.1.3 原因分析

“毒跑道”问题主要包括有害物质释放、场地褪色开裂、鼓包、颗粒脱落等，其中以有害物质释放问题影响最为严重。

(1) 有害物质释放

现浇型运动场地在施工的过程中为提高施工效率会添加一定比例的稀释溶剂，以缩短工期，但稀释溶剂的添加在后期会造成一系列的问题。一方面，短期内大量添加的稀释溶剂会不断地释放到空气中，除了稀释溶剂之外，劣质产品中的游离 TDI（甲苯二异氰酸酯）如在施工的过程中反应不充分，就会有游离 TDI 存在，对人体产生危害。TDI 被国家列为职业高级危害的化学物质，是有毒致癌物，对眼睛、呼吸道和皮肤都有刺激。在美国是禁用 TDI 的，而在国内 TDI 型聚氨酯是聚氨酯跑道的“主力军”。除了游离 TDI，聚氨酯胶水中使用的类似塑化剂、短链氯化石蜡，受阳光照射会分解挥发氯化氢气体等氯化物对场地中运动的孩童、学生造成严重危害。另一方面，随着溶剂不断的释放，原本运动场地的材料结构也会发生一定的变化，造成粘结度下降、结构松散等情况，从而引发、开裂、凹凸等表征现象。

(2) 长时间使用褪色、开裂

由于运动场地大部分长期在户外使用，在这个过程中由于阳光的直射、风吹雨淋，场地会存在不同程度的褪色、变色情况。这种情况虽然不会导致场地无法使用，但会严重影响场地的美观性，对场地上运动孩童的穿着造成沾污。主要有以下几点造成场地褪色、变色：

1) 所选颜料耐光性、耐候性和耐酸碱性差。在紫外线、雨水侵蚀等作用下，颜料分子结构发生变化出现褪色，所以要选择耐光性、耐候性好的颜料，或在原材料中加入紫外线吸收剂等光稳定剂来提高颜料和原材料耐光性能。

2) 跑道透气、透水性差，地基水分向表面迁移，或受污染的雨水在跑道表面滞留，使跑道表面有可溶性碱盐，水分蒸发后，盐碱风化堆积造成变色，同时碱性对漆膜中的颜料树脂的侵蚀造成变色。

3) 所选颜料耐热性差。有些有机颜料在高温下发生分解而使颜色褪去。

4）所选颜料抗氧化性差。某些有机颜料在氧化后发生大分子的降解或发生其他变化而逐渐褪色。

（3）鼓包

场地鼓包可能由多方原因所造成的，主要可以归结于以下三个方面：

1）基础问题。跑砂的地基、强度不足的地基要经过特殊处理，处理合格后才能施工。另外，施工前还必须保证地基干净无灰尘、无油污，灰尘会直接降低塑胶跑道的扒地能力，油污会影响材料的固化。

2）施工问题。施工过程需要按照工艺标准施工。施工时，要控制流平性加入稀释剂造成含水量高，会导致场地起泡。加入的填充料（胶粉或胶粒或砂）含水量高（填充物淋湿或发霉），也会导致场地起泡。

3）材料问题。材料透气性差，水蒸气散发不了，那么必然会造成鼓包。如果发生问题后，要进行二次小样试验，对比试验找出问题所在。

（4）颗粒脱落

跑道在使用过程中基料粉化使颜料或颗粒脱落。跑道表面橡胶因光、氧或臭氧等因素作用而发生老化降解，使橡胶与填充剂之间的结合力丧失，以致表面颜填料等以粉末状析出表面而出现粉末颗粒。表面橡胶材料中添加防老剂可缓解橡胶的粉化速率。

4.10.1.4　解决措施

（1）原材料质量控制

对跑道的原材料及成品进行全面的检测，确认材料的质量，目前主要检测标准有：《学校运动场地合成材料面层有害物质限量》T/SHHJ 000003－2018；《合成材料运动场地面层》GB/T 14833－2020。标准中对原材料的有害物质的限量要求、合成材料面层有害物质限量及合成材料面层机械性能进行了全面的规定和要求。其中，有害物质释放速率的检测可以有效检测原材料及合成材料成品中溶剂添加的情况，固体原材料高聚物含量及合成材料成品中无机填料的检测是对材料的抗裂性和抗老化性进行提前的预评估。物理机械性能的检测可综合性判断合成材料面层的强度和运动性能。通过全方面的测试可对运动场地原材料和成品的性能进行预评估。

（2）场地翻新

虽说塑胶跑道的使用寿命是比较长的，但使用时间长了之后跑道会出现小范围的磨损和破损，只需要对破损位置进行修复就可以了，但若是出现严重损坏，就需要对整体都进行翻新。一般来说，塑胶跑道需要翻新一般有两种情况：一种是塑胶跑道达到使用寿命，出现老化等现象，已经无法继续发挥其运动性功能；另一种是受到外界环境的影响，比如人们在使用的过程中使用不当造成外部破坏，如重压、利器损伤、烟蒂焚烧等让塑胶跑道的局部地方出现损坏。

4.11　壁纸霉变

4.11.1　住宅工程墙面壁纸霉变案例分析

4.11.1.1　项目概况

某上海市中心精品高档居住区于2007年开工建设，2015年陆续交房使用。交房后第二年8月，部分房屋墙面出现了壁纸大面积霉变的现象。

4.11.1.2 问题描述

勘查现场发现霉菌是由内向外生长的，透过墙纸正面可以看到背面有黑色霉斑，用手触摸墙纸表面，没有黑色的霉菌粘手上。撕下壁纸后，墙纸里面比外面严重，现场图见图4.11.1-1～图4.11.1-3。

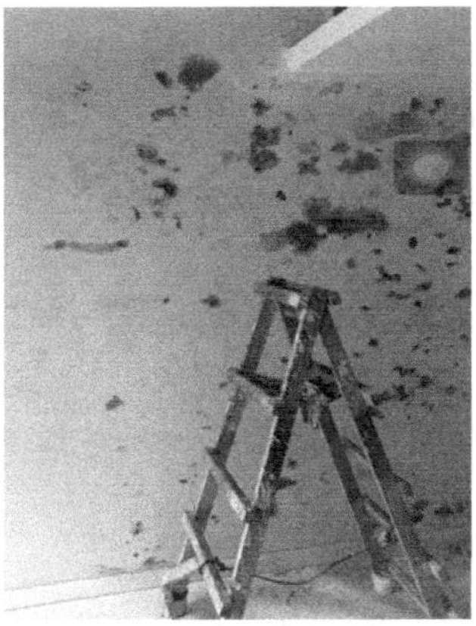

图4.11.1-1 墙面大面积霉变

图4.11.1-2 壁纸正面霉斑

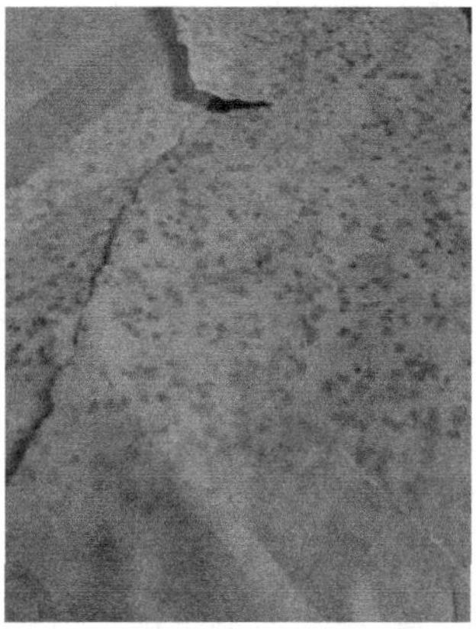

图4.11.1-3 壁纸背面霉斑

4.11.1.3 原因分析

住宅工程建筑墙面发霉通常是多因素综合作用的结果，常见的主要有结构、室内环境、材料类型、施工、运维等方面原因。为找到该居住区墙面霉变原因，进行了霉变墙面和地面含水率现场勘察、对该工程使用的材料进行了壁纸吸水性模拟试验、壁纸高温高湿环境抗霉变模拟试验、其他壁纸施工材料抗霉变验证试验。

(1) 霉变墙面和地面含水率现场勘察

霉变墙面隔壁为卫生间，对霉变墙面和房间地面含水率进行检测发现：墙面含水率19.0%；地面含水率18.5%，含水率偏高。

(2) 壁纸吸水性模拟试验

选用发霉墙面所用壁纸A和其他随机对照壁纸B、C、D、F，在壁纸的正背面各滴两滴蒸馏水，观察壁纸的吸水情况。结果发现2h后发霉墙面用壁纸A背面水滴一直无变化，其他对照壁纸均在3～25min不等的时间内完全渗透、吸收，说明发霉墙壁用壁纸透气性不好。

(3) 壁纸高温高湿环境抗霉变模拟试验

将菌源（菌源采用米饭拌和墙面霉变处带有菌斑的墙面腻子在温度28℃±2℃，相对湿度：90%±5%条件下培养4d）和浸水后的壁纸（即上述A、B、C、D、F壁纸）放置在恒温恒湿箱中，两者不直接接触。设定温度：28±2℃，相对湿度：90%±5%，每天观察壁纸表面是否有霉变现象。结果发现同温湿度环境条件下，A壁纸（发霉墙壁用壁纸）比其他对比样品（B、C、D、F壁纸）更易发生霉变。

(4) 其他壁纸施工材料抗霉变验证试验

发霉墙壁所用壁纸胶粘剂为糯米胶，现选用原壁纸施工材料和其他对比胶粘剂（JS防水材料、外墙腻子、防水底料、壁纸胶，将菌源和各种材料放置在温度28±2℃、相对湿度 90%±5%的恒温恒湿箱中，观察否有霉变发生，结果发现原壁纸施工用糯米胶有霉变发生。

(5) 霉变原因总结

根据霉变墙面和地面含水率现场勘察结果和壁纸浸水模拟试验、壁纸吸水性模拟试验、高温高湿环境模拟试验、腻子和壁纸胶验证试验结果，分析原墙面壁纸霉变由以下几点共同作用导致：

1) 原墙体内部存在一定的潮湿现象，为霉菌的生长繁殖提供了湿度条件；

2) 原壁纸封闭性好、透气性不好，使得墙体内的潮气无法释放且不断累积，为霉菌的生长繁殖提供了潮湿环境；

3) 壁纸本身材质在受潮的条件下适宜霉菌生长；

4) 霉变的房间为次卧，该房间长时间无人居住，因此门窗打开时间较少且气温高时不会开启空调，给霉菌生长提供了温热封闭的环境；

5) 原施工工艺中采用的糯米胶，其中含有大量糖分和蛋白质，这为细菌的生长和繁殖提供了充足的营养物质。

4.11.1.4 解决措施

(1) 更换原壁纸施工材料及施工工艺。针对前期试验结果与霉变原因总结，现采用更换具有防霉功能的壁纸胶、更新施工工艺，由原施工工艺：内墙腻子→壁纸基膜刷一遍→壁纸糯米胶→PVC 壁纸，改为在铲除原霉变墙面腻子的基础上，墙面做 JS 防水材料两遍→外墙防水腻子→刷防水底料→壁纸基膜刷一遍→防霉壁纸胶→无纺布壁纸。

(2) 壁纸系统模拟墙体高温高湿环境抗霉变验证试验。将新旧两种施工工艺及材料，分别在两块砌块上施工制作成两个模拟墙体，并将模拟墙体背部浸泡在水中 48±0.5h，浸水高度为 50±5mm。然后放置在温度 28±2℃、相对湿度 90%±5%恒温恒湿且同时放有菌源的环境中，每天观察墙体表面是否有霉变现象。结果发现 12d 后墙面原施工工艺墙面开始出现霉变，新施工工艺墙面无变化；16d 后原施工工艺墙面出现大量霉变，新施工工艺制作的墙面仍无变化，说明新材料和新施工工艺有效可行，对比图见图 4.11.1-4、图 4.11.1-5。

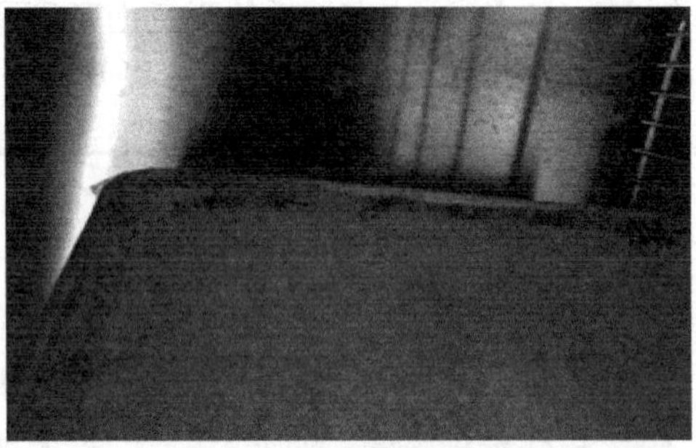

图 4.11.1-4　原工艺墙面模拟样表面产生霉变

图 4.11.1-5　新工艺模拟样表面未变化

住宅工程墙面壁纸霉变是多因素综合作用的结果，因此预防霉变发生通常需从设计、选材、施工、运维等多方面入手，系统性地消除霉变发生潜在条件。

(1) 结构或保温设置合理。房屋结构不合理或保温层设置不当，易使墙壁发生“冷桥”效应，从而导致墙壁顶面、底面或连接处易结露、霉变，因此房屋设计或保温设置时需断“冷桥”，防止因温差导致结露现象发生。

(2) 施工材料合理选型。施工材料是导致墙面霉变的重要原因之一，如透气性差的壁纸易使墙内水分聚集而发生霉变；含有乳化剂、增稠剂的内墙涂料均不耐霉，特别是掺有纤维素类物质作增稠剂更易霉变；糯米壁纸胶因含有蛋白质、糖分极易霉变，因此墙面施工材料需合理选型。

(3) 规范施工。施工不规范也极易造成墙面霉变发生，如墙纸铺贴前基层湿度未达到规范规定的要求（规范要求基层湿度在8%以下）；铺贴前未使用湿度计进行基层湿度检测或在处于空气湿度较大的不适宜环境中安排墙纸铺贴；施工不规范导致防水基膜过薄或过厚（过薄导致基膜起不到防水作用，过厚导致水分聚集），都极易使墙面发生霉变。

(4) 运维合理。室内环境湿度大且流动性差，空气中含营养成分的漂浮物易被潮湿或结露墙面吸附，是发霉长毛的主要原因，干燥通风可以很好防治霉变发生；室内湿垃圾及时清理，清除菌源；霉变刚发生时就及时进行清理，防止霉变大面积发生。

4.11.2 施工及维护不当引起的壁纸霉变案例分析

4.11.2.1 项目概况

项目位于上海市浦东新区金桥镇某高档小区，该小区共有建筑5幢，每幢高22层，共有200套房均为精装修交付，该项目精装修装饰工程于2017年4月竣工，竣工后该项目一直处于待售状态，当年8月发现部分房屋墙面开始出现壁纸大面积泛红的现象，揭开壁纸后发现壁纸内部已经出现了大面积的霉变。随后装修公司将部分霉变比较严重的壁纸撕掉，并用同种壁纸进行了铺贴施工，但施工完毕2个月后，重新铺贴施工的壁纸又陆续出现了泛红霉变的现象。

4.11.2.2 问题描述

2017年10月我们对该工程现场的霉变情况进行了现场勘查，发现在所有房间中有50多套出现了壁纸大面积霉变泛红的问题，我们与施工单位对整个工程的总体情况进行了沟通和了解，并对现场情况进行了有针对性的查勘，具体情况如下：

(1) 从与装饰单位的沟通中我们了解到，由于该项目进度紧张，为了更快地完成项目施工，项目施工各环节均存在赶工期的现象。该项目中安装有地暖，该项目地暖采用湿铺法地暖，由于为了赶工期，未等地面完全干透就进行了地板铺设施工，铺设地板前也未对地面的含水率进行测量。

(2) 壁纸表面有大面积泛红的现象，撕开壁纸后可以发现墙面及壁纸背面有大面积霉变，呈暗红色，且壁纸背面霉变面积较正表面观察更大。壁纸表面及撕开后背面情况见图4.11.2-1及图4.11.2-2。从壁纸正面擦拭无法对霉变的红色污染进行擦除。

(3) 同一套房间内霉变处较多，各个房间均存在霉变，不但是靠近外墙的墙面有霉变，客厅沙发背景墙、房间与房间的隔墙上均发现有霉变痕迹。其中比较集中的一个现象是靠近移门两侧的壁纸霉变较多，且该处地板端头也存在发黑的现象。

(4) 该项目使用的是PVC材质壁纸，且材质较厚，壁纸粘贴采用糯米胶。

(5) 阳台与客厅之间的大理石门槛比较低，如图4.11.2-3所示。

(6) 地板与踢脚线之间打硅胶进行封闭。

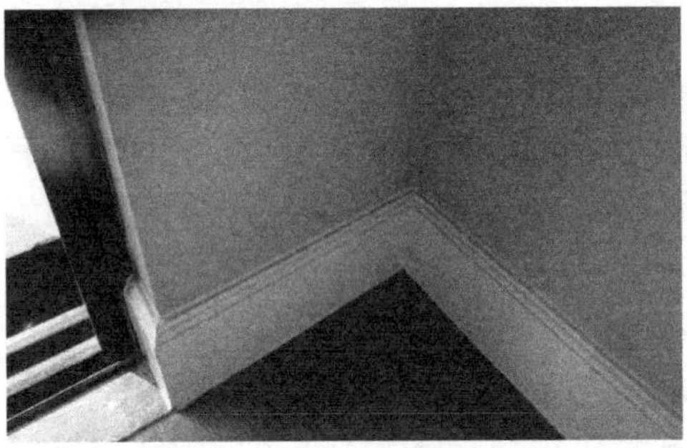

图 4.11.2-1　阳台附近壁纸发红

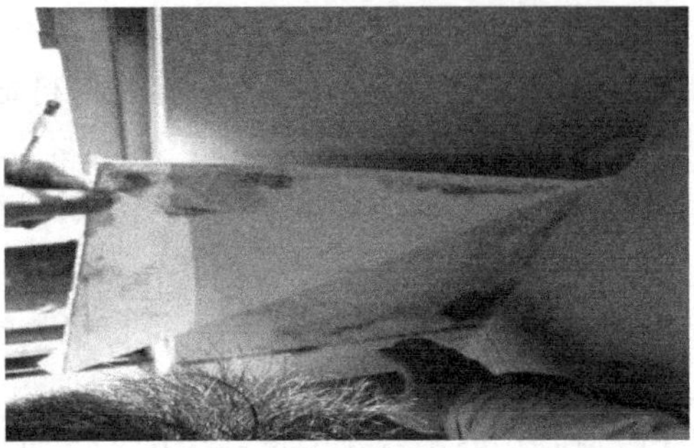

图 4.11.2-2　阳台壁纸发霉

（7）凿开门槛大理石，发现门框下部有发泡胶。

（8）拆除阳台附近踢脚线后，观察发现拆除部位有水珠存在，见图 4.11.2-4。

图 4.11.2-3　墙纸撕开附近处阳台情况

图 4.11.2-4　阳台附近踢脚线有水珠

（9）现场含水率测试情况如下：

检测设备：水分测定仪（MMC220）、针插式含水率计（PT-90E），使用感应式含水率计测量墙体及地板含水率后发现：壁纸发红处含水率≥32%、未发红处墙面含水率约14%，踢脚线含水率约 20%，发黑处地板含水率≥32%，未发黑地板含水率 15%。并且经观察发现越靠近阳台门，地板发黑现象和壁纸发红现象越严重且墙体和地板的含水率越高，靠近移门两侧含水率最高，已经到达感应式含水率计的测试分辨率上限 32%。测定过程见图 4.11.2-5～图 4.11.2-8。

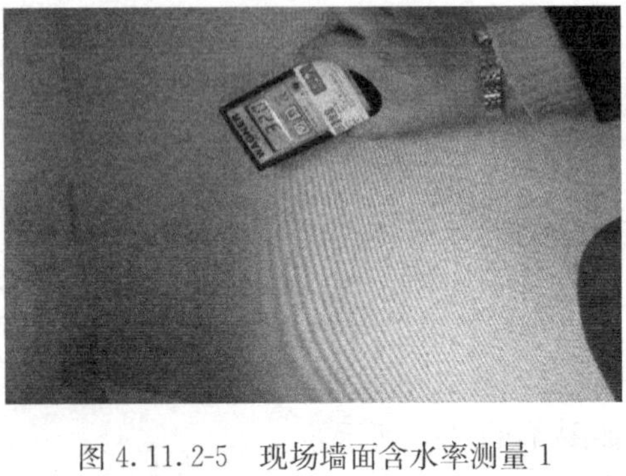

图 4.11.2-5　现场墙面含水率测量 1

图 4.11.2-6　现场墙面含水率测量 2

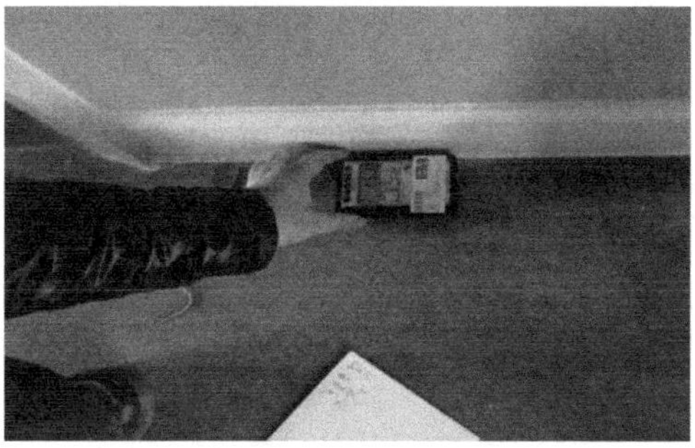

图 4.11.2-7 现场地面含水率测量 1

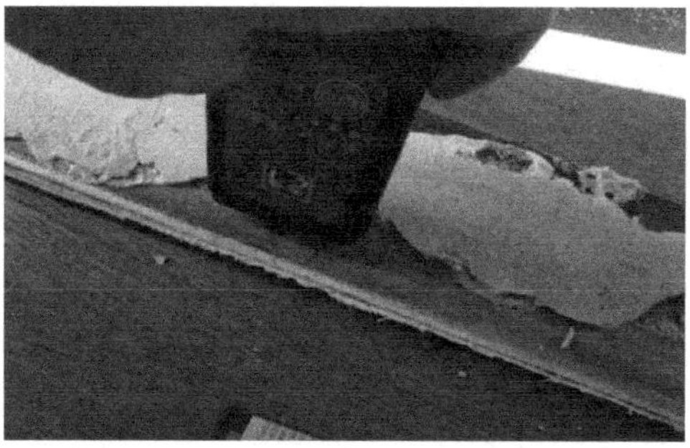

图 4.11.2-8 现场地面含水率测量 2

（10）现场泼水试验情况如下：

对阳台进行了泼水试验，发现阳台坡度不够，水不能顺利流入阳台底部，阳台排水能力不佳，存在局部积水现象。

4.11.2.3 原因分析

建筑墙纸发霉通常是多方面因素综合作用的结果，常见主要有结构、室内环境、材料类型、施工、运维等原因。根据以上勘查结果，我们分析造成壁纸霉变的原因如下：

（1）由于施工各环节赶工期，导致在地面、墙面含水率较高的情况下进行了壁纸及地板的施工，导致壁纸铺贴后墙面含水率较高，为壁纸霉变提供了潮湿的环境。

（2）阳台门槛较低，经过泼水测试后，发现排水性能不佳，且该项目为开放式外挑阳台，当雨量较大时，可能导致雨水不能通过下水道及时排出，从而漫过门槛流进房间，进入地板下部。

（3）项目由于长期处于待售状态，7～8 月外部天气有强降水且闷热潮湿，房屋长期处于封闭状态且墙面含水率较高，且未经过开窗通风，壁纸内部温热潮湿的环境利于霉菌生长，同时糯米胶又为霉菌的滋生提供了充足的养分。

（4）阳台移门的门框下部与室内之间密封不到位，导致即使雨水未漫过门槛，另外有部分雨水已经通过铝合金移门门框下部渗透至室内。

（5）选用的壁纸为 PVC 厚质壁纸，壁纸的透气性不佳，导致墙面湿气无法扩散。所使用的基膜及糯米胶不具备防霉性能，利于霉菌生长。很多情况下壁纸出现发霉现象，不是壁纸本身发霉，而是粘贴壁纸的胶水等有机物质发生霉变。

（6）地板与踢脚线间采用密封胶封闭，导致地面水分只能通过踢脚线位置向墙面壁纸位置散发。

综上所述，产生壁纸发红现象是由以上几点原因共同导致。

4.11.2.4 解决措施

现根据前期确认的发霉原因，建议采用以下方法解决壁纸霉变问题：

（1）更换壁纸，选用透气性能更强的无纺布壁纸。

（2）贴壁纸前对有霉变的墙面进行腻子的铲除，并喷洒防霉剂，抑制霉菌生长，墙面处理完后应重新涂刷有抑菌功能的基膜，经含水率测定合格后再贴墙纸，铺贴墙纸采用有抗霉变功能的壁纸胶粘剂。

（3）对移门门槛处的大理石进行拆除，并进行下挖，下挖 15cm 后对铝合金移门门槛下部采用防水砂浆封堵，待砂浆固化后再做防水。为提高大理石门槛挡水效果，适当加高门槛石。

（4）对阳台进行坡度测量及泼水试验，对坡度过小的部位进行重新铺贴瓷砖，并对坡度往地漏的方向进行调整。

（5）平时要注意通风干燥，如遇潮湿天气应紧闭门窗。

第5章　室内污染与健康

5.1　装饰材料污染

5.1.1　办公室空气质量污染案例分析

5.1.1.1　项目概况

上海市某公司办公室装修项目，位于徐汇区一栋高档办公楼6层，项目区域包括员工区、接待区、面试间、餐厅、会议室等，项目工程于2020年11月竣工，家具均已搬入，但办公设备尚未进入，员工也尚未入驻。笔者单位应委托方要求对给项目室内空气质量进行检测，检测项目包括甲醛、氨、苯、甲苯、二甲苯、总挥发性有机物（TVOC）。

5.1.1.2　问题描述

办公室负责人和几名值班员工感觉现场空气沉闷，办公环境有异味，个别员工在室内停留时间久了会出现头痛、胸闷等症状，担心对后续的日常生活工作造成影响，现场情况见图5.1.1-1。从室内空气质量的检测结果来看，苯和TVOC均有超标，苯的超标率达35.3%，TVOC的超标率达到了88.2%。

图5.1.1-1　办公室现场图

5.1.1.3　原因分析

室内环境污染物的主要来源有建筑及室内装修材料、室外污染物和室内人员活动产物等，其中室内装修材料及家具的污染是目前造成室内环境空气污染的主要原因。此案例中超标的参数分别是苯和总挥发性有机物（TVOC），室内环境中苯的来源主要是燃烧烟草的烟雾、溶剂、油漆、染色剂、图文传真机、计算机终端机和打印机、黏合剂、墙纸、地毯、合成纤维、清洁剂等。总挥发性有机物（TVOC）分为四类：极易挥发性有机物（VVOCs）、挥发性有机物（VOCs）、半挥发性有机物（SVOCs）、与颗粒物或颗粒有机物有关的有机物（POM），苯类污染物也属于VOCs中的芳香烃类化合物。室内TVOC主要来自煤和天然气等燃烧产物及吸烟、采暖和烹调等的烟雾，建筑和装修材料中的胶合剂、涂料、油漆、板材、壁纸等，家具，家用电器，家具清洁剂和人体本身的排放等，有近千种之多。在室内装修过程中，TVOC主要来自油漆、涂料和胶粘剂。随着化学品和各种装修材料的广泛使用，室内其他污染物尤其是VOCs的种类也在不断增加，因此用TVOC作为室内空气质量的指标，来评价暴露VOCs

产生的健康和不舒服效应。TVOC 浓度对人体健康的影响见表 5.1.1-1。

TVOC 浓度对人体健康的影响 **表 5.1.1-1**

TVOC 浓度（mg/m^3）	症状	影响程度
0.2	无刺激，无不适	无影响
0.2～3.0	与其他因素联合作用，可能出现刺激和不适	多因协同作用
3.0～25	出现刺激和不适，与其他因素联合作用时，可出现头痛	不适
>25	除头痛外，可能产生其他神经毒性作用	中毒

由于员工尚未入驻办公，基本排除人员活动造成的短期空气污染；现场除了办公桌椅，未见其他办公设备，也排除打印机、传真机等这类办公设备造成的污染物超标，再根据现场环境勘查和采样检测结果，分析原因如下：

（1）室内装修材料造成的污染

装修中大量使用的化工原料如油漆、涂料以及各种添加剂、稀释剂、胶黏剂、防水剂和溶剂等，都含有苯、甲苯、二甲苯等挥发性有机化合物，装修结束后会释放到室内。装修中使用不达标的装饰材料是最重要的原因。如果装修中使用了不达标的人造板材、油漆等产品，势必造成各种室内污染物超标，进而造成室内空气污染。即使建筑材料本身质量达到国家标准，若该装修工程中使用的涂料、硬包，以及新购置的密度板家具造成的“叠加效应”，也可能使一些指标超标。

（2）通风时间不够长

通风换气与室内空气质量的关系十分密切。有效的通风换气是一种简便可行的降低室内空气污染物含量的方法。室内整体和局部的新风量不足，室内的污染物就不能很好地扩散，从而造成严重污染。该装修工程于 2020 年 11 月 27 日竣工，2020 年 12 月 7 日开始检测，时间间隔不足半月，虽满足竣工一周后方可检测的要求，但通风换气的时间实在太短，许多Ⅱ类建筑基本要求通风时间为一个月，而对于Ⅰ类建筑而言，人生活居留的时间更长则需要更多的通风换气时间。由于该办公室位于建筑 6 层，为方便施工和防止意外，窗户大部分都为关闭状态，工程结束后也没有开启，所以没有进行自然通风这一过程。机械通风方面，办公室具有配套的新风系统，但竣工后没有相关负责人统一开启进行通风。

（3）装修工艺不合格造成室内环境污染

除了材料因素之外，装修工艺也是造成 TVOC 超标的一个重要原因。施工人员在施工过程中的工艺不合格，可能在地板铺装、墙面涂料、人造板材制品封边等方面造成污染，例如按照国家规范要求进行墙面涂饰工程时，要先进行基层处理，涂刷界面剂以防止墙面脱皮或者开裂，可是一些施工人员在采用涂刷清漆进行基层处理的工艺过程中，选用了低档的清漆，并且在涂刷时又加入大量的稀释剂，无意中造成了严重的污染。同时，这些污染物会被封闭在腻子和墙漆内，无形中也增加了污染物的挥发量和挥发时间。

5.1.1.4 解决措施

污染源控制，通风换气，后期室内空气的净化是目前防治室内空气污染物的主要技术手段，但对于办公室已装修完毕，尤其是家具已搬入的情况而言，通风和后期治理是关键，针对该案例，有以下几点解决方法可供参考：

(1) 加强通风，办公楼配有完善的新风系统，必要时可自然通风和机械通风相结合，一方面可确保氧气含量，减少污染物的排放；另一方面可以将污染物迅速带走，降低室内污染物浓度。

(2) 使用活性炭或以活性炭、硅胶、分子筛为吸附剂加排风机制造的吸附式空气净化器。可吸附大多数气体污染物，特别是对于低浓度的 VOCs 是一种比较有效且简单易行的方法。

(3) 种植绿色植物，一些绿色植物如菊花、月季、铁树等，对苯和其他 VOCs 有吸收净化作用，还可以美化办公室环境，但作用相当有限。

(4) 喷涂光催化剂（光触媒），有试验研究表明，在紫外光照射下，光催化氧化对于相对分子质量小的有机物在较短的时间内可达到 100%的去除效率，但弊端是在阳光无法照射的地方或者空间中无法使用。另外，成本高也是该技术急需解决的问题。这一技术在空气净化（特别是在挥发性有机物净化）方面具有广阔应用前景，也是很多环境治理公司现行使用的技术方法，但要选择资质完善、技术过硬的治理公司且使用合格的产品。

5.1.2 非装修材料造成的室内空气污染案例分析

5.1.2.1 项目概况

上海市中心某文化创意园区位于静安区，该创意园区内拥有数条创意画廊。部分画廊于 2013 年 5 月 18 日完工并投入使用，画廊为封闭式建筑，位于建筑 2 层。室内基本属于毛坯状态，地面为地坪，墙面、顶面是一层简单的涂料，有新风系统，室内无任何家具，只是墙上挂有一副 2m×1m 的油墨画。目前，在不开门窗、不开新风的情况下，时间一久，室内人员口、鼻、喉、呼吸道会产生明显的不适症状，办公人员无法在该画廊内办公，产生了非常消极的影响。

5.1.2.2 问题描述

经勘察现场发现，室内干净、整洁，基本无装修。在门窗开启状态或者新风系统打开时进入室内时，尚且无任何感觉；在不打开新风系统，并且按国家标准《民用建筑工程室内环境污染控制规范》GB 50325－2010 的要求，封闭 1h 之后，再次进入室内时，口、鼻、喉、呼吸道均有刺激性感觉。由于甲方的需求，需要提高检测条件的要求，在不打开新风系统，并且封闭 20h47min 后进入时，口、鼻、喉、呼吸道感觉非常不适，在把检测设备放入室内、开启设备进行采样的短短 1min 左右的时间，检测人员就产生了明显的流泪、打喷嚏、眼眶红肿等不适反应。

5.1.2.3 原因分析

室内空气污染通常是多因素综合作用的结果，2020 年度新修订的《民用建筑工程室内环境污染控制标准》GB 50325－2020 替代了《民用建筑工程室内环境污染控制规范》GB 50325－2010，其更为完善，列举了室内空气污染物主要是甲醛、苯、甲苯、二甲苯、氨、氡和 TVOC（可挥发性有机物的总称）等。其具体表现形式为：

(1) 甲醛

甲醛，是一种无色，具有强烈刺激性气味的气体，具有活泼的化学性和生物学活性，是室内环境的主要污染物，经常吸入会引起慢性中毒。其主要来源于家庭装修用的刨花板、纤维板、大芯板、胶合板、沙发用海绵、海绵床垫及墙壁、贴墙布，贴墙纸、化纤地毯、泡沫塑料、油漆、地面的装饰铺设用的胶粘剂等。长期吸入低浓度甲醛，能引起头痛、咽干、咳嗽、呼吸困难、神经衰弱、免疫功能下降等。

（2）苯系物

苯，是一种无色，具有特殊芳香气味的气体，是室内挥发性有机物的一种，危害性大，为强致癌物质，其是装修中使用的胶、漆、涂料和建筑材料的有机溶剂。轻度中毒会造成嗜睡、头痛、头晕、恶心、呕吐、胸部紧束感等并可有轻度粘膜刺激症状。重度中毒可出现视物模糊、震颤、呼吸浅而快、心律不齐、抽搐和昏迷。严重者可出现呼吸和循环衰竭，心室颤动，慢性苯中毒还会引起不同程度的白血病。

（3）氨

氨，是一种无色，具有强烈刺激性气味的气体。其特点是刺激性强，但其释放期也短，不会引起长期积存，对人体危害较小。其主要来源于居民住宅中的混凝土墙体，氨气会从墙体中缓慢释放出来，造成室内氨污染。氨可麻痹呼吸道纤毛、损害黏膜上皮组织，降低人体的抵抗力。氨气刺激人的眼睛和气管，对眼、喉、上呼吸道作用快，易引发流泪、咽喉肿痛、呼吸困难等症状。

（4）氡

氡，是在镭裂变后产生的天然放射性气体，无色，无味，无臭。存在于岩石、土壤和水体中，是世界卫生组织认定的致癌因素，其放射的射线对人体细胞基本分子结构具有破坏作用。房基土壤、建筑材料、室外空气、供水等都会释放氡。当人们吸入体内之后，可诱发肺癌。在高浓度氡的暴露下，集体出现血细胞的变化，其与神经系统结合后，危害更大，随机效应主要表现为肿瘤的发生。

（5）总挥发性有机化合物（TVOC）

总挥发性有机化合物为任何液体或固体在常温常态下自然挥发出来的所有有机化合物的总称，以烷、烯等有机物居多。其特点是成分复杂，有臭味，具有毒性大、刺激性强等特征。在室内装饰中由于建材和装潢材料的大量使用可有 50～300 种之多。如人造板、泡沫隔热材料、塑料板材、油漆、胶粘剂、壁纸、地毯，生活中用的化妆品、洗涤剂等。暴露在高浓度的 TVOC 污染的环境中，对人体的影响包括眼睛和呼吸道刺激、头痛、眩晕、视力损坏、记忆损伤、癌症等。

为分析本案例引起室内空气污染的可能原因，检测人员先进行了前期的调查工作，了解到其建筑单体已完工 3 年有余，而且待测画廊位于 2 层，根据氨的释放期特性，以及土壤氡的影响，初步可以认为其影响较小。又由于室内基本属于非装修状态，故把关注重点放在室内悬挂的油墨画之上。此油墨画面积较大，边框采用人造木材粘合而成，且做工粗糙，有甲醛暴露风险。油墨画画面上也稍许散发着一股油墨味。在经甲方要求的，不打开新风系统，并且封闭 20h 47min 之后，按《民用建筑工程室内环境污染控制规范（2013 年版）》GB 50325－2010，做了相关检测，最终检测数据为甲醛超标八倍之多。

5.1.2.4 解决措施

室内空气质量的好坏直接影响到人们的生理健康，心理健康和舒适感。为提高室内空气质量，改善居住、办公条件，增进身心健康，必须对室内空气污染进行整治。对于本案例来说，在排除了多数因素之后，其污染根源为巨幅油墨画及劣质边框所排出的甲醛，在移出油墨画并清空画廊之后，同条件再次做了相关检测，最终数据均在限制范围之内。由此可以得出结论，非装修过的室内，只要放入污染因素，室内空气必然也会超标，对人体形成危害。进而我们也要得出思考，在日常生活中，要提高防范意识，杜绝污染源，室内经常保持通风状态，养成良好的习惯，减少与危害因素接触的机会，这样才能确保安全。

5.1.3 家庭住宅室内空气检测重要性案例分析

5.1.3.1 项目概况

位于上海市黄浦区蒙自路某小区一套住宅面积 100m^2 左右，于 2016 年 12 月装修完成，期间业主并未入住。2018 年 9 月业主在进入房间后感觉到呼吸不适，所以委托我们对该住宅的客厅和主卧进行甲醛和 TVOC（总挥发性有机物）两个项目的室内空气质量检测。经检测发现主卧的甲醛超标，而客厅的甲醛数据也偏高。

5.1.3.2 问题描述

业主委托检测检测的住宅位于高层建筑的五楼，为精装修住宅。其中主卧地面为实木复合地板；墙面为壁纸和玻璃还有软包；顶面为涂料；没有家具。客厅地面为石材；墙面有木质材料、石材、玻璃以及软包；顶面为涂料，有一套实木桌椅家具。

该住宅在 2016 年 6 月 12 日装修完成之后一直处于空闲状态，除了客厅的一套实木桌椅外也没有搬入其他家具。应业主要求，抽取了客厅和主卧进行检测，此次检测按照《民用建筑工程室内环境污染控制规范》GB 50325－2010（2013 年版）检测，客厅和主卧面积均小于 50m^2，各采一个点。选择房间中间位置、距地面 0.8～1.5m 处采样。甲醛采用酚试剂分光光度法采样分析、TVOC 则采用气相色谱发采样分析。检测之前按照标准对相应的房间封闭了 1h10min。检测结果如表 5.1.3-1 所示。

检 测 结 果 **表 5.1.3-1**

检测位置	检测条件		采样点数	检测项目	
	温度（℃）	大气压（kPa）		甲醛（mg/m^3）≤0.08	TVOC（mg/m^3）≤0.5
主卧	28.8	101.3	1	0.152	0.022
客厅	28.7		1	0.077	—

需要注意的是此案例是于 2018 年发生的，当时采用的标准是《民用建筑工程室内环境污染控制规范》GB 50325－2010（2013 年版），而根据最新发布的《民用建筑工程室内环境污染控制标准》GB 50325－2020 的要求：自 2020 年 8 月 1 日开始实施同时老标准作废。新标准对室内污染物限值提出更改，更改结果见表 5.1.3-2。

这里的一类民用建筑包括住宅、居住型功能公寓、医院病房、老年人照料房屋实施、幼儿园、学校教室、学生宿舍等；二类民用建筑包括办公楼、商店、旅馆、文化娱乐场所等。

甲醛和 TVOC 都是常见的室内空气污染物，甲醛作为一种室内有机化合物污染的主要物质，对人体的危害是不容忽视的。甲醛对眼、鼻、喉的黏膜有强烈的刺激作用，最普遍的症状就是眼睛受刺激和头痛，严重的可引起过敏性皮炎和哮喘。由于甲醛可与蛋白质反应生成氮次甲基化合物而使细胞中的蛋白质凝固变性，因而可抑制细胞机能。此外，甲醛还能和空气中的离子性氯化物反应生成二氯甲基醚，而后者是一种致癌物质。甲醛可被室内的高比表面材料吸附富集，当室内温度升高时又重新释放出来，加剧污染效应。总挥发性有机物对人体健康危害也很大，若长期处于含有 TVOC 的环境中，在感官方面会造成人体视觉、听觉、嗅觉受损，在感情方面会造成应激性、神经质、冷淡症或忧郁症，在认知方面会造成长期或短期记忆混淆，在运动方面会造成体力变弱或不协调，可以引起机体免疫系统水平失调，影响中枢神经系统功能，出现头晕、头痛、嗜睡、无力、胸闷等症状，还可影响消化系统，出现食欲不振、恶心等，严重时甚至可损伤肝脏和造血系统。

新老标准限值比对　　表 5.1.3-2

污染物	一类民用建筑		二类民用建筑	
	老标准	新标准	老标准	新标准
甲醛（mg/m^3）	0.08	0.07	0.10	0.08
TVOC（mg/m^3）	0.5	0.45	0.6	0.5
氡（Bq/m^3）	200	150	400	150
氨（mg/m^3）	0.2	0.15	0.2	0.20
苯（mg/m^3）	0.09	0.06	0.09	0.09
甲苯（mg/m^3）	—	0.15	—	0.20
二甲苯（mg/m^3）	—	0.20	—	0.20

5.1.3.3 原因分析

常见的室内空气污染物有甲醛、TVOC、氨、苯、氡等，其中甲醛大多存在于人造木板、饰面人造木板、水性涂料、防火涂料、胶粘剂中且难易挥发，室内的 TVOC 主要是由建筑材料、室内装饰材料及生活和办公用品等散发出来的。如建筑材料中的人造板、泡沫隔热材料、塑料板材；室内装饰材料中的油漆、涂料、粘合剂、壁纸、地毯；生活中用的化妆品、洗涤剂等；办公用品主要是指油墨、复印机、打字机等；在由于室内装饰装修材料造成的室内空气污染中，TVOC 是一种类多、成分复杂、长期低剂量释放、对人体危害较大的污染物质。它的释放主要是因为使用了含大量有机溶剂的溶剂型涂料以及各种板材胶粘剂。此外，家用燃料及吸烟、人体排泄物及室外工业废气、汽车尾气、光化学污染也是影响室内总挥发性有机物（TVOC）含量的主要因素。氡主要存在于无机非金属材料：石材、空心砖块，还有土壤中。甲醛是一种无色、易溶、易挥发、有刺激性的气体，造成房间内甲醛超标是多因素综合作用的结果，室内空气中的甲醛主要还是来自于装修材料和家具，就比如装修时所用到的人造板材，墙面装修时所用到的乳胶漆以及贴的墙纸，还有地面装修时所用到的木地板，以及室内摆放的各种木质家具，这些东西都是室内甲醛释放的重点来源，还有晚上睡觉的床垫以及布艺类的沙发或者是窗帘，这些物品也是会有少量的甲醛等有害气体释放出来的，还受到天气温度等多种原因影响。结合此案例检测房间的具体情况分析可能造成甲醛超标的原因有以下几点：

（1）装修材料造成的甲醛超标，墙面有壁纸和软包，装修过程需要胶水粘连，实木复合地板中也有胶水；

（2）卧室通风效果不好，由住宅平面图可见该住宅并非南北通透房型，卧室的通风效果非常不好；

（3）装修结束后没有及时通风：业主表示在 2016 年装修结束后房间一直属于空闲状

态，期间没有进行开窗通风，而是在2018年中旬即将入住前才开始通风换气；

（4）衣帽间里的甲醛：衣帽间与卧室相连，并且推拉门也没有完全封闭，在检测过程中感受到衣帽间里有刺激性，但由于业主要求并未准备检测衣帽间甲醛的试剂；

（5）检测现场温度较高，甲醛易挥发，尤其在温度高的时候。根据检验公司室内空气检测案例分析绝大多数甲醛超标都是夏季检测的时候。

5.1.3.4　解决措施

房屋的装修、各种未经处理的化学成分在空气中的传播，都会对人的身体健康造成伤害。随着人们生活水平及环保意识的提高，室内空气检测也越来越受到人们的关注，而人们每天待的时间最长的室内场所便是住宅，居民住宅的室内空气质量影响着人们的身体健康。在此案例中，针对室内空气甲醛超标的问题，解决方案有以下几点：

（1）延迟入住，进行自然通风和机械通风：多开门窗通风把污染物散发出去。利用电能驱动通风装置的通风方式即机械通风，一般分为正压式送风与负压式排风两大类，一些要求较高的场合也有采用送、排风联动的方式。正压式送风即用风机作为动力，把户外的空气送入室内，把室内的空气通过建筑的缝隙或特意开启的出风口排出。当室内空气质量太差时可以通过机械通风增加换气，而在普通住宅可采取利用电风扇加快室内气流速度的方法。通风是改善室内空气质量最重要的方法。

（2）室内环境污染治理：室内环境污染治理是指依据室内空气质量或规范等相关标准中有害物质限量的规定，采用物理吸附法、化学法、生物降解等各种技术方法，使室内已污染的空气和建筑装修材料中的有害物质得以降低或去除，使室内空气质量指标达到国家规定的要求。室内空气污染治理的步骤如下：引用合适的检测标准或判定标准、确定污染源、确定治理步骤、进行现场治理和治理后的质量验收等。需要注意的是，对于现在市面上许多空气治理公司、设备要谨慎选择。

（3）甲醛活性强且溶入水，可以将衣帽间门常开通风，同时多用湿毛巾擦拭衣帽间里的木板。

（4）室内装修、设置尽量做到简单化，以降低污染物来源。从住宅的设计、施工每个细节上做到不使用有污染的建筑材料、装修材料必须使用符合环保要求的“绿色”建材，如选用低挥发的胶粘剂、密封胶、油漆、涂料、地毯放射性能低的石材。经常保持室内干燥，既能满足生活舒适的需要，也是避免微生物、细菌、病毒滋生的环境要求。此案例中考虑到经济、时间成本，不宜再重新装修，但在选择家具的时候应该选择绿色环保家具。在家具进屋之后要继续通风换气。

（5）在入住之前再次进行甲醛检测，确保入住后的室内空气质量。现如今工程竣工验收、装修竣工验收都学要进行室内空气质量检测，学校也开始重视校内室内空气质量检测，而由于住宅大多都是居民自助装修，置办家具，所以即便最近几年受到的家庭室内空气质量检测委托逐渐增加，但许多家庭仍然没有要进行家庭室内空气质量检测的意识。由此案例发现：即使装修完成几年后，仍然存在室内空气污染物超标的情况，所以要认识到住宅室内空气检测的重要性。面对室内空气质量污染防治的第一步是检测，只有检测出真实室内空气质量，才能有效地进行下一步的防治工作，所谓了解敌人才能战胜敌人。而居民住宅在选择室内空气质量检测时，要选择正规可靠的第三方检测公司。让居住更舒适、生活更美好，关注居住环境质量，关注室内空气质量检测。

5.2 空调新风系统污染

5.2.1 新风口不满足要求导致空调系统污染案例分析

5.2.1.1 项目概况

上海市某地块内设有两幢建筑物，其中北侧为北楼，南侧为南楼，两楼之间为庭院广场。

5.2.1.2 问题描述

日常监测过程中发现，送风过程中细菌超标，根据《公共场所集中空调通风系统卫生规范》WS 394—2012 以及《集中空调通风系统卫生管理规范》DB31/T 405—2012 相关标准规范要求，送风口检测细菌总数应≤500cfu/m^3，风管内表面检测细菌总数应≤100cfu/cm^2。经检测以上结果均不符合相关卫生标准要求。

5.2.1.3 原因分析

目前国家已有相关卫生标准要求，对集中空调通风系统需定期进行清洗、消毒等相关工作，同时也出台了相关的国家标准、地方标准及行业标准，分别对集中空调通风系统的设置提出了相关要求。但目前各地依然会出现日常检测空调送风质量超标情况，根据现场勘查，分析主要有以下几点原因：

（1）新风口与排风口（包含同一平面、转弯角、同一侧墙不同层垂直或斜线距离）或者污染物（包括开放式冷却塔、垃圾房、厨房等）距离不符合要求，见图 5.2.1-1。

（2）新风口设置问题（管道和送风百叶不贴合、新风口下缘距地面高度不足、新风口高于排风口、与开放式冷却塔的位置关系等），见图 5.2.1-2、图 5.2.1-3。

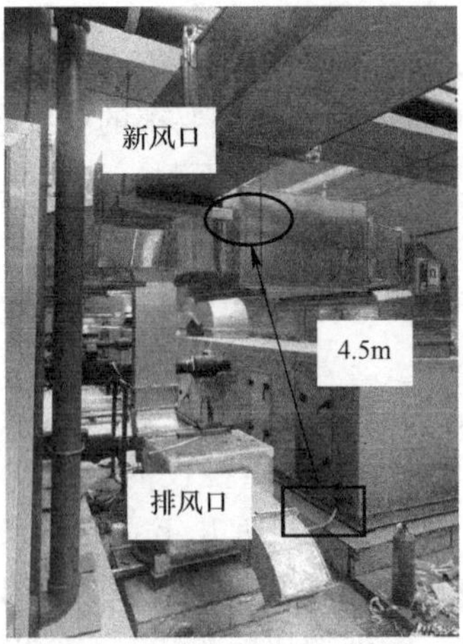

图 5.2.1-1 新、排风口不足 5m

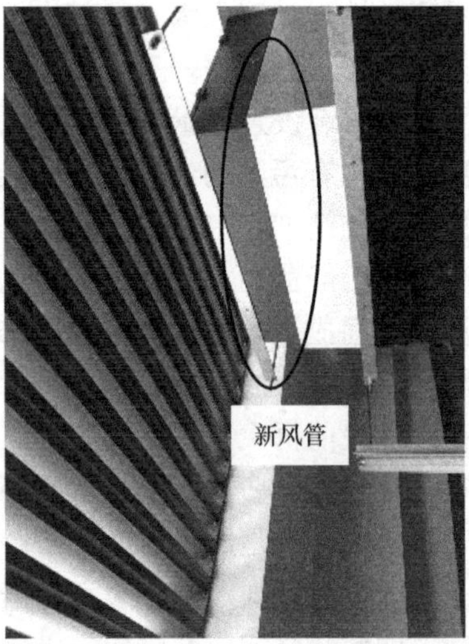

图 5.2.1-2 新风管位于百叶贴合

（3）空调未定时清洗（包括送风口、新风口、空气处理机组、表冷器、冷凝水盘等未定期清洗；空气过滤网、过滤器等未定期清洗或者更换），见图 5.2.1-4。

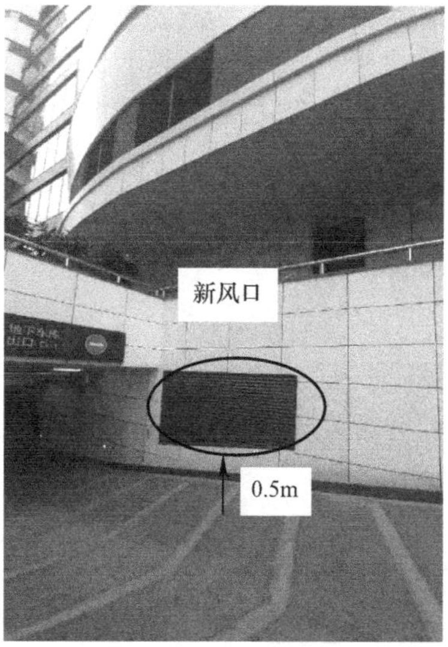

图 5.2.1-3　新风口下缘距地面高度不足

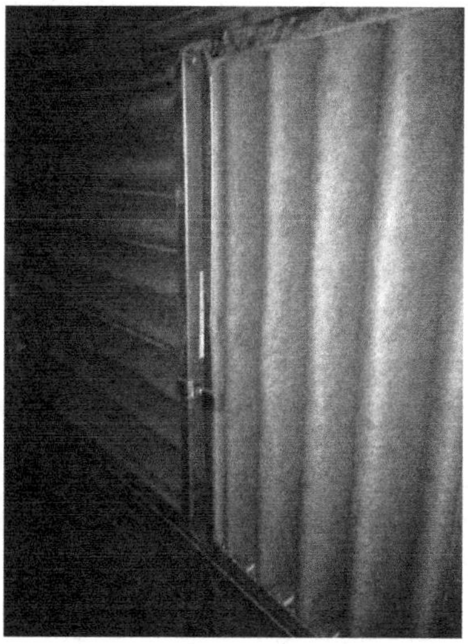

图 5.2.1-4　新风机组内粗效过滤网

（4）长期未开后突然开启以及新风机房堆放杂物。

5.2.1.4　解决措施

（1）新、排风口距离应满足标准要求

根据《集中空调通风系统卫生管理规范》DB31/T 405－2012 要求：新风口周围应无有毒或危险性气体排放口，同时远离建筑物的排风口、开放式冷却塔和其他污染源，并设置防雨罩或防雨百叶窗等防水配件、耐腐蚀的防护（防虫）网和过滤网。任何情况下新风口（包括自然通风口）与室外污染源最小距离不得小于表 5.2.1-1 的要求。

新风口与污染源最小间隔距离　　表 5.2.1-1

污染源	最小距离（m）
污染气体排气口	5
停车场	7.5
垃圾存储/回收区、大垃圾箱	5
冷却塔进气口	5
冷却塔排气口	7.5

应将图 5.2.1-1 中排风管或新风管延长，使新、排风口最小距离不小于 5m。

（2）根据《集中空调通风系统卫生管理规范》DB31/T 405－2012 要求：集中空调通风系统的新风应通过风管直接采自室外非空气污染区，不应从机房、楼道及天棚吊顶等处间接吸取新风；新风口应低于排风口；新风进风口下缘距室外地坪不宜小于 2m，当设在绿化地带时不宜小于 1m；新风口应避免设置在开放式冷却塔夏季最大频率风向的下风侧。应将图 5.2.1-2 中新风管延长与百叶紧密贴合；将图 5.2.1-3 中新风口开口开至下缘且距地面至少 2m。

（3）送风口及新风口应定期清洗；空气处理机组、表冷器、冷凝水盘等每年清洗不少于一次；空气过滤网、过滤器等每六个月清洗或者更换不少于一次；空调加湿水中可能含有嗜肺军团菌，应在加湿水使用季节定期检测加湿水，防止嗜肺军团菌传播；开放式冷却塔的设置应远离人员聚集区域、建筑物新风取风口或自然通风口，并设置具有持续消毒效果的装置；开放式冷却塔宜设置有效的除雾器，塔池内侧应平滑，排污口应设在塔池的底部；空气过滤网、过滤器等至少每六个月清洗或者更换一次。

(4) 长期未开的空调机组应先进行清洗后开启，避免突然开启导致积尘飞扬；新风机房应保持干燥清洁，严禁堆放杂物。

5.2.2 新排风不平衡导致空调系统污染案例分析

5.2.2.1 项目概况

人体健康与室内空气质量关系密切。我国室内环境污染危及健康已有不少报道。例如，室内装饰装修材料含有的有害物质超过限值，则会对人体健康和人身安全造成严重影响，目前由此引发的这类污染伤害案件屡见不鲜。

无论国内还是国外，解决室内空气污染的最经济、最简易、最常用的办法就是开窗通风，然而开窗通风并不是最佳的持久解决方案。伴随着清新空气，室外的污染（包括噪声）也会进入室内，同时室外空气未经过冷/热处理直接进入室内，无法维持室内适宜的微小气候。

随着人民生活水平的提高，集中空调通风系统在日常生活中发挥着越来越重要的作用，公共场所建筑物的集中空调通风系统已然成为“必需品”。集中空调通风系统主宰着楼宇中空气的新陈代谢，因此被称为“建筑物之肺”，空气中的细菌、真菌会引发各类流行性疾病。因此集中空调通风系统的送风质量、细菌指标等越来越受到关注。为保持室内空气清洁，通常在室内空气循环处理的同时，要输入一定量的新风，否则，室内污染物极易聚集致使室内空气污浊，空气中 CO、CO_2、微生物容易超标，造成人体不适，甚至对人体健康造成损害。

上海市中心某写字楼，地上 15 层，裙房一层，地下一层。该办公建筑为商办综合体，建筑为一幢地上十五层建筑，东西走向，主入口朝西，主要均为商办用房、卫生间等。一层主要功能为办公入口大堂、变配电间、企业文化展厅等，二、三层主要为阅览室、接待室等，四至十五层为商办及商办配套用房，屋顶层主要为电梯机房及设备机房等。

建筑采用风机盘管加新风系统，新风机组采用全新风机组，机组安装于各层的新风机房内。经评估，空调类型选用合适，冷热源配置合理，风量核算满足设计人数要求。

5.2.2.2 问题描述

夏季空调季节使用过程中，各层员工反映室内闷热，尤其是某层商业区，但机组送风风量已调至最大，如果开窗使用，室内温度过高，无法适应室内气温。物业相关人员已检查过机组水系统及风系统，均可正常开启运行，排除设备故障原因，但依然无法改善室内闷热的状况。

5.2.2.3 原因分析

根据建筑物现状及近期各业态运行状况分析，主要有以下几个方面的原因：

(1) 新排风不平衡

经事后调查，建筑排/新风比不足 50%，空调服务区域内新排风不平衡导致室内压强大，大量新风无法送入，室内空气长期无法流通。空气在不流通状态下四五个小时后，室内的细菌、病毒的繁殖速度就会成倍增长，使得室内空气质量变差。

此外，随着能源形势的日益严峻，人们越来越重视节能的重要性。与人们生活息息相关的集中空调通风系统的节能显得尤为重要，风量平衡则是节能的一个重要方面，若无法高效利用则会造成能源浪费。

（2）人员密度大于设计人数

某商家开展促销优惠活动，活动期间人流量暴增，管理人员未能有效疏导，造成人员拥挤。此时建筑内人员密度大于设计人数，原机组设计新风量不能够满足大客流的通风换气要求，导致室内人均新风量不足。

（3）瞬时客流较大

某商家举办交流活动，在同一时间段大量顾客同时涌入，不得不长期开启门窗辅助通风换气。然而，室外空气的引入会带来额外的冷热负荷，导致“室内闷热”情况的产生。

5.2.2.4 解决措施

（1）新排风不平衡解决措施

在国家节能减排的大环境下，推行空调系统适用与节能，需要在保证室内空气品质和热舒适性的同时，又满足建筑节能要求。风量平衡对于减少能耗来说非常重要，可以减少空调系统的负荷，从而减少风机的用电量。

因此，建议在空调服务区域（尤其是大空间区域）增设排风设备，保持空调服务区域的微正压状态，促进室内空气循环流通，让室内得以“呼吸”，室内有新风送入，利于保证空调服务区域的风量平衡及长期使用空调季节的室内空气质量。此方案是改善集中空调通风系统现状和促进节能改造的有效途径，投资少，见效快。

对于新建项目，如条件允许，也可在设计阶段选用热回收/热交换机组，利用排风余热进行新风处理，降低能耗，减少新风处理负荷。

（2）人员密度大于设计人数解决措施

运行过程中，应考虑到风量在输送过程中的损耗，严格控制服务人数，确保建筑物内所有场所内都有足够的人均新风量，从而切实保证相关场所内的空气质量。另外可通过设置必要物理导流线、增加工作人员加强引导疏导等措施，防止局部区域出现人流密集、积压等情形等。

如场所内人员密度长期大于设计人数，场所相关管理部门应系统评估其场所使用情况，是否因经济发展等原因，使得现有设备过老无法适应当今实际使用需求、设计风量无法满足现人均新风量要求等。此情况建议采用设备升级增容改造的方式，按照现状或预留未来使用需求来进行调整，并聘请专业技术服务机构进行评估。

（3）瞬时客流较大解决措施

建议在管理上采取有效措施：可通过采用分时段、预约制的方式举办活动，避免瞬时客流较大；充分利用室外场地举办活动，减少室内人员数量。

5.2.3 中央空调蒸发器加热引起的金色粉尘污染案例分析

5.2.3.1 项目概况

上海某大厦12层的办公室，装修完毕交付使用后，室内出现大量不明白色晶体状粉末。

5.2.3.2 问题描述

工作人员在现场采样时发现，在办公室内部的桌面、地面、家具等裸露的部分都覆盖了一层白色粉末，距离通风设备近的位置尤为严重，所以工作人员重点对通风设备附近及空调本身进行详细观察，见图 5.2.3-1～图 5.2.3-4。

经过观察，在室内风机的进风面未发现类似办公室内白色粉末，而在风机的出风面发现大量的白色粉末，检测人员对现场粉尘进行了取样，其中办公室桌面粉尘标记为 1 号样品，风机出风面粉尘标记为 2 号样品。

工作人员打开风机内部进行了检查，在风机的进风面和出风面之间，主要为 2 层过滤网和 2 层散热片。为了正确查找粉尘来源，对风机进风面和出风面之间所有可能产生粉尘的材料都进行了取样，其中，吊顶背面粉尘为 3 号样品，风管铝箔为 4 号样品，风管内部玻璃棉为 5 号样品，石膏硅酸铝棉板为 6 号样品，风机铝箔（散热片）为 7 号样品。

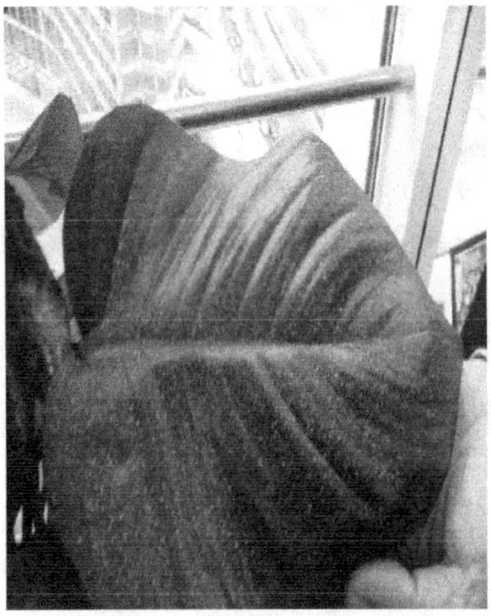

图 5.2.3-1　室内植物上粉尘

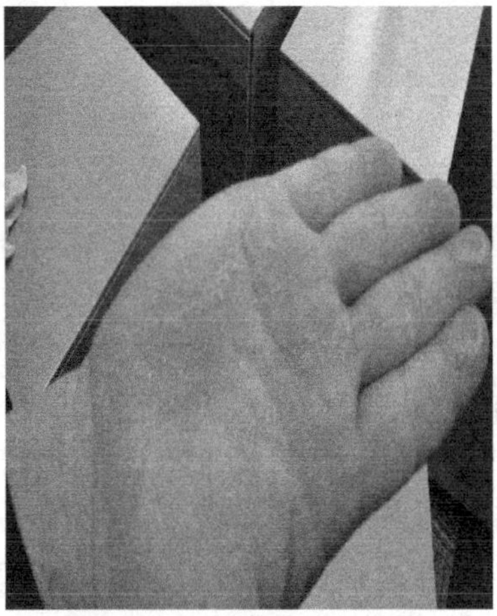

图 5.2.3-2　室内桌面上粉尘

图 5.2.3-3　空调风机

图 5.2.3-4　空调风机内部粉尘

5.2.3.3　原因分析

（1）导致问题发生的可能性原因

经过调查，白色粉末由空调内部吹出，可能来源于空调内部的灰尘或者空调管道的腐蚀，或者是来自蒸发器。空调蒸发器由一排或多排铜管组成，铜管外会套上一层铝箔，铝箔表面再喷涂一层铝箔，如果工艺较差，涂层附着力差，就可能造成涂层脱落，产生粉末。

另外，通过对空调设备的调研，空调运行时，换热器上设置的冷却片一直处于干湿循环的状态，冷凝水附着在金属上，暴露在空气中，会产生一种浓差电池的效应，使得空气中的氮化合物、各类氧化物、盐类化合物等被持续溶解并浓缩在冷凝水中，形成了盐度较高的腐蚀液体，对冷却片造成了严重的腐蚀。冷却片材料产生水合反应，生成了铝、磷、钙等化合物，这些白色粉末随着空调气流被吹出，污染室内环境，影响人体健康。

（2）针对本项目问题的试验验证分析

为了验证对粉尘成因的推测，检测人员对 7 个不同部位的粉尘及设备材料进行了试验室的化学成分分析，并出具 7 分检测报告，结果如表 5.2.3-1、表 5.2.3-2 所示。

取样部位和报告编号　　表 5.2.3-1

样品编号	样品名称	报告编号
1	办公室粉尘	HX028-120040
2	风机出风面粉尘	HX028-120039
3	吊顶背面粉尘	HX028-120036
4	风管铝箔	HX028-120038
5	风管玻璃棉	HX028-120042
6	石膏硅酸铝棉板	HX028-120041
7	风机铝箔（散热片）	HX628-120009

备注：7 号样品由于样品量极少，检测结果会有误差，仅作参考。

样品成分检测　　表 5.2.3-2

分析组分（%）	样品名称	
	办公室粉尘	风机粉尘
Na_2O	0.34	0.22
MgO	0.37	0.48
Al_2O_3	74.1	71.6
SiO_2	10.8	9.7
P_2O_5	0.15	0.14
SO_3	2.6	1.9
Cl	0.34	0.24
K_2O	6.7	0.36
CaO	0.17	10.0
TiO_2	3.5	0.49
Cr_2O_3	—	0.02
MnO	—	0.11
Fe_2O_3	0.26	4.3
NiO	—	0.02
CuO	—	0.13
ZnO	0.67	0.34
SrO	—	0.02

从表 5.2.3-2 可以看出，1 号样品和 2 号样品的主成分为 Al_2O_3（三氧化铝），达 70%左右；其次是 SiO_2（二氧化硅），达 9%左右。

1 号样品和 2 号样品基本可认定为同类物质，基本排除来自 3 号、5 号、6 号样品的可能；而风机内部的风管铝箔和风机铝箔（散热片）被认定为粉尘的主要来源，因此，对于室内粉尘来源的判定基本正确，来自于工艺涂刷不良或者换热器冷热差造成的腐蚀物质被吹出而造成的。

在风机的进风面和出风面中间，主要为 2 层过滤网（不含有铝成分，可以排除）和 2 层散热片（铝翅片），白色粉末来自风机盘管内散热片区域可能性较大。

风管内铝箔（4 号样品）在中性盐雾条件下无腐蚀现象，亦可排除。

5.2.3.4　解决措施

（1）针对本项目问题的具体措施

本项目是由室内设备运行产生的粉尘污染，应对具体设备进行定向维护、保养或替换，由于该通风设备处于使用状态，更换设备会造成停工停产，影响整栋大楼的正常运行，因此，建议清理空调风道内部的积灰，清洗空调滤芯，同时清洁蒸发器表面的涂层腐蚀物。如果问题严重，可联系通风设备生产厂商，对蒸发器表面进行防腐处理，或更换表面涂层，从根本上解决问题。

（2）预防措施，包括设计、施工、管理或运维等方面

从 20 世纪 70 年代开始，空调换热器的冷却片几乎全部由金属铝制成，为了改善冷却片性能，各个国家都开展了对铝片表面预处理的研究，并在 90 年代大规模运用到工业商品中。预处理手段中，主要使用了铝箔涂覆技术，包括化学转化膜涂层、亲水涂层、疏水涂层，涂层涂料基本由六种组分构成：表面活性剂、成膜剂、润湿分散剂、消泡剂、助溶剂和水，针对冷却片容易产生冷凝水现象，使用疏水涂层隔离冷凝水和金属材料可有效防止腐蚀发生。

针对此类问题，需要在以下方面做好预防工作：

空调风机选型：选择大品牌的合格生产商，详细咨询该类产品的涂层性能，询问相应型号是否出现过类似问题；

空调风机施工：为了防止腐蚀物剥落飞灰，对易产生腐蚀粉尘的换热器周围使用防尘网布或其他措施隔离起来，同时在通风口处设置多道过滤材料，减少其进入风道的可能性；

管理运维：定期清洁风道及换热器表面腐蚀物质，如腐蚀严重，需要重新对铝箔涂层做处理，根据对疏水涂层的市场调研，主要有以下几类产品，铬酸盐涂膜、丙烯基系树脂涂膜、热塑性树脂涂膜，产品使用者或者生产者可根据具体情况，使用以上几种产品对设备表面进行处理，防止腐蚀的进一步发生；

技术控制：涂层膜选定后，涂覆方式可以选择喷涂、淋涂、滚涂、浸涂、刷涂等，也可以在铝箔上先涂一层耐蚀层，上面再涂覆疏水涂层，涂层疏水性要持久稳定，附着力按《色漆和清漆 划格试验》GB/T 9286 执行，耐清洗、耐盐雾、抗挥发等，严格控制涂覆技术工艺，保证工艺质量。

5.3　噪声污染

5.3.1　住宅高层电梯运行噪声影响案例分析

5.3.1.1　项目概况

上海市中心某高档住宅区位于浦东新区，共有 18 幢单体住宅建筑，每幢层高 22 层，

项目于 2013 年开工建设，2016 年统一交房使用，有部分业主在收房后反映，在室内每个房间都能听到电梯运行的声音。随着业主投诉和抱怨的增多，房地产开发商委托专业机构调查电梯安装和运行状况、电梯噪声的产生特性，检测电梯在运行和停运两个状态下的室内噪声水平，结合噪声传播特点提出可行的降噪措施。该住宅区均统一采购同一品牌的电梯，并由电梯公司统一安装，现场选择一幢住宅（2 号楼）作为调研对象，2 号楼总层数为 22 层，22 层住宅的上层为建筑的顶层，顶层设置新风机房、风管和电梯机房，其中电梯机房为抬高设置的独立机房。

5.3.1.2 问题描述

每个住宅单元二户共用一部电梯，在关闭门窗和室内电器的条件下，在各个楼层的户内均能听到电梯运行所产生的滑动声和电梯刹车声，在每个户内的不同房间均可明显感知到电梯运行噪声，不同楼层的电梯噪声的可感知强度差异不大。

5.3.1.3 原因分析

电梯运行是由曳引机提升或下降轿厢的运动过程，这个运动过程确实会产生一定程度的噪声。电梯噪声主要来源有：一是主机房内曳引机驱动运转、轿厢及配重运行引起的振动声能量沿结构主承重墙传播，引起墙体楼板扰动产生共振；二是曳引设备摩擦促使电梯轿厢上下运行，曳引轮与曳引绳间在电梯高速运行过程中产生摩擦声，可通过钢丝绳传递到轿厢，进而传递到导轨，再传递到相邻墙体，影响到住户；三是曳引设备导轮和导轨间的摩擦、各旋转部件与曳引绳间摩擦、轿厢高速运行产生的空气流动等噪声污染，都将传递到导轨，传递到相邻墙体，影响到住户。

为了解本项目电梯噪声的噪声源、噪声传递途径和噪声分布特性，电梯噪声问题的调查分别从电梯的安装、建筑设计和噪声实测等方面展开。

（1）建筑设计核查。

选择 2 号楼的 3 层、12 层、20 层、和 22 层的住宅四个楼层的房型相同（图 5.3.1-1），

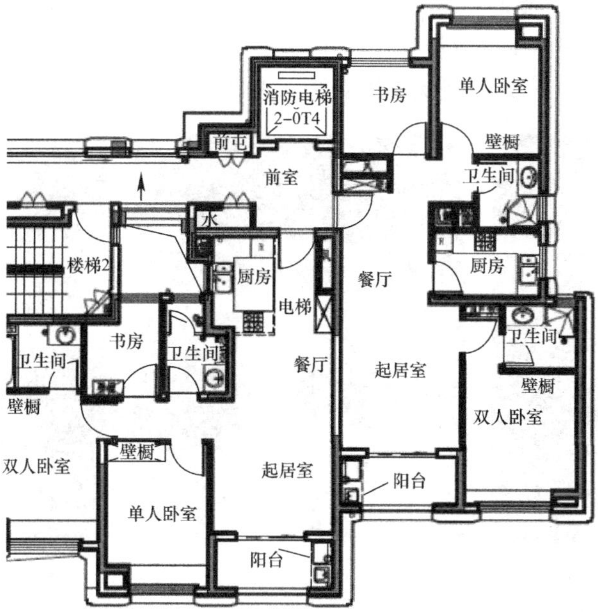

图 5.3.1-1 户型与电梯位置图

均位于2号楼的东侧。该房型均为三室二厅二卫，室内铺设地板，房间门窗安装完成，书房与电梯相邻。

（2）电梯房安装和运行核查

1）2号楼东侧设有一部电梯，电梯井位于东侧房型的书房西侧，现场调查时，电梯使用正常。电梯机房位于电梯井上方，内置一台电梯曳引机，电梯机房的地面为混凝土地面，墙面为混凝土墙面刷涂料，详见图5.3.1-2。

2）电梯曳引机通过钢杆与基座相连，其中钢杆与基座上部分的钢框架连接中采用了柔性橡胶垫作为隔振措施，详见图5.3.1-3红五星标记处。

图5.3.1-2　电梯机房内部图

图5.3.1-3　钢杆与基座的橡胶垫连接

3）曳引机钢框架（北侧）局部与墙体存在直接接触，详见图5.3.1-4红五星标记处。

（3）电梯井的设备安装及隔声措施核查

1）调查发现电梯轿厢通过牵引钢索与曳引机相连，轿厢升降箱通过四个定位导轨（图5.3.1-5）与建筑主体相连接。

2）导轨采用硬连接方式与建筑墙体安装，见图5.3.1-6。

图5.3.1-4　曳引机钢框架（北侧）局部与墙体

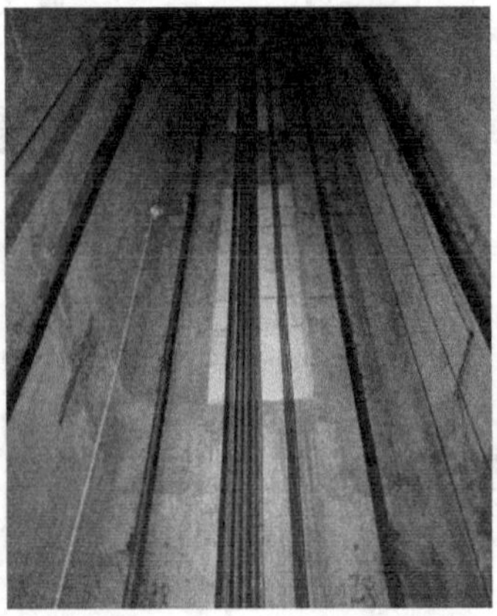

图5.3.1-5　轿厢定位导轨

图5.3.1-6　导轨与建筑主体硬连接安装

（4）室内噪声检测

1）室内噪声测试结果，按照《民用建筑隔声设计规范》GB 50118－2010 的要求，对 22 层东侧的住宅进行了室内噪声测试（电梯运行和电梯停运两种工况下），测试数据见表 5.3.1-1，电梯运行时产生的噪声，提高了室内噪声的水平。

22 层室内和室外噪声检测数据　　　　表 5.3.1-1

房间名称	时间	工况	噪声值（dB）
书房	夜间	电梯运行	43.4
		电梯停运	37.4
单人房	夜间	电梯运行	43.3
		电梯停运	36.8
起居室	夜间	电梯运行	37.3
		电梯停运	28.9
双人房	夜间	电梯运行	39.9
		电梯停运	36.2

2）电梯噪声频谱特性分析

在 22 层书房里，测试电梯运行时的不同频率下的噪声值，测试频率为 50～6300Hz（1/3 倍频程），通过频谱测试结果（表 5.3.1-2）和频谱图（图 5.3.1-7），可以看出，电梯噪声以低频噪声为主。

电梯噪声频谱测试结果　　　　表 5.3.1-2

频率（Hz）	50	63	80	100	125	160	200	250	315	400	500
噪声值（dB）	32.2	43	39.8	27.3	41.3	41.3	38.6	39.6	35.6	30.2	28.3
频率（Hz）	630	800	1000	1250	1600	2000	2500	3150	4000	5000	6300
噪声值（dB）	28.2	29.2	28.2	26.5	23.2	22.2	19.7	17	16.8	16.5	15.9

（5）根据现场核查和检测结果，分析电梯噪声产生的原因主要有以下几个方面：

1）电梯噪声的来源主要为电梯机房产生的噪声、轿厢高速运行产生的风噪声和电梯轿厢与导轨接触部位在电梯运行过程中摩擦和撞击产生的噪声。

2）由于电梯井与书房共用一个墙体，曳引机钢框架（北侧）局部与墙体存在硬连接，电梯机房内未采取有效的隔声减振措施，导轨与建筑墙体的连接未采取隔声减振措施。

3）电梯噪声对室内的影响是可以明显主观感知的，电梯所产生的特征性低频噪声在所调查的高中低四个楼层的住户，在每个住户的四个房间（书房、单人房、客厅和双人房）都可以明显感知，且主观感知强度无明显差别。

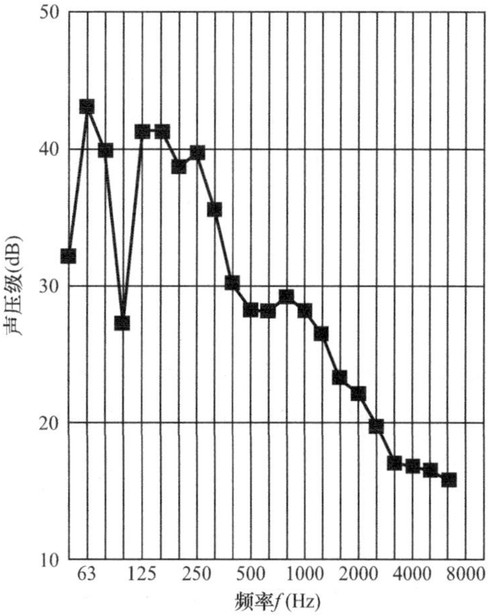

图 5.3.1-7　电梯运行噪声频谱图

4）电梯运行时产生特征性的以低频为主的噪声，电梯噪声的传播途径以结构传播为主（即电梯机房的设备和导轨与墙体的硬连接），部分噪声也可以通过墙体的空气形成声传播。

5.3.1.4　解决措施

（1）根据本项目的现场调查和测试结果，建议先选择一部电梯，采取分步噪声控制措施，在措施有效的情况下，将噪声控制措施推广到其他电梯，通过分步排查和控制，达到降低成本并能有效控制电梯噪声的目标；

（2）需电梯供应商进一步检查每一部电梯的设计和安装，对电梯房存在硬连接的部分进行分离，使用有效的隔振垫；

（3）对电梯房内的墙面、顶面和地面，贴挂具有隔声吸声的材料；

（4）在采取该步措施后，主观感觉电梯噪声在不同楼层和不同房间的噪声有无得到控制，如上述措施效果不明显时，建议对轿厢导轨与墙体连接处加装减振装置，必要时考虑在电梯井内壁加贴隔声吸声材料，吸声材料的吸声系数达到 0.8 以上。

5.3.2　住宅建筑地下水泵噪声影响案例分析

5.3.2.1　项目概况

本项目为法院委托对涉及水泵噪声影响的排除妨害纠纷一案进行鉴定检验，该案件由原告（业主）诉被告（开发商）所建造的住宅楼设计和建造未采取有效隔声措施来降低地下水泵的噪声，原告房屋位于住宅楼的一层 102 室，水泵房位于该户住宅的卧室下方，由于水泵经常在夜间因用水量大频繁补水启动，启动所产生的噪声严重影响 102 室业主的正常生活和休息。法院受理此案后，需对水泵的噪声是否超标及水泵噪声超标的原因进行分析，并给出降噪意见。为此，需现场实地调查房屋的建筑结构和功能房间划分情况；核查房屋设计图纸；现场检测室内噪声水平，调查室内噪声的主要来源。

5.3.2.2　问题描述

据业主主诉，每天在室内都会听到水泵启动和水缸注水声音，间隔时间有长有短，特别是水泵刚启动时，注水声突发较响。现场请物业人员手动开启两台水泵进行检查和检测，发现水泵启动初期约 1min，注水声音较大，稍后注水声有所变小，待水泵停止后，仍可明显听到送水管余水向水缸内的注水声，整个水泵运行过程，起居室和卧室内可明显感觉到启动噪声来自地下水泵间，注水声来自于卧室北侧地下。

5.3.2.3　原因分析

（1）导致问题发生的可能性原因

水泵房噪声是由水泵工作噪声和电机噪声引起的综合噪声源。水泵工作噪声主要是水泵管道运作过程产生的噪声，其中最重要的是振动噪声和水流冲击噪声。水泵振动噪声一方面是水泵共振引起的，另一方面是流速过快引起的振动。而水流冲击噪声则主要是由于水流速度快、管道弯度大所造成的。电机噪声，主要有空气动力性噪声、机械性噪声和电磁噪声三部分。当电机工作时，冷却空气的气流噪声加上风扇高速旋转的叶片噪声组成空气动力性噪声。

为了解本案水泵噪声的噪声源、噪声传递途径和噪声分布特性，水泵噪声问题的调查分别从建筑设计、水泵的安装和噪声实测等方面展开。

（2）针对本项目问题的试验验证分析

1）建筑结构

通过查看建筑平面图和实地察看，102 室起居室（客厅）地板位于楼下水泵机房的正上方，102 室卧室地板位于楼下生活和消防用水缸的正上方。水泵与水缸之间由供水管相连。

2）水泵安装核查

水泵房内置四台水泵机组，运行方式为两用两备，水泵机组设置为自动开启或关闭。当水缸水位低于设定的最低水位时，水泵启动，两台机组同时开启，由市政供水管道经水泵向水缸注水，供水到达设定高水位时，水泵停止供水。水泵机房内，水泵出水口处采用柔性软管与送水管道连接；送水管道支架采用刚性连接吊装在天花板结构上，水泵基座采用刚性连接安装在地板结构上，送水管与侧体也采用刚性连接安装，安装连接均无隔振措施。详见图 5.3.2-1～图 5.3.2-3。

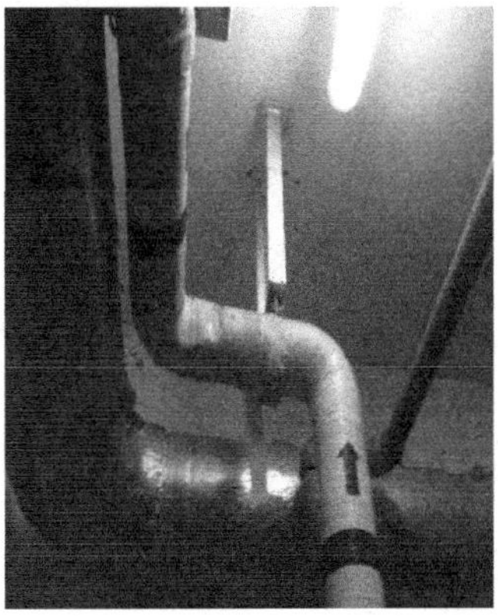

图 5.3.2-1　水泵管道硬连接吊装在顶层结构

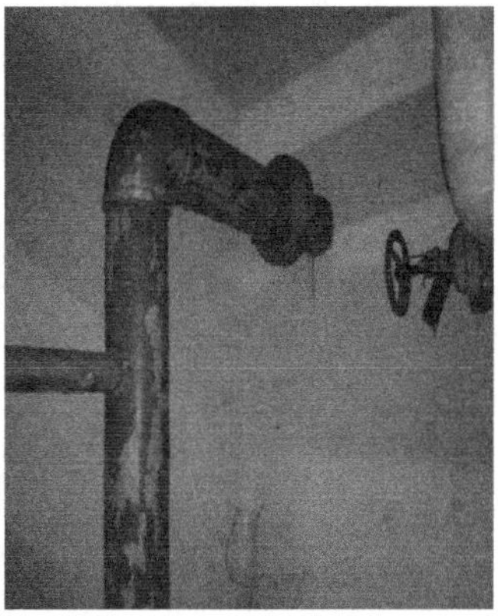

图 5.3.2-2　水泵送水管硬连接安装在侧墙结构上

图 5.3.2-3　水泵基座硬连接安装在地面结构上

3）室内噪声测试结果

检测数据表明（表 5.3.2-1），地下水泵开启时，102 室内噪声值也相应增高，介于 46.2～50.8dB 之间；水泵关闭时，102 室的室内噪声值也相应降低，介于 31.9～33.8dB 之间，由此可判断，水泵机房和送水管注水运行噪声是 102 室内噪声的主要来源。

室内噪声检测数据　　　　**表 5.3.2-1**

<table>
<tr><th rowspan="2">房间名称</th><th rowspan="2">时间</th><th rowspan="2">工况</th><th rowspan="2">噪声值（dB）</th><th colspan="3">允许噪声级（dB）</th></tr>
<tr><th>一级</th><th>二级</th><th>三级</th></tr>
<tr><td rowspan="4">起居室</td><td rowspan="2">昼间</td><td>水泵开</td><td>46.2</td><td rowspan="2">45</td><td rowspan="2" colspan="2">50</td></tr>
<tr><td>水泵关</td><td>33.8</td></tr>
<tr><td rowspan="2">夜间</td><td>水泵开</td><td>47.4</td><td rowspan="2">35</td><td rowspan="2" colspan="2">40</td></tr>
<tr><td>水泵关</td><td>32.0</td></tr>
<tr><td rowspan="4">卧室</td><td rowspan="2">昼间</td><td>水泵开</td><td>49.9</td><td rowspan="2">40</td><td rowspan="2">45</td><td rowspan="2">50</td></tr>
<tr><td>水泵关</td><td>33.4</td></tr>
<tr><td rowspan="2">夜间</td><td>水泵开</td><td>50.8</td><td rowspan="2">30</td><td rowspan="2">35</td><td rowspan="2">40</td></tr>
<tr><td>水泵关</td><td>31.9</td></tr>
</table>

4）根据现场核查和检测结果，分析水泵噪声产生的原因主要有以下几个方面：

① 室内噪声主要来源为地下水泵启动和送水管向水缸内注水。噪声振动通过基座向墙体及楼板传播，再由墙体及楼板向上方及四周传播，该部分水泵噪声是楼上房间的主要噪声污染源。

② 地下水泵启动时，基座产生的振动通过地板刚性连接传递至建筑的主体结构，水泵产生的噪声通过结构与顶层结构的硬连接和空气声传递到墙体到达室内；水缸送水管产生的噪声，通过水缸空气声传递至水缸顶层结构再传递至室内。

③ 由于所建地下水泵和水箱均设置在102室的起居室（厅）和卧室楼下，水泵设置位置不符合《民用建筑隔声设计规范》GBJ 118－1988中第2.0.3条“住宅、学校、医院、旅馆等建筑所在区域内各类有噪声源的建筑附属设施（如锅炉房、水泵房等），其设置位置应避免对建筑物产生噪声干扰，必要时应作防噪处理，区内不得设置未经有效处理的强噪声源”。

④ 由于水泵安装未采取有效的隔振隔声措施。不符合GBJ 118－1988第2.0.5条“条件许可时，宜将噪声源设置在地下，但不宜毗邻主体建筑或设在主体建筑下，如不能避免时必须采取可靠的隔振隔声措施”及第3.3.8条“锅炉房、水泵房如设在住宅楼内或与住宅楼毗连时，必须采取可靠的隔声减噪措施”。

5.3.2.4　解决措施

（1）断开水泵管道与天花板和侧墙的刚性连接，可对支架采取减振措施或使支架落地，落地连接部分也应采用减振措施。

（2）针对水泵机组振动进行减振处理，应根据水泵特点、频率比、阻尼比与传递比关系，设计合适的水泵机组专用复合隔振台。

（3）市政送水管送水时在水缸箱产生的噪声，通过建筑结构传递到楼上住宅内，需对水缸顶部采用有效的隔音阻尼材料。

（4）在管道适当的位置采取软连接，对安装支架等进行弹性支承隔振处理，对管道共振点进行特殊处理，对水流嗡鸣噪声进行处理，以隔离管道共振效应激发的噪声。

5.3.3　宾馆客房隔声设计和施工对室内声品质的影响案例分析

5.3.3.1　项目概况

本项目为法院委托对设计酒店隔墙隔声性能进行鉴定检验。该案件由原告（业主）诉被告（隔墙供应商及施工方）所提供隔墙未能达到相关的隔声标准。原告为江西省某高档酒店，在项目完工投入运营后，被多次反映客房隔声效果差，严重影响了酒店的正常运营。法院受理本案后，需对隔墙隔声性能进行检验。

5.3.3.2　问题描述

勘查现场发现，客房对称分布，均已装修完毕，地面铺设地毯，四周墙面均装有饰面材料，共用隔墙两侧均安装有电视墙，房间平面布置如图5.3.3-1所示。经酒店工作人员告知，两房间的共用隔墙由地面延伸至房间顶部楼板，墙体材料为条板隔墙。

在使用过程中，相邻客房之间可以听到对方的说话声，当音量提高时，甚至可以听清对方说话的内容。

5.3.3.3　原因分析

经现场勘察，现场可能出现声泄露的位置有：门缝、风管、隔墙、外窗。对不同位置勘察的结果为：门四周密封尚可，门下缝有 5mm 左右的缝隙，门下铺设地毯；两房间风管不直接相通，都是先连接至主风道，再由支管进入房间；外窗关闭时，密封良好。在现场发声试听后，将隔声薄弱点锁定在隔墙上。

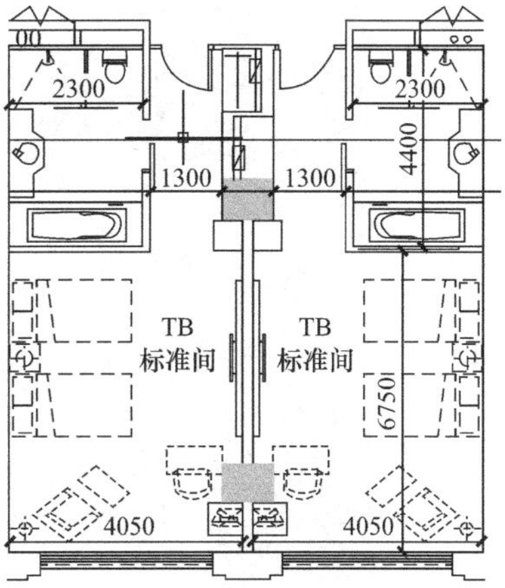

图 5.3.3-1 宾馆客房平面布置

在封堵门缝、风管和外窗前后，对现场进行检测，隔声量变化如图 5.3.3-2 所示，在对门缝、风管和外窗封堵前后，房间之间隔声量几乎没有变化。因此，可以判断：该宾馆客房之间的隔声效果差的原因在于隔墙本身的隔声量偏低，达不到使用要求。

为了寻找隔墙隔声性能薄弱的原因，首先查看了隔墙本身的结构及其检测报告。条形墙板本身隔声性能达到 45dB，现场施工过程中，还在条形墙板外覆盖了一层装饰面层，两侧各覆盖了一层 6mm 厚的轻质装饰板。隔声量在理论上应还有一定的增加，能够达到 45dB 的隔声效果。

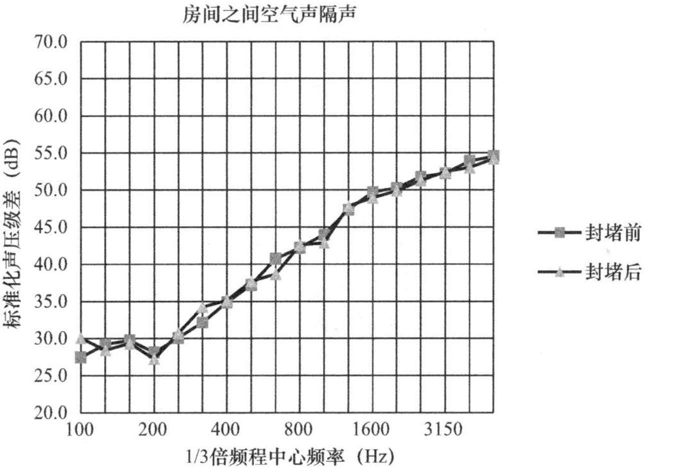

图 5.3.3-2 封堵前后隔声量变化曲线

排除条形墙板本身的结构问题后，对在酒店寻找到一处尚未进行装饰面层施工的墙体进行勘察。现场图片如图 5.3.3-3 和图 5.3.3-4 所示。

由图 5.3.3-3 和图 5.3.3-4 可以看出，条形墙板连接处砂浆砌筑不饱满，导致其拼合不够紧密，且条形墙板落地与顶天位置，未使用水泥砂浆填充，导致底部和顶部漏声效果显著，未能将条形墙板的隔声性能全部发挥。

5.3.3.4 解决措施

对已完成施工的酒店隔墙进行返工，对顶部和底部，以及条形墙板的拼缝处补填水泥砂浆，并在条形墙板的基础上，增加一道隔声层，具体做法为：

饰面材料＋单层石膏板＋轻钢龙骨（填充玻璃棉）＋条板隔墙＋轻钢龙骨（填充玻璃棉）＋单层石膏板＋饰面材料。改造房间共用隔墙前、后的隔声效果对比如图 5.3.3-5 所示。

图 5.3.3-3　条形墙板安装图

图 5.3.3-4　条形墙板安装局部图

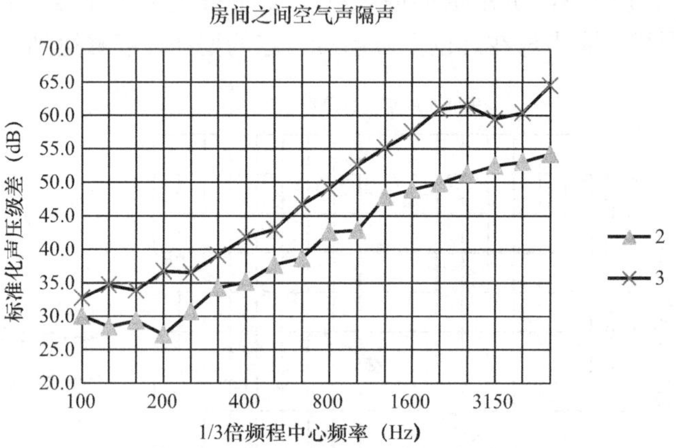

曲线 2：未改造房间共用隔墙

曲线 3：已改造房间共用隔墙

图 5.3.3-5　改造房间共用隔墙前、后的隔声效果对比

采用这种做法，隔声量得到了显著的提高，由 42dB 提高到 48dB。全部频段的隔声量得到了提高。

5.3.4　高层办公楼空调机组对室内外声环境的影响案例分析

5.3.4.1　项目概况

本项目为上海某办公园区噪声检测项目。在设备实际运行过程中，户外屋面为设备平台，在正常工作状态下，有 4 台空调机组同时运行。

5.3.4.2　问题描述

办公楼内受屋顶设备噪声干扰严重，尤其是顶层，每当设备运行时，顶层办公室内均会响起“嗡嗡嗡”的低频噪声，且部分位置有振感。同时，设备运行时，整个园区内都能听到设备的噪声，对园区内的声环境造成了一定的影响。

5.3.4.3　原因分析

经现场勘察，在部分区域内存在排烟风口，如图 5.3.4-1 和图 5.3.4-2 所示，经现场感受，测试人员于办公室最高层的办公室，可以听到顶楼的讲话声，但不明显。当顶楼设备运行时，排烟风口处明显辐射出声音，且离风口越近，噪声越大。在各测点处，均能感觉到低频噪声。由此可判断顶层设备噪声通过建筑结构传入办公区，空气噪声通过排烟风口传入办公区。

另外，由于屋面层缺少高度较高的女儿墙，导致屋面空调机组的噪声可以衍射至楼下地面位置。由于屋面设备噪声值较高，因此衍射到地面的噪声对地面声环境造成一定的影响。

图 5.3.4-1　室内排烟风口

图 5.3.4-2　室外排烟风口

经现场测试，当空调机组开启前后，室内噪声值明显提高，如图 5.3.4-3 和图 5.3.4-4 所示。

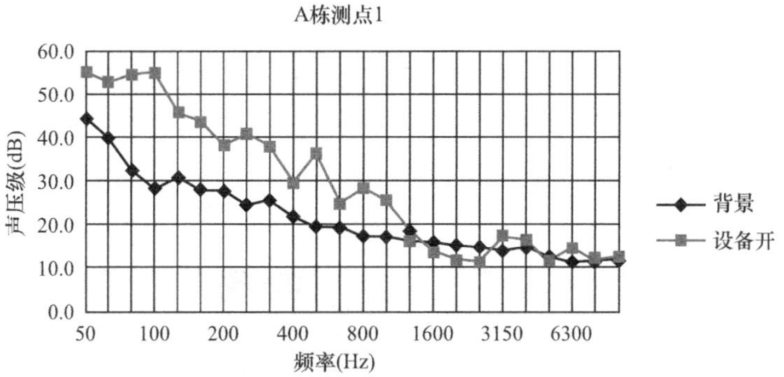

图 5.3.4-3　A 栋 1 号测点室内噪声

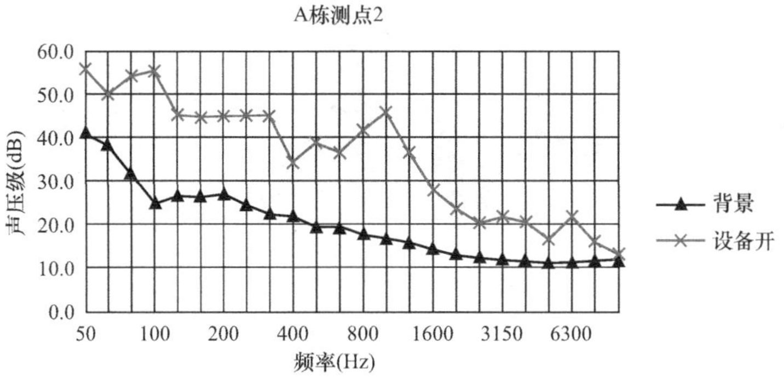

图 5.3.4-4　A 栋 2 号测点室内噪声

图 5.3.4-3 和图 5.3.4-4 显示，屋面空调机组开启后，对室内噪声有较大的影响。经现场排查，声音基本上来自排烟风口。

表 5.3.4-1 显示，当设备运行时，园区内的环境噪声在 90%的测点都有 2dB 以上的提高，最高点达到 7.0dB。

环境噪声检测结果（dB）　　表 5.3.4-1

测点	1	2	3	4	5	6	7	8	9	10
背景	48.4	47.3	45.2	46.2	45.5	45.2	44.8	51.2	47.0	44.8
设备运行	51.0	50.9	51.2	53.2	50.8	50.6	49.2	48.0	49.1	48.8
差值	2.6	3.6	6.0	7.0	5.3	5.4	4.4	−3.2	2.1	4.0

5.3.4.4 解决措施

在户外和室内均采用常闭的排烟风口，可以在一定程度上降低屋面噪声带来的影响。同时，要从根源上解决这一问题，则需要在屋面的排烟风口处增加消声器，且消声器的长度不应小于 2000mm，并对裸露在户外的排烟管进行隔声包扎。

户外噪声可以通过修建一定高度的声屏障来减少其辐射向地面的噪声。声屏障应围绕屋面设备建造，高度高于空调机组 1～2m，由吸声、隔声复合结构组成。

5.4 供水污染

5.4.1 水质微生物污染案例分析

5.4.1.1 项目概况

位于上海的某学校，2013 年创办。对该校进行水质检测。根据《饮用净水水质标准》CJ 94—2005 的要求，检测结果显示食堂左 1 饮水机直饮用水、教学楼地下室饮水机直饮用水、宿舍楼 1 层饮水机直饮用水、宿舍楼 4 层饮水机直饮用水、宿舍楼 3 层饮水机直饮用水和宿舍楼 2 层饮水机直饮用水的菌落总数超标，现场情况见图 5.4.1-1。

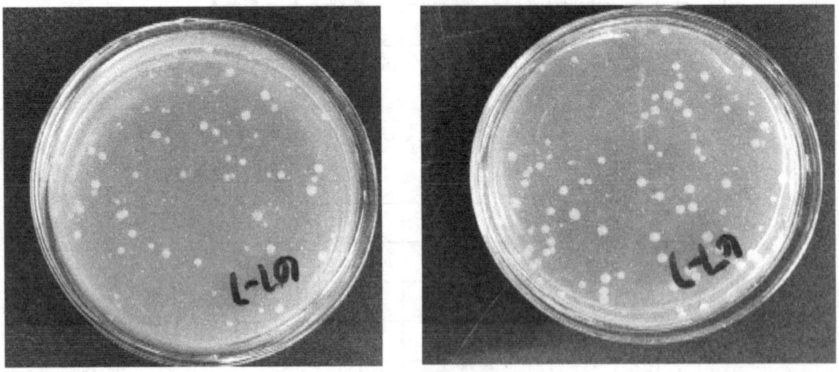

图 5.4.1-1　细菌总数结果

5.4.1.2 问题描述

到现场采样时发现，该校的直饮水机外表面有灰尘、污渍，水嘴周边有白色物质（疑似水垢），接水盘中还有一些水垢、污渍、异物。见图 5.4.1-2～图 5.4.1-5。

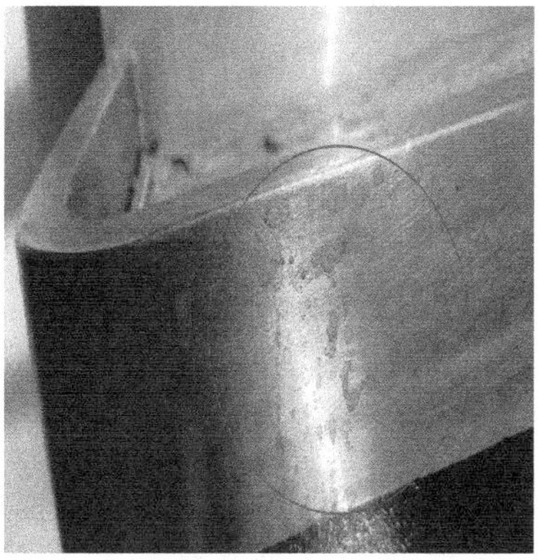

图 5.4.1-2　直饮水机外表污渍

图 5.4.1-3　水嘴有白色物质

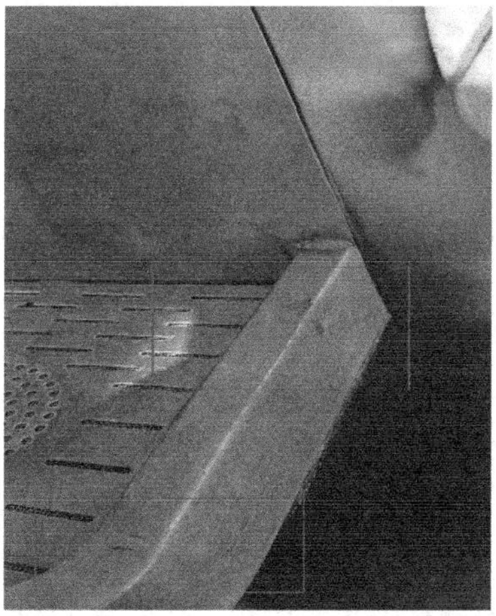

图 5.4.1-4　接水盘有水垢、污渍

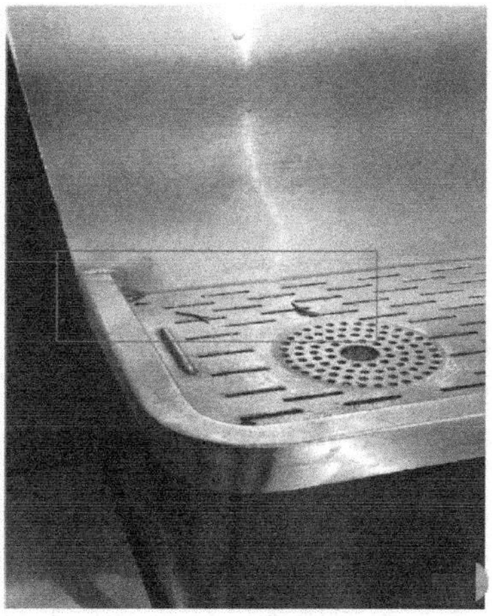

图 5.4.1-5　接水盘有异物

5.4.1.3　原因分析

水质微生物检测超标，常见的主要有进水的质量、设备内污染或空气进入、设备出口水污染、现场采样的环境、试验前的样品准备工作、现场采样人员的采样方式、样品运输的过程、试验室检测环境、试验的检测过程等方面的原因。

根据现场采样的情况和试验结果，分析水质微生物污染的原因有以下几点：

自来水的净化很容易受到天气、人为原因等各种因素干扰。年久失修的输水管网、长期无人清理的高层建筑的储水都会对自来水造成二次污染和重要隐患，使得进水的质量不是很稳定。

直饮水机内部会经过紫外灭菌使水质达到国家饮用水标准，但随着紫外灯的长时间开启，会逐渐发生老化，导致强度下降，引起消毒效果减弱。

有部分直饮水机放置在楼层角落里，角落周边环境不是很干净。直饮水机外表面有灰尘、污渍。水嘴周边有白色物质（疑似水垢），容易造成设备出口水污染。接水盘中还有一些水垢、污渍、异物。这样的采样环境，可能会对结果有所影响。

采样前，试验室人员会准备水质检测参数所需要的检测瓶。有一个瓶子是经过高压灭菌的，瓶口处用干净的牛皮纸包扎好。其他瓶子都是经过洗涤好的玻璃瓶或塑料瓶。是否彻底地对瓶子进行灭菌，或是洗净瓶子，均会对结果产生影响。

现场采样人员的采样方式是否按照国家标准执行，减少由于自身操作问题带来的影响。

由于天气和路程的原因，在样品的运输过程中，不采用冷链运输会导致细菌繁殖，最终影响结果数据。

微生物检测试验一定要保证在无菌条件下进行。试验室环境如果没有达到这个条件，也会对后续的结果产生影响。

试验的检测过程需要严格按照国家标准进行，试验人员的熟练度、对标准检测过程的理解以及经验的判断都会对结果造成影响。

5.4.1.4 解决措施

为了解决上述描述的问题，根据以往工作经验并结合相关文献资料，总结出一些解决措施。

一方面加强自来水出厂的检测次数，并增加出厂水的检测参数；另一方面对于输水管网要经常检查并且根据实际情况给予管网更新，还需要清洁处理容易被忽视的高层建筑的储水，避免造成二次污染。

制定紫外灭菌效果的监测程序，完善紫外消毒效果的检查方式，防止出现设备内部污染。

直饮水机应安置在环境整洁、宽敞的地方。平时需要对饮用水机的外表面进行擦拭、清洁，特别是水嘴处，要仔细认真擦洗。接水盘处也要经常注意清理，减少水垢、污渍和异物出现。

采样前，保证采样容器一定要彻底清洗干净。测定指标不同，采样容器的洗涤方式也不同。比如测定一般理化指标，就是将容器用水和洗涤剂清洗，除去灰尘、油垢后用自来水冲洗干净，然后用质量分数10%的硝酸（或盐酸）浸泡8h，取出沥干后用自来水冲洗3次，并用蒸馏水充分淋洗干净。要是测定有机物指标，用重铬酸钾洗液浸泡24h，然后用自来水冲洗干净，用蒸馏水淋洗后置于烘箱内180℃烘4h，冷却后再用纯化过的乙烷、石油醚冲洗数次。如果测定微生物学指标，将容器用自来水和洗涤剂洗涤，并用自来水彻底冲洗后用质量分数为10%的盐酸溶液浸泡过夜，然后依次用自来水，蒸馏水洗净。之后用干热灭菌160℃下维持2h；高压蒸汽灭菌121℃维持15min，高压蒸汽灭菌后的容器如不立即使用，应于60℃将瓶内冷凝水烘干。灭菌后的容器应在2周内使用。

在进行样品采集时，采样人员应戴手套、口罩，保证无菌操作，不然会对样品造成污染，无法真实地反映水的质量；进行水样采集前，先使用酒精灯的外焰对水龙头灼烧数分钟，塑料水龙头则采用酒精棉球进行擦拭，这样做的目的时为了消毒灭菌，准备好无菌瓶，将水龙头开至最大流水量，待放水3～5min后，再采样；采样时不能用水样冲洗采样瓶，并避免手指和其他物品接触到瓶口而造成污染；注意采集的水样达到采样瓶容量的80%左右即可。

样品采集好后要以最快速度盖好采样瓶，如果是微生物样品采集，还需要注意包裹好牛皮纸，防止污染。并做好采样情况记录，标记好具体采样地点、检测人员、委托单编号、检测日期和时间等相关信息，放置于低温（0～4℃）的保温箱中，避光保存运输，在

4h 内送至检验室进行检测。

根据检测参数的不同，大多数情况下，微生物试验室是 P2 级别。一般有洗涤间、消毒间、无菌室及培养室等，将这些区域隔开，防止交叉污染的可能。无菌室应该配有配套间或缓冲间。试验室应有新风和排风系统，在操作间还应该有负压装置，防止污染泄漏。对于微生物试验室，每天都应该进行清洁、消毒还有紫外灯的灭菌。要有微生物试验室生物安全的规章制度和应急预案，保证冲淋和洗眼器能够正常使用。废弃物需要找有资质的单位进行回收。平时应该定期对试验室操作间和无菌室进行空气质量期间核查，确保空气质量安全。

从事水质微生物检测的人员必须具备微生物检验专业基础知识，熟悉试验的操作步骤。平时可以针对检测人员进行微生物试验相关知识培训，还需要熟悉试验室安全操作知识与消毒知识，做试验时应严格遵守微生物试验室的规范要求，加强无菌意识，避免无菌操作过程中因操作不当而影响检测结果。书写原始记录时，要准确、及时和清晰，最后要对所检测的水样进行综合分析，并及时出具检验报告。

5.4.2 二次供水水箱水质污染案例分析

5.4.2.1 项目概况

上海市某酒店客房二次供水水箱水菌落总数严重超标（表 5.4.2-1、图 5.4.2-1）；上海市某小区整个小区二次供水水箱水游离性余氯偏低（表 5.4.2-2、图 5.4.2-2）；

菌落总数超标 **表 5.4.2-1**

序号		检验项目名称及单位	限值	检验结果	单项判断
客房 1 号楼 1132 号卫生间	1	菌落总数 CFU/mL	≤100	*474	不合格
	2	总大肠菌群 MPN/100mL	不得检出	未检出	合格
	3	耐热大肠菌群 MPN/100mL	不得检出	未检出	合格
	4	大肠埃希氏菌 MPN/100mL	不得检出	未检出	合格
	5	色度（铂钴色度单位）	≤15	5	合格
	6	浑浊度（散射浑浊度单位） NTU	≤1	<0.5	合格
	7	臭和味	无异味、异臭	无	合格
	8	肉眼可见物	无	无	合格
	9	pH	6.5～8.5	7.5	合格
	10	耗氧量（COD_{Mn}法，以 O_2 计） mg/L	≤3	0.85	合格
	11	溶解性总固体 mg/L	≤1000	199	合格
	12	总硬度（以 $CaCO_3$ 计） mg/L	≤450	119.9	合格

*代表检测数据不满足标准要求。

上海市某公司新建厂房二次供水水箱水中菌落总数严重超标及部分金属超标（图 5.4.2-3、图 5.4.2-4）。

5.4.2.2 问题描述

经勘察某酒店，发现其生活水箱内能明显地看到水里有一些悬浮杂质；勘察某小区，发现小区入住率比较低，用水量较小，地下蓄水池又比较大，储水量较多，市政水补充量较少；勘察某公司，发现其生活水箱内焊接处多处焊点生锈腐蚀。

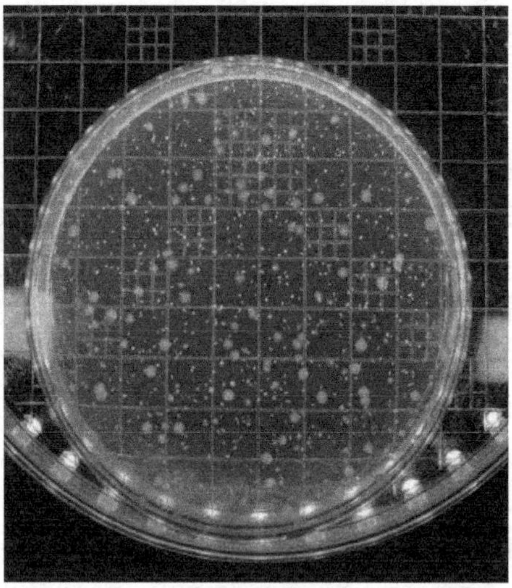

图 5.4.2-1　菌落总数试验室检测结果

游离性余氯偏低　　　　**表 5.4.2-2**

序号		检验项目名称及单位		限值	检验结果	单项判断
二次供水（20-304 北阳台）	28	碳酸盐	mg/L	≤250	74.6	符合
	29	三氯甲烷	mg/L	≤0.06	<0.0002	符合
	30	四氯化碳	mg/L	≤0.002	0.0002	符合
	31	挥发酚类（以苯酚计）	mg/L	≤0.002	<0.002	符合
	32	阴离子合成洗涤剂	mg/L	≤0.3	<0.10	符合
	33	亚氯酸盐（使用二氧化氯消毒时）	mg/L	≤0.7	<0.05	符合
	34	二氧化氯（ClO_2）	mg/L	≥0.02	1.72	符合
	35	一氯胺（总氯）	mg/L	≥0.05	0.27	符合
	36	氯气及游离氯制剂（游离氯）	mg/L	≥0.05	<0.01	不符合

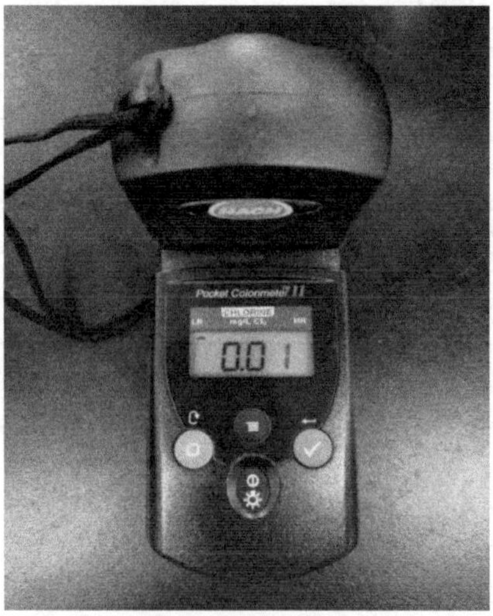

图 5.4.2-2　游离性余氯现场检测

检测数据速报

检验结果汇总				
采样地点	序号	检验项目名称及单位	限值	检验结果
市政水（临时办公室卫生间洗手台水嘴）	1	菌落总数 CFU/mL	≤100	8.5×10^2
	2	锌 mg/L	≤1.0	1.9
二次供水（7号楼5F卫生间水嘴）	1	菌落总数 CFU/mL	≤100	4.4×10^2
	2	铁 mg/L	≤0.3	0.34
	3	铝 mg/L	≤0.2	0.24

图 5.4.2-3 菌落总数及金属超标

5.4.2.3 原因分析

（1）供水管道造成的二次供水水质污染

我国大部分供水管道采用铸铁管、钢管等金属材质管道，这些管道一般都没有涂衬，水在这些管道、配件、水箱的流动过程中会发生化学作用和电化学作用，从而对管道壁造成腐蚀，产生大量的铁、锰、铅、锌等锈蚀物，最终导致在一定程度上提高了水体中金属离子的浓度。同时，这些离子在水管聚集到一定浓度时，会随着水 pH 值的变化而结附在管道内壁上成为结垢。锈蚀和结垢均会导致水中游离氯含量的减少，使色度、浊度指标增大，一旦水管中水流速度或水压变大或突然改变方向时，结垢就会融入水中导致水质恶化。使用年限越长、管道口径越小，用户内部管道越容易导致水质污染。

图 5.4.2-4 现场水箱情况

（2）水箱材质造成的二次供水水质污染

现代建筑中二次供水水箱多采用铁质水箱，首先，铁质水箱在使用过程中本身就会发生氧化腐蚀作用，再加上自来水中一般都含有游离氯，清洗消毒过程中也会使用到氯制剂，这些都会加重铁质水箱的氧化程度，氧化生成的氧化铁混入水中从而造成水质的污染；其次，对于一些生活用水和消防用水共用一个水箱的情况，水箱的储水量都相对较大，水的更新时间较长，在水箱滞留时间过长就容易导致用于抑制微生物繁殖的游离氯挥发完后，水中的微生物出现大量繁殖，从而造成水质的二次污染。

（3）管理不善导致的水质污染

二次供水水箱对卫生防护要求是非常高的，要求防雨、防虫、防鼠，同时也要求具备防投毒装置，而大部分二次供水水箱在安装前经过一次检验合格安装之后就再也没有进行定期的跟进检查。有些二次供水水箱的溢水口或通气口并没有设置防护网，有些水箱的观察孔没有盖子及通气孔，或者由于密闭不严、冲洗消毒不及时等原因，导致细菌、病毒、原生动物、藻类等的产生，这些都容易造成二次供水水质的污染。

在检测的过程中我们发现，二次供水管理部门多且乱，有物业公司、也有开发公司、也有供水公司，甚至还有部分小区或厂房没有专门的部门对二次供水水箱进行管理。同时，水箱的清洗、消毒频率不足或是清洗不当的现象也比比皆是。根据国家标准《二次供水设施卫生规范》GB 17051－1997 第 8.3 项：管理单位每年应对设施进行至少一次全面清洗，消毒，并对水质进行检测。但部分小区或厂房因为各种原因，并未定期对二次供水水箱进行清洗，最终导致水箱得不到定期的清洗，锈蚀严重、水质没有进行检测、设备得不到更新，最后，二次供水系统也因此会受到外部污染，比如管网系统渗漏，不同用途的供水系统相互连通，用水电处外部虹吸倒流，水箱安装施工时操作不当引入外部污染物等等。

5.4.2.4　解决措施

二次供水关系到各产业的正常工作与发展，以及人民的生命安全与身体健康。随着城市的不断发展和人们的生活水平的提高，更要做好二次供水设施的改造、管理和维护工作，保障水质安全。因此要做到以下几点：

（1）游离氯

可采用直接管网供水、无负压供水或变频供水，以上措施都可以有效减轻管网末梢水的游离氯挥发程度，有利于抑制细菌、微生物、藻类等的生长与繁殖。

合理设计加压水箱容积，即可以根据该楼房或厂房的使用人数，按照使用水量最大时（例如夏天）的人均用水量，计算出水池的容积，这样可以使水体在二次供水水箱中的停留时间尽可能缩短，以避免影响水质；在设计安装时应尽量对消防用水和生活用水分池储存，这样也可以大幅度减少饮用水在二次供水水箱中的停留时间。

（2）金属

供水管道可采用硬聚氯乙烯给水管、铝塑管、钢塑管、聚丙烯管、聚丁烯管、交联聚乙烯管、纳米聚丙烯等卫生性能较好的新型材料制成的管道及配件，对已发生锈蚀的管道进行更换。

二次供水水箱可采用不锈钢、搪瓷钢板或达到卫生要求的玻璃钢水箱代替传统钢板水箱，采用钢筋混凝土水池时需添加内衬，使用环保涂层，以减少自来水中氯制剂对金属的溶蚀作用。

（3）安装设置

二次供水设施的安装与设置应符合国家标准《二次供水设施卫生规范》GB 17051－1997 的各项要求；泄水管与下水管连接合理，溢水管及泄水管不与下水或雨水管线直接联通；供水设备的位置选择要合适，确保周围环境清洁、干净、整齐；同时完善蓄水设备的配套，不给二次污染留下安全隐患。

（4）运维管理

落实管理部门对自己负责的二次供水设施进行日常运转、保养、清洗、消毒、检测等运维的管理。

第6章 消防安全

6.1 材料安全

6.1.1 建筑材料不阻燃引发火灾案例分析

6.1.1.1 项目概况

上海市某公寓大楼于1998年建成投入使用，公寓高28层，建筑面积17965m²，其中底层为商场，2～4层为办公，5～28层为住宅，整个建筑共有居民156户，440余人。

6.1.1.2 事故描述

2010年9月起，该建筑进行节能综合改造施工，2010年11月15日13时左右，该工程的某物业管理有限公司雇用无证电焊工人将电焊机、配电箱等工具搬至10层处，准备加固建筑北侧外立面10层凹廊部位的悬挑支撑。14时14分，电焊工人在连接好电焊作业的电源线后用点焊方式测试电焊枪是否能作业时，溅落的焊渣物引燃北墙外侧9层脚手架上找平掉落的聚氨酯泡沫碎块、碎屑。聚氨酯泡沫碎块、碎屑被引燃后，立即引起墙面喷涂的聚氨酯保温材料及脚手架上的毛竹排、木夹板和尼龙安全网燃烧，并在较短时间内形成大面积的脚手架立体火灾。燃烧后产生的热量直接作用在建筑外窗玻璃表面，导致外窗玻璃爆裂，火势通过窗口向室内蔓延，引燃住宅内的可燃装修材料及家具等可燃物品，形成猛烈燃烧，导致大楼整体燃烧（图6.1.1-1、图6.1.1-2）。

图6.1.1-1 起火大楼现场图

图6.1.1-2 起火大楼现场图

上海消防总队接警后，共调集122辆消防车、1300余名消防救援人员参加灭火救援，上海市启动应急联动预案，调集本市公安、供水、供电、供气、医疗救护等10余家应急联动单位紧急到场协助处置。经全力扑救，大火于15时22分被控制，18时30分基本扑灭。事故共造成58人死亡、71人受伤，建筑物过火面积12000m²，直接经济损失1.58亿元。

6.1.1.3 原因分析

火灾发生后，上海市消防局第一时间委托上海建科检验有限公司对火灾现场取回的喷涂聚氨酯硬泡体保温材料、安全网、模塑聚苯乙烯泡沫塑料进行了燃烧性能检测。经检验，火灾现场使用的喷涂聚氨酯硬泡体保温材料燃烧性能不符合《建筑材料及制品燃烧性能分级》GB 8624－2006（该标准已于2012年更新）中建筑材料E级规定的要求，即未达到阻燃材料的最低要求，为易燃材料。

据试验室分析，该公寓大楼外墙保温工程使用了燃烧性能为F级（现行标准称B3级）的易燃外墙保温材料，施工现场消防安全管理漏洞多，且缺乏有效的安全监管，电焊工人违章电焊作业引燃聚氨酯泡沫碎块、碎屑引发火灾是该起火灾的直接原因。

6.1.1.4 解决措施

建筑外墙保温材料的选用应符合燃烧性能要求。建筑外墙保温材料现场施工应严格根据住房城乡建设部、公安部颁布的《民用建筑外墙保温系统及外墙装饰防火暂行规定》选用符合燃烧性能等级要求的保温材料，上海市在此要求的基础上对建筑外墙保温材料的燃烧性能等级提出了更高要求，明确了外保温材料必须为不燃材料（A级）。

施工现场管理应更加规范，动火作业应事先办理相应的动火审批手续，并采取相应安全防护措施。《中华人民共和国消防法》第二十一条规定，禁止在具有火灾、爆炸危险的场所吸烟、使用明火。因施工等特殊情况需要进行明火作业的，应当按照规定事先办理审批手续，采取相应的消防安全措施；作业人员应当遵守消防安全规定。进行电焊、气焊等具有火灾危险作业的人员和自动消防系统的操作人员，必须持证上岗，并遵守消防安全操作规程。

6.1.2 钢结构防火涂料耐火性能失效案例分析

6.1.2.1 项目概况

某化工设施建筑采用筒中筒结构体系，外墙承重，且由密集的钢柱组成，因意外发生火灾导致建筑倒塌。

6.1.2.2 事故描述

在本事故主要是由于钢结构在火灾的高温作用下承载力失效造成的。钢结构作为现代建筑的主要形式，具有质量轻、强度高，抗震性能好，施工周期短，建筑工业化程度高，空间利用率大等优点。但钢结构建筑抗火性能差的特点也非常明显，因为钢材虽是一种不可燃烧的材料，但普通建筑用钢材在500℃左右，其强度就只有正常状态下的40%～50%。在化学燃料剧烈燃烧时，温度甚至能达到1000℃，强度随之逐渐下降，进而无法继续承受相应荷载，最终导致倒塌。

6.1.2.3 原因分析

（1）钢结构防火涂料本身质量不达标

钢结构防火涂料是施涂于建（构）筑物钢结构表面，能形成耐火隔热保护层以提高钢结构耐火极限的涂料。膨胀型钢结构防火涂料，是指在高温时膨胀发泡，形成耐火隔热保护层的钢结构防火涂料；非膨胀型钢结构防火涂料，是指在高温时不膨胀发泡，其自身成为耐火隔热保护层的钢结构防火涂料。而在本次事故中，钢结构防火涂料并没有完全发挥它应有的功效，没有在一定时间内对钢结构形成有效保护。

对于膨胀型钢结构防火涂料，失效的主要原因是未能膨胀发泡，或未能达到应有的发泡厚度，又或是达到相应发泡厚度，但发泡层发生了脱落或开裂，其常见问题见图 6.1.2-1～图 6.1.2-3。

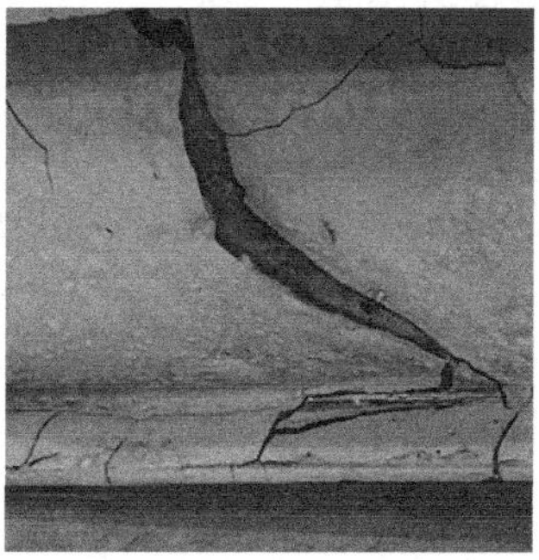

图 6.1.2-1 膨胀型涂层不发泡

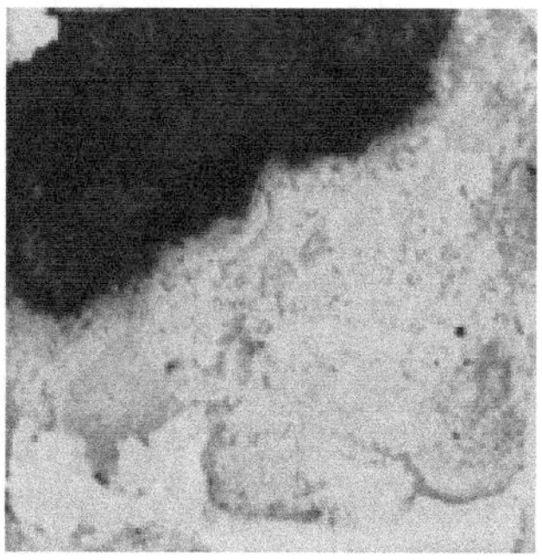

图 6.1.2-2 膨胀型涂层发泡厚度不足

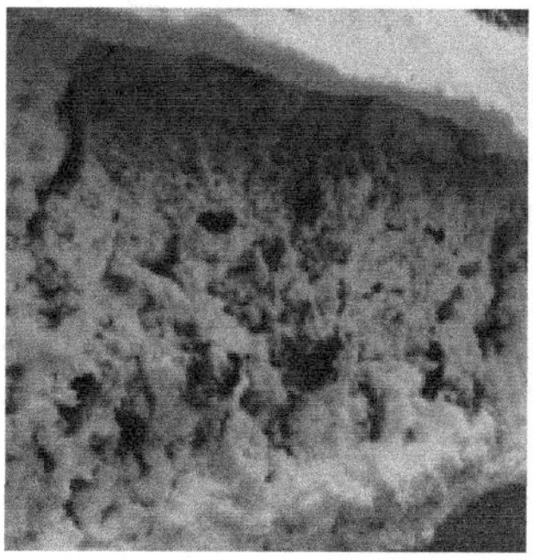

图 6.1.2-3 膨胀型涂层发泡后脱落

对于非膨胀型钢结构防火涂料，失效的主要原因是涂料本身的等效热阻不达标，或涂层开裂，或涂层脱落，其常见问题见图 6.1.2-4～图 6.1.2-6。

图 6.1.2-4 非膨胀型涂层脱落

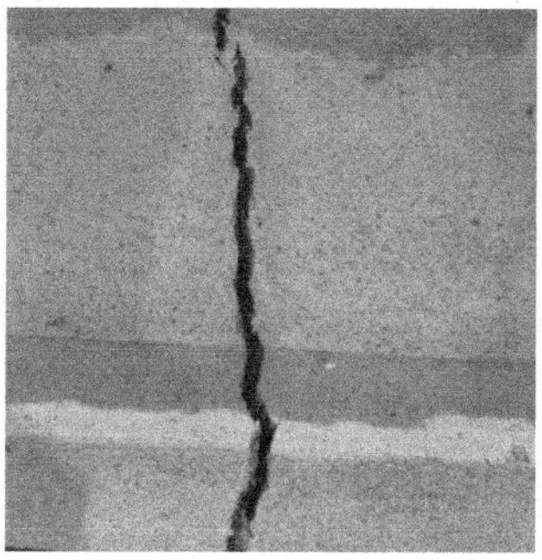

图 6.1.2-5 非膨胀型涂层开裂

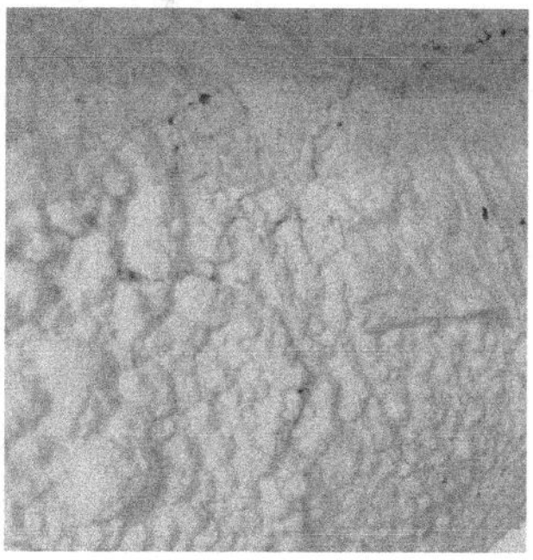

图 6.1.2-6 膨胀型涂层正常发泡

(2) 钢结构防火涂料施工质量不达标

钢结构防火涂料除本身质量问题外，施工质量也会直接影响涂层耐火性能。未严格按照施工工艺施工，稀释剂或胶水配比错误，未达到施工要求的涂层厚度时都会带来潜在隐患。

(3) 钢结构防火涂料选型不对应

事后调查发现本建筑钢结构所用防火涂料为普通型防火涂料，即用于普通工业与民用建（构）筑物钢结构表面的防火涂料。而本建筑为化工类特殊建筑物，应选用用于石油化工设施、变配电站等特殊建（构）筑物的特种钢结构防火涂料。特种防火涂料更加耐高温，在油类火灾中，能达到更好的耐火性能。

6.1.2.4　解决措施

（1）规范检测

使用具有第三方检验检测机构检测出具的检测报告的合格产品，正确选购钢结构防火涂料。

1）查看自愿性产品认证标志。取得自愿性认证的产品，均应在产品显著位置加贴认证标志。

2）查看钢结构防火涂料外观质量，包装是否完好；检查涂料是否结块。

3）查验产品的检验报告，使用具有第三方检验检测机构检测出具的检测合格报告的产品。

4）查看产品型号和中文名称；产品标准号（包括类型和质量等级）；净含量；生产厂名和厂址；生产日期和批次；有效贮存期（保质期）；产品合格证；施工要求和注意事项等。购买时一定要确保在保质期内使用，如开启后发现有结块、霉变、凝聚、沉淀、结固等现象，则说明已变质，不能再使用。

对于工程现场的钢结构防火涂料，应按照《建筑钢结构防火技术规范》GB 51249－2017 中的相关要求，进行防火涂料等效热阻/等效热传导系数的见证检验，且结果应符合相应要求。

（2）规范施工程序及验收

1）施工人员应由经过培训合格的专业施工队施工。施工中的安全技术和劳动保护等要求，应按国家现行有关规定执行。

2）施工前，钢结构表面应除锈，并根据使用要求确定防锈处理。除锈和防锈处理应符合现行《钢结构工程施工质量验收标准》GB 50205－2020 中有关规定。

3）施工前，应清除干净钢结构表面的杂物，填补堵平其连接处的缝隙后方可施工。

4）整个施工过程，应严格按照厂家的施工工艺要求进行。包括但不限于：施工环境、每遍涂层厚度、配料的配比、是否挂网等工艺。

5）防火涂料漆装基层不应有油污、灰尘和泥砂等污垢。防火涂料不应有误涂、漏涂，涂层应闭合，无脱层、空鼓、明显凹陷、粉化松散和浮浆等外观缺陷，乳突应剔除。

6）严格检查涂层厚度是否达到要求厚度。

（3）正确选型

钢结构防火涂料在选型时，应充分考虑其使用环境，合理选用普通钢结构防火涂料或是特种钢结构防火涂料。根据耐火时限的要求，选用膨胀型钢结构防火涂料或是非膨胀型钢结构防火涂料。耐火性能要求大于 2h 时，不宜使用膨胀型钢结构防火涂料。

6.2　设备安全

6.2.1　机械排烟系统排烟量不足案例分析

6.2.1.1　项目概况

某酒店工程部检测发现塔楼 6～36 层客房走道的排烟系统的排烟量达不到设计值，不满足规范要求。为查出排烟量不足的原因，对排烟系统涉及的风机进口风量、排烟口排风量、漏风量进行现场勘查及检测。

6.2.1.2 问题描述

对建筑内机械排烟系统消防验收和运营期间消防设施检测时，排烟量不足设计要求是常见问题之一。

酒店走道的排烟设计要求为发生火警时，应开启着火层及其上一层的电动排烟口，且每层电动排烟口风量应为 6000m^3/h。检测结果表明，仅开启一层排烟口时，总风量不足 6000m^3/h，其中离排烟风机比较近的客房层最多为 4468m^3/h，离风机最远的客房层仅为 1421m^3/h。可见测试结果与设计值差距较大。

6.2.1.3 原因分析

造成排烟量不足的原因主要为以下几种：

（1）排烟系统平面布置设计不合理。例如，管路所带风口过多、距离过长，未做水力计算，导致排烟系统实际排烟阻力大于设计值，降低排烟量。

（2）对于漏风系数的正确考虑。未考虑足够的阀门漏风系数，如系统排烟管路上安装阀门多，即漏风点多，若设计时仅按规范要求的最低值选取，则容易使得后期测试时所需风量不足。尤其是对于排烟和排风系统合用时，容易漏掉排风管路的阀门。

（3）排烟管路漏风严重，包括竖向排烟管道井内表面无法抹灰，表面凹凸不平，梁下填充封堵不完整，其漏风量难以控制，很可能比计算值大；排烟管材未按高压系统选用，导致测试时风管晃动，负压过大时吸瘪风管，增加管路排烟阻力，增加法兰处漏风量，从而降低排烟口风量，且实际调试难度非常大。

（4）补风条件差，补风阻力大，从而增加排烟阻力，降低排烟量或排烟效果。例如地上无窗房间未设置补风系统，使得排烟时严重负压运行，影响排烟效果；地下建筑自然补风距离长，补风阻力大于 50Pa，导致补风风量不足。

（5）系统安装后安装调试不到位，导致靠近风机端的排烟口风速大、风量大，远离风机的风口风速小、风量小；阀门防火封堵不严密，导致阀门漏风。

（6）消防管理不到位，水平排烟管上的防火阀长期使用后，出现关闭时严密性不足导致漏风的问题，或者消防检测后未及时复位，使得再次测试时实际开启的排烟口数量大于要求值，导致测试区域的风量不足。

6.2.1.4 解决措施

机械排烟系统排烟量不足问题的产生原因较多，涉及设计、施工、安装、检测、维护保养等。为解决机械排烟系统排烟量不足的问题，对相关机构提出以下要求。

（1）设计院

严格按照规范设计要求进行设计和水力计算，包括排烟阻力和补风阻力予以充分考虑。目前现行最新规范为《建筑防烟排烟系统技术标准》GB 51251—2017，重点关注该规范第 4.4.3 条、第 4.4.7 条、第 4.4.8 条、第 4.5.2 条、第 4.5.3 条、第 4.6.1 条。

（2）消防设计审查部门

严格按照审查规定，例如《防排烟及暖通防火设计审查与安装》20K607，对机械排烟系统的设计图纸进行审核把关。

（3）施工单位

严格按照经审核合格的机械排烟系统设计图纸布置管路、安装阀门，不允许采用土建风道，应将竖向设置的排烟管道应设置在独立的管道井内，且应正确选用排烟管道的厚度，具体执行依据《建筑防烟排烟系统技术标准》GB 51251－2017 第 6 章，譬如第 6.3.3 条和第 6.3.5 条要求做风管强度和严密性（漏风量）检查。

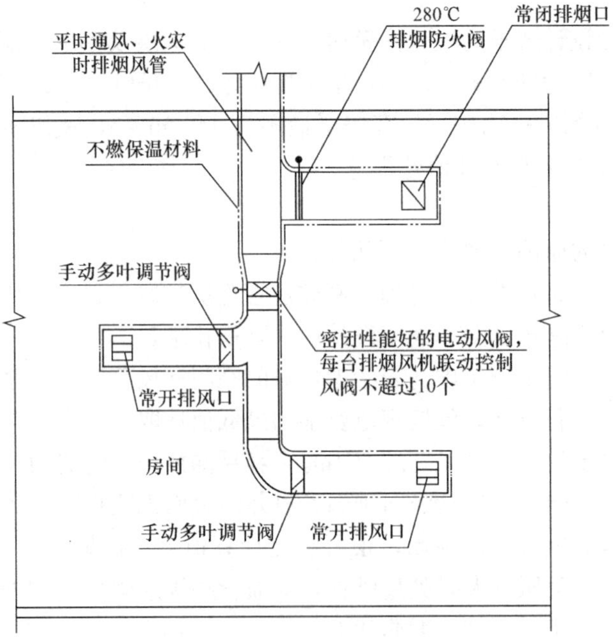

图 6.2.1-1 《建筑防烟排烟系统技术标准》图示 15K606（2018 修正版）第 4.4.3 条图示

（4）消防设施检测机构

竣工验收和运营阶段的消防设施检测机构的检测员对排烟系统测试时，对排烟口风速应认真按设计（《建筑防烟排烟系统技术标准》GB 51251－2017）、验收（《建设工程消防验收评定规则》XF 836－2016）、检测（《建筑消防设施检测技术规程》XF 503－2004）等标准开展测试工作，对发现的排烟量不足问题及时排查和整改，并对需要复位的阀门及时复位。

（5）消防管理部门

建筑消防安全管理及维保检测部门，及时检查排烟管路上的排烟口是否被遮挡，防火阀变形和锈蚀情况，测试排烟系统的整体联动可靠性。对发现的问题及时整改，可请专业的第三方检测机构开展防排烟系统性能专项检测，对系统的排烟性能进行全面检测评估。

6.2.2 运营期火灾自动报警系统功能失效案例分析

6.2.2.1 项目概况

上海市某大厦于 2003 年竣工，总建筑面积 19746.3m^2，主楼高度 62.0m，地下 2 层、地上 15 层；配楼高度 24.0m，地下 2 层、地上 4 层。大厦目前主要作为办公用房使用，消防控制室设在大厦首层，内部设置集中报警器一台，联动控制防排烟系统、消防广播等，并设有消防紧急电话。该大厦使用至今已近二十年，内部火灾自动报警系统由于设备老化、陈旧、故障等原因，导致大厦消防安全存在一定的隐患。

6.2.2.2 问题描述

经现场踏勘，发现火灾自动报警系统主要存在的问题包括：

（1）火灾报警控制器功能较为老旧，其中大厦L13层和L14层在消防控制室内无信号显示，部分消防联动功能无法实现，见图6.2.2-1；

（2）大厦L2层和L4层的火灾探测器状态指示灯不亮，见图6.2.2-2；

（3）地下室部分火灾探测器频繁误报，见图6.2.2-3；

（4）系统测试过程中，无法完成非消防电源强切。

图6.2.2-1 火灾报警控制器老旧

图6.2.2-2 探测器状态指示灯不亮

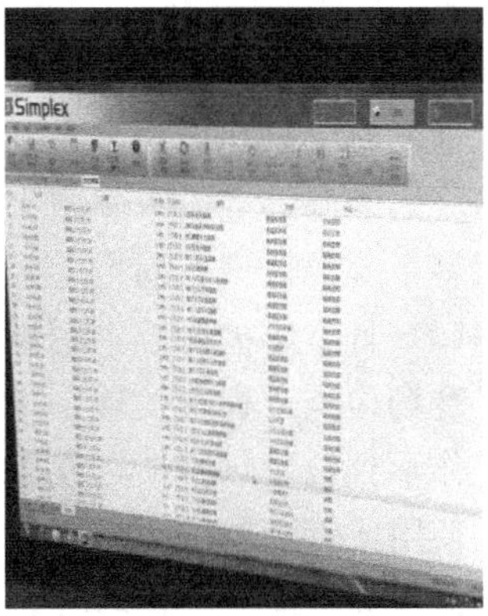

图6.2.2-3 地下室探测器频繁误报

6.2.2.3 原因分析

（1）设备服役期过长

根据《火灾探测报警产品的维修保养与报废》GB 29837－2013规定，火灾探测报警产品使用寿命一般不超过12年，可燃气体探测器中气敏元件、光纤产品中激光器件的使用寿命不超过5年。生产企业应在产品说明书中明确规定产品的预期使用寿命。产品达到使用寿命时一般应报废，若继续使用，应对所有达到使用寿命的产品每年逐一按本标准维修检测要求和接入复检要求进行检测，并进行系统性能测试，所有检测结果均应合格，并应每年抽取系统中的火灾探测器，进行下述试验，合格后方可继续使用：

1）点型感烟火灾探测器，抽取4只，按《点型感烟火灾探测器》GB 4715－2005进行SH1和SH2试验火的火灾灵敏度试验；

2）点型感温火灾探测器，抽取4只，按《点型感温火灾探测器》GB 4716－2005进行响应时间和动作温度试验；

3）缆式线型感温火灾探测器，抽取2只，按《线型感温火灾探测器》GB 16280－2014进行动作性能试验；

4）线型光纤感温火灾探测器，抽取2只，按《线型感温火灾探测器》GB/T 21197－2007进行动作性能试验；

5）点型红外火焰探测器、图像型火灾探测器，抽取4只，按《特种火灾探测器》GB 15631－2008进行火灾灵敏度试验。

火灾自动报警系统产品未达到使用寿命，但符合下列条件之一时，应予以报废：

1）产品不能正常工作，且无法进行维修；

2）感烟类火灾探测器不能标定到生产企业规定的响应阈值范围内，且在同前 GB 4715 规定的 SH1 和 SH2 试验火结束前未响应；

3）感温类火灾探测器在环境温度达到同上 GB 4716 规定的该类型探测器响应时间上限值或动作温度上限值时未响应；

4）点型红外火焰探测器、图像型火灾探测器的火灾灵敏度不符合同上 GB 15631 的要求。

本大厦使用的火灾自动报警系统品牌为 Simplex（新普利斯），至今已近 20 年之久，设备老旧、功能退化严重，且维修配件或兼容模块已经很难购买，造成该系统无法正常运营。

（2）地下室气流、湿度变化造成误报

地下室主要功能为车库，受空间尺寸、气候环境、内部车流等原因影响，如夏季梅雨季节气候潮湿，造成车库内火灾自动报警探测器因受潮发生故障或损坏，从而造成火灾自动报警系统的误报、漏报、报警不及时等问题。

（3）日常维护保养不到位

现场检查过程中发现，本大厦火灾自动报警系统的相关设施设备维保单位日常维护保养工作不到位，对于损坏或故障的相关产品未做到及时更换或维修，火灾自动报警系统产品的使用或管理单位应根据产品使用场所环境及产品保养要求制订保养计划。保养计划应包括需保养产品的具体名称、保养内容和周期。

6.2.2.4　解决方案

由于火灾自动报警系统是火灾发生初期探测并报警的消防系统，且需要由该系统发出信号联动控制其他相关消防系统，其重要性不言而喻。同时考虑产品使用年限、大厦运营需要等各方因素，对该系统的维修整改提供以下方案供业主方参考选择：

（1）继续使用原有火灾自动报警系统，由维保单位详细查找主机、线路、模块及其组件的问题，维修或更换故障产品，重新进行系统点动、联动测试，保障系统正常运行。

但由于大厦使用的 Simplex（新普利斯）火灾报警系统型号为近 20 年前的消防产品，而近年来该品牌已经退出中国市场且停产，该系统在国内消防产品市场仅个别配件存在少量库存，购买途径稀少，采购困难，价格高昂，无法保证系统长期可靠运行。

（2）保留原有火灾报警系统线路，将该系统内的探测器、手动报警按钮、火灾显示盘、主机等全部更换为其他品牌产品。整改时需提供原有火灾报警系统的点位及线路竣工图，且与原有系统存在信号传输的所有模块均需更换。

（3）条件允许的情况下，对该大厦火灾自动报警系统按现行规范全部重新设计，且需要按相关规定进行消防报审报验，该方案项目周期较长，改造施工期间楼内无法办公，会对大厦运营造成影响。

在日常运营过程中，大厦物业和消防维保单位应按《机关、团体、企业、事业单位消防安全管理规定》（公安部令第 61 号）等相关规定，对大厦开展防火巡查、检查、维修和保养等工作。承担保养的企业应制订保养作业指导书，对保养人员进行相关培训，确保各项保养操作符合产品使用说明书和作业指导书的要求。

同时，建议大厦每年按《上海市消防安全责任制实施办法》第十五条要求和《上海市消防条例》（2020 修订版）第十七条要求，进行建筑消防设施全面检测和消防安全评估工作，确保消防设施和器材完好有效、消防安全管理到位，保障大厦消防安全。

6.2.3 光电感烟火灾探测器失效案例分析

6.2.3.1 项目概况

南京市某商场共有十一层，其中地下一层至八层为商品卖场，九层为商务写字间，十层为办公区，建筑面积 50000m^2，商厦内设自动扶梯 36 部，观光电梯 4 部，货梯 2 部，中央空调系统，消防自动监控系统，电视监控系统及 POS 收银系统，经营范围包括日用百货、纺织品、服装、文体用品、工艺品、鞋帽、电子产品、黄金珠宝、通信器材、化妆品、家用电器、家具、灯具销售、烟酒零售、场地出租等。

6.2.3.2 问题描述

2017 年 7 月 14 日 22 时，该商场三层某服装店发生火灾，过火面积约 100m^2，直接经济损失 100 万元，未造成人员伤亡。经查看视频监控和现场调查，当日 21 时该店铺停止营业熄灯关门，22 时店铺内靠近门口处的插座上连接的手机充电器冒烟着火，之后点燃了周围的衣服，并向店铺内蔓延。由于该店铺在二次装修时擅自拆除了位于着火点上方的两个感烟火灾探测器，在火灾发生后，未能及时触发报警；同时，在该商铺靠里收银台上方安装的 2 个感烟火灾探测器距新风空调出口仅 0.4m，事发当时商场十楼有工作人员正在加班，商场的新风空调系统仍在运行，服装店员工关门后未关闭店铺内的空调，导致着火后收银台上方的感烟火灾探测器也未能及时报警。22 时 10 分，商场保安在巡查时发现火灾，并迅速组织人员扑灭了大火。

6.2.3.3 原因分析

火灾探测器的一般工作原理：传感元件检测火灾产生物或火灾发生时的特性值，变送电路将探测元件传来的原始信号转换为电流/电压信号，或是脉冲、开关量，送入火灾自动报警控制器中，控制器对接收到的信号加以计算分析，并判定是否有火灾正在发生，发出报警信号。结合以上工作原理可以看出，灵敏度、稳定性、维修性以及可靠性是感烟探测器的重要技术指标，出现误报、不报等失效情况主要有以下几个方面的原因：

（1）消防管理因素

经事后调查，该商场三层某服装店负责人感觉顶板上的感烟火灾探测器影响店铺美观，在二次装修时擅自拆除靠近门口处顶板上的两个感烟火灾探测器，而商场的火灾报警控制器在感烟探测器拆除后发出故障报警，因整个商场感烟探测器编码混乱，商场保安和检测维保人员在排查后未找到实际发生故障的探测器，便将故障报警信屏蔽，导致火灾发生后未能及时发现火情。

（2）感烟火灾探测器灵敏度降低

根据《火灾探测报警产品的维修保养与报废》GB 29837－2013 第 4.2 和 4.3 条规定，没有报脏功能的探测器，应按产品说明书的要求进行清洗保养；产品说明书没有明确要求的，应每两年清洗或标定一次。经了解，该商场采用西门子 S1151 系列 OP820 型感烟探测器，自 2007 年安装投入使用已近十年，未进行过清洗工作，探测器污染严重，灵敏度阈值降低。用便携式感烟火灾探测器响应阈值检测装置对该服装店内的感烟火灾探测器的响应阈值检测，结果分别为 0.72dBm^{-1}、0.75dBm^{-1}（其标称响应阈值均为 0.5dBm^{-1}），感烟火灾探测器发出火灾报警信号时烟气浓度的已知减光系数值与所述感烟火灾探测器的响应阈值大于 0.05dBm^{-1}时，判定该服装店内感烟火灾探测器失效，这样在发生火灾时，感烟探测器会延迟报警或失效。

（3）安装布线不符合规范要求

根据《火灾自动报警系统施工及验收标准》GB 50166－2019 第 3.3.6 条规定，点型感烟火灾探测器至空调送风口最近边的水平距离不应小于 1.5m。经现场测量，该商铺靠里收银台上方安装的两个感烟火灾探测器距新风空调出口仅 0.4m，这样在发生火灾时，向感烟探测器蔓延的烟气会被空调出风吹开或将烟气浓度吹淡，从而感使烟探测器延迟报警或失效。

6.2.3.4　解决措施

根据以上原因分析，采用以下方案解决感烟火灾探测器失效的问题：

（1）由专业消防检测维保机构解决商场火灾探测器编码混乱问题后，按规范要求将之前擅自拆除的点位重新安装感烟火灾探测器；

（2）由专业火灾探测器清洗机构对商场内所有火灾探测器进行清洗和阈值标定，经检测合格后加装；

（3）由专业消防检测维保机构对不符合规范安装要求的探测器重新进行布线安装。

为加强消防安全，防止危险事故发生，建筑日常运维应做到以下几点：

（1）加强消防安全管理

全面开展火灾隐患自查自纠，落实整改措施，加强对商场内各商户的消防安全培训，严禁擅自挪用、拆除、遮挡消防设施。下班后及时切断电源，充电后及时拔掉充电器。严格落实微型消防站 24h 值守制度，做好应急准备，一旦发生火情能够第一时间到场处置。

（2）定期进行消防设施检测

按照国家标准、行业标准配置消防设施、器材，设置消防安全标志，并定期组织检验、维修，确保完好有效；每年对建筑消防设施进行一次全面检测，确保完好有效，保障建筑工程的消防安全性能，确保火灾发生过程能高效、及时启动突发事件应急设置，为建筑内部人员安全疏散、消防灭火提供基础条件。

（3）定期进行电气防火检测

定期进行电气防火检测，可以确保建筑电气防火性能内容检测合格，确保达到预期的使用效果，及时发现被检测单位存在的电气火灾隐患，督促被检测单位及时采取措施整改，减少或杜绝电气火灾事故的发生。

（4）定期组织消防应急演练

通过组织消防应急演练，可以提升商场消防管理人员和安保人员应对突发事件能力和组织逃生自救能力，增强商场工作人员的安全防火意识，了解并掌握火灾的处理流程，提高大家在火灾中互救、自救意识，明确防火负责人及义务消防队员在火灾中应尽的职责。